ISBN 978-0-265-98726-1
PIBN 10395391

1 MONTH OF
FREE
READING

at

www.ForgottenBooks.com

By purchasing this book you are eligible for one month membership to ForgottenBooks.com, giving you unlimited access to our entire collection of over 700,000 titles via our web site and mobile apps.

To claim your free month visit:

www.forgottenbooks.com/free395391

English
Français
Deutsche
Italiano
Español
Português

www.forgottenbooks.com

Mythology Photography **Fiction**
Fishing Christianity **Art** Cooking
Essays Buddhism Freemasonry
Medicine **Biology** Music **Ancient**
Egypt Evolution Carpentry Physics
Dance Geology **Mathematics** Fitness
Shakespeare **Folklore** Yoga Marketing
Confidence Immortality Biographies
Poetry **Psychology** Witchcraft
Electronics Chemistry History **Law**
Accounting **Philosophy** Anthropology
Alchemy Drama Quantum Mechanics
Atheism Sexual Health **Ancient History**
Entrepreneurship Languages Sport
Paleontology Needlework Islam
Metaphysics Investment Archaeology
Parenting Statistics Criminology
Motivational

COMPTE RENDU DES SÉANCES

DE LA

SOCIÉTÉ DE PHYSIQUE

ET D'HISTOIRE NATURELLE

DE GENÈVE

GENÈVE. — IMPRIMERIE Ch. EGGIMANN & Cie
Pélisserie, 18

COMPTE RENDU DES SÉANCES

DE LA

SOCIÉTÉ DE PHYSIQUE

ET D'HISTOIRE NATURELLE

DE GENÈVE

XVIII. — 1901

GENÈVE

BUREAU DES ARCHIVES, RUE DE LA PÉLISSERIE, 18

LAUSANNE   PARIS

BRIDEL ET Cie G. MASSON

Place de la Louve, 1   Boulevard St-Germain, 120

Dépôt pour l'ALLEMAGNE, GEORG et Cie, à BALE

1901

Extrait des *Archives des sciences physiques et naturelles,*
tomes **XI** et **XII.**

COMPTE RENDU DES SÉANCES

DE LA

SOCIÉTÉ DE PHYSIQUE ET D'HISTOIRE NATURELLE DE GENÉVE

Année 1901.

Présidence de M. le prof. Duparc.

Séance du 3 janvier 1901.

Duparc. Carte géologique du Mont-Blanc. — Duparc. Voyage d'exploration minière dans l'Oural. — D'Espine. Le rôle des moustiques dans l'étiologie de la malaria (suite).

M. le prof. L. Duparc fait hommage à la Société de sa *carte géologique du Mont-Blanc*.

M. le prof. L. Duparc rend compte du récent *voyage d'exploration* qu'il vient de faire pendant deux mois *dans l'Oural*, en compagnie de son assistant le Dr Pearce. La région visitée porte le nom de Rastesskaya Datcha, elle est située dans le district de Solikamsk, et comprend le bassin supérieur et moyen de la rivière Kosswa et de ses affluents (Rivières Tilaï, Tepil, Kyria, etc.,) vers l'ouest, elle va depuis la ligne de partage des eaux européennes et asiatiques, jusqu'à une limite qui le long de la Kosswa passe par Troïtsk et Verkh Kosswa pour se prolonger vers le nord jusqu'au Tscherdinsky-Kamen. Cette région comprend des sommets qui ne dépassent pas 1600 mètres (Kossvinsky, Tilaï, Aslianka, etc.), elle est couverte d'épaisses et impénétrables forêts tourbeuses jusqu'à la hauteur 800-900 mètres environ. M. Duparc indique rapidement les conditions générales du pays, les caractères principaux de la géographie, de la climatologie, ainsi que de l'ethnographie des populations qu'on y rencontre, il donne des renseignements sur la façon dont on vit dans l'interminable forêt, sur les campements usités par les rares habitants de ces solitudes, et sur les moyens de ravitaillement dont on dispose pour une expédition de ce genre.

MM. Duparc et Pearce ont exploré à fond le massif du Kosswinsky et les régions limitrophes, leurs recherches ont également porté sur le Kateschersky et le Tilaï Kamen qui sont des montagnes arides, situées près de la ligne de partage.

La constitution géologique de ces montagnes, et l'étude pétrographique des roches qu'on y rencontre feront l'objet de communications ultérieures ; pour le moment M. Duparc résume brièvement les traits principaux d'une étude fort intéressante faite sur les gisements platinifères de la région. Des recherches méthodiques faites sur toutes les rivières, comparées avec les observations pétrographiques faites *in situ*, ont permis à MM. Duparc et Pearce de trouver celle des roches basiques si variées de la région, qui renferme le platine. Cette roche est une dunite massive en voie de serpentinisation, et cette observation permet de raccorder entr'eux les divers gisements platinifères de la localité. MM. Duparc et Pearce ont pu vérifier dans les plus petits détails l'exactitude de cette observation, notamment la liaison constante du platine avec les roches indiquées.

Le Prof. D'ESPINE fait un exposé des résultats obtenus en Italie dans les pays à malaria par les *blindages des maisons contre l'invasion des moustiques* à l'aide de toiles métalliques. Il n'y a eu que 10 cas de malaria chez 207 employés de chemins de fer du Latium, soumis aux mesures prophylactiques, tandis que presque tous leurs camarades dans la même région, non soumis au même régime, ont pris la maladie.

Il relate ensuite l'expérience faite par Manson à Londres en automne 1800 avec des moustiques (anopheles) envoyés de Rome, qui s'étaient gorgés de sang d'un malade atteint de fièvre tierce. Un jeune homme sain qui n'avait jamais eu la malaria, a consenti à se laisser piquer par ces insectes et a été atteint d'accès typiques de fièvre tierce, avec gonflement de la rate et hématozoaires de Laveran dans le sang.

L'expérience ayant été faite à Londres est absolument concluante en faveur de la propagation de la malaria par la piqûre des Anopheles.

Séance du 17 janvier.

Chodat. Rapport présidentiel annuel pour 1900.

M. R. CHODAT, président sortant de charge, donne lecture de son *rapport présidentiel annuel* sur l'activité de la Société pendant l'exercice 1900. Ce rapport contient les biographies de M. le Dr William Marcet, membre ordinaire, et de M. le baron de Selys-Longchamp, membre honoraire, décédés en 1900 [1].

Séance du 7 février.

F. Kehrmann. Matières colorantes dérivées de l'oxazine, de la thiazine et de l'azonium.

M. F. KEHRMANN fait une communication sur quelques résultats obtenus par lui en collaboration avec ses élèves, V. Vesely', E. Misslin, C. Stampa et A. Denguin, et qui viennent confirmer d'une manière irréfutable le bien fondé d'une théorie émise par l'auteur, il y a deux ans environ [2], et concernant la constitution chimique de *trois classes de colorants organiques, dérivant de l'Oxazine, de la Thiazine et de l'Azonium.*

D'après cette théorie, les sels de ces trois classes de couleurs possèdent tous une constitution analogue et un

---

[1] V. prochain vol. XXXIV des *Mémoires de la Soc. de physique et d'hist. nat.*

[2] *Archives*, quatrième période, t. VIII, p. 306.

chromophore orthoquinoïdique, ainsi que le démontrent les formules :

I

II

III

L'oxygène et le soufre du noyau (form. I et II), en fonctionnant comme éléments quadrivalents, viennent prendre la place du groupe N—C_6H_5, également quadrivalent du troisième composé (III).

C'est à ces trois atomes ou radicaux quadrivalents que ces substances doivent leur caractère basique et positif.

L'auteur se proposant de publier *in extenso* dans les *Archives* les principaux résultats de ses recherches, il suffira d'en indiquer ici quelques uns des plus importants.

L. La Thiazine de Benthsen[1] à laquelle ce chimiste a assigné la formule para-quinoïdique (IV) possède en réalité

IV

V

VI

un aminogène et par conséquent la formule II (voir plus

[1] *Liebigs Annalen*, 230, p. 103.

plus haut). Cette substance se laisse diazoter, et le diazoïque fournit avec la résorcine un azoïque bien caractérisé.

II. La Thiodiphénylamine (form. V) ainsi que la Phénoxazine (VI) se comportent toutes les deux vis-à-vis des oxydants comme des leuco-dérivés et peuvent être transformés en sels de Phénazothionium et de Phénazoxonium, substances orthoquinoïdiques colorées (VII et VIII).

N

XII

N

XIII

N

IX

C₆H₅ Cl

analogues au Phénylphénazonium déjà connu (IX).

Ces trois derniers corps doivent être envisagés comme substances mères des colorants oxaziniques, thiaziniques et azonium, qui en dérivent par substitution.

Le Phénazothionium fournit en effet avec l'aniline deux produits de substitution, la Phénylthiazine (X) et la Diphénylthionine (XI).

C₆H₅NH—

X

C₆H₅NH— —NHC₆H₅

XI

Le Phénazoxonium, dérivé très peu stable, fournit avec la même amine à l'état naissant deux colorants analogues (fig. XII et XIII].

XII

XIII

On observe une telle analogie chez tous ces produits, et cela non seulement entre eux, mais encore avec les composés azonium correspondants, que les anciennes formules doivent être, sans aucun doute, remplacées par celles qui viennent d'être établies.

Séance du 21 février.

J. Briquet. Observations sur des vestiges de l'époque glaciaire en Corse. — Prevost et Battelli. Restauration du cœur du chien paralysé par l'asphyxie. — Duparc et Pearce. Sur les pyroxénites du Kosswinsky-Kamen.

M. John BRIQUET rend compte des observations qu'il a faites sur des *vestiges de l'époque glaciaire en Corse.* (Le travail de M. Briquet paraîtra prochainement *in extenso* dans les *Archives.*)

MM. PREVOST et BATTELLI rendent compte de quelques expériences relatives à la *restauration du cœur du chien paralysé par l'asphyxie produite par ligature de la trachée.* Dans une précédente communication, M. Battelli a montré que l'application directe d'un courant alternatif de 210 volts associé au massage pouvait faire rebattre le cœur du chien mis en trémulations fibrillaires. Il avait toujours observé que le cœur des chiens asphyxiés par ligature de la trachée offrait au moment du massage restaurateur des trémulations fibrillaires persistantes à moins qu'on ne le soumit à l'influence de l'électricité.

Récemment M. Prus a publié un mémoire dans lequel il a observé que chez les chiens asphyxiés, le simple massage du cœur, accompagné de la respiration artificielle, réussit la plupart du temps à rétablir les contractions rythmiques du cœur, qui ne se met pas, sauf dans des cas exceptionnels, en trémulations fibrillaires, sous cette influence.

Nous avons cherché la cause de cette différence entre les résultats obtenus par M. Battelli et par M. Prus.

Il résulte de nos expériences que chez plusieurs chiens qui étaient en digestion, le cœur se remit par le simple massage; ce qui n'était jamais arrivé chez les chiens que nous opérions auparavant, à jeun. Il est possible que les expériences de M. Prus aient été faites, contrairement à celles de M. Battelli, sur des chiens en digestion, et que cette circonstance soit la cause de la différence des résultats.

Nous avons l'intention de continuer ces expériences et de rechercher quelles sont les substances nutritives auxquelles on pourrait attribuer cette action ; nous communiquerons ultérieurement nos résultats à la Société.

Ces expériences nous ont permis asssi de constater des faits favorables à la théorie de l'automatisme des centres respiratoires.

Quand, à la suite du massage du cœur associé à la respiration artificielle, on voit réapparaître progressivement les fonctions cérébro-spinales, ce sont toujours les mouvements respiratoires qui réapparaissent les premiers, faibles d'abord, et de plus en plus accentués. Ils offrent dès le début un rythme régulier, d'abord lent, qui s'accélère peu à peu.

Les mouvements réflexes ne réapparaissent que bien des minutes plus tard. La dilatation de la pupille cesse d'abord, puis réapparaît généralement en premier lieu le réflexe patellaire, puis le réflexe cornéen, enfin, le réflexe nasal qui précède quelquefois celui-ci. Signalons en passant une contraction spasmodique unilatérale de l'orbiculaire des paupières provoquée par l'excitation des fosses nasales du même côté au moyen d'une sonde introduite dans le nez.

Enfin le réflexe inhibiteur du laryngé supérieur apparait en dernier lieu.

On peut dire en résumé que les mouvements respiratoires régulièrement rythmiques existent à un moment où l'on ne peut constater aucun mouvement réflexe.

M. le professeur L. Duparc présente une communication sur les *pyroxénites* du *Kosswinsky-Kamen*. Le massif du Kosswinsky exploré par lui l'an dernier, est situé dans le Rasteskaya-Datcha, près de la ligne de partage des eaux asiatiques et européennes. Il est formé par un dôme rocheux, qui s'élève de 1570 mètres environ au-dessus de la mer, et qui est étroitement lié pétrographiquement et géologiquement aux massifs voisins de Katechersky-Tilaï.

Un profil levé perpendiculairement à la direction des chaines depuis la ligne de partage à la rivière Tilaï, montrerait la configuration suivante :

1° Ligne de partage à l'altitude de cinq à six cents mètres constituée par la montagne de Kittlim (640 m.), elle est formée par des gabbros ouralitisés.

2° Kosswinsky-Kamen dont le sommet atteint 1570 mètres. Il est formé par des pyroxénites à olivine.

3° Arête rocheuse, suivant le Kosswinsky vers l'ouest, dont le sommet atteint 900 mètres. Elle est constituée par des gabbros à olivine de types variés. Entre le Kosswinsky et la dite arête existe une dépression boisée.

4° Nouvelle arête à l'Ouest de la précédente, à l'altitude 740 mètres environ. Le vallon compris entre ces deux arêtes délimite les sources de la rivière Sosnowka. Cette arête est constituée par des diabases dynamo-métamorphosés.

5° Série d'ondulations du sol, de la dite arête à la rivière Tilaï, entièrement comprises dans les schistes cristallins.

La présente note qui sera suivie de plusieurs autres, a pour but de faire connaître la constitution pétrographique de la roche si intéressante du Kosswinsky.

Celle-ci appartient à la catégorie des pyroxénites, elle est très basique, toujours massive; plus ou moins grossièrement grenue, de couleur verte ou noirâtre. Sur le terrain, cette roche forme un entassement chaotique de blocs énormes couvrant toute la surface du Kosswinsky-Kamen, ces blocs proviennent de pitons en place démantelés par l'érosion atmosphérique. Toute la montagne forme un vaste désert de pierres qui se distingue à partir de la hauteur de 800 mètres, point où cesse la végétation.

Au microscope les éléments constitutifs de ces roches sont les suivants : Diallage, Olivine, Hornblende, Magnétite, Spinelle chromifère.

Le *diallage* forme l'élément prédominant. Les cristaux sont courts, trapus, on y distingue les clivages m = 110 assez rarement les plans de séparation h^1 = 100. Les inclusions de grains et lamelles opaques sont rares. Incolore en lames minces légérement coloré et lames épaisses, dans ce cas verdâtre. Sur g^1 = 010 ng s'éteint à 41° en moyenne, plan des axes parallèles g^1 = 010, bissectrice aiguë = ng 2 V = 54°, ng-np = 0,024, ng-nm = 0,022, nm-np = 0,006, dispersion $\rho <$ V.

Olivine plus réduite, en grains arrondis et incolores, presque toujours craquelés. Signe optique positif 2 V au-delà de 80 ng-np = 0°,03, ng-nm = 0,020, nm-np = 0,016.

Hornblende. Cet élément est fréquent mais ne se trouve jamais en grande quantité. Il est toujours associé à la magnétite. Clivages m = 100, allongement positif, plan des axes parallèle à g^1 = 100.

Sur g^1 α = 22° pour ng, ng-np = 0,022 signe optique négatif. Polychroïsme pas très prononcé ng = vert sale, brunâtre nm = brun sale np = brun jaunâtre presque incolore.

Magnétite généralement fort abondante, en plages liant les précédents. Les *spinelles chromifères* en grains vert foncé, plutôt rares, sont toujours emprisonnées dans les plages de magnétite.

La structure de ces pyroxènites est fort curieuse : Tout d'abord au point de vue de l'ordre de consolidation on peut dire que le pyroxène et l'olivine sont à peu près contemporains. Ces deux minéraux sont fréquemment idiomorphes, il est vrai que parfois le pyroxène moule l'olivine; mais on trouve aussi le premier de ces éléments inclus dans le second. Par contre la hornblende et la magnétite sont nettement allotriomorphes. Rarement le pyroxène et l'olivine se touchent directement, d'habitude ces éléments sont réunis par de la magnétite en plages, qui simulent absolument l'aspect du quartz de certains granits, et présentent souvent la même apparence cunéiforme.

Nous avons donné à cette structure si particulière le nom de *structure sidéronitique*.

La hornblende joue également le même rôle. Elle forme des plages qui sont nettement allotriomorphes, elle est d'ailleurs étroitement liée à la magnétite, souvent les plages de ce minéral sont bordées d'un mince ruban de hornblende très fraîche qui épouse directement le contact des pyroxènes et olivines. D'autres fois les plages plus larges de hornblende, ont comme centre un amas de magnétite primaire.

La roche du Kosswinsky est généralement très fraîche, et pas dynamo-métamorphique. Sur quelques rares spécimens on observe une rubéfaction de l'olivine le long des cassures, comme ainsi la transformation en bastite des cristaux du pyroxène, mais celle-ci est incomplète, et ne se fait qu'au centre des cristaux. Nous avons donné le nom de « Kosswite » à la pyroxénite de Kosswinsky.

En dehors des pyroxénites, il existe dans le Kosswinsky des filons nombreux de Dunite très fraîche ou en partie serpentinisée. Les variétés très fraîches sont exclusivement formées par de l'olivine avec quelques grains de magnétite. Les variétés serpentinisées ont la même composition, mais la roche est alors sillonnée par un réseau de fissures dans lesquelles se développe largement l'antigorite, tandis que l'olivine reste emprisonnée dans les mailles du réseau ainsi formé.

M. Duparc en terminant, signale la parfaite analogie entre les roches de profondeur acides et basiques. La roche du Kosswinsky est comparable comme structure au granit, mais ici c'est la magnétite qui fait l'office du quartz dans cette dernière roche. Ces granits sont traversés par des filons granulitiques qui sont généralement plus acides que la roche encaissante, de même la Koswite est traversée par des filons d'olivine qui sont par contre plus basiques que la roche qu'ils traversent.

Séance du 7 mars.

L. Duparc et L. Mrazec. Origine de l'Épidote. — L. Mrazec. Lacs salés de la Roumanie.

M. le prof. MRAZEC rend compte des recherches qu'il a entreprises en collaboration avec M. le prof. DUPARC sur l'*origine de l'Épidote.*

L'Épidote est un minéral très banal dans les roches granitiques du Mont-Blanc ; elle paraît particulièrement abondante dans certaines variétés gneissiques ou pegmatoïdes, comme aussi dans celles voisines du contact avec les schistes cristallins.

L'Épidote peut se rencontrer sous trois états différents, à savoir :

1° En cristaux, grains ou prismes terminés allongés selon $h^1 g^1$, emprisonnés dans divers minéraux.

2° En petits grains ou ponctuations, intercalés généralement selon les clivages de certains minéraux.

3° En cristaux volumineux (plusieurs centimètres) accompagnant d'autres minéraux (quartz fumeux) dans les géodes et les fissures du granit.

Sous la première forme, la seule dont il sera question ici, l'Épidote peut être associée à divers minéraux qui sont dans l'ordre de leur fréquence :

La Biotite : Elle se présente en gros grains jaunâtres, inclus dans les lamelles de ce minéral, ou encore groupés autour de celles-ci. Ces grains sont absolument distincts ; le mica est alors soit de la Biotite brune, souvent très fraiche, soit du mica vert.

L'Allanite : L'Épidote entoure souvent complètement les grands cristaux d'Allanite et forme avec ce minéral une association absolument intime. Lorsque l'Allanite, incontestablement primaire, est emprisonnée dans le mica, elle se présente alors exactement, comme l'Épidote, sous les mêmes conditions. Parfois même il y a passage de l'Allanite à l'Épidote, et le premier minéral forme de simples taches dans le second, sans que l'on puisse distinguer de contour géométrique nettement caractérisé comme tel.

Le Béryl : Nous avons déjà mentionné l'extrême abondance de jolis prismes terminés d'Épidote dans la protogine à émeraude des Charmoz, et notamment dans le Béryl.

Les Plagioclases : Le même minéral se trouve souvent dans des plagioclases fort acides du groupe des Albite-Oligoclase, caractérisés comme tels sans doute possible, et absolument frais. L'un de nous a déjà signalé cette particularité pour d'autres roches alpines.

Dans les schistes cristallins du contact, l'Épidote est remarquablement abondante. Ces derniers se composent d'un agrégat grenu de quartz de biotite avec plus ou moins de feldspath et de nombreux grains isolés d'Épidote. Ce dernier minéral parait jouer dans ces roches un rôle analogue à celui de la Biotite.

On considère généralement l'Épidote du granit comme un produit secondaire, dû à la décomposition du mica noir, comme aussi des plagioclases.

Nos observations nous conduisent à n'admettre cette genèse que pour une minime partie de l'Épidote. On rencontre en effet des grains d'Épidote dont le volume est égal ou supérieur à celui du Mica, et si on tient compte des quantités respectives de chaux contenues dans chacun de ces deux minéraux, la genèse de l'un au détriment de l'autre n'est pas démontrable. Il convient aussi de remarquer que l'Épidote se montre aussi bien associée au mica parfaitement frais qu'au mica chloritisé ; il n'est même pas rare de trouver du mica altéré sans trace d'Épidote.

L'origine primaire de l'Allanite est un fait avéré ; si on l'admet comme tel, il devient fort dificile de faire de l'Épidote qui l'entoure et qui est étroitement associée à elle, une formation secondaire.

Les Plagioclases parfaitement frais et de *nature albitique* qui parfois emprisonnent de gros grains d'Épidote, peuvent difficilement donner naissance à ce dernier minéral par une décomposition ; on ne saurait y trouver la quantité de chaux nécessaire, et d'ailleurs leur apparence de fraicheur ne se prête guère à la supposition d'une décomposition.

Le Béryl, enfin, est encore plus démonstratif, l'absence totale de chaux dans ce minéral rend impossible une origine secondaire de l'Épidote, qui n'aurait nulle part trouvé la chaux nécessaire à sa formation.

Un autre argument en faveur de l'origine primaire d'une partie de l'Épidote est fourni par l'examen des variétés très dynamo-métamorphiques et de celles qui, par contre, le sont très peu. L'Épidote se rencontre aussi bien dans les unes que dans les autres, et il n'existe aucune relation entre la quantité de l'Épidote et l'intensité de la structure kataclastique.

En vertu de ces différentes considérations, il nous parait avéré qu'une partie de l'Épidote des granits des Alpes doit être considérée comme primaire et s'est consolidée avant ou après la formation de la Biotite, en ayant pour conséquence une décalcification du magma. Cette opinion, que nous avons pour la première fois exprimée à propos de la protogine à Béryl, parait s'étendre à toutes les variétés granitiques du massif du Mont-Blanc.

M. le prof. MRAZEC fait une communication sur l'origine des *lacs dits « salés » de la plaine roumaine.* Ces lacs sont

particulièrement concentrés dans la partie SE. de la plaine
— l'avant-pays de la courbure des Carpathes — et le long
du Danube. Dans la première région seule, on connaît
plus d'une douzaine de lacs, alignés à peu près du NE. au
SO.; leur superficie peut atteindre plusieurs centaines
d'hectares.

Les lacs se trouvent habituellement dans des dépressions du loess, roche qui constitue la plaine roumaine ;
leur fond est vaseux.

Les analyses qualitatives et quantitatives qu'on a faites
montrent que les eaux de ces lacs sont fortement minérali-
sées. Les sels principaux sont NaCl, Na_2SO_4 et $MgSO_4$.
On peut diviser les lacs, selon leur richesse en sels, en
lacs sodiques et en lacs amers.

Les lacs sont nourris par des sources salées ou amères,
auxquelles s'ajoutent parfois des sources d'eau douce.

Plusieurs théories ont été émises pour expliquer la formation de ces lacs :

On les a considérés d'abord comme des « Relictenseen »,
lacs nourris par le retrait de la mer Noire.

M. Draghiceanu[1] les regarde comme dus à l'affaissement
de la plaine roumaine à l'époque miocène (helvétienne).

D'après M. Bochet[2], hydrologue français, ce sont des
bassins de concentration d'eaux douces.

Enfin, M. Gr. Stefanescu[3] croit que ces lacs sont des
dépressions nourries par des sources salées venant des
Carpathes, c'est-à-dire que ces sources ont tiré leurs sels
des régions salifères des Carpathes et de la région subcarpathique.

La présence du loess, dépôt pleistocène dont la nature
aeolienne a été déjà démontrée par M. Mrazec, et l'absence
de tout affluent important qui aurait pu apporter de grandes

[1] M. Draghiceanu. Studii asupra idrologiei subterane, Bucu-
resci, 1895. p. 74.

[2] Dr C. Istrati. Lareo din Sarditele Romaniei. *Bull. Soc. phys.*,
Bucarest, 1894.

[3] Gr. Stefanescu. Note sur le dessèchement de Laculu Seratu.
Anuar. biroul. geol., V. 1, 1888.

quantités d'eau douce dans les lacs, éliminent nettement les trois premières hypothèses.

La seule théorie qui puisse être discutée est certainement celle de M. Stefanescu, mais des objections puissantes s'élèvent contre l'hypothèse « des filets d'eau salée venant de la montagne. »

D'abord, la composition chimique des lacs, — la somme des sulfates est plus grande que celle des chlorures, — puis la présence des lacs amers, sont des faits qui ne parlent nullement en faveur de sources salées venant des massifs de sel, qui, en Roumanie, sont toujours exempts de sulfates.

Puis la grande distance, 30 — 120 km., qui sépare les lacs, de la formation salifère, ne permet guère de croire que des filets d'eau salée puissent conserver leur composition ; ils doivent s'adoucir.

Mais le meilleur argument contre l'hypothèse de M. Stefanescu, c'est que dans la partie des Carpathes et de la région subcarpathique qui se trouve en face de l'avant-pays de la courbure, les couches salifères fortement plissées buttent en faille contre les grès redressés du sarmatien et du pliocène ; ces derniers forment en effet comme une ceinture d'au moins 10 km. séparant l'helvétien de la plaine roumaine ; il est difficile de concevoir comment, dans ce cas, des eaux chargées des sels du salifère auraient pu arriver jusqu'à la plaine roumaine.

Les lacs sont, au contraire, des phénomènes tout à fait locaux. Si l'on tient compte, d'une part, qu'ils se trouvent dans le loess, dont l'origine aeolienne est certaine, et que le loess passe vers sa base à de véritables « Flugsande »[1] ; d'autre part, que des puits forés dans ces régions pour la recherche de l'eau ont révélé sur beaucoup de points l'existence d'eaux salées ou amères à la base du loess, on arrive à la conclusion qu'il doit exister une relation entre la genèse des lacs et celle du loess. On a très probablement affaire ici à une région qui, avant le dépôt du loess, se

---

[1] Séance du 17 mai 1899. *Bull. Soc. de Hünte.* Bucarest. p. 319.

trouvait dans les conditions de la région des steppes aralo-caspiennes. Il devait exister une quantité considérable de lacs, petits et grands, salés et amers. Après leur dessèche-ment, leurs sels, qui en partie ont imprégné la vase — des marnes — de leur lit, ont été recouverts d'une couche épaisse de loess, dont les matériaux, provenant de la grande extension glaciaire en Russie, ont été transportés par les vents en Moldavie, Mounténie et la Dobrogea.

Aujourd'hui, l'érosion est arrivée à entamer directement les marnes[1] ou à créer des dépressions alimentées par des eaux souterraines, qui, chemin faisant, se sont chargés de sels des anciens lacs.

Les marais salés de la plaine ne sont donc que des lacs salés d'ordre secondaire, alimentés par de faibles sources salées.

Séance du 21 mars.

Ed. Claparède. Sur l'origine de certaines confusions en psychologie animale. — L. Zehntner. Insectes nuisibles à la canne à sucre à Java.

M. Ed. Claparède signale certaines confusions qui pla-nent sur la *psychologie animale* et sont la source de malen-tendus et de discussions stériles.

Tout d'abord, c'est une erreur de méthode que de se préoccuper de la question de savoir si les animaux sont conscients ou non, question à laquelle de nombreux biolo-gistes attachent encore une importance illégitime, faute d'avoir adopté le principe de parallélisme psycho-physi-que. Certains auteurs, en effet, considèrent comme de nature différente les actes psychiques et les actes purement mécaniques, et vont même jusqu'à séparer les animaux en deux groupes, selon qu'ils sont conscients ou non. (Lœb, Bethe, Edinger, etc.). Or, une telle subdivision ne pour-rait être établie avec rigueur que si l'on possédait un cri-

[1] L. Mrazec Quelques remarques sur le cours des rivières en Valachie. *Ann. du Musée géol..* Bucarest, 1896, p. 48.

térium *objectif* de la conscience; mais la détermination d'un tel critérium est, *a priori*, impossible, puisque ce critérium ne pourrait être établi que si l'on n'ignorait pas cela précisément qu'il a pour mission de nous faire savoir. D'ailleurs, cette manière de concevoir les choses aurait pour résultat de condamner d'emblée toute recherche de psychologie positive ou de physiologie, puisqu'elle mettrait en question l'action de l'esprit sur le corps, donc un problème métaphysique.

Toute discussion sur la conscience chez les animaux est donc en dehors du terrain des légitimes recherches. Que les animaux soient conscients ou non, les problèmes à résoudre sont les mêmes, ainsi que les méthodes à employer. C'est ainsi que la psychologie animale peut et doit scruter le problème de la plus ou moins grande intelligence des animaux sans se préoccuper de celui de leur conscience : ce sont deux questions dont les solutions ne se préjugent ni ne s'excluent mutuellement. Il faut opposer le simple au complexe, non le simple au conscient. (Cette question de méthode sera étudiée prochainement, avec plus de détails, dans la *Rev. philosophique).*

Une seconde cause de malentendus a sa source dans la terminologie, notamment dans l'emploi du mot *intelligence,* que chacun entend à sa manière, les uns comprenant sous ce terme tout ce qui n'est pas de l'instinct, les autres le réservant pour les actes supérieurs de la pensée, abstraction, raisonnement, perception des relations. En outre, certains auteurs (Wasmann, par exemple) donnent une extension exagérée au mot *instinct,* sous lequel ils comprennent, non seulement les réactions héréditaires, mais encore les associations diverses acquises et fixées par l'expérience. Tout le mal vient de ce que nous n'avons pas de terme courant pour désigner tous ces actes acquis, qui ne sont plus de l'instinct et pas encore de la raison, mais des consécutions d'idées, de simples inférences (phénomènes groupés par les Anglais sous le nom de *sense-expe-rience,* et que l'on pourrait réunir sous celui de « expérience associative »). Il serait à désirer que l'on s'abstînt le plus possible d'employer le mot « intelligence », trop élastique, et que l'on précisât, dans chaque cas particulier, s'il s'agit de « sense-experience » ou de raisonnement — sans oublier que la loi d'économie ne nous autorise à admettre ce dernier que là où, soit l'instinct, soit la simple inférence est incapable d'expliquer les faits.

A la terminologie de Wasmann :

Instinct	Intelligence

Instinct pp^t dit,   Associations acquises.

et à la terminologie courante :

Instinct	Intelligence

Associations acquises,   Raisonnement,

qui ont le tort chacune de confondre sous un même vocable des mécanismes notablement différents, il faudrait substituer des termes plus précis, par exemple :

Instinct	Expérience associative	Raison
	(Associations acquises)	

La discussion des faits en serait, sans doute, facilitée.

M. le Dr L. ZEHNTNER rend compte des études qu'il a faites à Java, sur *les animaux qui attaquent la canne à sucre;* les plus dangereux d'entre eux sont des chenilles de lépidoptères, de la famille des *Pyralides* et de celle des *Tortricides*. Ces chenilles sont connues à Java sous le nom de *borers*.

A son arrivée en Malaisie, M. Zehntner se mit à l'ouvrage pour étudier en détail la biologie encore imparfaitement connue des borers, car on ne connaissait alors ni les œufs de ces lépidoptères, ni la durée de leurs métamorphoses.

Les insectes déposent leurs œufs sur les feuilles de la canne; on les trouve placés en ordre imbriqué au nombre de 20-50 et même davantage; ils sont aplatis, de forme elliptique, nus pour certaines espèces *(Diatrœa striatalis Sn, Chilo infuscatella Sn, Grapholitha schistaceana Sn)* ou couverts d'un duvet rouge jaunâtre *(Scirpophaga intacta Sn)*. Il s'écoule de 7-8 semaines entre la ponte des œufs et l'éclosion du papillon.

Les borers pénètrent dans les jeunes pousses et y creusent des galeries de longueur et de forme différentes suivant les espèces ; il en résulte soit un arrêt dans la croissance du végétal, soit la formation d'une multitude de rejetons secondaires, qui, attaqués à leur tour, meurent faute de nutrition. Les borers causent ainsi non seulement la perte de beaucoup de jeunes plantes, mais ils font encore que les cannes mûrissent inégalement, ce qui ne permet d'obtenir que des jus sucrés moins riches et moins faciles à travailler. En outre, certains champignons parasites *(Colletotrichum, Thielaviopsis, Schizophyllum)* pénètrent dans le végétal par les blessures causées par les galeries des chenilles.

Les pertes occasionnées par les borers étaient estimées, en 1898, à 100.000 et même à 150.000 fr. pour certaines grandes plantations. Pour combattre l'action néfaste de ces chenilles, il faut en premier lieu détruire les amas d'œufs, en second lieu couper soigneusement les rejetons attaqués. M. Zehntner a cherché à faire connaître aux indigènes comment on reconnait les plantes attaquées et à quel moment il est préférable de couper les parties malades. Les quelques Javanais mis au courant de la méthode indiquée ont enseigné peu a peu à leurs camarades les procédés de destruction, et actuellement des millions d'œufs de borers sont récoltés de cette manière.

Les œufs recueillis ne périssent pas tout de suite, beaucoup d'entre eux (parfois 50-70 %) sont attaqués par de petites guêpes parasites *(chalcidides)* qu'il est très important de protéger. A cet effet, on place les feuilles de canne portant les œufs dans une boîte en fer blanc, cette dernière est elle-même placée dans une boîte plus grande ; entre les deux boîtes on verse de la mélasse. Les chenilles qui éclosent, tombent dans la mélasse et périssent, tandis que les guêpes peuvent s'évader à l'aide de leurs ailes.

Au début, les planteurs se montrèrent sceptiques, ils

craignaient que la méthode préconisée par M. Zehntner ne fut trop délicate pour être confiée à des Malais. Cependant une expérience put être faite dans une plantation de 500 hectares. La première année on se heurta à de grandes difficultés pour enseigner aux indigènes la récolte des œufs, et il fallut se contenter, pour lutter contre les borers, de couper les pousses attaquées ; on n'en coupa pas moins de 3.600.000. La deuxième année on réussit à apprendre aux Javanais à rassembler les amas d'œufs, si bien qu'on en recueillit 110.000, ce qui correspond à plus de 3 millions d'œufs. Cette même année on n'eut à couper que 350.000 pousses attaquées (moins du dixième de l'année précédente). La troisième année on put se contenter de faire la récolte des œufs, et l'on trouva si peu de pousses attaquées, que le chef de l'entreprise n'en voulut pas même tenir compte. Les frais de destruction des borers étaient de 10 fr. par hectare pour la première année, de 4 fr pour la seconde, et de 1 fr. 50 pour la troisième.

A la suite de cette expérience, si bien réussie, les planteurs se mirent peu à peu à l'œuvre, obtenant de bons résultats partout où ils s'étaient donné la peine de bien instruire les indigènes et de contrôler minutieusement leur travail. Pour rendre cette instruction et ce contrôle plus faciles, M. Zehntner a publié un petit résumé de ses recherches sur les borers, qui est accompagné de figures coloriées et qui a été édité aussi en langue javanaise. Ce guide est actuellement entre les mains de tous les surveillants des plantations, et l'on peut dire que la lutte contre les borers a été aussi bien organisée à Java, qu'elle ne l'est contre n'importe quel insecte nuisible en Europe ou aux Etats-Unis.

Séance du 4 avril.

Th. Tommasina. Sur les phénomènes des radioconducteurs. — F.-F. Martens et J. Micheli. Appareil pour déterminer le noircissement des plaques photographiques sous l'action de la lumière.

M. Th. Tommasina fait une communication *sur les phéno-*

mènes des radioconducteurs. Cette étude a principalement pour but de défendre la *théorie de la cohérence*, en expliquant les différents phénomènes qui ont lieu dans les *radioconducteurs*, dont il approuve la subdivision déjà faite par MM. Blondel et Ferrié dans leur rapport au dernier Congrès d'électricité, en *cohéreurs, cohéreurs décohérents* et *anticohéreurs*.

C'est le rapport du prof. Chunder Bose au Congrès international de physique de 1900 à Paris, dans lequel est proposée la *théorie de la déformation moléculaire* pour remplacer celle qui est appelée l'*ancienne théorie de la cohérence,* qui a décidé M. Tommasina à entreprendre les recherches dont il expose les résultats. Après une courte description de l'anticohéreur de Neugswender et de Schäffer et la lecture de quelques passages du travail de M. Bose, il déclare que les faits constatés par de diligents observateurs ne doivent pas être mis de côté sans un examen approfondi.

Une série d'expériences sur des corps présentant un effet négatif, c'est-à-dire de diminution de conductibilité sous l'action des ondes hertziennes, tels que le potassium et le sodium, faites par un dispositif spécial et à l'aide de l'auscultation téléphonique, ont permis de mettre en évidence non seulement le phénomène d'oxydation qui a lieu dans ce cas, mais encore une action électrolytique avec décomposition du pétrole ; en effet, après quelque temps, on trouve un dépôt noir de carbone dans le tube. Quant a l'auscultation téléphonique, elle est très intéressante, et M. Tommasina dit qu'il serait utile de faire intervenir le téléphone dans l'étude de plusieurs phénomènes d'électrochimie. Étudiant ensuite la manière de se comporter des mélanges de limailles métalliques et de poudres isolantes dans le pétrole, M. Tommasina a constaté que :

1° *Lorsque le champ électrique est peu intense, il se forme seulement des chaînes de fragments diélectriques, probablement à cause de leur légèreté.*

2° *Augmentant graduellement l'intensité du champ, les grains de limaille se mettent en mouvement et s'élancent pour former des chaînes mixtes.*

3° *Faisant croître encore la différence du potentiel entre les électrodes, l'on voit apparaître le long de la chaîne des étincelles, qui rejettent au loin les chaînons diélectriques, de façon qu'après quelque temps la chaîne n'est plus composée que de limaille métallique.*

4° *Sous l'action continuée du champ intense, l'on voit ensuite se produire la soudure des grains métalliques formant des morceaux de chaîne rigide.*

L'auto-décohérence serait ainsi expliquée, de même que la cohérence permanente. En effet, l'action négative et la décohérence spontanée subséquente ont été obtenues avec des limailles d'argent, d'or et de platine, mélangées à des poudres diélectriques, chimiquement inactives, comme le verre pilé.

Un autre point important restait à élucider, c'était l'action due à la présence du liquide diélectrique. Poursuivant ses recherches, M. Tommasina a pu voir se former dans le pétrole des chapelets de gouttes de glycérine et observa que : *jamais une goutte de glycérine n'adhérait directement à la goutte suivante, il y avait toujours entre elles, dès la formation du chapelet, une ou deux bulles gazeuses.* En outre, certains mouvements rotatoires, indépendants les uns des autres, qu'il a constatés dans l'intérieur des gouttes (celles-ci contenant de très petites bulles gazeuses), et les rotations des grosses bulles extérieures, démontrent que : *le phénomène est dû à une action électrolytique, qui a lieu dans les points de plus faible contact, immédiatement après que la polarisation se manifeste.*

En utilisant ces résultats, un nouveau type d'anticohéreurs a pu être obtenu, possédant l'effet négatif au plus haut degré, de telle façon que : *cet anticohéreur constitue un véritable interrupteur du circuit de la pile agissant par la seule action des ondes hertziennes.* En effet, un de ces anticohéreurs placé dans le circuit d'un téléphone usuel produit les mêmes sons que si l'on interrompt le circuit. Ce fait a amené M. Tommasina à créer un nouvel *électro-radiophone.* Cet appareil donne des sons pouvant être entendus très distinctement de tous les points d'une grande

salle; il se prête ainsi aux expériences de cours et de laboratoire, car il permet à un expérimentateur d'entreprendre
seul des recherches qui demandent actuellement l'aide
d'une autre personne.

M. Tommasina termine sa communication, déclarant
qu'il pense pouvoir conclure que le phénomène principal
des radioconducteurs est bien celui de la cohérence, dont
la cause directe est, en somme, la même que celle qui se
manifeste par une étincelle dans le spintéromètre du ré-
sonateur de Hertz et de Sarasin et de la Rive, compliqué
par l'action d'un courant continu dans un champ oscillant
intermittent. S'il y a possibilité de mouvement, les particules s'orientent et peuvent même s'aligner et adhérer,
formant des chaînes, ou ponts conducteurs, donnant lieu à
la cohérence permanente, qu'on détruit par un choc, donc
au phénomène des *cohéreurs proprement dits*. Lorsqu'il y
a des particules d'oxyde ou d'autres poudres, plus ou moins
diélectriques, celles-ci se polarisent également sous l'action des ondes et interviennent en formant des ponts ou
des chaînons moins bons conducteurs, ce qui donne lieu à
un état d'équilibre instable, et aux effets négatifs ou de diminution de conductibilité, et conséquemment au phénomène de la décohérence spontanée. Lorsque celle-ci est
produite par la nature même de la substance, comme dans
les cohéreurs à charbon, ou par la présence d'oxydes ou
d'autres poudres diélectriques, l'on a les *cohéreurs auto-
décohérents*. Lorsqu'enfin l'on utilise de la vapeur ou un
liquide, ou un mélange contenant aussi un liquide, une
action électrolytique a lieu, et l'on a dans ce cas les *anticohéreurs*.

M. Jules MICHELI décrit un *appareil pour déterminer le
noircissement des plaques photographiques sous l'action de la
lumière*, appareil qu'il a étudié avec M. F. MARTENS.

Ce nouvel appareil est construit suivant le principe d'un
photomètre à polarisation; on compare entre elles les intensités de deux faisceaux lumineux, dont l'un est constant
et l'autre plus ou moins affaibli par son passage au travers
de la plaque photographique qu'on se propose d'étudier.

La nouvelle méthode, proposée par MM. Martens et Micheli pour déterminer le noircissement des plaques, a l'avantage sur les précédentes de tenir compte de la quantité de lumière réfléchie par le verre de la plaque photographique et de la quantité de lumière réfléchie et absorbée par la gélatine propre, c'est-à-dire par la gélatine ne contenant pas d'argent.

Quelques expériences ont conduit au résultat probable que le noircissement d'une plaque n'est qu'une fonction du produit it de la quantité i de lumière incidente dans le plan de la plaque par la durée d'exposition t.

(Le travail de MM. Martens et J. Micheli a paru *in extenso* dans les *Archives*, mai 1901, t. XI, p. 472.)

Séance du 18 avril.

A. Brun. Excursion geologique au Stromboli.

M. A. BRUN communique les observations qu'il a faites durant une *excursion géologique au Stromboli* en mars 1901.

Ce qui reste du *cratère ancien* du volcan forme un demi-cercle dont la convexité est tournée vers l'est. Cet ancien cratère se trouve à une altitude de 835-926 m. ; sa partie ouest a été crevée pour faire place au cratère actuel. Les parois anciennes sont formées de cinérites et de lapillis alternant avec des laves compactes. Les coulées, peu larges en général, descendent en éventail jusqu'à la mer. Elles ont une épaisseur qui varie de 4 à 10 m. La bouche du cratère ancien a dû se trouver à peu de distance de la bouche actuelle ; il ne s'est fait qu'un déplacement lent vers l'ouest des bouches vomissantes.

Quant au *cratère moderne*, il se trouve inclus dans le cratère ancien. Le Stromboli est un volcan lent ; en 1889, il a commencé à donner une petite coulée de lave, qui augmente peu à peu depuis lors. M. Brun a observé trois bouches, distantes de 50 à 100 mètres l'une de l'autre. Celle du sud, qui a 40 m. de diamètre, donne des projections avec explosions plus ou moins violentes ; elle rejette des lapillis, des laves fondues, des cendres ; entre les explosions, qui se succèdent à des intervalles variant de 1 à 20 minutes, il s'échappe des gaz avec un bruit intense ; les paquets de lave roulent à l'ouest jusqu'à la mer. Cette bouche sud lance des blocs pâteux jusqu'à 800 m. de distance. M. Brun en a observé un dont le volume était d'un mètre cube et qui s'était aplati sur le sol.

La seconde bouche est située à environ 100 m. au nord de la première, son diamètre est de 15 à 20 m. ; elle donne des projections continuelles ; la coulée de lave descend à la mer vers l'ouest-nord-ouest, le long d'une pente de 37° d'inclinaison.

Les parois des bouches vomissantes du Stromboli sont en lave compacte et résistent aux explosions ; l'altitude des orifices est de 750-760 m. La cause des explosions doit être cherchée dans l'inflammation du gaz hydrogène.

Fumerolles. Les fumerolles, localisées surtout au nord des deux bouches et distantes de 200 à 300 mètres de celles-ci, sont énormes. Une fumerolle isolée se trouve au sommet (926 m.) du cratère ancien.

Cône de déjection. Les déjections qui tombent à l'ouest disparaissent dans la mer, à cause de la pente ; mais à l'est il se forme un cône de déjections retenu par les parois de l'ancien cratère.

Bombes. Le mouvement de giration que certains auteurs attribuent aux bombes, n'existe pas ; la bombe n'est qu'une enclave partiellement arrondie par fusion et qui, en sortant du bain fondu, en étire une partie après elle.

Formations éoliennes. Celles-ci forment de grandes pentes de cinérites à l'est ; de nombreux cristaux d'augite sont mis à nu par le frottement du sable, qui use et polit les roches.

Érosion. L'érosion marine est variable et donne des apparences qui dépendent des formes voûtées que peut avoir la lave ; à chaque tempête il se forme une banquette marine au pied du cône de lapillis de l'ouest ; comme toute lave refroidie est découpée en prismes de retrait, les éboulements se font facilement lorsque le substratum des tufs est érodé par l'eau.

M. Brun n'a jamais observé de flammes.

Pétrographie. La partie pétrographique donnera lieu à une communication ultérieure, lorsque les déterminations et les analyses seront terminées. Pour le moment, les observations de M. Brun sont conformes à celles qui sont indiquées sur la carte géologique du prof. Gemellaro. La lave est un basalte plus ou moins riche en olivine, accompagné quelquefois de mica noir. Le fer oxydulé est principalement de deuxième consolidation ; le labrador appartient au type basique Nm = 1,565 ; l'augite est en grands cristaux de première consolidation, angle d'extinction 45° sur g'.

La lave des explosions, ramassée encore chaude, présente un verre très foncé dans lequel nagent l'augite, le labrador et l'olivine ; le fer oxydulé y est rare et accolé au péridot. Le titane et le phosphore s'y rencontrent aussi.

Enclaves. Il n'a été constaté qu'une enclave authentique de grès ; les gabbros, serpentines, calcaires et quartz trouvés sur la plage sont peut-être aussi des enclaves (?) mises à nu par la mer.

M. Brun a illustré sa communication de projections montrant des coupes géologiques et des instantanés d'explosions du cratère actuel.

Séance du 2 mai.

Prevost et Battelli. Restauration du cœur chez les chiens asphyxiés. — Pearce et Duparc. Propriétés optiques de la mâcle de la péricline. — Ph.-A. Guye et L' Perrot. Recherches sur le poids des gouttes. — Ph.-A. Guye et Baud. Mesures d'ascensions capillaires. — Ph.-A. Guye et Mallet. Détermination des constantes critiques. — Duparc et Pearce. Sur les gabbros à olivine du Kosswinsky.

MM. Prevost et Battelli ont confirmé, par de nouvelles expériences faites sur le chien et le chat, les résultats qu'ils avaient communiqués dans la séance du 21 février 1901.

Chez le chien, en produisant la mort par asphyxie au moyen de l'occlusion de la trachée, on trouve le cœur arrêté en diastole, quand on ouvre le thorax quelques minutes après l'arrêt des battements artériels. Si on masse alors le cœur en entretenant la respiration artificielle, on peut constater que les battements rythmiques du cœur peuvent réapparaître après un certain nombre de massages, lorsque le chien est en digestion d'un repas mixte, composé de viande et de pain (substances albuminoïdes et hydrocarbonées). Lorsque, au contraire, le chien est à jeun. apparaissent des trémulations fibrillaires permanentes du cœur.

Dans leurs nouvelles expériences, MM. Prevost et Battelli ont cherché à déterminer quelle est la nature des substances nutritives auxquelles on doit attribuer cette différence de résultat.

Dans une première série, les chiens ont été nourris uniquement de substances albuminoïdes (albumine d'œuf et fibrine, ou bien viande de cheval dégraissée). Dans ce cas, la restauration du cœur a été incomplète : chez quelques chiens, ont apparu de suite des trémulations fibrillaires, chez d'autres, ces trémulations ont été précédées d'un certain nombre de battements rythmiques auxquels ont succédé des trémulations permanentes du cœur.

Dans une seconde série d'expériences, les chiens on reçu uniquement de la graisse (saindoux). Le cœur a présenté des trémulations fibrillaires chez tous les chiens, sauf un, qui était encore jeune.

Dans une troisième série, les chiens ont été nourris de substances hydrocarbonées (glycose ou saccharose). Chez la majorité de ces animaux, le cœur a repris des contractions rythmiques ; mais ce résultat n'a pas été constant, car chez quelques-uns ont apparu des contractions fibrillaires.

Enfin, dans des expériences dans lesquelles la substance hydrocarbonée, savoir du glycose, a été injectée directement dans le sang, le cœur ne s'est pas remis et a offert des trémulations fibrillaires.

On peut dire, en résumé, que le repas mixte est celui qui a une influence la plus constamment favorable sur la restauration cardiaque à la suite de l'asphyxie. Les hydrates de carbone paraissent être, parmi les divers groupes de substances nutritives, les plus actifs à cet égard. Viendraient ensuite les substances albuminoïdes ; les moins actives seraient les graisses.

Les résultats observés chez le chat ont été variables. On sait d'ailleurs que les trémulations du cœur ne sont point chez lui toujours définitives, comme elles le sont chez le chien.

M. F. PEARCE, en son nom et celui de M. le prof. DUPARC, présente une communication sur les *feldspaths contenus dans des roches de la série des gabbros,* provenant de la mortagne de Tilaï-Kamen, dans le bassin supérieur de la Kosswa.

Les caractères optiques de ces feldspaths correspondent à ceux de variétés très basiques voisines du groupe de l'anorthite.

Ces feldspaths sont maclés selon les lois de l'albite, de Carlsbad et de la péricline. Les macles de l'albite et de Carlsbad sont plutôt rares, tandis que celle de la péricline s'observe avec une très grande fréquence, parfois, et c'est l'exception, on constate la présence de macles simultanées selon l'albite et la péricline; le plus souvent cette dernière existe seule, et les sections feldspathiques paraissent à première vue maclées d'après la loi de l'albite. Ce n'est que par les caractères optiques que la macle de la péricline peut, dans ces derniers cas, être mise en évidence, sur une même section, les lamelles ont rarement toutes le même développement, un des systèmes est composé souvent de lamelles larges et bien développées, tandis que l'autre est formé de lamelles étroites et cunéïformes.

En effet, si l'on recherche dans la coupe les sections perpendiculaires aux indices principaux n_g, n_m, n_p ou aux axes optiques, on observe que les extinctions sur les lamelles maclées 1 et 1′ ne correspondent pas à celles données pour la macle de l'albite.

Ainsi, par exemple, sur des sections normales à l'indice n_p, (Sn_p), on observe fréquemment les valeurs suivantes :

Extinction sur Sn_p pour n_m rapportée à la trace de macle = 31° à 35°.

Extinction sur 1' Sn_p pour n'_p rapportée à la trace de macle = 20° environ.

Dans l'hypothèse de la macle de l'albite, le feldspath ne peut appartenir qu'à des variétés basiques comprises entre les types Ab_3, An_4 et An de M. Michel-Lévy, pour lesquelles les épures donnent pour Sn_p les extinctions suivantes pour la vibration négative par rapport à la trace de la macle de l'albite :

$$Ab_3 \ An_4 = + \ 32°$$
$$An = + \ 35°$$

La lamelle 1' que la macle de l'albite adjoint à Sn_p, devrait offrir les angles d'extinction :

$$Ab_3 \ An_4 = - \ 47°$$
$$An = - \ 80°$$

Les angles observés présentant donc une grande divergence d'avec les valeurs ci-dessus, nous avons pensé que les plagioclases de ces roches seraient probablement maclés selon la loi de la péricline seule ; nous avons cherché à vérifier cette hypothèse en déterminant les caractères des sections maclées, perpendiculaires soit aux indices principaux, soit aux axes optiques. Ces caractères ont été établis graphiquement à l'aide d'épures stéréographiques selon le procédé indiqué par M. Michel-Lévy [1].

Le plan d'association de la macle de la péricline se trouve dans la zone ph^1 et fait un angle de — 18° avec $p = (001)$, et l'axe de macle est parallèle à l'arête ph^1.

Le plan de projection adopté pour l'étude est le plan normal à l'axe macle, le pôle de $g' = (010)$ se projette dans le voisinage du centre de l'épure, la macle de la péricline adjoint à un pôle quelconque de l'épure un autre pôle qui lui est symétrique par rapport au centre du cercle de base

---

[1] A. Michel-Lévy. Étude sur la détermination des Feldspaths, 1894.

et dont l'extinction a été déterminée graphiquement par le procédé indiqué. L'extinction pour la vibration négative, rapportée à la trace de macle, est affectée du signe $+$ lorsqu'elle se fait dans le sens du mouvement des aiguilles d'une montre, et du signe $-$ si elle se fait en sens contraire.

Pour l'anorthite, nous avons obtenu les valeurs suivantes :

$$Sn_g = -33°\ 1/2 \quad | \quad Sn_m = -24°\ 1/2 \quad Sn_p = \begin{vmatrix} -34°\ 1/2 \end{vmatrix} \quad S_A = -57° \quad | \quad S_B = -35°$$
$$'Sn_g = +19°\ 1/2 \quad | \quad 1·Sn_m = +76°\ 1/2 \quad 1'Sn_p = +21 \quad | \quad 1'S_A = -17° \quad | \quad 1'S_B = +13°$$

La trace de $p = (001)$ fait avec la trace de macle un angle de :

$+ 28°\ 1/2$ sur Sn_g, $+ 12°$ sur Sn_m, $+ 13°$ sur Sn_p, $+ 15°\ 1/2$ sur S_A et $+ 13°$ sur S_B.

Sn_g, Sn_m, Sn_p, S_A, S_B, désignent respectivement les sections perpendiculaires aux indices n_g, n_m, n_p et aux axes optiques A et B ; $1'Sn_g$, $1'Sn_m$, etc., désignent ici les lamelles maclées avec Sn_g, Sn_m, etc., selon la loi de la péricline.

Ces valeurs s'accordent d'une façon assez satisfaisante avec celles observées sur des sections feldspathiques étudiées dans lesdites roches ; nous citerons comme exemple les feldspaths anorthite de la coupe n° 162 des roches du Tilaï-Kamen :

1° Section voisine de Sn_p maclée selon la péricline :

Extinction sur 1 voisin de $Sn_p = -31°$
» » 1' » $= +21°$

La biréfringence sur 1' devrait, dans l'hypothèse de la macle de l'albite, être sensiblement égale à celle de 1, tandis qu'elle est de beaucoup supérieure, ce que notre épure vérifie également.

2° Section voisine de Sn_p, maclée selon la péricline :

Extinction sur 1 voisin de $Sn_p = -30°$
» » 1' » $= +18°$ environ.

La lamelle 1' est étroite et cunéiforme, et l'extinction est d'une mesure approximative.

3° Section perpendiculaire à l'axe optique A, macle de la péricline. A est perpendiculaire sur la lamelle 1 :

Angle de la trace du plan des axes avec la trace
de macle $= -58°$
Extinction négative sur 1′ $= -19°$

La biréfringence de 1′ est élevée et voisine de Ng-Np, ce que notre épure montre en effet. Sur les épures de M. Michel-Lévy, il est facile de voir qu'aucun feldspath ne correspond à ces caractères.

M. Ph.-A. Guye rend compte de divers travaux effectués dans son laboratoire :

1° Des *recherches sur le poids des gouttes*, faites en collaboration avec M. L. Perrot, et dont ce dernier a déjà entretenu la Société[1].

2° Des *mesures d'ascensions capillaires* sur divers liquides organiques, effectuées en collaboration avec M. Baud[2].

3° Des *déterminations de constantes critiques* (températures et pressions), faites avec M. Mallet, relatives à quelques nitriles, dérivés de l'aniline et hydrocarbures aromatiques.

M. Duparc, en son nom et en celui du Dr Pearce, présente une communication sur les *gabbros à olivine du Kosswinsky-Kamen*. Ceux-ci forment une arête assez élevée, appelée par les auteurs Pharkowsky-Ouwal, qui flanque le Kosswinsky à l'ouest. Ce sont des roches mélanocrates à grain moyen, qui paraissent exceptionnellement riches en diallage. Sous le microscope, la composition minéralogique est la suivante : Apatite, Olivine, Diallage, Mica noir, Magnétite, Spinelles chromifères, puis plagioclases de la série Labrador-Anorthite.

L'apatite est fort rare et peut être considérée comme accidentelle ; elle se rencontre en inclusions dans l'élément

---

[1] Voir *Archives*, mars et avril 1901, t. XI, p. 225 et 345.
[2] Voir *Archives*, mai et juin 1901, t. XI, p. 449 et 537.

noir, mais elle est toujours peu abondante. L'olivine joue un rôle secondaire par rapport au pyroxène ; elle est nettement antérieure à cet élément et s'y trouve comme inclusions ou même à l'état d'individus manifestement automorphes, généralement de dimension plus faible que le pyroxène. Elle possède d'ailleurs les caractères optiques ordinaires et se présente d'habitude dans un état de fraicheur assez grand, elle est craquelée et, selon les fissures, il se produit quelquefois une rubéfaction, voire même une serpentinisation.

Le diallage est l'élément prépondérant, ses grands cristaux noirâtres sont en lames minces, presque incolores ou légèrement verdâtres. Il est riche en inclusions alignées selon h^1 et g^1 ; les deux systèmes sont représentés par des lamelles un peu différentes : les unes sont fines, les autres plus larges, en forme de losange. Le diallage présente les clivages m $= (110)$ et quelques macles selon p $= (001)$ ont été observées. Au point de vue optique, le diallage s'éteint sur g$^1 = (010)$ à 43 bis 45°pour Ng, le signe optique est positif, l'angle des axes mesuré directement donne 2 V $= 53°$; la biréfringence m$_g$-n$_p$ est normale $= 0,022$.

Le mica brun est assez fréquent, mais se trouve toujours en petite quantité et joue dans le gabbro un rôle analogue à la hornblende dans la Kosswite ; il est étroitement lié à la magnétite et frange les plages de cet élément. Il est uniaxe négatif, s'éteint à 0° du clivage p $= (001)$, sa biréfringence $= 0,04$, le polychroïsme $=$ ng $=$ rouge-brun np $=$ jaune brunâtre presque incolore.

La magnétite est assez abondante, elle est disposée en plages sidéronitiques comme celle de la Kosswite, mais elle est moins répandue que dans cette roche, elle relie les éléments ferro-magnésiens.

Les feldspaths, dans la règle, sont rares, ils appartiennent à des termes basiques compris entre Ab$_2$ An$_8$ et An, et sont généralement maclés selon la loi de l'albite et de Karlsbad.

La structure de ces roches est très particulière : les plages d'olivine et de pyroxène sont réunies par de la magnétite comme dans la Kosswite, mais elles laissent subsister des espèces de cryptes dans lesquelles les feldspathes ont cristallisé ; il y a donc en quelque sorte une double consolidation mi-contemporaine, la première formée par la magnétite, la seconde par des feldspaths qui ont cristallisé dans les vides nés de cette première consolidation.

Les gabbros à olivine de Pharkowsky-Ouwal présentent fréquemment des traces non équivoques de dynamo-métamorphisme ; l'olivine, de tous ses éléments, est celui qui s'écrase le plus facilement, elle est souvent réduite à l'état d'esquilles, tandis que les pyroxènes restent indemnes ou sont peu maltraités. Quand les phénomènes dynamiques sont très intenses, la coupe revêt l'allure d'une véritable brèche microscopique d'écrasement.

La liaison étroite des gabbros à olivine avec la Kosswite résulte de l'examen microscopique aussi bien que de la composition chimique, et il est évident que l'on ne saurait séparer génétiquement ces deux roches, liées l'une à l'autre par des formes de passage manifestes ; la position de ces gabbros, situés sur le bord du massif éruptif de Kosswite, correspond à une séparation plus acide du magma primordial et reste conforme à ce qui a été observé ailleurs à propos des massifs péridotiques et des gabbros qui leur sont subordonnés.

Analyses.

	N° 7.	N° 23.	N° 22.
SiO_2 =	40.15	46.56	46.56
Al_2O_3 =	4.60	9.70	9.24
Cr_2O_3 =	0.58	traces	. . . .
Fe_2O_3 =	12.24	2.83	3.92
FeO =	10.87	9.61	8.69
MnO =	traces	traces	traces
CaO =	17.26	15.65	16.09
MgO =	15.01	13.30	13.85
K_2O =	. . . .	0.94	0,93
Na_2O_3 =	. . . .	1.82	1.52
Perte au feu	0.40	0.47	0.36
	101.11	100.88	101.16

N° 7 = Kosswite à structure sidéronitique du Kosswinsky
      Kamen.

N° 23 }
N° 22 } = gabbros à olivine de Pharkowsky-Ouwal.

Séance du 6 juin.

Ch.-Eug. Guye et L. Kasanzeff. Mesure de très faibles capacités. —
   Ch.-Eug. Guye et A. Bernoud. Mesure électrothermique de la
   puissance des courants rapidement variables. — C. Margot. Galvanomètre thermoélectrique.

M. Ch.-Eug. GUYE communique les résultats d'une étude
entreprise par M. L. KASANZEFF au Laboratoire de Physique
de l'Université.

Cette étude est relative à la *mesure de très faibles capacités* par une méthode indirecte basée sur la similitude des
formules, qui représentent le champ électrostatique d'un
condensateur et le champ électromagnétique, dans un
conducteur à trois dimensions, parcouru par un courant
constant.

Ces considérations théoriques permettent de remplacer
les mesures de capacité par des mesures de résistance
d'électrolytes et d'éliminer ainsi totalement l'influence de
la capacité des conducteurs de jonction, dont il est difficile
de s'affranchir dans l'expérience directe, cette capacité
étant du même ordre que celle à mesurer.

Après avoir fait par cette méthode l'étude de quelques
systèmes simples dont les capacités pouvaient être vérifiées exactement par le calcul, la méthode a été appliquée
à la détermination des capacités d'une vingtaine de systèmes cylindriques et, en particulier, de systèmes symétriques présentant beaucoup d'analogie avec le dispositif de
certains câbles électriques.

Il a été possible ensuite d'établir une formule approchée
donnant la capacité d'un système de n fils égaux, parallèles,
équidistants et symétriquement placés à l'intérieur d'un
cylindre conducteur formant armature extérieure.

En remplaçant les systèmes électrisés en équilibre par des couches électriques cylindriques et uniformes[1] et en appelant capacité approximative C' la charge du système pour élever le potentiel de une unité sur l'axe de l'un des conducteurs intérieurs, on trouve :

$$C' = \frac{nl}{2 \, log_o \dfrac{R^n}{r^n \, \rho^{n-1}}}$$

n étant le nombre des conducteurs intérieurs, R le rayon interne du cylindre extérieur, r le rayon d'un conducteur intérieur, ρ le rayon de la circonférence sur laquelle les n conducteurs sont répartis, l la longueur du système.

En comparant les résultats de cette formule avec ceux fournis par la méthode expérimentale, on trouve que les valeurs calculées sont comprises entre 0,90 et 0.98 des valeurs trouvées expérimentalement, à la condition d'excepter le cas où les conducteurs sont très rapprochés les uns des autres ou très rapprochés de l'armature externe.

Les résultats de ces recherches et le détail de la méthode seront exposés ultérieurement.

M. Ch.-Eug. GUYE rend compte des premiers résultats d'un travail entrepris dans son laboratoire par M. A. BERNOUD sur une *méthode electrothermique tout à fait générale, destinée à mesurer la puissance des courants rapidement variables.*

Des expériences préliminaires, effectuées sur des courants de fréquence de 1000 à 2000 à la seconde, ont en effet montré que les indications des appareils généralement en usage sont le plus souvent illusoires, par suite de la self induction des appareils et surtout de leur capacité, dont le rôle peut devenir alors prépondérant.

La nouvelle méthode est donc destinée, avant tout, à éliminer aussi complètement que possible l'influence per-

---

[1] Ces couches ne sont plus alors des couches d'équilibre.

turbatrice de la self induction et de la capacité, et permet en outre de déterminer exactement la *puissance moyenne* consommée dans un appareil quelconque, dans un temps donné.

Elle dérive du dispositif classique des trois ampèremèmètres ou des trois voltmètres, mais ces appareils sont remplacés par trois résistances en **constantane** rigoureusement égales et placées dans de petits calorimètres identiques.

Chacune de ces trois résistances est formée de quelques spires seulement, enroulées bifilairement.

Dans ces conditions, la self induction et la capacité sont réduites au minimum et peuvent être considérées comme pratiquement nulles, même pour les courants de fréquence élevée qui ont servi dans les expériences préliminaires.

Lorsque la puissance à mesurer est suffisamment grande, on peut négliger la puissance consommée dans les calorimètres, et deux des résistances peuvent alors être placées dans le même calorimètre.

Il est aisé de démontrer que dans ce cas la puissance consommée dans la dérivation où se trouve l'appareil d'utilisation est rigoureusement proportionnelle à la différence des chaleurs dégagées dans les deux calorimètres en un temps donné, et cela quelle que soit la forme sous laquelle l'énergie électrique est absorbée (mécanique, thermique ou chimique).

En effet, dans le dispositif des trois ampèremètres, on sait que l'énergie consommée a pour expression :

$$W_1 = \frac{R}{2} \left[\int_0^t i^2 . dt - \int_0^t i^2_1 . dt - \int_0^t i^2_2 \, dt \right]$$

R désignant la résistance de la dérivation sans self induction, i le courant total, i_1 le courant utilisé, i_2 le courant dérivé.

Dans la méthode calorimétrique qui lui a été substituée,

la différence des chaleurs dégagées dans les deux calorimètres est donnée par la relation :

$$Q_1 - Q_2 = \frac{r}{J}\left[\int_0^t i^2\, dt - \left(\int_0^t i_1^2\, dl + \int_0^t i_2^2\, dt\right)\right]$$

J étant l'équivalent mécanique de la chaleur, r la résistance d'un des enroulements en constantane.

En combinant ces deux équations, il vient :

$$W_1 = \frac{JR}{2r}\left(Q_1 - Q_2\right) = A\left(Q_1 - Q_2\right)$$

L'énergie électrique consommée, quelle que soit sa nature, est donc rigoureusement proportionnelle à la différence des chaleurs dégagées dans les deux calorimètres.

Une première série de mesures a été effectuée sur la puissance consommée dans un électro-aimant massif parcouru par des courants alternatifs et a donné des résultats très concordants, à la condition de tenir compte des corrections du refroidissement des calorimètres pendant la durée de l'expérience.

M. C. MARGOT, préparateur au Cabinet de physique, présente un *galvanomètre thermoélectrique* très simple, devant servir dans les cours de physique expérimentale à la démonstration des lois de la chaleur rayonnante. Cet appareil dérive de la pile thermoélectrique primitive de Seebeck, en ce sens que l'auteur a cherché à lui donner une sensibilité très grande. Il est formé d'un seul couple d'un alliage de cadmium-antimoine et de bismuth, soudé latéralement dans une entaille faite dans un bloc de cuivre, au centre duquel se déplace une aiguille aimantée sous l'influence des courants produits par l'action de la chaleur rayonnante sur une des soudures antimoine-bismuth.

L'appareil a reçu les perfectionnements qui sont appliqués aux galvanomètres de précision : amortissement très grand par suite de la présence de la masse de cuivre, emploi d'un aimant compensateur et d'un miroir pour faire les lectures ou projeter sur un écran les déviations de l'aiguille. La sensibilité de ce galvanomètre thermoélectrique est à peu près égale à celle de la pile de Melloni reliée à un galvanomètre sensible, et il offre sur ce dernier l'avantage que le couple thermoélectrique forme en même temps cadre galvanométrique.

Séance du 4 juillet.

Le Président. Décès de M. Ch⁴ Galopin-Schaub. — Ed. Claparède. Vitesse de soulèvement des poids de volumes différents. — Duparc et Pearce. Roches platinifères de l'Oural. — Le Secrétaire. Deuxième partie du tome XXXIII des Mémoires de la Société de physique.

M. LE PRÉSIDENT se fait l'interprète des regrets de la Société au sujet du décès d'un de ses membres ordinaires, M. Ch⁵ Galopin-Schaub, professeur de mathémathiques.

M. Ed. CLAPARÈDE communique les résultats de nouvelles expériences faites au Laboratoire de psychologie sur la *vitesse de soulèvement des poids de volumes différents,* et qui confirment entièrement ses recherches entreprises précédemment sur le même sujet (voir *Archives des sc. phys. et nat.,* juin 1900). Des objets de même poids réel sont soulevés d'autant plus rapidement que leur volume est plus grand, et c'est là la raison qui fait paraître plus légers les gros objets, toutes choses égales d'ailleurs.

L'impression de plus ou moins grande lourdeur doit dépendre, psychologiquement, des variations de tension musculaire correspondant à la variation de la vitesse d'ascension ou de la durée du temps de latence. Les expériences faites montrent que l'impulsion motrice est beaucoup plus forte (puisque la levée est plus rapide) lorsqu'il s'agit de soulever un gros volume qu'un petit. Il en résulte, puisque c'est le gros volume qui est perçu le plus léger, que le sens d'innervation n'existe pas. (Voir, pour les détails, *Archives de Psychologie de la Suisse romande,* n° 1, juillet 1901.)

M. Duparc expose la suite des recherches qu'il a entreprises avec M. Pearce sur *les roches platinifères de l'Oural.*

Les dunites serpentinisées sont seules voisines des sables platinifères, tandis que les mêmes roches non serpentinisées n'ont pas de platine dans leur voisinage. L'analyse démontre que les dunites serpentinisées renferment une notable proportion de chrôme; cet élément par contre ne se trouve pas dans les dunites non serpentinisées; il est donc en relation avec les dépôts platinifères et peut servir à signaler la présence du platine. L'extraction du platine des sables devant toucher à sa fin dans peu d'années, il est intéressant de suivre les recherches qui se poursuivent actuellement pour l'exploitation du platine en filons.

M. LE SECRÉTAIRE DES PUBLICATIONS présente la deuxième partie du tome XXXIII des *Mémoires de la Société de physique et d'histoire naturelle de Genève,* qui vient de paraitre.

Ce demi-volume renferme, à côté d'une partie administrative, les mémoires suivants :

1. Notes pour servir à l'étude des Échinodermes, par P. de Loriol.

2. Les roches éruptives des environs de Ménerville, par L. Duparc et F. Pearce.

3. Étude géologique, par Étienne Ritter.

4. Mémoire sur la latitude de l'Observatoire de Genève, par Justin Pidoux.

5. Die Pilzgattung Aspergillus, par le prof. Dr C. Wehmer.

Séance du 1er août.

C.-E. Guye. Valeur absolue du potentiel dans les réseaux isolés de conducteurs présentant de la capacité. — Reverdin et Crépieux. Action de l'acide nitrique sur la toluène-o-nitro-p-sulfamide. Sur quelques dérivés du p-sulfochlorure de toluène. Sur quelques dérivés du benzoyl-β-naphtol.

M. C.-E. GUYE fait une communication sur la façon dont on peut calculer *la valeur absolue du potentiel dans les réseaux isolés de conducteurs présentant de la capacité.* Après avoir établi une expression générale. il montre comment on peut l'appliquer aux principaux cas des canalisations électriques.

M. Frédéric REVERDIN présente les travaux suivants qui ont été exécutés avec la collaboration de M. P. CRÉPIEUX et qui seront publiés dans les *Archives.*

1° *Action de l'acide nitrique sur la toluène-o-nitro-p-sulfamide et nitration du p-sulfochlorure de toluène.* Il résulte des recherches faites sur ce sujet que l'action de l'acide nitrique fumant sur la toluène-nitro-sulfamide donne lieu à la formation de deux nitrotoluène-sulfonates d'ammoniaque et d'un dérivé dinitré.

En faisant réagir un mélange d'acide nitrique fumant et d'acide sulfurique concentré sur le p-sulfochlorure de toluène. M. R. et C. ont obtenu l'acide toluène-dinitro-sulfonique $C^6H^2.CH^3.NO^2.NO^2.HSO^3$ 1. 2. 6. 4 déjà connu et préparé par une autre méthode.

2° *Sur quelques dérivés du p-sulfochlorure de toluène et de l'o-nitro-p-sulfochlorure de toluène.* Dans ce travail, les auteurs décrivent la préparation et les propriétés d'un certain nombre de dérivés obtenus en faisant réagir le p-sulfochlorure de toluène et son dérivé o-nitré sur des phénols tels que le p-nitrophénol, la résorcine, le gaïacol, les naphtols et le dioxynaphtotolulène 2.7, ainsi que sur des amines telles que l'aniline, la phénylhydrazine, la phénétidine, la phénylène-diamine et les naphtylamines.

3° *Sur quelques dérivés du benzoyl-β-naphtol.*

Séance du 3 octobre.

M. W. LOUGUININE, professeur a l'Université de Moscou, communique en son nom et en celui de M. SCHUKAREFF, un premier mémoire *sur la thermochimie des alliages.* Ce mémoire est consacré à l'étude des alliages du zinc et de l'aluminium. Les alliages qu'ils ont soumis à leurs expériences correspondent plus ou moins exactement par leur composition à des formules voisines de ZnAl^5 et allant jusqu'à Zn^{3}Al. Ils ont étudié en tout 8 alliages.

M. Louguinine commence sa communication en rappelant le principe de la méthode appliquée dans ce genre de recherches ; elle se base sur ce principe général que la formation de tout composé défini est accompagnée d'un phénomène thermique et que l'absence de tout dégagement ou absorption de chaleur indique qu'il n'y a pas de formation de composé défini, mais simple mélange de métaux lors de la préparation des alliages par la fusion.

Pour s'assurer s'il y a eu effet thermique lors de la formation d'un alliage, on a recours au principe de thermochimie trouvé par Hesse, d'après lequel la chaleur correspondante à la transformation d'un système, en partant d'un même état initial, pour arriver à un même état final, est absolument indépendante de la manière dont cette transformation a été effectuée. Il résulte de cette règle générale, comme postulat que l'effet thermique correspondant à la formation d'un alliage est égal à la différence entre la quantité de chaleur dégagée par un réactif (dans les cas étudiés par M. Louguinine et Schukareff c'était de l'acide chlorhydrique) sur les deux métaux pris isolément, en quantité égale à celle dans laquelle ils entrent dans l'alliage, et sur l'alliage lui-même.

A la suite de ces considérations générales, que l'on retrouve dans les traités de thermochimie, les auteurs ont passé à la description de l'appareil qui leur a servi dans ces recherches et à l'exposition des méthodes employées pour la préparation des alliages, et enfin à la description des expériences elles-mêmes. Ces méthodes peuvent avoir une application assez générale en dehors de l'étude des alliages entre zinc et aluminium ; quant à ces derniers, ils ont donné des résultats peu nets, ne permettant pas de conclure avec précision à l'existence d'alliages formés en pro-

portion définie et représentant de véritables substances
chimiques.

Si les auteurs se sont néanmoins décidés à présenter
à la Société de physique et d'histoire naturelle de Genève
les résultats plus ou moins négatifs auxquels ils sont arrivés, c'est en vue de la concordance de leurs résultats avec
ceux obtenus par les physiciens anglais Heycock et Neville
en employant la méthode de la détermination des points
de fusion de nombreux alliages entre zinc et aluminium.
Ces savants ont obtenu en partant de cette méthode absolument différente de la méthode thermochimique appliquée par MM. Louguinine et Schukareff, les mêmes résultats négatifs.

M. Ch. SARASIN fait une communication sur la stratigra-
phie et la tectonique du versant O. de la *chaîne Niremont-
Pléiades* envisagées surtout au point de vue des formations
infracrétaciques. Il est arrivé à établir une classification
stratigraphique du Crétacique inférieur, considéré jusqu'ici
comme un complexe absolument uniforme, et à y reconnaître la présence des étages beriasien, valangien, hauterivien
et barrémien. Ces quatre niveaux se distinguent non seulement par leurs fossiles, mais aussi par des différences
appréciables dans leurs caractères lithologiques.

Au point de vue tectonique la chaîne des Pléiades et du
Niremont se compose d'un puissant complexe de grès du
Flysch plongeant vers l'E. et reposant sur une zone peu
épaisse de formations secondaires (Jurassique et Crétacique)
qui plongent également vers l'E. Ces dernières sont sup-
portées à leur tour par les couches redressées et renversées de la Molasse et du Flysch. Par l'étude détaillée des
sédiments infracrétaciques l'auteur a pu se convaincre
que cette zone de formations secondaires est formée non
par un ou plusieurs plis couchés vers l'O., mais par des
écailles superposées au nombre de deux ou trois et séparées les unes des autres par des surfaces de chevauchement et de glissement.

La constatation d'une structure imbriquée typique sur

le flanc occidental de la chaine externe des Préalpes vaudoises a une certaine importance étant donné l'intérêt tout spécial qui s'attache actuellement à la question très controversée de l'origine des Préalpes et des Klippes.

L'étude paléontologique des fossiles de la chaine Niremont-Pléiades sera publiée dans le prochain volume des *Mémoires de la Société paléontologique suisse*. (Voir *Archives*, novembre 1901, t. XII, p. 437).

M. BATTELLI rend compte d'expériences relatives à l'étude des *propriétés rhéotactiques des spermatozoïdes*. Dans ces recherches il s'est servi du dispositif suivant :

Un tube capillaire en verre, d'un diamètre interne de ¼ mm. environ, présente un renflement en forme d'ampoule dans deux points de sa longueur. Un de ces renflements peut être entouré d'un fil fin de platine disposé en spirale, que l'on chauffe plus ou moins en le faisant traverser par un courant. L'échauffement est gradué en insérant dans le circuit un rhéostat, qui règle l'intensité du courant.

Après avoir rempli de liquide spermatique la portion du tube capillaire comprise entre les deux ampoules, en laissant celles-ci pleines d'air, on scelle à la lampe les extrémités du tube capillaire. Puis on dispose autour d'une des ampoules (A) la spirale en platine et on fait passer le courant. La spirale se chauffe, l'air contenu dans l'ampoule A se dilate et repousse vers l'ampoule B le liquide contenu dans le tube capillaire. Lorsqu'on arrête le courant électrique, l'air de l'ampoule A se refroidit, diminue de volume et par conséquent le liquide est repoussé vers l'ampoule A.

Ce dispositif permet d'obtenir facilement une vitesse plus ou moins grande du liquide, et en outre de régler à volonté sa direction.

Dans ses expériences M. Battelli s'est servi de spermatozoïdes de cobaye ; un épididyme est coupé en morceaux dans 25 cc. d'eau ayant en solution par litre : ClNa 6 gr., glucose 5 gr., Co³NaH 1 gr.

Le tube capillaire rempli de ce liquide spermatique est

mis sur la platine chauffante, à une température de 39°
environ.

Au microscope il est surtout facile d'observer les mouvements des spermatozoïdes à proximité de la paroi du
tube capillaire, où le courant liquide est moins rapide que
dans le centre du tube.

Lorsque le liquide est au repos on voit les spermatozoïdes se mouvoir dans tous les sens, mais lorsqu'on provoque dans le liquide un faible courant, on observe que plusieurs spermatozoïdes sont entraînés par ce courant,
quelques uns se fixent contre la paroi du tube, d'autres
enfin se dirigent contre le courant. Au bout de quelques
instants on constate que tous les spermatozoïdes qui se
meuvent sous le champ du microscope se dirigent en sens
contraire du courant. On voit surtout nettement que plusieurs spermatozoïdes pénètrent dans le champ du microscope venant du côté du tube vers lequel le courant est
dirigé; par contre on ne voit pas de spermatozoïdes,
doués de mouvements propres, pénétrer sous le champ du
microscope venant du côté du tube d'où le courant
s'éloigne.

Si on renverse alors le sens du courant liquide, on
observe souvent que quelques spermatozoïdes changent
immédiatement de direction, tandis que d'autres sont entraînés par le courant. Au bout de quelques secondes tous
les spermatozoïdes doués de mouvements propres se dirigent contre le courant.

Cette propriété rhéotactique des spermatozoïdes facili-
terait ainsi, comme Roth l'admet leur arrivée jusqu'à
l'ovaire. Les mouvements des cils vibratils des trompes,
qui sont dirigés vers l'extérieur, ne sont pas un obstacle à
l'arrivée des spermatozoïdes jusqu'à l'ovaire ; ils la facili-
teraient au contraire en leur donnant une direction favorable pour y parvenir.

M. DUPARC fait une communication sur les nouvelles recherches qu'il a faites cette année dans les montagnes du Kosswinsky et sur *l'origine du platine*. Il a notamment exploré la rivière Kittlime et ses affluents qui descendent soit du Kosswinsky, soit de la ligne de partage, soit surtout d'un éperon qui se détache de l'extrémité N du flanc E du Kosswinsky.

M. Duparc a trouvé que cet éperon était entièrement formé de dunites massives, nettement intrusives dans la Kosswite qu'elles percent et disloquent. Toutes les rivières qui prennent naissance dans cette Kosswite, sont platinifères, conformément à la théorie indiquée dans les précédentes communications.

Etudiant ensuite la question des gisements primaires de platine, M. Duparc montre qu'ils ne seront jamais exploitables grâce à la particularité du platine de ne pas se localiser dans des filons déterminés.

Séance du 21 novembre.

J. Briquet. Système sécréteur dans la tige des Centaurées.

M. BRIQUET présente une *note sur la topographie du système sécréteur dans la tige des Centaurées.* — L'origine schizogène et la distribution des canaux sécréteurs corticaux et périmédullaires des Composées sont bien connus depuis les travaux de M. Van Tieghem [1].

Les canaux corticaux sont issus de la division cruciale d'une cellule mère, suivie de divisions radiales dans les

---

[1] Van Tieghem. Sur les canaux oléifères des Composées (*Bull. Soc. Bot. de Fr.*, XVIII, 1871); *Idem.* Sur la situation de l'appareil sécréteur dans les Composées (*Bull. Soc. Bot. de Fr.*, XXX, 1883).

cellules filles qui deviennent des éléments épithéliaux. Les cellules mères des canaux corticaux sont situées tantôt dans l'assise phloeotermique. tantôt dans les couches corticales extérieures à celle-ci. Cette distribution topographique des canaux sécréteurs corticaux a paru si constante aux anatomistes qui se sont occupés des Composées, qu'elle est indiquée comme un caractère général pour cette famille [1].

A l'occasion d'une monographie des Centaurées des Alpes maritimes, actuellement sous presse, nous avons étudié soigneusement une vingtaine d'espèces du genre *Centaurea* dont 17 nous ont paru organisées conformément à la règle de M. van Tieghem. Ce sont les *Centaurea Rhaponticum, conifera, Jacea, pectinata, Jordaniana, Aemilii, procumbens, uniflora, montana, Cyanus, collina, Cineraria, aplolepa, solstitialis* [2], *melitensis, Calcitrapa et sonchifolia.*

Dans plusieurs de ces espèces, examinées à l'état adulte, et chez lesquelles le phloeoterme prend tardivement des caractères endodermiques, on voit se réaliser le cas décrit par M. Vuillemin, dans lequel l'endoderme est refoulé extérieurement par le canal sécréteur très précoce, différencié bien avant cette assise [3]. On distingue alors sur une coupe transversale le canal pincé entre l'endoderme et le péricycle stéréique. M. Vuillemin admet que, dans ce cas, le canal est d'origine *phloeotermique* et que lorsque le phloeoterme prend des caractères endodermiques. le raccord entre les segments endodermiques *s'opère par la subérisation des éléments corticaux extérieurs aux canaux.*

[1] Voy. Vuillemin. Tiges des Composées, p. 65 et suiv. (Paris 1884); Ph Van Tieghem. Traité de Botanique, I, p. 769; Solereder. Systematische Anatomie der Dikotyledonen, p. 520.

[2] M. Vuillemin (Tige des Composées, p. 66) cite à tort le *C. solsitialis* parmi les Composées Cynarocéphales dépourvues de canaux sécréteurs corticaux. Ceux-ci existent constamment au nombre de 1-3 à la périphérie des faisceaux.

[3] Vuillemin. Remarques sur la situation de l'appareil sécréteur des Composées (*Bull. Soc. Bot. de Fr.*, XXXI, 1884); et Tige des Composées, p. 67, fig. 8.

« L'endoderme, système de cellules plissées, ne coincide donc pas avec l'endoderme-région, fait jusqu'à présent unique chez les Phanérogames [1]. »

Nous sommes convaincu, contrairement à l'opinion de notre savant confrère de Nancy, que dans bien des cas les canaux qui occupent la situation que nous venons de décrire sont d'origine *péricyclique*, et qu'il n'y a dès lors pas lieu d'admettre la genése, d'ailleurs fort possible, d'un endoderme extra-phloeotermique. Ce qui nous fortifie dans cette idée, c'est la découverte faite dans trois espèces de *Centaurea* de véritables canaux secréteurs péricycliques.

Chez le *Centaurea Scabiosa*, le péricycle sclérogène forme au dos des faisceaux de volumineux ilôts stéréiques entourés en général de 3 canaux sécréteurs. L'impaire (dorsal) occupe presque toujours une position encastrée dans le péricycle et adossée au phloeoterme. Les deux autres canaux (corticaux) sont très souvent *plongés dans le péricycle stéréique*, dont les fibres énormément sclérifiées les enveloppent de toute part. On ne saurait admettre qu'il s'agît là de canaux corticaux rattachés après coup au péricycle par une sclérification des éléments parenchymateux annexes. Le développement prouve bien l'origine péricyclique et d'ailleurs, même à l'état adulte, l'emploi de la chrysoïdine (qui colore en jaune d'or les stéréides péricycliques, et donne une teinte terre de Sienne aux éléments parenchymateux épaissis qui séparent les faisceaux) permet facilement de reconnaître l'emplacement péricyclique de ces canaux.

Le *Centaurea paniculata* var. *maculosa* présente une organisation tout à fait semblable. En général, les faisceaux angulaires sont flanqués de canaux encastrès dans le péricycle sclérogène suivant le mode décrit par M. Vuillemin. En revanche, dans les faisceaux qui occupent les faces de la tige, on voit les canaux latéraux et aussi le

[1] Vuillemin, *l. c.*, p. 67 et 68.

canal impair placés à l'intérieur du péricycle sclérogène
dont les stéréides l'enveloppent de toute part.

Enfin, le *C. aspera* possède des canaux sécréteurs à situation extrêmement variable. Il est facile de trouver dans
uue même section de tige des canaux purement corticaux,
des canaux phloeotermiques et des canaux incontestablement péricycliques entourés de stéréides péricycliques.

On voit donc, d'après ce qui précéde, que la règle posée
par MM. Van Tieghem et Vuillemin est moins absolue qu'il
ne le semblait. La position des canaux sécréteurs par
rapport aux faisceaux est constante, mais l'emplacement
topographique (écorce proprement dite, phloeoterme ou
péricycle) ne l'est pas. Cette indétermination n'a rien
d'ailleurs qui puisse nous surprendre chez des plantes qui
présentent d'autres anomalies bien plus importantes (faisceaux libéro-ligneux corticaux) sur lesquelles nous aurons
à revenir ultérieurement. Ajoutons que l'existence des
canaux sécréteurs n'a pas d'importance systématique. Ils
existent, par exemple, chez le *C. Scabiosa* et manquent
dans l'espèce voisine, le *C. collina*. D'autre part, ils ne
sont pas constants chez les diverses variétés du *C. paniculata.*

Séance du 5 décembre.

J. Briquet. Observations sur le genre Physocaulos. — C. de Candolle. Hypoascidie foliaire chez un ficus.

M. Briquet fait à la Société une communication relative
à un genre d'Ombellifères, *le genre Physocaulos*, dont la
place et la valeur dans la classification ont été contestées.
Il décrit l'organisation des fruits et des remarquables renflements que possède la tige. Etudiant les affinités des
Physocaulos avec d'autres groupes voisins, en particulier
les *Chaerophyllum*, avec lesquels on les a confondus,
M. Briquet conclut en maintenant les *Physocaulos* comme
genre distinct.

Passant ensuite à la famille des Labiées, l'auteur retrace
l'histoire d'une plante litigieuse appartenant au genre

Mentha et dont les affinités ont été longtemps méconnues. Bentham l'a signalée dans le *Prodromus* sous le nom de *Mentha dahurica* Fisch., mais en en donnant une description très inexacte qui a empêché de la reconnaître jusqu'à présent. C'est un type très distinct particulier à l'Asie orientale.

M. Briquet signale pour terminer quelques découvertes floristiques importantes. C'est d'abord une graminée, la *Poa Balfourii* Parn., nouvelle pour la chaine des Alpes, découverte en deux points des Alpes Lémaniennes. On ne la connaissait jusqu'à présent que de la Grande-Bretagne, de la Norvège et d'un point des Carpathes. Ensuite, M. Briquet annonce qu'il a découvert à la Chambotte (Jura savoisien) deux types provençaux nouveaux pour la Savoie, les *Piptatherum paradoxum* Beauv. et *Pterotheca nemausensis*.

M. C. de CANDOLLE fait une communication relative à des *ascidies foliaires* d'un tout nouveau genre produites par une espèce encore indéterminée du genre Ficus, croissant dans le jardin royal de Calcutta.

M. le Major Prain, directeur de cet établissement, qui avait signalé le fait à M. de Candolle, a bien voulu lui faire parvenir quelques-unes de ces ascidies dont celui-ci a pu ainsi étudier la structure.

Elles sont constituées de telle manière que leur surface interne est formée par la face inférieure de la feuille, ce qui n'avait encore été constaté que pour les urnes des Dischidia et les bractées nectarifères des Marcgraviacées.

M. de Candolle désignera dorénavant les ascidies de cette catégorie par le terme d'*hypoascidies* pour les distinguer de celles, beaucoup plus communes, dont la surface interne est formée par la face supérieure de la feuille et qu'il appellera des *epiascidies*. Ces dernières se rencontrent comme caractère normal chez un petit nombre de plantes telles que les Sarracenia, les Cephalotus, les Nepenthes et quelques autres, mais elles se produisent accidentellement chez beaucoup d'espèces des familles les plus diverses. Au contraire les hypoascidies n'ont jusqu'ici jamais été observées comme cas tératologiques.

Il est probable que celles des Ficus en question sont de nature tératologique. Toutefois cela n'est pas certain, attendu que ces arbres ne produisant jamais que des feuilles en hypoascidies, il se pourrait que celles-ci fussent un caractère normal de l'espèce encore inconnue à laquelle ils appartiennent.

M. de Candolle montre une des feuilles qu'il a reçues de Calcutta. Elle est en forme d'entonnoir à rebord beaucoup plus court du côté inférieur que du côté supérieur. On constate à première vue, que c'est la face inférieure de la feuille, reconnaissable à ses nervures saillantes, qui constitue la surface interne de l'entonnoir. L'examen microscopique des diverses régions de ces hypoascidies le confirme d'ailleurs pleinement, en montrant que leur surface interne assez velue, est abondamment pourvue de stomates, tandis qu'il n'y en a pas à la surface externe qui est presque glabre et munie d'un hypoderme qui manque au contraire à la face interne. En résumé ces hypoascidies de Ficus ressemblent tout à fait, dans de beaucoup plus grandes dimensions il est vrai, aux bractées en entonnoir des Marcgraviacées et c'est la première fois que ce genre de structure a été observé chez des feuilles proprement dites.

Séance du 19 décembre.

Ph.-A. Guye et L. Perrot. Ecoulement des liquides par gouttes. — J. Micheli. Influence de la température sur les indices de réfraction dans les parties invisibles du spectre. — A. Brun. Basalte du Stromboli et points de fusion des minéraux.

En poursuivant leurs études sur l'écoulement des liquides par gouttes [1], MM. Ph.-A. Guye et F.-Louis Perrot se sont attachés à examiner de plus près l'*influence de la vitesse d'écoulement et de la durée de formation des gouttes sur leur poids.*

Reprenant entre autres les expériences de M. G. Rosset [2]

[1] Voir *Archives*. t. XII, p. 225 et p. 345 (1901).
[2] *Bulletin Soc. Chim. de Paris.* XXIII, n° 7. (3° série) 1900.

sur la variation du poids des gouttes avec la distance verticale *H* du niveau du liquide au-dessus de l'orifice d'écoulement, MM. Guye et Perrot ont constaté comme lui, mais seulement dans certaines conditions, l'existence d'un maximum dans le poids des gouttes.

Les mesures de M. Rosset n'ayant porté que sur une ou deux pipettes et sur trois tubes dont les dimensions ne sont pas indiquées, les auteurs ont jugé nécessaire d'en étudier un plus grand nombre, de diamètres extérieurs connus, en faisant varier aussi parfois le diamètre intérieur du même tube et en les choisissant de formes différentes. Les expériences ont été faites non seulement avec l'eau mais aussi avec le benzène.

Les divers tubes à écoulement étaient ajustés au-dessous d'une longue burette volumétrique pouvant être remplie jusqu'à une hauteur *H* de 1500^{mm}. Au lieu de peser les gouttes, on comptait les nombres *n* des gouttes fournies par l'écoulement de portions égales chacune à 2^{cc}, prélevées successivement tout le long du tube à mesure que celui-ci se vidait. La durée d'écoulement *t* de chacune de ces portions était aussi notée. On mesurait chaque fois la distance *H* comprise entre l'orifice d'écoulement et le trait de jauge séparant les deux centimètres cubes. La précision sur *t* et *H* était assez grande ; sur *n* les erreurs pouvaient atteindre quelquefois 2 %. Au maximum sur les poids de gouttes correspondait évidemment un minimum sur leurs nombres, puisque les portions mesurées étaient toujours de même volume.

Les auteurs communiquent les tableaux renfermant les résultats qu'ils ont obtenus dans de nombreuses séries d'expériences, et en déduisent les remarques suivantes :

1° Lorsqu'il s'agit de tubes cylindriques dont le diamètre extérieur (mesuré dans le plan de l'orifice) est inférieur à 2^{mm} environ, le nombre *n* décroît d'abord très rapidement à partir d'une distance *H* où la veine liquide, après quelques perturbations, fait place à une succession régulière de gouttes distinctes, jusqu'à une autre distance pour laquelle *n* est minimum. Le niveau supérieur continuant à baisser, le nombre n recommence à augmenter, d'abord assez rapidement, puis reste stationnaire dans les limites de précision des expériences.

2° Si le tube est légèrement conique, le minimum est encore plus nettement accentué.

3° Avec des tubes cylindriques de diamètres supérieurs à 2^{mm} on n'a jamais constaté de minimum sur n. Ce nombre décroît d'abord très rapidement, puis plus lentement, et semble enfin rester stationnaire, avec de légères oscillations, de l'ordre des erreurs d'observation.

4° La pesée des gouttes, qui comporte un plus haut degré de précision, montre que lorsque les durées de formation des gouttes sont de plus en plus longues, la phase définitivement stationnaire est toujours précédée d'une phase de décroissance du poids p, autrement dit de croissance du nombre n. On peut en conclure que n passe toujours par un minimum avant de rester stationnaire. Ce minimum est très peu accentué dans le cas des tubes de diamètre supérieur à 2^{mm}.

5° Les mêmes processus se reproduisent aussi bien avec le benzène qu'avec l'eau, malgré la très grande différence des tensions superficielles de ces deux liquides.

6° Si, conservant le même tube capillaire, on en diminue le débit soit en y introduisant une courte paille de verre, soit en entravant la rentrée de l'air dans la partie supérieure de la burette, les diverses hauteurs H ne correspondent plus aux mêmes n qu'auparavant tandis que les mêmes t ramènent toujours les mêmes n.

Exemple avec le benzène, en prenant 1^{cc} chaque fois.

Tube libre			Tube à débit diminué		
H	n	t	H	n	t
37^{mm}	46	$75''$	483^{mm}	46	$74''$

Le minimum sur n sera donc caractérisé par une valeur fixe de t, plutôt que par H, qui varie suivant les résistances de frottement ou de pression atmosphérique. Si ces résistances augmentent il faut une plus grande hauteur H de la colonne liquide pour amener les mêmes valeurs de t qu'auparavant.

7° Les auteurs ont aussi observé que les variations de n sont accompagnées de changements dans les formes qu'affectent les gouttes avant leur détachement. Ils se proposent de discuter ces questions plus à fond dans un mémoire détaillé.

M. F.-J. MICHELI. *L'influence de la température sur les indices de réfraction des corps solides transparents* n'avait été étudiée jusqu'à aujourd'hui que pour la partie visible du spectre. L'auteur a étendu cette étude à la partie ultraviolette du spectre et donne dans le présent travail les résultats obtenus pour les radiations visibles et ultra-violettes. Il a employé des prismes de sel gemme, de fluorine, de quartz et de calcite, et a procédé par voie photographique de la manière suivante :

Un prisme de la substance que l'on veut étudier est placé dans une étuve, laquelle est montable sur un spectromètre pourvu de deux objectifs achromatiques (quartz et spath fluor) pour lequel l'oculaire est remplacé par une chambre photographique. L'étincelle d'induction jaillissant entre deux électrodes de Cd, de Zn, d'Au ou d'Al, est concentrée sur la fente bilatérale du collimateur par une petite lentille de quartz ; de plus, une plaque excentrique pouvant tourner devant la fente permet d'en changer rapidement la hauteur.

Lorsque les lunettes, l'étuve et le prisme sont bien réglés, l'on faisait une première épreuve photographique à la température t_1 (température de la chambre) tandis que la hauteur de la fente, et par conséquent aussi la longueur des raies spectrales sur la plaque photographique, comportait $0,5^{mm}$. On faisait alors circuler de la vapeur d'eau dans l'étuve tout autour de l'espace vide central où se trouvait le prisme, pendant quatre heures environ, jusqu'à ce que ce dernier ait pris la température t_2. L'on exposait alors pour la seconde fois la plaque photographique aux radiations émanant de l'étincelle d'induction et tra-

versant les objectifs et le prisme. Entre les deux épreuves
faites l'une à la température t_1, l'autre a la température
t_2, l'on avait eu soin de rendre la hauteur de la fente du
collimateur égale à 1^{mm} au lieu de 0,5 ^{mm}. Sauf cela, rien
n'avait été changé à la position respective des différentes
pièces de l'appareil. Ces raies longues, correspondant au
spectre projeté par le prisme à la température t_2 seront
quelque peu déplacées par rapport aux raies courtes qui
correspondent au spectre projeté par le prisme à la température t_1, puisque les indices de réfraction et avec eux
les déviations que subissent les radiations par leur passage
au travers du prisme, varient avec la température.

Si l'on connaît d'une part la petite distance dl comprise
entre une raie longue et une raie courte correspondant à
une même longueur d'onde, et d'autre part les indices de
réfraction de la substance dont le prisme est formé pour
les longueurs d'onde étudiées et à la température t_1, l'on
peut par quelques calculs simples en déduire les variations Δn des indices de réfraction de la substance par degré centigrade d'élévation de température. Or les distances dl sont facilement mesurables à 1 ou 2 millièmes
de millimètres près à la machine à diviser , et grâce aux
travaux de MM. Sarasin et Martens, les indices du sel
gemme, de la florine, du quartz et de la calcite sont connus à la température t_1 pour les différentes longueurs
d'ondes étudiées par l'auteur.

Les courbes de la fig. 1 donnent les variations ΔN des
indices absolus (par rapport au vide) en fonction de la
longueur d'onde λ. Ces courbes montrent que la relation
existant entre ΔN et λ est la même pour les quatre substances étudiées, savoir au sens algébrique, un accroissement toujours plus rapide de ΔN à mesure que λ diminue,
et cela que ΔN soit positif dans la partie visible du spectre (calcite), ou négatif (sel gemme, quartz, fluorine);
dans ce dernier cas ΔN est nul pour une certaine longueur
d'onde.

En se basant sur la théorie électro-magnétique de la
dispersion et en faisant les deux hypothèses suivantes,

l'on peut facilement déduire la relation existant entre ΔN
et λ. Ces deux hypothèses sont :

1) La bande d'absorption élective de l'ultra-violet se
déplace à mesure que la température s'élève du côté des
longueurs d'ondes plus grandes ;

2) La constante diélectrique des ions dont les oscillations propres sont situées dans l'ultra-violet et y causent
le phénomène de la dispersion anormale, diminue à me-
ure que la température s'élève.

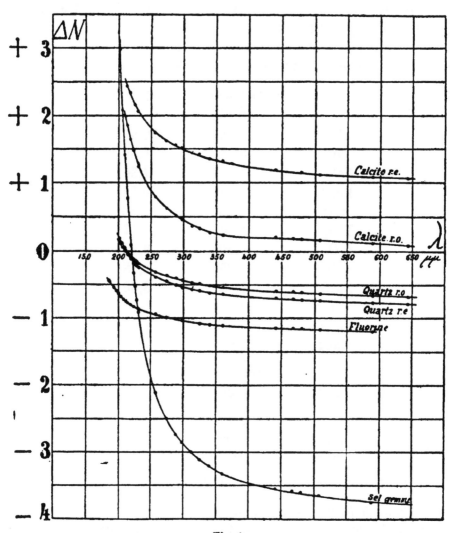

Fig. 1.

M. A. Brun communique le résultat de ses recherches *sur la constitution du basalte du Stromboli* et *sur la détermination du point de fusion de quelques minéraux des laves.*

Basalte du Stromboli. · Il a été constaté 31 variétés de ce basalte, tant anciennes que modernes, variétés à différences peu accentuées et se rapportant toujours au type « Basalte à Labrador » Ab₃ An₄ », avec plus ou moins grande richesse en Péridot, Mica noir, Labrador, etc.

Le Labrador donne des extinctions de 33°-35° dans la zone de symétrie. Nm = 1,564 à 1,565 : face g¹ avec traces de p. a¹ a ¹/₂ extinctions à 24°. Souvent zoné.

Le Basalte rejeté en fusion le 4 mars 1904 par le cratère, présente la composition suivante :

	Basalte fondu	Lapillis divers.
SiO₂	50,18	—
Al₂O₃	18,86	20,09
CaO	10,81	11,62
FeO	7,80	7,36
Fe₂O₃	0,48	0,88
MgO	3,54	3,80
TiO₂	1,10	0,77
P₂O₅	0,30	0,42
K₂O	2,05	2,28
Na₂O	4,92	3,30
Chlore	0,145	—
VanadiumV₂O₃	0,045	
Manganèse	0,03 —	
	100,26	
Oxygène à déduire	0,065	
	100,19	
Soufre	traces.	
Cuivre	traces.	

Il faut noter la richesse en K₂O.

Point de fusion de divers minéraux. — Le désir de connaître la température qu'avait la lave coulante rejetée par

le Stromboli, a amené M. Brun à déterminer le point de
fusion de divers minéraux : car une lave qui présente,
étant encore fluide, certains cristaux de première consolidation nageant dans sa pâte, doit avoir à coup sûr une
température plus basse que celle du point de fusion du
minéral considéré.

Les expériences ont donné sur le point de fusion, les
températures T :

Péridot de l'Eifel pauvre en fer	T = 1730°-1750 (voisin du point de fusion du platine.)
Anorthite du Japon	T = 1490° (id. du nickel)
Labrador (extinction 26° sur g¹)	T = 1370°
Albite de Viesch	T = 1250°
Orthose de Viesch ⎱ Adulaire du col du Géant ⎰	T = 1270°
Leucite du Vésuve	T = 1440°
Augite du Stromboli	T = 1230°
Augite de l'Etna	T = 1230°

La lave projetée par le volcan contenant des cristaux
d'augite, sa température, dans la cheminée supérieure, ne
peut donc dépasser 1230°.

Ces recherches se poursuivent. Les résultats en seront
publiés ultérieurement, ainsi que la description de la méthode d'expérimentation. Il suffira de dire, pour le moment, que le cristal en expérience est chauffé par rayonnement dans une enceinte complètement fermée et que,
pour éviter tout contact avec les parois chaudes, il est
porté en équilibre sur un mince pédoncule de platine.

LISTE DES MEMBRES

DE LA

SOCIÉTÉ DE PHYSIQUE ET D'HISTOIRE NATURELLE
au 1er janvier 1902.

1. MEMBRES ORDINAIRES

Henri de Saussure, entomol.
Marc Thury, botan.
Casimir de Candolle, botan.
Perceval de Loriol, paléont.
Lucien de la Rive, phys.
Victor Fatio, zool.
Arthur Achard, ing.
Marc Micheli, botan.
Jean Louis Prevost, méd.
Edouard Sarasin, phys.
Ernest Favre, géol.
Emile Ador, chim.
William Barbey, botan.
Adolphe D'Espine, méd.
Eugène Demole, chim.
Théodore Turrettini, ingén.
Pierre Dunant, méd.
Jacques Brun, bot.-méd.
Charles Græbe, chim.
Albert-A., Rilliet, phys.
Charles Soret, phys.
Auguste-H. Wartmann, méd.
Gustave Cellérier, mathém.
Raoul Gautier, astr.
Maurice Bedot, zool.
Amé Pictet, chim.
Alphonse Pictet, entomol.
Robert Chodat, botan.

Alexandre Le Royer, phys.
Louis Duparc, géol.-minér.
F.-Louis Perrot, phys.
Eugène Penard, zool.
Chs Eugène Guye, phys.
Emile Burnat, botan.
Paul van Berchem, phys.
André Delebecque, ingén.
Théodore Flournoy, psychol.
Albert Brun, minér.
Emile Chaix, géogr.
Charles Sarasin, paléont.
Philippe-A. Guye, chim.
Charles Cailler, mathém.
Maurice Gautier, chim.
John Briquet, botan.
Mlle C. Schepiloff, physiol.
Preudhomme de Borre, entomol.
Paul Galopin, phys.
Etienne Ritter, géol.
Frédéric Reverdin, chim.
Théodore Lullin, phys.
Arnold Pictet, entomol.
Justin Pidoux, astr.
Auguste Bonna, chim.
Henry Auriol. chim.
E. Frey Gessner, entomol.
Augustin de Candolle, botan.

2 MEMBRES ÉMÉRITES

Henri Dor, méd. Lyon.
Marc Delafontaine, chim., Chicago.
Raoul Pictet, phys., Paris.
Eug. Risler, agron., Paris.

J.-M. Crafts, chim., Boston.
D. Sulzer, ophtal., Paris.
F. Dussaud, phys., Paris.

3. MEMBRES HONORAIRES

Ch. Brunner de Wattenwyl, Vienne.
Jules Marcou, Cambridge (Mass.).
A. von Kölliker, Wurzbourg.
M. Berthelot, Paris.
F. Plateau, Gand.
Ed. Hagenbach, Bâle.
Alb. Falsan, St-Cyr (Rhône).
Ern. Chantre, Lyon.
P. Blaserna, Rome.
W. Kühne. Heidelberg.
S.-H. Scudder, Boston.
F.-A. Forel, Morges.
A. Cornu, Paris.
S.-N. Lockyer, Londres.
Eug. Renevier, Lausanne.
S.-P. Langley, Allegheny (Pen.).
H.-A. E.-A. Faye, Paris.
E. Mayo, Florence.
Al. Agassiz, Cambridge (Mass.).
Th. de Heldreich, Athènes.
H. Dufour, Lausanne.
L. Cailletet, Paris.
Alb. Heim, Zurich.
R. Billwiller, Zurich.
Ch. Dufour, Morges.
Alex. Herzen, Lausanne.

Théoph. Studer, Berne.
Eilh. Wiedemann, Erlangen.
A. Radlkofer, Munich.
H. Ebert, Munich.
A. de Baeyer, Munich.
Emile Fischer, Berlin.
Emile Noelting, Mulhouse.
A. Lieben, Vienne.
M. Hanriot, Paris.
St. Cannizzaro, Rome.
Léon Maquenne, Paris.
A. Hantzsch, Wurzbourg.
A. Michel-Lévy, Paris.
J. Hooker, Sunningdale.
Ch.-Ed. Guillaume, Sèvres.
K. Birkeland, Christiania.
Amsler-Laffon. Schaffhouse.
W. Ramsay, Londres.
Lord Kelvin, Londres.
Dhorn, Naples.
W. His, Leipzig.
Aug. Righi, Bologne.
W. Louguinine, Moscou.
H.-A. Lorentz, Leyde.
H. Nagaoka, Tokio.
B. Wartmann, St-Gall.

4. ASSOCIÉS LIBRES

Théod. de Saussure.
James Odier.
Ch. Mallet.
H. Barbey.
Ag. Boissier.
Luc. de Candolle.
Ed. des Gouttes.
H. Hentsch.
Edouard Fatio.
H. Pasteur.
Georges Mirabaud.
Wil. Favre.
Ern. Pictet.
Ch. Rigaud.
Aug. Prevost.
Max Perrot.
Alexis Lombard.
Em. Pictet.
Louis Pictet.
F. Bartholoni.
Gust. Ador.
Ed. Martin.
Edm. Paccard.
D. Paccard.
Edm. Eynard.

Aug. Blondel.
Cam. Ferrier.
Louis Cartier.
Edm. Flournoy.
Georges Frütiger.
Aloïs Naville.
Ed. Beraneck.
Edm. Weber.
Emile Veillon.
Eug. Pitard.
Guill. Pictet.
A. Bach.
Paul Dutoit.
Alexis Babel.
S. Keser.
F. Kehrmann.
Th. Tommasina.
R. de Saussure.
F. Battelli.
Jules Micheli.
Ed. Long.
Ed. Claparède.
F. Pearce.
G. Hochreutiner.

Genève. — Impr. Ch. Eggimann & Cie, Pélisserie, 18.

TABLE

COMPTE RENDU DES SÉANCES

DE LA

SOCIÉTÉ DE PHYSIQUE

ET D'HISTOIRE NATURELLE

DE GENÈVE

XIX. — 1902

GENÈVE
BUREAU DES ARCHIVES, RUE DE LA PÉLISSERIE, 18
LAUSANNE   PARIS
BRIDEL ET Cie   G. MASSON
Place de la Louve, 1   Boulevard St-Germain, 120
Dépôt pour l'ALLEMAGNE, GEORG et Cie, à BALE

1902

Extrait des *Archives des sciences physiques et naturelles,*
tomes XIII et XIV.

COMPTE RENDU DES SÉANCES

DE LA

SOCIÉTÉ DE PHYSIQUE ET D'HISTOIRE NATURELLE DE GENÈVE

Année 1902.

Présidence de M. Marc MICHELI.

Séance du 9 janvier 1902.

M. Th. TOMMASINA fait une communication sur *l'existence de
rayons qui subissent la réflexion, dans le rayonnement émis
par un mélange de chlorures de radium et de baryum.* Etudiant celui des effets de la radioactivité qui consiste en un
accroissement de la conductibilité électrique du milieu,
l'auteur examine la manière dont se présente cette modification.

M. Tommasina pense que la polarisation qui doit avoir
lieu sous l'action de la propagation du mouvement éthérique suffit pour expliquer le phénomène, sans qu'il soit nécessaire de faire intervenir dans ce cas une scission élec-
tro-chimique résultant d'une ionisation des molécules de
l'air ; cette dernière hypothèse ne semble pas s'accorder
avec la rapidité d'apparition et de disparition du phénomène observé et avec le fait que la conductibilité n'aug-

mente pas avec le temps pendant la durée de l'action.
M. Tommasina ajoute que le phénomène n'a pas lieu seulement dans l'air, car il vient de constater que le rayonnement Becquerel augmente aussi la conductibilité des diélectriques solides tels que la paraffine et de diélectriques
liquides tels que l'alcool.

M. Tommasina compare ensuite les modes de production,
les propriétés communes et la nature complexe reconnue
des rayons d'origine cathodique et de ceux d'origine photo-
chimique ; puis se basant sur les dernières découvertes
de M. Lénard, relatives aux propriétés électriques des
rayons ultra-violets et de M. Sagnac sur les rayons secondaires, il dit que l'explication de ces phénomènes par la
théorie balistique est insuffisante ; même en admettant
l'émission de particules électrisées, l'ensemble du phénomène restant toujours essentiellement de nature ondulatoire éthérique.

L'auteur décrit ensuite les différents dispositifs qui lui
ont permis de mettre en évidence et de séparer du rayonnement Becquerel les rayons qui subissent la réflexion.

M. Emile CHAIX parle de l'érosion torrentielle post-glaciaire dans la vallée de Bagnes.

Il avait remarqué précédemment aux Houches, sur la
rive droite de l'Arve, à 8 m. environ du niveau actuel de
la rivière, une roche striée parfaitement intacte, qui
n'avait certainement pas été soumise à l'érosion fluviale
depuis la période où le glacier l'avait abandonnée.

Dans la vallée de Bagnes il put constater en plusieurs
endroits la faiblesse de l'érosion torrentielle post-glaciaire
sur les barrages de roches dures qui traversent la vallée.

Le barrage de la Monnaie (gneiss) se délite trop pour
fournir des marques nettes.

Au-dessous de Sembrancher, une roche moutonnée s'ef-
frite aussi trop pour conserver des stries ; mais elle ne présente pas de traces caractéristiques d'érosion torrentielle.
Elle se trouve à 18 m. environ au-dessus de la Drance.

Le barrage de Fregnoley se morcelle aussi trop activement.

Au-dessus de Lourtier, en aval de La Vintzie, un promontoire rocheux (schiste de Casanna), qui dévie fortement la Drance, présente des traces nettes d'érosion torrentielle jusqu'à 10 et 12 m. au-dessus de l'eau, des stries vers 15 m. et des stries tout à fait nettes à une trentaine de mètres. Les gens du pays disent que la Drance passait par dessus ce promontoire jusqu'à l'époque d'une grande crue en 1494; mais il ne reste pas de traces torrentielles sur ce promontoire ni sur son versant aval.

Aux rapides de La Vintzie (sch. de Casanna), la limite entre l'érosion fluviale et les stries glaciaires est remarquablement nette sur la rive gauche; elle se trouve à 6 m. seulement au-dessus de l'eau actuelle. Comme la rive droite est occupée par un grand talus d'éboulis, cela peut avoir ralenti l'érosion fluviale; cependant la rivière semble couler sur la roche en place.

En amont du barrage de La Vintzie, près des Granges-Neuves. il y a des roches moutonnées, mais qui semblent avoir été usées plus tard par l'eau.

Au bord de l'affluent qui descend du plan de Louvie se trouve une roche à stries intactes, à 4 ou 5 m. au-dessus du niveau de la rivière actuelle.

Au pont du Revers, l'érosion glaciaire est intacte à 19 m. au-dessus de l'eau.

Au pied de la cascade de Fionnay, les rochers ont des stries intactes à 65 m. au-dessus de la rivière. Le long de la cascade on peut constater que le lit de la rivière a reculé vers l'amont d'une quantité assez considérable (environ 20 mètres).

Au pied de la Tête de Fionnay, rive gauche, on voit des stries intactes à environ 10 m. au-dessus de l'eau. Ces stries ont une contre-pente d'environ 5°.

A 500 m. en amont de Fionnay, les stries sur la rive gauche sont intactes depuis 13 à 18 m.

Aux rochers de Bonatchesse, rive droite, elles le sont à 19 m.

En face du talus de débris de glace du Gétroz, l'érosion torrentielle est parfaitement nette à 7 m., l'érosion glaciaire à 27 m.; mais il y a des stries à 10 m.

Au-dessus du pont de la **Petite-Chermontane**, sur la rive droite, les traces d'érosion glaciaire sont franches à une vingtaine de mètres.

En face de Boussine, dans l'alpe des Vingt-huit, l'érosion torrentielle est très nette jusqu'à 5 m. et l'érosion glaciaire absolument intacte à 22 m. au-dessus du niveau actuel de la Drance. Dans cet endroit aucun talus de débris n'a pu atténuer l'érosion.

Au pont de Lancey et plus haut, il n'y a rien de bien net.

En résumé, ces barrages montrent que l'érosion torrentielle post-glaciaire n'a pas modifié beaucoup la profondeur de la vallée, malgré la puissance considérable de la Drance.

M. Chaix a fait encore quelques observations analogues, mais beaucoup moins intéressantes, dans la vallée de Tourtemagne et à la montée du Saint-Gothard.

M. le prof. L. Duparc résume les principaux résultats des recherches qu'il a entreprises en 1900 et 1901 sur la *géologie du bassin supérieur de la Koswa*, rivière tributaire de la Kama (Oural du Nord). La zone explorée occupe un rectangle d'environ 30 kilom. sur 55. La limite sud de cette zone passe par le village de Troitsk sur la Koswa, la limite nord s'arrête aux sources de la rivière Tilaï, vers l'est elle passe un peu au delà de la ligne de partage des eaux asiatiques et européennes, vers l'ouest elle se confond avec une ligne peu éloignée de celle qui joint les villages de Troïtsk et de Werkh-Koswa.

Si, partant d'un point situé sur la Koswa entre ces deux localités, on chemine de l'ouest vers l'est, on croise successivement les formations suivantes :

1. *Première zone de devonien inférieur*. Elle est développée sur les deux rives de la Koswa, mais surtout vers l'ouest ; sa largeur dépasse vingt kilomètres ; elle forme les crêtes boisées et relativement peu élevées qui constituent les montagnes des deux rives de la Koswa, principalement de la rive droite, ainsi que celles qui lessuivent vers

l'ouest. Elle est formée par des conglomérats quartzeux à petits éléments, des quartzites, puis des schistes argileux ; les couches sont dirigées généralement presque NS. ; le plongement se fait vers l'est. Une observation attentive a montré que cette zone est fortement plissée, et forme des plis synclinaux à petit rayon de courbure, parfois écrasés, déjetés régulièrement vers l'ouest. Cette formation est traversée en des points très nombreux par des roches éruptives de deux catégories : 1° des diorites et des gabbros à olivine, nettement intrusifs, et développant des phénomènes de métamorphisme évidents dans les schistes ; 2° des granits porphyres, intrusifs également, et métamorphosant profondément les schistes, qui se chargent de minerai de fer à leur contact.

2. *Zone des quartzites et conglomérats cristallins.* Elle forme une large bande de formations détritiques, conglomérats et quartzites, en partie recristallisés, et passant manifestement aux schistes cristallins métamorphiques. Cette bande s'amincit vers le nord et se termine à 30 kilomètres environ du confluent des rivières Tepil et Tilaï. Cette bande forme une longue chaîne rocheuse et en partie dénudée dont l'altitude dépasse fréquemment 1100 mètres. Ces quartzites et conglomérats cristallins sont d'âge indéterminé ; ils sont en tout cas inférieurs au devonien de la zone précédente, ils rappellent absolument des formations analogues de l'Oural du Sud classées à la base du devonien inférieur. L'auteur a pu établir que cette zone, dans son ensemble, forme une immense voûte, déjetée vers l'ouest, sans doute compliquée de replis secondaires. La Koswa traverse cette zone par une cluse avec rapides.

3. *Deuxième zone de devonien inférieur et moyen.* Appelée par M. Duparc zone de Tepil, le cours de cette rivière étant entièrement compris dans cette formation. Elle est formée par une bande de devonien moyen et de devonien inférieur, qui se termine aux sources mêmes de Tepil en se réunissant à la première zone devonienne indiquée. Cette zone forme dès sa naissance vers le N. jusqu'au confluent de Tepil, un synclinal de devonien moyen. flanqué de devo-

nien inférieur, le synclinal est déjeté vers l'ouest et accompagné de replis secondaires. Un peu en amont du confluent de Tepil, le devonien inférieur est étiré au flanc renversé, et les dolomies noires et bituminenses du devonien moyen entrent directement en contact avec les quartzites et conglomérats cristallins.

4. *Zone des schistes cristallins métamorphiques*. Elle vient à l'est de la précédente et est représentée par des schistes cristallins divers, principalement chloriteux ou séricitiques, généralement très quartzeux. Ils sont froissés et contournés, plongent vers l'est et forment des plis multiples masqués par la végétation. Leur âge est également indéterminé, en tout cas ils ne sont point de la série cristallophyllienne.

5. *Zone des massifs éruptifs basiques*. Elle est représentée par une série de gigantesques boutonnières de roches éruptives basiques, orientées à peu près NS., qui traversent la zone 4 en traînées discontinues et forment une succession de montagnes élevées et arides, situées sur la frontière de l'Europe et de l'Asie et plus à l'est. La région explorée comporte trois de ces grands massifs éruptifs, qui sont du sud au nord, la montagne de Kosswinsky, le Katechersky, puis la chaîne de Tilaï-Cerebransky-Kanjakowsky. L'étude de cette zone a été achevée en 1901. M. Duparc y a rencontré des roches éruptives fort curieuses et en partie nouvelles.

Le Kosswinsky est entièrement formé par une pyroxénite appelée Koswite par MM. Duparc et Pearce, et dont les caractères pétrographiques ont été déjà décrits. Le contrefort rocheux qui flanque le Kosswinsky à l'ouest, appelé Pharkowsky et Malinky-Ouwal, est formé par des gabbros à olivine peu feldspathiques, alternant avec des pyroxénites. Par contre, le contrefort rocheux qui fait suite vers le nord au Pharkowsky-Ouwal et l'éperon qui termine le Koswinsky vers le NE., sont formés par des *dunites massives nettement intrusives dans la Koswite.*

Le Katechersky est exclusivement formé par des gabbros-diorites présentant tous les types et les stades d'ouralitisation.

Quant au Tilaï-Kanjakowsky-Cerebransky, c'est une chaîne très complexe au point de vue pétrographique. Elle est formée par des pyroxénites distinctes en partie de la Koswite, par des gabbros variés, par des gabbros-diorites d'un type particulier qui forment principalement le massif du Cerebransky; puis par des dunites massives intrusives dans les peridotites, et développées surtout aux sources de la rivière Poloudniewaïa.

La chaine qui se trouve à 20 kilom. environ à l'est du Koswinsky-Katechersky-Tilaï porte le nom de Kalpak-Soukogorsky; elle est entièrement sibérienne. Elle est formée dans son ensemble par des roches éruptives abyssales basiques, qui se rattachent aux types du Kosswinsky et du Tilaï, surtout aux pyroxénites à olivine. La région située entre le Kosswinsky et cette dernière chaîne est couverte d'épaisses forêts. L'auteur s'est assuré qu'elle était également ment formée de roches éruptives dynamométamorphosées, comparables aux gabbros et aux diorites.

Séance du 23 janvier.

L. Duparc. Rapport présidentiel pour 1901.

M. L. DUPARC, président sortant de charge, donne lecture de son *rapport sur l'activité de la Société* pendant l'année 1901. Ce travail contient les biographies de MM. P. Chaix, Ch. Galopin et H. Gosse, membres ordinaires, et de MM. C.-E. Cramer, A. Hirsch, H. de Lacaze-Duthiers et Ch. Maunoir, membres honoraires, décédés pendant l'année.

Séance du 6 février.

R. Chodat et Crétier. Influence du noyau pour la production des ramifications chez les algues. — R. Chodat et C. Bernard. Embryologie du Cytinus hypocystis. — R. Chodat et A. Bach. Influence des peroxydes sur les êtres vivants. — L. Duparc et Jerchoff. Plagiaplites quartzifères du Kosswinsky. — F. Pearce. Observations sur une variété de feldspath.

M. le prof. CHODAT a proposé à Mlle CRÉTIER de rechercher

dans quelle mesure le noyau chez les algues intervient directement dans la production des ramifications des poils et des rhizoides.

D'une manière générale, chez les algues vertes, filamenteuses, la production et la naissance des rameaux qu'on voit surgir au-dessous des cloisons supérieures des cellules de l'axe, est indépendante de la position du noyau.

Ce n'est que lorsque la ramification, qui est encore en continuité avec le filament principal, est déjà formée. que le noyau se porte vers l'insertion du rameau, se divise et porte chacune de ses moitiés vers le centre des deux cellules. Cette ramification est donc en quelque sorte un bourgeonnement. Ces faits ont été constatés chez les *Chaetophora, Stigeoclonium, Draparnaldia, Treutepohlia.*

Quant aux rhizoides, ils naissent à la façon des rameaux, mais souvent, comme dans le cas de *Draparnaldia*, le noyau se porte vers l'extrémité sensible.

Dans le cas des rhizines de *Schizogonium*, le noyau n'émigre pas. Il reste en place dans la cellule mère.

Ces rhizines ne sont en réalité pas des appareils de fixation, mais sans doute des appareils d'absorption pour l'eau.

Le disque d'adhésion d'*Oedogonium africanum* Lemm. et les papilles radicantes des *Spirogyra* n'ont montré aucune influence visible du noyau.

Il y a donc beaucoup d'exagération dans la théorie de Haberlandt, sur la fonction membranogène du noyau.

M. le Prof. CHODAT rend compte d'un travail qu'il a fait faire dans son laboratoire par M. C. BERNARD. L'embryologie du Cytinus hypocystis n'avait jamais été abordée sérieusement. Il était intéressant de voir si les résultats obtenus sur d'autres Hystérophytes concorderaient avec ceux que donnerait une étude détaillée de cette espèce parasite.

Les auteurs ont fait parfois de ce genre, qui ne comprend que quelques espèces, une famille spéciale ; mais, le plus souvent, il a été rangé à côté des Hydnora et des

Rafflesia, dans la famille des Rafflesiacées. D'autres, appuyant sur la présence de la colonne staminale, qui rappelle de très près la gynandrie des Asarum par exemple, ont fait de Cytinus une Aristolochiacée.

Les fleurs de Cytinus sont unisexuées ; toutes sont précédées d'une bractée médiane antérieure et de deux bractéoles latérales. La morphologie générale de ces fleurs est connue. L'ovaire infère, surmonté d'un périgone tubuleux généralement quadrilobé, se prolonge en un style terminé par une tête multilobée. Les lobes correspondent, disent les auteurs, au nombre des carpelles ; il a pu être constaté qu'il y a autant de lobes stigmatiques que de placentes (ordinairement 9). — On peut homologuer la colonne centrale de la fleur mâle au style de la fleur femelle. Elle se termine par des appendices peu développés qui ne seraient autre chose que les rudiments des lobes stigmatiques. Il y a autour du sommet 8-12, ordinairement 10 étamines séssiles à deux loges assez éloignées et rapprochées au sommet en un connectif aigu et assez proéminent.

L'ovaire a généralement 4 placenta principaux parietaux, très ramifiés à l'intérieur de la loge. Les ramifications ultimes des placenta, que les uns ont considérés comme des funicules, sont pour nous des placentes. On a vu en effet, naitre dans nombre de cas, deux ovules orthotropes côte à côte sur ce tissu. L'ovaire a finalement son sommet divisé par connivence des placentes, en un nombre variable de loges incomplètes.

La cellule mère du sac embryonnaire est sous épidermique ; elle nait avant la croissance du tégument qui se développe par l'activité d'un anneau de cellules mères superficielles. Un second tégument rudimentaire, considéré par Planchon comme un arille apparaît de bonne heure également.

La cellule mère se divise en 4 cellules superposées, dont la supérieure grossit et écrase les autres. Le sac est tout d'abord normal. Les noyaux antipodiaux entrent bien vite en régression et il ne se forme jamais de cellules antipodiales. — A ce moment, ou déjà plus tôt, le nucelle divise

accidentellement les cellules de sa base et constitue ainsi
un tissu qui s'avance plus ou moins dans la direction du
placente et qui atteint son développement, lorsque l'albumen et l'embryon sont formés. C'est un tissu conducteur
nutritif. L'albumen est à 1-3 couches de cellules homogènes. Le nucelle persiste un temps, puis s'écrase, de
même que les couches internes du tégument dont la couche
externe constitue le test de la semence. Malgré des recherches très attentives, il n'a pas été possible de constater
la fécondation, ni même la présence d'un tube pollinique.
Y aurait-t-il apogamie ?

M. CHODAT présente, au nom de M. BACH et au sien, une
communication préliminaire relative à l'influence des peroxydes sur les êtres vivants. On a généralement admis
que ces peroxydes et en particulier l'eau oxygénée, sont
incompatibles avec la vie des plantes et des animaux. Le
but de cette communication est de prouver tout d'abord
que cette idée est inexacte et qu'il est possible non seulement de faire vivre, mais de faire croître des végétaux
dans des solutions qui contiennent des peroxydes.

Lœw, dans un travail récent, indique que dans une solution contenant 1 pr. 15000 de peroxyde d'hydrogène, le
développement du bacille typhique est retardé, 1 pr.
10000 de peroxyde d'hydrogène tue les infusoires en 15-36
minutes, en solution à 1 pr. 1000, les algues sont tuées en
peu d'instants et que, en injections intraveineuses, le
peroxyde arrête la respiration chez les mammifères.
D'ailleurs, les peroxydes d'hydrogène ne pourraient exister dans l'organisme, car celui-ci contient toujours une
diastase qui décompose l'eau oxygénée et à laquelle il
donne le nom de Catalase.

Pour élucider cette question, les auteurs ont établi des
cultures de Penicillum glaucum dans du liquide Raulin,
additionné d'eau oxygénée en diverses proportions. Ils
ont constaté que jusqu'à 1/1000 la croissance a lieu et que
des boules fongiques, atteignant 1 cm., se sont développées à partir des spores ensemencées. Ces boules décom-

posent, les premiers jours, activement le peroxyde et, par conséquent, émettent continuellement des bulles de gaz qui s'en dégagent comme le gaz d'une fermentation. Au bout de quelques jours le dégagement s'arrête ; et à ce moment les auteurs ont constaté que sur 15 mgr. d'oxygène actif, mis en expérience, il en restait 6,5 au bout de 7 jours. Transporté dans un milieu plus riche en peroxyde, ces boules ont repris leur activité et ont immédiatement dégagé de nouvelles quantités de gaz.

Par conséquent, les auteurs sont d'avis que dans une certaine limite les peroxydes sont compatibles avec la vie des végétaux inférieurs.

Le fait que dans le liquide de culture incomplètement décomposé, le dégagement se ralentit pour disparaître finalement, tandis que transporté dans un milieu plus riche, le champignon recommence son action, semble montrer une certaine accomodation de la plante vis à vis des peroxydes.

M. le Prof. L. DUPARC parle de quelques roches filoniennes curieuses trouvées par lui au Kosswinsky, et qu'il a étudiées avec M. S. JERCHOFF.

Le Kosswinsky est exclusivement formé d'une pyroxénite particulière, appelée Koswite par MM. Duparc et Pearce, dont les blocs épars sont éboulés sur les pentes, ou encore le résultat d'une désagrégation *in situ* de la roche en place. Dans les excursions faites en 1900, sur le flanc SE du Kosswinsky, et à une altitude qui dépasse 1300 mètres, nous avons trouvé parmi les blocs noirâtres de Koswite des roches blanches, paraissant formées de feldspath pur, d'un grain grossier, simulant certaines aplites ou pegmatites. Les blocs, de grosse dimension, étaient sans doute le résultat du démantellement de filons situés dans le voisinage, qui traversent la Koswite, mais qui étant recouverts d'éboulis, ne sont plus visibles. A côté de ces blocs s'en trouvaient d'autres identiques, criblés de traînées d'élément noir, y formant de véritables « schlieren ».

L'an dernier, M. Duparc a retrouvé les mêmes roches feldspathiques à l'extrémité N du flanc E du Kosswinsky, dans les premières pentes qui dominent l'éperon qui se trouve en cet endroit. Ces blocs étaient mêlés à des fragments de Koswite, et à des morceaux de dunite filonienne traversant cette dernière. Leur origine était évidemment la même ; ces blocs représentent les restants de filons démantelés, traversant ici encore la roche du Kosswinsky. En cet endroit, les variétés avec schlieren manquent complètement ; les blocs en question ressemblaient à de gigantesques morceaux de sucre d'une blancheur éblouissante, présentant quelques ponctuations d'élément noir. Ce type presque exclusivement feldspathique est donc bien le plus répandu ; les variétés à trainées d'élément noir sont exceptionnelles.

L'examen microscopique de ces roches a donné les résultats suivants : Le feldspath est l'élément constitutif prépondérant ; parfois il est presque seul. C'est toujours le plagioclase qui est rencontré et jamais l'orthose ; les méthodes les plus perfectionnées n'ont pas permis de trouver un seul cristal de ce minéral. Les plagioclases sont mâclés selon l'albite et karlsbad, plus rarement selon le pericline. Ils sont toujours zonés ; la détermination d'une foule de sections faite par les faces $g^1 = (010)$, les sections Sng Snm Snp, les mâcles de l'albite et de karlsbad, celles de l'albite et du pericline, ont montré que la basicité ne descend pas au-dessous de Ab3 An2, et que l'acidité maxima comporte des termes compris entre Ab et Ab5 An2. En général, l'acidité décroît régulièrement du centre vers la periphérie, ce qui tient à la présence du quartz libre.

Le *quartz* est en effet, avec le feldspath, l'élément le plus répandu ; il est très rare dans certaines sections, plus abondant dans d'autres, et soude les cristaux de plagioclases par des plages souvent cunéiformes.

Les *éléments noirs* manquent parfois complètement ; dans ce cas on ne trouve avec le quartz et les plagioclases que quelques lamelles de mica blanc incontestablement primaire. Peut-être la roche a-t-elle renfermé du mica noir en très petite quantité; on ne retrouve à la vérité plus ce minéral, mais la présence de quelques sections de chlorate verte, paraissant une épigénie selon p=(001) semble conforme à cette manière de voir.

Le seul élément noir rencontré est la *hornblende*, dont on ne trouve que quelques rares et petits cristaux dans chaque section; ils sont courts et trapus, les clivages m=(110) assez nets, les contours appréciables sont formés par les faces (110) et (010). L'angle $\alpha=20°$, la bissectrice aigue=np ng-np=0,023, le polychroïsme donne : ng=verdâtre, nm=verdâtre plus clair, np=jaune verdâtre presque incolore; les mâcles selon (100) rares; quelques grains de magnétite se trouvent inclus dans la hornblende.

Dans les schlieren basiques, la hornblende égale le feldspath en abondance, celui-ci devient plus basique, le quartz disparaît; dès, qu'on s'en écarte et qu'on examine les parties feldspathiques pauvres en amphibole, le feldspath devient plus acide, et le quartz ne manque pas.

Etant donnée la rareté des blocs avec traînes d'élément noir, le véritable type de ces roches filoniennes est évidemment celui qui réalise l'association du quartz et des plagioclases, avec éléments ferro-magnésiens en quelque sorte accidentels. Il n'est pas improbable que ces derniers éléments aient été pris au passage, au détriment de la Koswite traversée, et qu'ils représentent d'anciens cristaux de pyroxène; ouratilisés par l'action du nouveau magma acide; la seule objection à cette manière de voir est la rareté relative dans ces roches de la magnétite si abondante dans la Koswite; mais il convient cependant d'ajouter que cette dernière roche passe fréquemment à la diallagite ordinaire très pauvre en oxydes de fer, surtout sur le flanc oriental du Kosswinsky.

Les produits secondaires sont abondants dans ces roches, surtout la zoisite et l'épidote, qui forment des grains, calés entre les feldspaths et disséminés dans leur intérieur. Les feldspaths sont très souvent kaolinisés.

Les analyses suivantes montrent la composition de ces roches curieuses :

	N° 18	N° 19	N° 1024	N° 1028
SiO_2 =	56.87	56.65	62.00	60.42
Al_2O_3 =	25.62	25.59	22.71	23.38
Fe_2O_3 =	—	0.57	0.85	0.52
CaO =	9.55	8.22	7.12	7.68
MgO =	0.66	0.34	0.21	0.36
Na_2O =	6.18	6.62	6.70	6.93
K_2O =	0.81	0.25	0.43	0.48
Perte au feu :	1.79	2.38	1.38	1.81
	101.68	100.65	101.41	101.58

N° 18 = roche feldspathique avec peu d'amphibole et très peu de quartz.

N° 19 = roche feldspathique, sans quartz avec taches d'élément noir rare.

N° 1024 = roche grenue feldspathique avec quartz et très peu d'élément noir.

N° 1028 = roche identique au n° 24.

Le magma de ces roches est remarquable par sa grande quantité d'alumine et de chaux, et par sa faible teneur en magnésie et oxydes de fer ; c'est presque la composition d'un feldspath.

Au point de vue de la place de ces roches dans la classification, il n'est guère possible vu leur composition et la rareté de l'élément noir, de les considérer comme des diorites quartzifères, filoniennes. Le nom de **plagiaplites** quartzifères leur conviendrait particulièrement, en rappelant leur nature chimique et minéralogique, comme aussi leur caractère filonien et leur parenté avec les plagioclasites.

M. F. PEARCE, présente une communication sur une curieuse variété de feldspath rencontrée dans le granit du Mont-Blanc et qui a déjà été constatée à plusieurs reprises par M. le Prof. Duparc.

Ce feldspath paraît appartenir, d'après ses indices de réfraction et d'extinction et en g^1, au groupe Microcline-anorthose. Les sections $g^1 = (010)$, montrent toujours un clivage $p =$ (001), bien marqué, des cassures h^1, et des filonnets d'albite parallèles à la trace h^1.

Sur g^1 on observe une *bissectrice aiguë* positive, l'angle des axes optiques est très petit, 60° environ, l'extinction par rapport à la trace de p se fait par la vibration négative np à $+ 9°$.

Les indices de réfraction, mesurés au réfractomètre de M. le Prof. Wallerant, donnent pour la lumière du sodium les valeurs suivantes :

$$Ng = 1.5\ 287$$
$$Np = 1.5\ 253$$

Ces indices sont sensiblement voisins de ceux déterminés par M. le Prof. Fouqué, pour l'anorthose de Castella banca (Iles Fayal, Açores), mais ce feldspath en diffère par le signe optique ; l'anorthose est négative.

Il paraît donc d'après ces données que l'on est en présence d'une nouvelle variété, des recherches plus approfondies sont poursuivies actuellement.

Séance du 20 février.

B. P. G. Hochreutiner. Voyage botanique dans le Sud-Oranais. — A. Brun. Synthèse d'une roche acide. — A. Brun. Points de fusion de quelques minéraux. — R. Chodat et Bach. Influence des peroxydes sur la vie végétale.

M. R. P. G. HOCHREUTINER, communique à la société quelques-uns des résultats scientifiques de son *exploration botanique dans le Sud-Oranais*.

Après avoir indiqué la configuration du pays, il parle de la géographie botanique de cette région.

La flore des oasis et des points d'eau est très luxuriante, mais d'un intérêt bien restreint. Les espèces qui la composent sont en général des cosmopolites. Beaucoup sont sans doute des adventices amenés par les cultures. Le dattier, le laurier-rose et les tamarins sont les plantes caractéristiques de cette formation.

La flore des dunes offre beaucoup d'affinités avec l'Orient

et avec le Sud. Il est à remarquer en effet que c'est dans
l'Est et vers le Sud que les dunes acquièrent leur plus
grand développement et par conséquent présentent la végétation la plus variée.

La flore des montagnes est fort intéressante. On peut y
distinguer 3 zones altitudinaires :

1° Une zone inférieure, 1000-1450 [1] m. environ, non
boisée, sauf le long des ouadis, où l'on retrouve égale
ment des espèces échappées des régions supérieures. Cette
zone est relativement pauvre, elle présente peu d'espèces
caractéristiques et possède beaucoup d'analogies avec la
végétation steppique de la plaine.

2° une zone moyenne, 1450-1700 m. environ, couverte en
général de genèvriers oxycèdres, de genèvriers de Phé-
nicie et de chênes verts. On trouve là un plus grand nombre
d'espèces dont plusieurs sont caractéristiques pour cette
région, et l'on peut déjà remarquer certaines affinités avec
la flore du Maroc.

3° Une zone supérieure, 1700 à 2200 m., presque toujours
boisée, avec les mêmes essences que la zone précédente.
Ici les affinités avec la flore marocaine sont très frappantes
et le nombre des plantes caractéristiques est considérable ;
parmi elles, on peut citer plusieurs espèces ou variétés
nouvelles. C'est à cette altitude que l'auteur a rencontré
parfois des bouquets de pins d'Alep qu'il considère comme
les restes d'anciennes forêts de haute futaie.

L'élaboration des collections récoltées par l'auteur n'est
pas encore complètement terminée, mais un mémoire
détaillé sur ce sujet paraîtra dans l'*Annuaire du Jardin et
du Conservatoire botaniques de Genève*. La communication a
été illustrée par une série de projections lumineuses représentant des paysages de la région étudiée.

M. A. BRUN relate les expériences qu'il a effectuées sur
la liparite et l'obsidienne. Il montre que la cristallisation

---

[1] L'altitude moyenne des hauts plateaux sur lesquels s'élèvent
ces montagnes est de 1000 m. environ.

des roches acides est due à une réaction chimique entre les groupements $(MR_n) - \int$ SiOOH et KOH. Il se fait élimination d'eau et cristallisation de l'orthose et du quartz.

Cette réaction ne peut avoir lieu qu'à une température voisine de 800 degrés. Au dessus il y a décomposition de l'obsidienne sans formation de cristaux, au dessous la cristallisation est tellement lente qu'il n'est pas possible de l'observer.

M. Brun a réussi a reproduire les sphérolites à croix noire avec centre individualisé en cristal, avec les propriétés optiques bien connues, et identiques aux sphérolites des liparites, porphyrites, etc. Il en montre les dessins et photographies.

Le centre du sphérolite étant individualisé, il s'en suit qu'une période de temps suffisante et un choix convenable des proportions des éléments et de la température amèneraient à la synthèse des granulites.

Le développement de cette expérience paraîtra dans les *Archives*.

M. A. Brun annonce ensuite qu'il a déterminé le point de fusion de 60 espèces minérales. Ces déterminations donnent lieu aux remarques suivantes : Dans la série des Feldspaths le point de fusion suit une marche parallèle à celle des propriétés optiques. L'anorthite fond à 1510, le labrador à 1370, l'andisine à 1280, l'oligoclase à 1260, l'albite à 1250.

Pour les feldspaths potassiques, le microcline pur fond à 1330, l'orthose à 1300; des variétés d'orthose sodifère à 1270, l'anorthose comme l'albite à 1250. M. Brun n'accepte pas les chiffres annoncés par M. Dœlter pour les points de fusion des minéraux, et donne l'exposé des causes d'erreur du procédé de l'auteur allemand.

Les séries des amphiboles et des pyroxènes ont été étudiées. Le quartz est détruit à 1780, mais fond plus haut.

M. Brun distingue entre le point de destruction du réseau

cristallin et le point de fusion. Les 2 points ne coïncident pas toujours. Par exemple le réseau de

Fluorine est détruit à 1230 le point de fusion est à 1270
Trémolite   »   1090   »   1270
Disthène   1310   ?
Triphane   »   1010   »   ?

Le tableau complet des points de fusion mesurés paraîtra encore cette année dans les *Archives*.

M. le Prof. CHODAT expose les résultats des recherches qui ont été poursuivies avec la collaboration de M. BACH sur l'influence des peroxydes sur la vie végétale.

Les auteurs avaient constaté que la croissance d'un champignon, le *Penicillum glaucum*, est compatible avec la présence de 1 pour 900 d'eau oxygénée et que dans ces conditions le champignon décompose le peroxyde tout d'abord avec une intensité croissante puis semble s'accommoder à ces nouvelles conditions et ne catalyse plus le peroxyde qu'avec lenteur.

Cette découverte a été vérifiée sur de nouvelles cultures de *Penicillum*, de *Rhizopus nigricans* et de *Sterigmatocystis nigra;* 27 cultures pures ont été mises entrain en présence de doses variées de peroxyde d'hydrogène. De ces nouvelles recherches, il résulte que la germination des spores et le développement des deux dernières espèces se fait en présence de doses plus fortes de peroxydes. Les auteurs ont constaté que la limite de concentration est au dessous de 1 pour 500 [1] car à cette concentration on obtient des cultures encore très vigoureuses des deux dernières espèces.

Dans une nouvelle expérience on a voulu déterminer avec précision la quantité de gaz qui se dégage pendant la croissance du *Rhizopus nigricans* qui s'est montré le plus apte à se développer rapidement dans l'eau oxygénée. Le gaz se dégageait par une tubulure mise en communication

[1] Pour le *Sterigmatocystis nigra.* la limite de concentration est au-dessus de 1 p. 100.

avec un petit flacon laveur contenant de la potasse caustique pour retenir le CO_2. Le gaz venait refouler l'eau d'un eudiomètre mis en communication avec un vase communiquant qui permettait d'équilibrer la pression. Cet appareil était placé dans un thermostat à la température de 22° c.

Au bout de 68 heures on trouvait que le volume était de 16,7 cc., à 0° et à la pression de 760 mm.

L'analyse au moyen du permanganate a montré qu'il restait encore 7 mmgr. d'oxygène actif, ce qui, ajouté aux 23,9 mmgr. d'oxygène donne 31,45 mmgr. Or on avait introduit dans le milieu de culture (solution de Raulin) 40 mmgr. d'oxygène actif. Le flacon laveur n'ayant pas augmenté sensiblement de poids on est forcé d'admettre que le restant d'oxygène est resté dans le flacon laveur soit à l'état de solution soit à l'état de produits oxydés.

Les lectures faites ont montré que aussi dans cette expérience l'optimum de catalyse apparaît assez rapidement. Au bout de 16 h. il n'y a encore que 4 cc. ; dans les 8 heures qui suivent il y a le même volume dégagé, et durant les 22 h. subséquentes qui, à la norme précédente, auraient dû correspondre à 11 cc. il n'y à plus que 7 cc. et dans le même temps subséquent la quantité diminue encore pour descendre à 4, 5 cc. (chiffres non corrigés). Or comme la croissance va en s'accélérant, cette fonction catalytique ne coïncide pas avec cette fonction. Les auteurs serreront de près cette question si intéressante de l'accommodation.

Les auteurs ont expérimenté également sur l'ethylhydroperoxyde $C^2H^5HO^4$; introduit dans les cultures aux mêmes doses d'oxygène actif, il a empêché tout développement.

Les cultures submergées du *Penicillum* ont présenté un singulier phénomène dans les solutions les plus concentrées. Au lieu de produire un mycelium lâche, le champignon, dans ces conditions, a produit une espèce de sclérote à filaments enchevêtrés, à cellules courtes et plus épaisses. C'est donc le contraire d'un étiolement. Dès que la dose diminue, on voit partir de ce sclérote un lacis fin formant une auréole autour du pseudo-parenchyme en forme de Clathrus. Les autres espèces présentent également un retard de croissance en longueur et la formation de boules plus denses.

De ces premières recherches les auteurs pensent pouvoir tirer les conclusions suivantes.

Contrairement à l'opinion courante d'après laquelle il ne peut y avoir formation de peroxydes dans les phénomènes de l'assimilation ou de la respiration, les peroxydes comme dans les autres phénomènes d'oxydation lentes sont un premier terme des oxydations et par conséquent de la respiration aerobie.

Le ferment que Lœw a nommé catalase réduit à un minimum la quantité du peroxyde d'hydrogène ; cette propriété des végétaux de décomposer d'une manière progressive l'eau oxygénée n'est pas seulement une propriété accidentelle, mais répond à une nécessité. La difficulté de mettre en évidence les petites quantités de peroxydes qui se forment dans les végétaux s'explique ainsi et sans doute la quantité d'oxygène actif qui entre en réaction dans les phénomènes de respiration est sensibilisée par une action accessoire qui rend l'oxydation des substances ternaires possible (peroxydase).

La possibilité de faire croître des végétaux en présence des peroxydes montre clairement que le peroxyde d'hydrogène tout en diminuant l'étiolement c'est-à-dire en ralentissant l'allongement, n'abolit pas les phénomènes de croissance et de vie en général et que les objections faites à la théorie de la formation de peroxydes durant le chimisme de la cellule, ne peuvent se baser sur cette opinion démontrée fausse que l'organisme ne saurait exister en présence de ces corps.

Des recherches ultérieures montreront dans quelle mesure ces résultats sont applicables aux végétaux supérieurs.

Séance du 6 mars.

Le Secrétaire. 1er fascicule du volume 34 des Mémoires de la Société de Physique. — A. Bach. Action de l'acide chromique sur le peroxyde d'hydrogène. — F. Kehrmann et Flürscheim. Recherches sur les acides silicotungstiques. — R. Chodat et Nicoloff. Morphologie des Juglandées. — F.-Louis Perrot. Coucher de soleil avec apparences mobiles autour de l'astre.

M. le Secrétaire des publications présente le 1er fascicule du volume 34 des *Mémoires de la Société de physique et d'histoire naturelle de Genève*, qui vient de paraître,

M. A. Bach a étudié au point de vue quantitatif *l'action de l'acide chromique sur le peroxyde d'hydrogène*, en vue d'obtenir de nouvelles données sur la réaction qui a lieu entre ce peroxyde et les agents oxydants. Dans ses expériences, il a fait agir une solution exactement titrée d'acide chromique sur une solution également titrée de peroxyde d'hydrogène. Après avoir mesuré l'oxygène dégagé, il a de nouveau dosé iodométriquement l'acide chromique qui restait dans le liquide à la fin de la réaction. De cette manière, M. Bach a constaté qu'en l'absence d'acide, la quantité d'oxygène dégagé correspondait exactement à la teneur en oxygène actif du peroxyde employé. L'acide chromique se retrouvait intact à la fin de la réaction et pouvait décomposer une nouvelle quantité de peroxyde. En présence d'acide sulfurique, il y a réduction simultanée de l'acide chromique et du peroxyde d'hydrogène avec dégagement d'oxygène et formation de sulfate chromique. Pour une molécule d'acide chromique, deux molécules de peroxyde d'hydrogène sont décomposées. La réaction a donc lieu suivant l'équation :

$$4\,CrO_3 + 8H_2O_2 + 6H_2SO_4 = 2[Cr_2(SO_4)_3] + 7O_2 + 14H_2O$$

M. Bach parle ensuite des hypothèses de Berthelot et de Traube et fait ressortir que celles-ci ne s'accordent pas avec les résultats de ses expériences.

M. KEHRMANN expose les résultats d'un travail entrepris par lui en collaboration avec M. FLÜRSCHEIM[1], en vue de vérifier *la composition des combinaisons silicotungstiques* découvertes et étudiées par Marignac[2].

Après un assez grand nombre d'essais, les auteurs ont finalement réussi à séparer quantitativement l'acide tungstique de l'acide silicique, et à en déterminer très exactement les proportions. Cette séparation se fait en évaporant avec de l'acide fluorhydrique étendu le mélange des deux anhydrides, préalablement calcinés au rouge sombre, et en répétant l'opération jusqu'à poids constant. L'anhydride silicique est ainsi complètement éliminé.

Le dosage des bases dans les différents silicotungstates réussit très bien par précipitation de l'acide complexe sous forme de son sel quinoléinique. La base est dosée comme chlorure dans le liquide filtré. Cette nouvelle méthode analytique a permis aux auteurs de confirmer la composition des deux acides silicotungstiques telle que Marignac l'avait attribuée à ces substances. En revanche les données de ce dernier concernant l'existence de deux séries de sels des acides en question, ne peuvent pas être maintenues. La transformation mutuelle de ces sels est toujours accompagnée d'un dédoublement de leurs molécules. C'est ainsi que, par exemple, le sel potassique de l'acide silicotungstique se transforme sous l'influence d'un petit excès de carbonate de soude, selon l'équation suivante :

$$2(2K_2O. SiO_2. 12WO_3) + 7K_2CO_3 = (7K_2O. 2SiO_2. 20WO_3) + 4K_2WO_4 + 7CO_2.$$

De même, le nouveau sel, tout en résistant assez bien à l'action des carbonates, subit à son tour une scission semblable, lorsqu'on l'attaque par l'acide chlorhydrique. Dans cette réaction, le sel potassique normal de l'acide silicotungstique est régénéré à côté d'une certaine quantité de chlorure de potassium et d'acide silicique.

---

[1] B. Flürscheim. Inaug. Dissertation. Heidelberg 1901.
[2] *Lieb. Ann. Chem.*, 125, 362 (1863).

M. le Prof. CHODAT présente au nom de M. NICOLOFF une communication au sujet du type floral des *Juglandées.*

De nombreux auteurs se sont déjà occupés de cette question, et les avis sont très partagés sur le développement de la fleur de cette famille. Comme il règne une grande uniformité dans la disposition de ces appareils, M. Nicoloff s'est surtout attaché à élucider la morphologie de la fleur et du fruit chez *Juglans regia* L qu'il prend pour type de toute la famille.

A l'égard de la fleur mâle, il confirme le diagramme construit par M. Casimir de Candolle plutôt que celui d'A. Eichler. Cependant il nomme *préfeuilles* les pièces 1 et 2 du diagramme de M. de Candolle, les quatre pièces internes constituant seules le périgone. En outre l'épiphyllie de la fleur constatée par M. de Candolle dans le châton mâle de *Juglans* a été pleinement confirmée par des coupes faites dans des châtons très jeunes de *Carya*, où le primorde floral se différencie nettement sur la bractée dans le voisinage immédiat de l'axe.

L'étude de la fleur femelle a prouvé son analogie avec la fleur mâle, analogie prévue déjà par M. de Candolle. Des coupes longitudidales et transversales dans des fleurs très jeunes ont démontré clairement la présence d'une bractée et de deux préfeuilles soudées à l'ovaire, et dont la disposition dans le diagramme est identique à celle des pièces correspondantes de la fleur mâle.

Quant à l'ovaire infère de *Juglans regia* L., M. van Tieghem le considère comme étant d'origine appendiculaire, et il se base pour formuler cette opinion sur la marche des faisceaux qui est identique à ce qu'elle serait si l'ovaire était infère. M. Nicoloff admet au contraire l'ovaire comme étant de nature axile. La marche des faisceaux n'est pas un argument contre sa manière de voir, car, comme les nervures se rendent aux pièces florales qui surmontent l'ovaire, elles doivent nécessairement avoir la même disposition que si l'ovaire résultait de la soudure de ces mêmes pièces.

L'ovule est pour M. van Tieghem un lobe de la feuille carpellaire. L'ovaire comprendrait typiquement quatre

ovules, innervés chacun des ramifications nées des nervures marginales des deux carpelles, mais un seul de ces
ovules se développerait; il serait porté au centre de
l'ovaire et serait innervé par une seule des quatre nervures marginales des carpelles. M. Nicoloff a pu constater
que les faisceaux que M. van Tieghem considère comme
les nervures marginales des carpelles participent tous à
l'innervation de l'ovule, et il n'a jamais rencontré les
reliques fasciculaires des trois ovules soi-disant avortés.
Les coupes en série qu'il a faites sont particulièrement
propres à élucider ce côté de la question et prouvent clairement la nature axile de l'ovule et son mode d'innervation.

Dès la première indication du mamelon ovulaire, on
voit au fond de l'ovaire se manifester des inégalités de
croissance qui déterminent dans le sens transversal
d'abord, puis dans le sens antéro-postérieur, des cloisons
qui s'élèvent en soulevant l'ovule, constituant ainsi quatre
loges incomplètes. Dans le cours de développement de
ces cavités inférieures, le parenchyme de la région supérieure de l'ovaire s'accroît inégalement pour former quatre
fentes correspondant comme position aux fentes inférieures de l'ovaire.

A la base du tégument unique et aux dépens du tissu
parenchymateux du placenta on voit de bonne heure se
développer en avant et en arrière de l'ovule des appendices en forme de cornes qu'on a regardés comme un
second tégument incomplet. L'origine et le mode de développement de ces corps permettent à M. Nicoloff de les
considérer comme des excroissances du placentaire. La
fonction de ces corps n'est pas encore élucidée.

M. F.-Louis PERROT donne les détails suivants sur un
coucher de soleil remarquable, qu'il a observé à Genève le
1er février 1902 [1].

---

[1] Ce jour-là l'Observatoire indique : très forte bise le matin
jusqu'à 7 heures du soir ; elle atteint une vitesse de 70 kilomètres
à l'heure vers 10 heures du matin.

Passant le long du quai des Bergues un moment avant le coucher du soleil, il remarqua d'abord à l'occident une sorte d'échancrure comprise entre la calotte grise générale du ciel et l'horizon formé par les toits des maisons du côté de la Coulouvrenière. Cette échancrure était vivement colorée en rouge, sans qu'on pût d'abord y distinguer les contours du disque solaire. Peu à peu ce dernier, perçant la brume rouge, se détacha au milieu d'elle en plus clair. Quelques secondes après, le disque parut encerclé d'effluves blanchâtres qui embrassaient une partie de ses bords, tournant rapidement autour de lui, tantôt dans un sens, tantôt dans l'autre, sautant aussi parfois brusquement de son bord inférieur à son bord supérieur, ou du bord gauche au bord droit, et vice-versa. Ces lueurs contrastaient par leur éclat blanc, rappelant la lumière électrique, avec le rouge du fond et le rose du disque, qui lui-même semblait palpiter. Le fond de l'échancrure présentait un état de mobilité indéfinissable. Cela dura environ cinq minutes, au cours desquelles l'observateur, désirant contrôler ses propres impressions visuelles, interrogea une personne, qui lui exprima son admiration au sujet des dimensions exagérées du disque et des apparences mobiles qui l'accompagnaient. Le spectacle était en effet très impressif et rappelait, avec autrement de majesté, certaines pièces d'artifice allumées dans la buée des feux de Bengale.

L'astre ayant disparu derrière les toits, le ciel conserva quelques minutes une intense coloration rouge foncé qui ne pourrait mieux être comparée qu'à la couleur carminée d'une flamme saturée d'un sel de lithium.

L'observateur ayant dû se transporter sur un autre point de la ville, constata que, cinq minutes après le coucher du soleil, le ciel ne présentait plus à l'horizon qu'une teinte jaune uniforme et sans caractères particuliers.

Pendant toute la durée du phénomène, l'éclat du soleil lui-même était tellement adouci que les yeux n'éprouvèrent aucune fatigue après cet examen relativement prolongé.

L'épaisseur des effluves, appréciée dans le sens du diamètre apparent du soleil, pouvait être, en moyenne, d'environ un sixième de ce diamètre ; elle variait du reste rapidement.

Il est intéressant de rapprocher cette observation de celle qui a été faite le 17 août 1901 à Saint-Malo par M. C. Gilault, de Poitiers (voir : Boite aux lettres du journal *La Nature*, n° 1494, 11 janvier 1902). Cet observateur parle d'une zone dentée qui tournait autour du soleil, tantôt dans un sens, tantôt dans l'autre, peu d'instants avant le coucher de l'astre.

Séance du 20 mars.

Th. Tommasina. L'éther et les phénomènes électrostatiques. — J. Briquet. Observations sur le genre Thorea. — L. Duparc. Roches du Kosswinsky. — B. P.-G. Hochreutiner. Nouvelles malvacées.

M. Th. TOMMASINA expose quelques notions déductives *sur l'existence de l'éther et sur son rôle dans les phénomènes électrostatiques.*

Se basant sur le fait établi de la vitesse finie de la lumière et des ondes hertziennes, il en déduit les conséquences logiques suivantes :

1° Que les actions à distance sans intermédiaire sont inadmissibles.

2° Que l'éther existe comme substance matérielle.

3° Que l'éther possède comme transmetteur perpétuel des radiations une énergie active variable.

4° Que les éléments intégrants de l'éther possèdent une énergie propre constante.

5° Que le fonctionnement des éléments de l'éther comme transmetteurs de vibrations nécessite un état de tension variable mais toujours supérieur à zéro.

M. Tommasina déduit de la non existence des actions à distance que, sans l'éther qui entoure et pénètre tous les corps, la gravitation ne pourrait avoir lieu, et que d'autre part la présence de l'éther rend impossible la transmission de l'énergie avec une vitesse infinie. Ainsi, comme

de toutes les forces de la nature, seule la force de la gravitation universelle devrait se propager avec une vitesse
infinie, il faut en déduire que la gravitation doit être due
à une force agissant continuellement par pression sur les
particules intégrantes de tous les corps, et, en conclure
que c'est dans l'action de l'éther qu'on doit chercher le
mécanisme de la gravitation universelle.

D'après ces notions déductives M. Tommasina dit qu'on
ne peut envisager les phénomènes autrement que comme
étant des modes de mouvement de la matière, et il ajoute
qu'une théorie des phénomènes électrostatiques doit servir
pour expliquer non seulement les charges des corps, mais
aussi celles des particules. Or, il est évident que la théorie
balistique une fois arrivée à ces dernières n'explique plus
rien et qu'il faut alors recourir nécessairement à une
théorie éthéro-dynamique.

M. Tommasina décrit ensuite quelques expériences électrostatiques, lesquelles, ainsi que plusieurs autres qu'il a
pu éxécuter pendant ces dernières années, l'ont amené à
établir les conclusions suivantes :

1° Il n'existe aucune décharge disruptive partant d'un
corps électrisé négativement, de même il n'en existe aucune
partant d'un pôle négatif.

2° Aucune émission de fluide électrique négatif n'a
lieu, ni ne peut avoir lieu, car ce fluide n'existe pas.

3° Les charges négatives sont en réalité des états de
sous-électrisation, dans lequel les vecteurs sont conver-
gents et représentent une propagation de mouvements
venant du milieu ou d'un autre corps quelconque qui se
trouve à un potentiel plus élevé.

La conclusion de M. Tommasina est que la seule substance matérielle qui joue un rôle dans les charges électrostatiques est l'éther luminifère, et que ces charges sont
des modifications éthérées qui ont toujours pour résultat
le rétablissement de l'équilibre préexistant.

M. J. BRIQUET continue ses observations sur la famille
des ombellifères et présente une note sur un nouveau type

générique qu'il désigne sous le nom de *Thorea*. Il s'agit
d'une singulière petite plante stolonifère localisée dans les
marais et les étangs du sud-ouest de la France. Primitivement décrite par Thore en 1803 sous le nom de *Sison
verticillato-umbellatum*, elle a été placée par A.-P. de Candolle en 1815 dans le genre *Suim*, par Koch en 1824 dans
le genre *Helosciadium*, par Lespinasse en 1847 dans le
genre *Carum*, par Grenier et Godron en 1848 dans le
genre *Ptychotis*, enfin par Reichenbach en 1867 dans le
genre *Petroselinum*. Ce dernier auteur, qui a fait l'anatomie du fruit, signale dans les méricarpes de cette plante,
outre les grandes bandelettes valléculaires, un second
système extérieur de bandelettes cloisonnées. Si cette
indication était vraie, nous aurions là un cas unique et
extraordinaire dans la carpologie des ombellifères. M. Briquet expose en détail l'organisation du fruit et montre
qu'il n'existe qu'une seule bandelette par vallécule. Ce
que Reichenbach a pris pour des bandelettes cloisonnées
extérieures est une couche de parenchyme macrocytique,
dans laquelle l'huile des bandelettes se déverse lorsqu'on
fait des coupes du fruit. Une technique un peu soignée
permet facilement d'éviter cet accident et ne laisse aucun
doute sur la nature cellulaire des petites chambres figu-
rées par Reichenbach. — M. Briquet étudie en détail les
affinités de la plante de Thore et constate qu'elle ne peut
se classer qu'artificiellement dans les genres auxquels on
l'a rapportée. Il la considère comme un genre monotype,
qu'il appelle *Thorea*, et qu'il place dans le voisinage des
Petroselinum. — Un mémoire détaillé sur cette plante si
controversée paraîtra cette année dans l'*Annuaire du Conservatoire botanique de Genève*.

M. le prof. DUPARC, pour faire suite à la communication
qu'il a faite dans la séance du 6 février, entretient la
Société de quelques nouvelles roches dont il explique la
composition et qui proviennent de la région du Kosswinsky.

M. B.-P.-G. HOCHREUTINER communique à la Société

quelques remarques sur une série de *Malvacées* nouvelles ou rares, étudiées par lui à l'Herbier Delessert.

. Les unes sont intéressantes à cause de leur distribution géographique, les autres à cause de particularités morphologiques.

Parmi les premières : Une nouvelle espèce de Madagascar l'*Abutilon pseudangulatum Hochr.*, appartient au groupe des *Cephalabutilon* uni ou bi-ovulés qui sont africains ou américains. Les affinités de cette plante, sont donc orientales et c'est un cas rare, parce que la flore de Madagascar est plutôt affine de celle de l'Australie, comme on l'a montré souvent et comme l'auteur a pu déjà le constater pour certains *Hibiscus* [1].

Une nouvelle preuve de ces relations avec l'Australie est apportée par la distribution singulière du *Sida supina* L'Her. Cette plante n'était connue qu'en Amérique et aux Seychelles, où sa présence sur plusieurs iles faisait croire qu'elle était indigène. M. Hochreutiner a retrouvé cette espèce parmi des plantes recueillies par Latrobe en Australie. C'est donc par là qu'il faudrait unifier l'aire disjointe du *S. supina* et non pas au travers de l'Afrique où elle fait défaut.

Deux autres plantes sont intéressantes à cause de la localisation de leurs variétés : L'*Abutilon indicum* Sw. est une espèce très polymorphe et cosmopolite, mais dont le centre de dispersion parait être les Indes orientales. A partir de là, si l'on s'éloigne vers le S.-E., on voit cette plante se modifier de plus en plus, pour aboutir à la variété *australiense* Hochr. qui est particulière à l'Australie, et dont le port est tout à fait distinct. Plus caractéristique encore est le *Sida grewioides* Guill. et Perr. dont la forme typique se trouve au Sénégal ; elle possède des tiges dressées, hautes, ligneuses et des feuilles relativement grandes. L'auteur a reconnu cette espèce dans une plante

[1] Hochreutiner. — Revision du genre *Hibiscus* in *Annuaire du Conservatoire et du Jardin bot. de Genève.* 4e année, 1900, p. 37, 47, 51 et 153.

récoltée par Wellstedt à Socotra. Celle-ci est un chétif petit végétal herbacé à tiges appliquées contre le sol et à feuilles réduites. M. Hochreutiner en fait une var. *microphylla* car il a pu observer tous les termes de passage rangés en série linéaire, depuis le Sénégal jusqu'à Socotra, en passant par le Soudan et l'Abyssinie.

Parmi les espèces intéressantes au point de vue morphologique, deux sont mentionnées.

L'*Abutilon Lauraster* Hochr. de Madagascar possède un fruit de forme inaccoutumée. Les carpelles sont fortement étirés vers l'extérieur de telle sorte que chaque méricarpe est un tube terminé en pointe. A la base du tube se trouvent les graines groupées sur un espace minuscule com paré à la dimension de la loge. Le fruit entier a l'aspect d'une étoile à grandes branches et il est supporté par un long pédoncule assez rigide qui vibre comme un ressort lorsqu'on frôle seulement les pointes déhiscentes des méricarpes. C'est ainsi que cet organe est un excellent moyen de dissémination des graines devenues libres dans chaque loge.

Le *Sida Dinteriana* Hochr. possède aussi un fruit remarquable à cause de son appareil de déhiscence, par le fait qu'il établit un terme de passage entre les *Wissadula*, les *Cristaria* et les *Sida*. La face supérieure des méricarpes est lisse comme chez le *Sida rhombifolia* L., et elle présente aussi deux bourrelets longitudinaux séparés par une vallécule, le tout servant à faciliter la déhiscence en une fente sagittale. Mais chez le *Sida Dinteriana* cette face au lieu d'être plate est bombée en demi-cercle, de sorte qu'au moment de la déhiscence, il se forme deux ailes membraneuses, rétrécies un peu vers le bas. Ainsi la partie inférieure du carpelle contenant la graine unique ne s'ouvre pas assez pour laisser échapper cette dernière.

On comprend donc facilement que cet appareil ait pu se modifier, d'une part en accentuant la séparation qui existe entre la loge du carpelle et sa partie membraneuse, pour aboutir aux méricarpes ailés des *Cristaria*. D'autre part en augmentant la facilité de déhiscence des méricarpes et en créant une sorte de loge supplémentaire à la partie supérieure de chacun d'eux, l'appareil en question créait la possibilité de méricarpes multiovulés semblables à ceux des *Wissadula*.

Ces affinités si multiples suggèrent l'hypothèse que ce genre *Sida*, avec ses innombrables formes, doit être considéré comme une des souches des *Malveœ*.

Séance du 3 avril.

A. Pictet et P. Genequand. Action de l'acide nitrique sur l'acide acétique et ses homologues. — L. Duparc. Massifs du Tilaï et du Katechersky.

M. le prof. Amé PICTET communique une observation qu'il a faite avec M. P. GENEQUAND. Lorsqu'on [mélange, dans des proportions quelconques, l'*acide acétique* [glacial *avec l'acide nitrique* fumant et que l'on soumet le liquide à la distillation fractionnée, on obtient une fraction bouillant à 127,7° sous 730^{mm} de pression, et possédant à 15° une densité de 1,196. L'analyse conduit à la formule $C_4H_9NO_7$.

Ce produit n'est point un simple mélange d'acides acétique et nitrique, mais une combinaison nettement définie, que les auteurs nomment *acide acétonitrique*. Cela résulte :

1° De son point d'ébullition, qui est plus élevé que celui de chacun des deux constituants.

2° De la détermination cryoscopique de son poids moléculaire, qui correspond à la formule ci-dessus.

3° Du fait qu'il possède des propriétés chimiques très différentes de celles que l'on devrait attendre d'un mélange d'acide nitrique et d'acide acétique.

Les auteurs considèrent l'acide acétonitrique comme le dérivé diacétylé de l'acide orthonitrique, $N(OH)_5$, et estiment qu'il prend naissance par simple addition de 2 molécules d'acide acétique à 1 molécule d'acide nitrique, selon l'équation :

$$CH_3-COOH \atop CH_3-COOH \quad + O=N=O = \quad CH_3.COO \atop HO {>} N {<} {OOC.CH_3 \atop OH}$$

L'acide acétique n'est, du reste, point le seul acide organique capable de se combiner ainsi à l'acide nitrique. Ses
deux homologues, l'acide propionique et l'acide butyrique
normal, fournissent des dérivés semblables. L'*acide pro-
pionitrique* $(C_2H_5COO)_2N(OH)_3$ bout à 141° et possède
à 15° une densité de 1,057. L'*acide butyronitrique*
$(C_3H_7COO)_2N(OH)_3$ distille à 155° et a une densité de 1,003
a 15°.

MM. Pictet et Genequand ont l'intention de soumettre à
une étude approfondie cette nouvelle classe d'anhydrides
mixtes.

M. le prof. Duparc parle des massifs du Tilaï, du Katechersky et du Cerebransky, qu'il a eu l'occasion de visiter
l'an dernier; une particularité de cette région, c'est que la
ligne de partage des eaux ne suit pas la ligne de faite. La
chaine du Tilaï est formée par des gabbros ouralitisés.
M. Duparc y a rencontré un plissement platinifère de fer
chromé.

Séance du 17 avril.

R. de Saussure. Mouvement des fluides. — L. Duparc. Voyage
d'exploration dans l'Oural. — R. Chodat et Th. Nicoloff. Sac
embryonnaire de Juglans regia L.

M. René de Saussure fait une communication sur une
Théorie géométrique du mouvement des corps, basée sur
les lois de la symétrie. Il considère tout déplacement continu d'un corps C comme une série continue de corps
égaux entre eux ; cette définition comprend tous les mouvements à un ou plusieurs paramètres. Il montre ensuite
que tous les mouvements fondamentaux (translation, rotation, torsion) peuvent être considérés comme des séries
de corps C symétriques d'un corps fixe C_0 par rapport à
une série d'éléments (points, plans ou droites). Cette
manière de voir le conduit à l'étude de nouveaux mouvements fondamentaux : les mouvements fondamentaux à
plusieurs paramètres ; en particulier, les mouvements

fondamentaux à trois paramètres qui permettent d'établir les lois géométriques du mouvement des fluides ; car si l'on désigne par un point M une molécule quelconque d'un fluide et par une droite D la direction du mouvement de cette molécule, la figure (MD) peut être considérée comme une figure rigide et le fluide lui-même comme une série en nombre triplement infini de figures telles que (MD).

Pour l'exposé complet de cette théorie, voir les *Arch. des Sc. phy. et nat.*, t. XIII, p. 425.

M. le prof. DUPARC a fait un récit de ses derniers voyages à travers l'Oural ; après avoir donné un aperçu général de la région parcourue au point de vue géologique, géographique et hydrographique, M. Duparc présente une série de vues de l'Oural du Nord et des bords de la Kama et de la Kosswa.

M. le prof. CHODAT présente au nom de M. TH. NICOLOFF une communication au sujet du sac embryonnaire du *Juglans regia* L.

M. Nicoloff a été amené à s'occuper de cette question au cours de ses recherches sur la fleur et le fruit de la dite espèce. La question de l'origine du sac embryonnaire de *Juglans regia* est devenue particulièrement intéressante surtout depuis que M. le prof. Karsten de Bonn a émis, il y a quelques mois de cela, l'opinion que le nucelle de *Juglans regia* contiendrait un archéspore à l'instar de celui que Treub a trouvé chez les Casuarinées. L'archésphore n'a été jusqu'à présent constaté dans le groupe des Angiospermes que chez les Casuarinées par Treub et chez Corylus Avellana par Nawaschin. On sait combien sont significatifs les résulats des recherches de Treub au point de vue de la phylogénie. Les Juglandées auraient été une nouvelle famille à ajouter aux plantes possédant l'archéspore, vestige caractérisant les Cryptogames Vasculaires, et on voit par conséquent quelle importance se rattacherait à la découverte de M. Karsten, si cette découverte venait à se confirmer. Dans son travail

M. Karsten donne un dessin d'archéspore dans le nucelle de *Juglans regia*. M. Nicoloff a fait dans l'ovule de la même plante des coupes en série au microtome. Comme il a eu tous les âges de ces ovules, il a pu suivre le tissu nucellaire dès le début de la formation du sac embryonnaire, jusqu'au complet développement de celui-ci et il a contaté que :

1° Le sac embryonnaire a une origine très profonde. Au moment où la cellule qui va devenir sac embryonnaire commence à grossir, le nucelle présente la structure histologique suivante : La partie inférieure au sac (celui-ci se trouve à peu près aux deux tiers de la hauteur du nucelle) comprend une bande centrale de cellules allongées suivant le sens longitudinal et des deux côtés de cette bande se trouve un tissu périphérique formé de cellules sensiblement isodiamétriques. La région du nucelle, supérieur au sac embryonnaire, est formée de cellules rangées en files rayonnantes disposées en éventail, le sac embryonnaire occupe le centre dont partent et divergent les files formant cet éventail.

2° Le sac embryonnaire de *Juglans regia* est ordinairement unique ; sa place de formation est fixe ; il parait provenir dans tous les objets examinés, de la cellule la plus profonde du rayon cellulaire médian. Les détails de sa formation seront donnés ultérieurement.

3° On ne trouve à aucun âge une délimitation claire entre un tissu enveloppe et un tissu archésporien central. C'est là un point capital pour la résolution du problème et M. Treub insiste avec raison sur l'existence de cette délimitation dans le nucelle des Casuarinées.

Le fait qu'il peut exister deux noyaux dans certaines cellules du nucelle de *Juglans regia* ne peut pas être d'une valeur notoire pour la question, comme paraît le croire M. Karsten, des cellules végétatives de n'importe quelle provenance pouvant contenir deux noyaux.

Toutes les considérations permettent à M. Nicoloff de conclure à l'absense d'un archéspore caractérisant le nucelle de *Juglans regia* L.

Séance du 1ᵉʳ mai.

H. Dufour. Observations sur les substances radioactives. — T. Tommasina. Limites de la théorie des ions. — J. Briquet. Recherches
sur les Bunium des Alpes.

M. le prof. Henri Dufour présente les résultats de quelques recherches sur les propriétés de radiations émises par
des tubes contenant des substances radioactives de M. et
Mᵐᵉ Curie. Il s'agit, dans ces expériences, uniquement des
effets de rayonnement de tubes de verre scellés, contenant
la matière active, celle-ci n'a jamais été en conctact avec
l'air. On constate : 1° La propagation rectiligne de radiations
et la formation d'ombres géométriques ; 2° Une action sur
l'air circulant longtemps autour des tubes et qui peut agir
ensuite sur une plaque photographique ; 3° Les transformations des radiations par leur passage à travers différents
corps tels que l'aluminiun, qui transforme peu, le verre qui
transforme beaucoup ; 4° Les effets de fluorescence invisi-
ble tout semblables à ceux de la fluorescence visible
produite sur la plupart des corps soumis à l'action des
radiations des substances actives.

M. Th. Tommasina fait une lecture *sur les limites de la
théorie des ions et sur l'absorption de la radioactivité par les
liquides.* Après un court exposé historique de l'évolution
subie par cette théorie, l'auteur dit qu'elle ne doit pas se
mettre en opposition, ni tendre à remplacer la théorie
électro-magnétique, mais, au contraire s'appuyer sur cette
dernière, établissant une liaison étroite autant que possible
avec elle, liaison devant résulter de la connaissance de ses
propres limites.

Le mouvement d'un ion n'explique pas la nature de ce
qui se passe dans sa charge, au contraire, c'est l'étude de
cette charge qui pourra expliquer la cause du mouvement
du ion. Prenons un ion métal, sa charge reste toujours à
la surface, c'est-à-dire dans le diélectrique, mais autour

d'un ion ne peuvent jouer le rôle de diélectrique, ni l'air ni aucun des gaz connus, dont les molécules ont des dimensions supérieures ou du même ordre que celles du ion même. Il faut donc une substance matérielle spéciale, dont les molécules seront appelées électrons, si l'on veut, mais cette substance ne peut être un gaz, mais un état spécial de la matière lui permettant de fonctionner comme diélectrique parfait; cette substance ne peut être que de l'éther luminifère. Ainsi on voit que si l'on cherche à se rapprocher un peu de la nature intime du phénomène, l'on est obligé de reconnaître son origine dans une modification éthérée.

M. Tommasina examine ce qui se passe, soit dans les phénomènes dits de bombardement, soit dans les autres de nature purement électrolytiques et il fait remarquer qu'il n'est pas non plus démontré que dans ces phénomènes les mouvements des ions ne soient pas dus à un entraînement produit par la modification éthérée qui est le siège de l'énergie.

Il est possible que la conductibilité des gaz en certaines conditions puisse être modifiée par un phénomène d'électrolyse, ou d'ionisation analogue à celui qui a lieu dans les liquides, mais on ne peut pas en déduire que chaque fois qu'il y a modification de conductibilité dans un gaz, il soit nécessaire de faire intervenir un phénomène d'électrolyse ou un autre système arbitraire d'ionisation. On ne devrait pas affirmer dans ces cas, que les gaz sont ionisés, car on affirme ainsi non pas une théorie, mais un fait, et ce fait n'a pas encore été constaté.

M. Tommasina conclut que les limites de la théorie des ions sont constituées précisément par tous ses points de contact avec la théorie électro-magnétique.

L'auteur communique ensuite les résultats de ses recherches *sur l'absorption de la radioactivité par les liquides* et en décrit le dispositif adopté [1]. Pendant ses recherches

[1] Comptes rendus de l'Académie des sciences de Paris, séance du 21 avril 1902.

antérieures sur la modification de la conductibilité des diélectriques solides et liquides sous l'action du rayonnement Becquerel il avait poursuivi parallèlement une étude sur la nature de l'action de la lumière dans les piles actiniques. Cette étude lui a permis de faire la constatation que dans ces piles *la lumière diffuse agit d'une manière plus ou moins sensible sur chaque électrode;* même lorsque le pôle négatif est constitué par du zinc, l'action de la lumière existe, bien que très faible, et produit une diminution de la force électromotrice, tandis qu'elle produit un accroissement de cette force en frappant l'électrode qui constitue le pôle positif. M. Tommasina présente une pile photométrique dont le liquide est de la glycérine et dont une électrode est une petite lame d'aluminium placée axialement dans un tube en ébonite et l'autre électrode est une lame en cuivre oxydé épousant la forme du tube en verre hermétiquement clos par fusion dans lequel le tout est placé. Une borne en platine en forme de boucle sort de chaque extrémité du tube. Cette pile est très sensible même à la plus faible modification de la lumière diffuse.

M. Tommasina présente une autre pile actinique constituée par une branche vivante de lilas placée dans un flacon à deux ouvertures. L'eau qui sert pour entretenir la vie de la branche ne touche aucun des deux fils. L'un est attaché aux bourgeons tendres et sort par le large orifice supérieur, l'autre est relié à l'extrémité de la tige qui est enfoncée dans le bouchon en liège paraffiné fermant l'orifice latéral et situé au niveau de la base du flacon. L'on sait d'après les anciennes expériences de Becquerel et d'autres, que le courant dans la plante est dirigé de la tige aux extrémités des branches. M. Tommasina vient de reconnaître que pendant la nuit, ou lorsque le flacon est placé à l'abri de la lumière, la force électromotrice est environ le double de celle produite sous l'action de la lumière diffuse du jour.

M. BRIQUET communique le résultat de ses *recherches carpologiques sur quelques Bunium alpins d'Europe.* —

L'étude a porté sur trois espèces souvent confondues :
Bunium alpinum W. K. (incl. *B. montanum* Koch) à l'est
de l'Istrie, *B. petræum* Ten. des Abruzzes, et *B. corydalinum* DC. (incl. *B. nivale* Boiss.) de la Corse, de la Sardaigne et de l'Espagne. Ces trois noms ont été parfois aussi
appliqués à une variété naine du *B. Bulbocastanum* L.
que l'on trouve dans le sud de la Savoie, dans le Dau-
phiné, dans les Alpes provençales et maritimes — mais
bien à tort. La variété naine du *B. Bulbocastanum*, reliée
au type par diverses formes intermédiaires, ne possède
en effet, qu'*une seule* bandelette par vallécule dans ses
méricarpes, et non pas *trois* comme ses congénères.

Voici le résumé des caractères carpologiques internes
qui distinguent les trois *Bunium* alpins à vallécules trivittées, comparées à la variété naine du B. Bulbocastanum.

B. petraeum Ten. — Méricarpes à section transversale
restant plus ou moins polygonale à la maturité, à côtes
arrondies assez volumineuses et très saillantes. Epicarpe à
gros éléments collenchymateux. Faisceaux à ilot péricyclique volumineux, mais à éléments faiblement et tardivement sclérifiés, plongés dans un parenchyme macrocytique, délicat, faiblement chlorophyllifère, se prolongeant
en une couche épaisse dans les vallécules par dessus les
bandelettes. Bandelettes au nombre de 3 dans les vallécules, dont la médiane plus volumineuse, les latérales plus
petites et rapprochées des côtes, rarement géminées ; les
bandelettes se réduisent à 1 ou 2 à la base du fruit. Bandelettes commissurales au nombre de 4, réduites à 2 à la base
du fruit. Endocarpe à trois gros éléments parallélipipédi-
ques un peu plus larges que profonds, délicats, incolores,
à parois très minces, en contact avec l'épithélium des
bandelettes ou séparé d'elles par une couche de parenchyme à petits éléments.

B. alpinum W. K. — Méricarpes à section transversale
arrondie à la maturité, à côtes à peine saillantes et très
ténues. Epicarpe à éléments assez petits, à parois internes
un peu collenchymateuses. Faisceaux à îlot piricyclique
volumineux, à éléments sclérifiés jusqu'à presqu'extinction

du lumen. Parenchyme mésocarpique délicat, à petits éléments peu chlorophylliens, formant une mince bande
entre l'épicarpe d'une part, les faisceaux et les bandelettes
d'autre part. Bandelettes au nombre de 3 dans les vallécules, la médiane plus volumineuse, les latérales plus
petites et plus rapprochées des côtes, rarement géminées ;
les bandelettes se réduisent à la base du fruit à 1 ou 2.
Bandelettes commissurales au nombre de 4 réduites à 2
à la base du fruit. Endocarpe à gros éléments, beaucoup
plus larges que profonds, délicats, incolores, à parois
radiales plus minces que les autres, en contact ou
presqu'en contact avec l'épithélibum des bandelettes.

B. corydalinum Dl. — Méricarpes organisés à peu près
sur le type du *B. alpinum,* mais le parenchyme mésocarpique est plus abondant, surtout dans les côtes, et reste
longtemps différencié en une zone interne incolore à gros
éléments et une zone externe fortement chlorophyllifère à
petits éléments, qui sous-tend l'épicarpe.

B. Bulbocastanum L. var. *nanum* Car. et Sˡ-Lag. —
Méricarpes à section transversale restant plus ou moins
polygonale à la maturité, à côtes arrondies, modérément
saillantes. Epicarpe à éléments assez petits, à parois internes faiblement collenchymateuses. Faisceaux à îlot péricyclique volumineux, à éléments très sclérifiés. Parenchyme mésocarpique délicat, à éléments médiocres, assez
chlorophylliens vers l'extérieur, formant sous l'épicarpe
une bande assez épaisse, mais écrasée avec l'âge. Bandelettes au nombre de 1 par vallécule, parfois géminées,
surtout dans les vallécules latérales. Bandelettes commissurales au nombre de 2, rarement l'une ou l'autre géminée.
Endocarpe à gros éléments, beaucoup plus larges que profonds, délicats, incolores, à parois radiales plus minces que
les autres ; en contact ou presque en contact avec l'épithélium des bandelettes.

Il ressort de ces faits que parmi les *Bunium* alpins à
vallécules trivittées, confondus avec la variété naine du
B. Bulbocastanum, c'est le *B. petrœum* qui est de beaucoup l'espèce la plus distincte au point de vue carpologique.

Ce résultat est d'ailleurs confirmé par l'examen morphologique des autres organes de cette plante.

Séance du 5 juin,

A Brun. Explosions volcaniques. — B.-P.-G. Hochreutiner. Dune d'Aïn-Sefra. — R. Gautier. Moyennes du mois de mai 1902.

M. A. BRUN expose ses idées sur les *explosions volcaniques* et parle des résultats des expériences de M. Armand Gautier et de celles qu'il a faites lui-même. M. Brun indique quelles sont, selon lui, les températures possibles, et il attribue le phénomène explosif au gaz hydrogène. (Voir *Archives sc. phys. et nat.*, t. XIII, juin 1902.)

M. B.-P.-G. HOCHREUTINER parle de la *dune d'Aïn-Sefra* et des dunes locales de la chaîne de bordure saharienne dans l'Algérie méridionale.

Cette dune est immobile et produite par un violent courant d'air qui se manifeste presque chaque soir et descend des hauts plateaux sur lesquels s'ouvre au nord la vallée Faidjet-el-Betoum. Ce courant vient se briser contre le versant septentrional de Djebel-Mekter, longue chaîne s'étendant de l'ouest à l'est. Il dépose le sable qu'il a apporté tout le long du pied de la montagne. C'est donc à tort qu'on a cherché à fixer cette dune; elle ne se déplace pas, elle augmente seulement de volume avec lenteur. Pour arrêter l'apport du vent, il y aurait lieu de faire des plantations d'arbres dans le Faidjet-el-Betoum.

M. le prof. R. GAUTIER donne quelques détails sur la *température du mois de mai 1902 et celles des mois de mai froids antérieurs.* — Émile Plantamour a mis la note suivante au bas des « Observations météorologiques faites à l'Observatoire de Genève pendant le mois de mai 1879 » [1] :

« Dans toute la série des observations faites depuis

---

[1] *Archives*, t. I (1879), p. 585.

1826, et dont les résultats sont donnés dans le « Climat de Genève », il ne se trouve aucune année où le mois de mai ait été aussi froid qu'en 1879. D'après la série des cinquante années 1826-75, la température moyenne de ce mois est de 13°.20, les valeurs extrêmes observées dans ce laps de temps étant de 17°.80, en 1868, et de 10°.05 en 1851. En 1879, la température du mois de mai a été de 9°.60 seulement, c'est-à-dire de 3°.60 au-dessous de la moyenne, et de près d'un demi-degré plus basse que le minimum observé dans les cinquante-trois années précédentes. »

Le mois de mai 1879 détient toujours le record, peu enviable, d'avoir été le plus vilain mois de mai que nous ayons eu à Genève depuis le commencement de la série des observations météorologiques. Le mois de mai 1902 vient tout de suite après lui comme mai froid, avec une température moyenne de 9°.99, donc inférieure à 10° aussi, mais de bien peu ! Au reste, si ce dernier mois de mai a été un peu moins froid dans son ensemble, il le doit uniquement à ses huit derniers jours, dont plusieurs ont été très chauds. En effet, si l'on fait la moyenne des températures des 23 premiers jours, on trouve, pour eux, une température moyenne de 8°.1 seulement. Les 8 derniers jours ont eu, en revanche, une température moyenne de 15°.3, et ce sont eux qui ont fait remonter la moyenne générale du mois jusqu'à près de 10°. Le mois de mai 1902 n'en est pas moins de 3°.1 au-dessous de la moyenne (13°10) des 70 mois de mai de 1826 à 1895.

Les jours à températures extrêmes ont été, en mai 1902 : le 8 mai avec 4°.9, et le 29 mai avec 18°.8. En mai 1879, le jour le plus froid a, par un hasard curieux, été aussi le 8, avec seulement 2°.2, et le plus chaud a été le 23, avec 16°2.

Il y a eu, cette année, un jour de gel à l'Observatoire, le 7 avec — 0°.3, mais le 21, jour où il a aussi gelé dans la campagne, le minimum n'est descendu à l'Observatoire qu'à + 0°.6. — En 1879, il n'y avait eu aucun jour de gel à l'Observatoire. Il y avait eu une gelée blanche, le 1er, avec un minimum de + 0°.1. — Le mois de mai 1851, qui est le plus froid de la série après ceux de 1902 et de 1879, avait présenté deux jours de gel consécutifs, le 6 avec — 0°.8 et le 7 avec — 1°.0.

La statistique des 77 derniers mois de mai fournit encore les données suivantes : *neuf* mois de mai ont eu une température moyenne comprise entre 10° et 11°, et deux seulement. ceux de 1879 et de 1902, une température moyenne inférieure à 10°.0. — Le mois le plus chaud de la série est toujours celui de 1868, avec 17°.80, les années du dernier quart de siècle n'ayant pas fourni de mai plus chaud.

Au point de vue des précipitations, le vilain mois de mai écoulé a été plutôt sec, avec 58ᵐᵐ, au lieu de la moyenne de 82ᵐᵐ. Mais, de même qu'en 1879, les montagnes environnantes, les Voirons et le Salève, ont été fréquemment recouvertes d'un manteau de neige fraiche, même au milieu du jour.

Seance du 7 août.

Th. Tommasina. Formation des rayons cathodiques et des rayons de Röntgen.

M. Th. TOMMASINA communique les résultats de recherches entreprises par lui *sur le mode de formation des rayons cathodiques et des rayons de Röntgen*. Dans le but d'éviter tout effet de self-induction et pour arrêter l'extra-courant de fermeture, le pôle positif de la bobine d'induction a été mis en communication avec de l'eau distillée. A 1.5 cm. au-dessus de l'eau était placée l'extrémité d'un fil métallique relié au miroir concave cathodique d'un tube focus bianodique. Le pôle négatif de la bobine étant isolé, l'anode et l'anticathode du tube étaient reliées entre elles et avec le sol par les conduites du gaz et de l'eau. Le fil partant du pôle positif de la bobine était rapproché du pôle négatif de façon à permettre une décharge entre eux lorsque la résistance du tube était trop grande, constituant en outre un court-circuit par effluve à aigrettes, qui annulait l'action entre le secondaire de la bobine et le sol.

A peine l'intensité du courant primaire était-elle suffisante que la moitié du tube recevant l'action de l'anticathode acquérait une plus grande luminescence, et l'on pouvait observer la modification produite sur le faisceau cathodique par l'action du déplacement d'un champ magnétique. Les rayons X étaient suffisamment intenses pour permettre de distinguer nettement des objets métalliques dans une enveloppe en cuir épais, placée derrière l'écran fluorescent.

Ce résultat démontrant à l'évidence l'obtention des deux types de rayons avec l'anticathode reliée au sol et par flux anodique, il était naturel d'éliminer les deux électrodes qui ne semblaient point nécessaires à la production du phénomène.

En effet, en utilisant un tube conique sans anticathode, dans lequel le miroir cathodique était placé au sommet du cône et dont l'anode très petite, sans miroir, était dans un appendice latéral du tube, avec le même dispositif que précédemment, la cathode étant reliée au pôle positif de la bobine par l'intermédiaire de la décharge sur l'eau distillée, l'anode du tube et le pôle négatif de la bobine étant isolés, la fluorescence se produisait sur tout le tube, en progressant d'intensité vers la base du cône sur laquelle se formait la tache la plus lumineuse. On a pu alors constater comme précédemment les effets produits par les rayons cathodiques et les rayons X.

Le résultat obtenu par ce dernier dispositif montre que la transformation du flux électrique anodique en rayons cathodiques peut avoir lieu par des réflexions multiples contre les parois intérieures du tube, comme on l'avait constaté par le dispositif bipolaire usuel. Ainsi M. Tommasina établit les conclusions suivantes :

1. *La réflexion diffuse du flux anodique seul est suffisante pour donner naissance aux rayons cathodiques et aux rayons de Röntgen.*

2. *Le phénomène a lieu même avec l'anticathode reliée au sol.*

3. *La réflexion multiple par les parois d'un tube à vide,*

au degré voulu de raréfaction, suffit pour produire la trans-
formation partielle du flux anodique en rayons cathodiques
et en rayons de Röntgen.

Ces conclusions sont en parfait accord avec la déduction
qu'on peut tirer du fait connu de l'existence de la tache
d'oxydation dans la partie centrale du miroir concave de
la cathode des tubes focus en usage. En effet, la position
de cette tache démontre d'une manière irréfutable que
l'agent qui produit les rayons cathodiques ne peut pas être
émis par la cathode, et qu'il doit lui arriver d'une source
qui se trouve dans le tube même, donc de l'anode. Ainsi
cet agent doit être dans le flux anodique. Que la réflexion
joue un grand rôle, sinon le rôle capital, dans la transformation du flux électrique en radiations, c'est ce qui était
déjà démontré par le fait que les rayons cathodiques et
les rayons X sont beaucoup plus intenses lorsqu'ils sont
formés dans un tube focus muni d'anticathode que lorsqu'ils émanent directement de la cathode d'un tube simple.

D'après les conclusions précédentes, M. Tommasina
croit pouvoir envisager le mode de formation de ces
rayons de la manière suivante : Le flux électrique qui part
de l'anode pour se propager dans l'air raréfié du tube suit
les lignes de force, formant lui-même ses propres conducteurs, qui consistent en alignements polarisés de matière
radiante, comme cela a lieu dans la production du fantôme
électrique par les poudres conductrices dans les liquides
diélectriques, où l'on observe des projections ou jets de
particules. Ce flux étant oscillant, donne lieu à une destruction périodique des contacts, laquelle produit des
vibrations qui deviennent visibles sous forme de luminescence. Dans le champ, ces alignements vont embrasser de
tous les côtés le miroir cathodique, mais leur faisceau plus
dense frappe la face concave en regard, laquelle se
rechauffe davantage là où les points d'arrivée sont les
plus nombreux. Cet échauffement augmente la raréfaction
à proximité de la surface cathodique et donne lieu à
l'espace obscur de Hittorf. Ce serait dans ces conditions et
par suite de la modification mécanique de l'absorption

partielle et de la réflexion diffuse, que la transformation semblerait avoir lieu. Ceci admis, on peut appliquer à cette catégorie de phénomènes les lois sur la propagation du flux de déplacement ou de polarisation dans un milieu diélectrique : ainsi les équations de Maxwell. Comme les déplacements infiniment petits d'un corps parfaitement élastique suivent les mêmes lois, on passe par l'intermédiaire du flux de déplacement uniforme aux vibrations, et l'on peut établir une liaison mécanique entre le flux électrique et les radiations.

Séance du 4 septembre.

M. W. Travers et A. Jaquerod. Coefficient d'expansion de l'hydrogène et de l'hélium.

M. A. Jaquerod expose les résultats d'un travail qu'il a fait en collaboration avec M. Travers sur le coefficient d'expansion de l'hydrogène et de l'hélium à volume constant et à diverses pressions initiales. Ces coefficients ont été déterminés en mesurant la pression que le gaz exerce lorsque l'ampoule du thermomètre qui le contient est placée dans la glace fondante ou dans la vapeur d'eau à ébullition.

Les principales innovations sont les suivantes : le thermomètre à gaz est construit entièrement en verre soudé, de façon à rendre toute fuite impossible. Le ménisque du mercure dans *l'espace nuisible* était amené très près, mais pas en contact direct avec la pointe de verre opaque servant de repère. La colonne de mercure servant à mesurer la pression, ainsi que l'espace nuisible, étaient enfermés dans un espace clos, dont la température pouvait être maintenue constante à 2 ou 3 centièmes de degré près, au moyen d'un courant d'eau. La face frontale de cette enveloppe était constituée par une glace graduée en millimètres, et qui avait été mesurée soigneusement a la machine a diviser. La distance comprise entre les ménisques de mercure et la division la plus proche de cette échelle, était mesurée au moyen d'une lunette munie d'un micro-mètre-oculaire, placée à un mètre environ de l'appareil. Il était possible de cette façon d'obtenir des lectures concordant à 0.01^{mm} près.

La hauteur des deux ménisques était estimée chaque fois pour le calcul de la correction capillaire ; enfin le coefficient de dilatation cubique du verre avait été déterminé spécialement et trouvé égal à 0.0000285.

Pour le calcul des coefficients, on a d'abord calculé les pressions P_0 et P_{100} que le gaz exercerait, en supposant toute sa masse à la température de la glace fondante ou de la vapeur d'eau bouillant sous 760^{mm}. Le coefficient d'expansion a est alors donné par l'expression :

$$\alpha = \frac{P_{100} - P_0}{100 \times P_0}.$$

Chacune des valeurs de P_0 et P_{100} donnée dans le tableau suivant, est la moyenne de quatre mesures consécutives.

Coefficient d'expansion de l'hydrogène.

Série I   (a) P_0 694.458 — 694.452

   P_{100} 948.789 — 948.824 — 948.809

   $\alpha = 0.00366261$

   (b) P_0 696.103 — 696.102.

   P_{100} 951.059 — 951.044.

   $\alpha = 0.00366252$

   (c) P_0 706.528

   P_{100} 965.291

   $\alpha = 0.00366246$

Série II P_0 520.366 — 520.311

   P_{100} 710.897 — 710.882 — 710.907

   $\alpha = 0.00366268$

Coefficient d'expansion de l'hélium.

Série I   (a) P_0 690.232 — 690.238

   P_{100} 943.044 — 943.044 — 942.992

   $\alpha = 0.000366244$

   (b) P_0 671.422 — 671.448

   P_{100} 917.322 — 917.328 — 917.352

   $\alpha = 0.00366270$

Série II   (a) P_0 522.984 522.984

P_{100} 714.576 — 714.529 — 714.577

$\alpha = 0.00366313$

(b) P_0 523.016 — 523.020

P_{100} 714.568 — 714.583

$\alpha = 0.00366255$

On voit que la valeur moyenne des coefficients de ces deux gaz, hydrogène et hélium, semble être la même, et très voisine de 0.00366255, nombre qui concorde très bien avec la valeur trouvée par M. Chappuis pour l'hydrogène (0.00366254) et est un peu inférieure à celle donnée par M. Kammerling Onnes (0.00366627).

Les nombres trouvés pour les basses pressions ne sont pas si concordants — ce qui provient du fait que les erreurs relatives sont plus considérables — mais ils tendent à prouver que ces coefficients sont bien indépendants de la pression initiale, comme on l'admettait jusqu'à présent, mais sans vérification expérimentale.

Séance du 2 octobre.

Ph.-A. Guye et L. Perrot. Ecoulement des liquides par gouttes. — F. Battelli. Influence de la fatigue sur la quantité d'adrénaline contenue dans les capsules surrénales.

M. F.-Louis PERROT présente en son nom et en celui de M. le prof. Ph.-A. GUYE la note suivante sur les lois de Tate et l'égouttement des liquides :

A la suite de leurs intéressantes recherches sur la cohésion des liquides[1], d'où il résulte que cette force aurait une valeur plusieurs milliers de fois plus grande qu'on ne l'indique dans les traités de physique et les mémoires antérieurs, MM. Leduc et Sacerdote ont été amenés à faire la critique des lois de Tate sur l'égouttement des liquides,

[1] Journal de physique, 4e s. T. I, p, 364 (1902).

On sait que d'après ces lois[1], d'une part les poids des gouttes d'un même liquide issus de tubes cylindriques de divers diamètres, seraient proportionnels aux diamètres, et que d'autre part les poids des gouttes de différents liquides issues d'un même tube seraient proportionnels aux tensions superficielles de ces liquides.

Ces lois se trouvent résumées dans la formule classique $p = 2\pi r \gamma$ (p poids de la goutte; γ tension superficielle : $2 r = d =$ diamètre du tube).

MM. Leduc et Sacerdote, dans une note récente[2], ont rejeté, pour des motifs théoriques, la loi de Tate sous la forme de son premier énoncé (proportionnalité des poids aux diamètres). Mais ils estiment pouvoir la conserver comme loi approximative entre certaines limites des diamètres, à la suite de pesées qu'ils ont faites de gouttes d'eau et de mercure, les premières relatives à des tubes de diamètres un peu forts, les secondes relatives à des tubes de diamètres faibles. Les résultats pour l'eau sont raccordés par ces auteurs avec ceux pour le mercure, de façon à avoir sur une même courbe les valeurs $\dfrac{p}{d}$ qui, d'après la loi de Tate, devraient être constantes. MM. Leduc et Sacerdote ne les trouvent sensiblement constantes que pour les diamètres compris entre 5^{mm} et 15^{mm}.

Il ne parait pas à MM. Guye et Perrot que le mode de vérification employé par MM. Leduc et Sacerdote soit complètement satisfaisant, et cela pour deux raisons :

1° Le raccordement de la branche de courbe pour l'eau avec celle pour le mercure est incertain en présence des recherches précédentes de MM. Guye et Perrot sur seize liquides[3], d'où il résultait que les tensions superficielles des deux liquides ne sont pas proportionnelles au poids des gouttes, pour un même tube.

2° Le poids des gouttes, comme plusieurs anciens tra-

---

[1] *Archives*, T. XX. p. 38 (1864).
[2] *C. R.*, Paris. T. CXXXV, p. 95 (1902).
[3] *Archives*, T. XI. pp. 225 et 345 (1901).

vaux l'ont prouvé[1] et comme les auteurs de cette note ont
pu s'en convaincre eux-mêmes[2], varie beaucoup suivant
la vitesse d'écoulement du liquide, ou *durée de formation
de la goutte*. Or le mercure s'écoulant naturellement beaucoup plus vite que l'eau, une vérification de la loi de Tate
ne serait concluante que si l'on se plaçait au préalable dans
des conditions réalisant des durées de formation constantes pour l'un et l'autre liquide, ce que la note de
MM. Leduc et Sacerdote n'indique pas.

D'autre part, les auteurs de la présente note sont d'accord avec MM. Leduc et Sacerdote sur le rôle important,
mais difficile à déterminer, que doit jouer la cohésion lors
du détachement de la goutte. Des clichés cinématographi-
ques obligeamment pris par MM. A. et L. Lumière à Lyon,
sur les indications de MM. Guye et Perrot, ont permis à
ces derniers l'étude des formes qu'affecte le liquide pendant le détachement de la goutte. On voit sur les figures
tirées de ces clichés qu'il n'y pas en réalité de cercle de
gorge au moment de la rupture, comme on l'admettait
dans le raisonnement classique, mais que le liquide situé
sous la section droite du tube à écoulement s'étrangle, sa
partie médiane s'allongeant en un filament très mince qui
finit par se rompre, l'allure du phénomène rappelant le
mode de rupture des fils métalliques soumis à un effort
régulier de traction.

Dans un mémoire détaillé que les auteurs se proposent
de faire bientôt paraître dans les *Archives*, ils revien-
dront sur ces questions avec chiffres et figures à l'appui.

M. BATTELLI rend compte d'expériences qu'il a faites
dans le laboratoire de physiologie pour rechercher l'*influence de la fatigue et du jeûne prolongé, sur la richesse en
adrénaline des capsules surrénales*.

L'effet de la fatigue a été étudié chez les chiens. On obli-
geait ces animaux à courir dans une roue jusqu'au mo-

---

[2] Voir le resumé bibliographique. *ibid.*, p. 229 et suivantes.

[3] *Archives*, T. XIII; p. 80 (1902).

ment où, complètement fatigués, ils se laissaient entraîner par le mouvement de la roue. Les chiens étaient immédiatement sacrifiés et on dosait la quantité d'adrénaline existant dans les capsules surrénales, au moyen de la méthode calorimétrique de l'auteur.

L'auteur a constaté que chez les chiens fatigués, les capsules surrénales renferment une quantité d'adrénaline considérablement inférieure à la normale. Tandis que chez des chiens normaux, la quantité d'adrénaline oscille entre gr. 0.65 et 0.115 pour 1000 kilogr. d'animal, chez le chien fatigué cette quantité oscille entre gr. 0.020 et 0.40. La fatigue ferait ainsi disparaître les deux tiers de l'adrénaline existant dans les capsules.

Les effets du jeûne prolongé ont été étudiés chez les lapins. Ces animaux étaient soumis à un jeûne de sept jours, mais n'étaient pas privés d'eau. Au bout de ce temps les lapins avaient perdu le quart environ de leur poids, et l'urine était bien acide. On dosait l'adrénaline en comparant les effets produits sur la pression par l'extrait des capsules, avec ceux obtenus par une solution d'adrénaline d'un titre connu. Il résulte de ces expériences que dans le jeûne prolongé, la quantité d'adrénaline ne diminue pas d'une manière aussi considérable que dans la fatigue.

La quantité d'adrénaline dans le jeûne prolongé serait d'un tiers ou de la moitié inférieure à la normale.

Séance du 6 novembre.

R. Chodat et A. Bach. — Action des oxydases. — T. Tommasina. Mode de formation des rayons cathodiques. — L. Duparc. Cluses de l'Oural. Mouvements successifs échelonnés dans le paléozoïque de l'Oural.

M. CHODAT présente au nom de M. BACH et au sien un résumé des études que ces auteurs ont faites sur la nature et l'action des oxydases ou ferments oxydants des végétaux. Il rappelle une précédente communication de laquelle il résulterait que le peroxyde d'hydrogène n'est pas comme beaucoup l'ont prétendu un poison général du plasma vivant. A cette occasion, MM. Bach et Chodat ont émis l'hypothèse suivante : Les peroxydes, et en particulier le peroxyde d'hydrogène, ne sont dangereux qu'à haute dose. La proportion de ce dernier est ramené à un à dose supportable par l'action d'un ferment nommé par Lœw catalase. Les êtres vivants renferment des ferments oxydants dont la nature n'a pas été élucidée jusqu'à présent et qui fonctionnent comme peroxydes. L'action de ceux-ci est accélérée par l'intervention de ferments spéciaux, les peroxydases.

Ces hypothèses successives se sont pleinement vérifiées ainsi qu'il sera facile de s'en convaincre par l'exposé qui va suivre.

Partant de ce point de vue que les oxydases sont des peroxydes, les auteurs ont cherché à isoler un de ces corps en précipitant le jus filtré et aéré du Lathræa squammaria par la baryte caustique à 1 %. Le précipité lavé et décomposé par l'acide sulfurique étendu ne donnait pas la réaction du peroxyde d'hydrogène avec l'acide titanique, mais décomposait par contre instantanément l'iodure de potassium acidulé, c'est-à-dire qu'il se comportait à la façon d'un peroxyde d'hydrogène substitué. De ceci ces auteurs concluent que la plante vivante présenterait des propriétés oxydantes analogues. En effet le jus fraîchement exprimé non seulement donne la réaction bien connue de gaïac, mais décompose énergiquement l'iodure de potassium acidulé avec mise en liberté d'iode (coloration de l'amidon). Le suc chauffé perd cette propriété oxydante (ferment). Pour montrer que cette propriété des sucs végétaux n'est pas *postmortelle*, les auteurs ont mis en évidence les peroxydes dans la cellule vivante. Des sections contenant des cellules entières de jeunes pommes de terre riches en oxydases ont été traitées par des solutions d'iodure de potassium. Sous l'influence du ferment oxydant, l'iodure qui a pénétré dans la cellule est décomposé ; l'iode mis en liberté colore en bleu les grains d'amidon. Au début, il est facile de plasmolyser les cel-

lules où s'est faite cette coloration. Par conséquent les
cellules ont encore conservé les caractères de l'utricule
plasmique intact et par conséquent vivant.

Continuant ces recherches, les auteurs ont réussi a
isoler une oxydase qui se comporte comme un peroxyde;
elle décompose l'iodure de potassium et présente les autres
réactions des oxydases. Les plantes qui se prêtent le
mieux à la préparation de cette oxydase sont *Lactarius vel-
lerenus* et *Russula fœtes*.

Les oxydases extraites (peroxydes) sont toujours moins
actives que les tissus du champignon qui vient d'être
brisé. Le suc frais est si actif qu'il oxyde l'indigo en isa-
tine, mais il perd cette propriété très rapidement. Par
conséquent les peroxydes extraits des végétaux ne donnent qu'une image affaiblie des réactions qui se passent
dans la cellule vivante.

Si l'hypothèse émise par les auteurs en ce qui concerne
le caractère peroxyde des oxydases est exacte et si les
peroxydases ont pour fonction d'exagérer le pouvoir oxydant des peroxydes, l'oxydase isolée devait être activée
par les peroxydases.

Ayant retiré une peroxydase (ferment qui active le peroxyde d'H. comme le fait le sulfate ferreux) de la pulpe des
courges, les auteurs se sont empressés de faire agir ce
ferment sur l'oxydase des Lactaires, et ils ont eu la satis-
faction de constater que le pouvoir oxydant de l'oxydase
est accéléré de la même manière que celui du peroxyde
d'hydrogène. Cette accélération s'est manifestée aussi bien
dans la réaction du gaïac que dans celle de la décomposition de l'iodure de potassium.

Ainsi se trouvent confirmées par ces expériences toutes
les prémisses des auteurs.

A cette occasion ils attirent l'attention de la Société de
physique sur la signification de ces ferments oxydants
dans le phénomène de la respiration. Selon eux les oxydations qui se passent dans le plasma vivant sont toujours
précédées de dégradation de molécules complexes ou peu
oxydables; d'une part se dégagent comme dans les fer-

· mentations des corps non susceptibles de former de l'énergie par oxydation, d'autre part des déchets oxydables. Ce sont ces derniers qui sont brûlés par l'oxygène atmosphérique avec le concours des oxydases sensibilisées par les peroxydases. Il est à remarquer que puisque les sucs frais sont beaucoup plus actifs que les oxydases isolées, il doit exister dans le végétal vivant des peroxydes doués de propriétés oxydantes plus prononcées que ceux qu'on a isolés jusqu'à présent.

M. Th. Tommasina communique une réponse aux remarques de M. J. Semenov [1] à propos de sa Note [2] *sur le mode de formation des rayons cathodiques et des rayons Röntgen.* M. J. Semenov trouve les résultats des expériences décrites par M. Tommasina en désaccord avec les siens, ce que ce dernier ne croit pas et n'admet qu'une différence de manière de voir sur certains points. M. Semenov ayant déclaré que l'anticathode reliée au sol n'engendre presque pas de ces rayons, en a reconnu l'existence en quantité minime. Comme pour la théorie, dans ce cas spécial, le peu ou le beaucoup n'a aucune importance, l'essentiel était de constater bien nettement si oui ou non il y a production de ces rayons lorsque l'anticathode est reliée au sol. C'est après avoir observé à plusieurs reprises le fait et l'avoir bien établi, que M. Tommasina a conclu que le phénomène a lieu même avec l'anticathode reliée au sol, et il fait en outre observer que dans aucune partie de sa note il n'a déclaré que des charges électriques n'étaient point nécessaires à l'action radioactive de l'anticathode. Au contraire, ses conclusions attribuant le phénomène à une modification par réflexion diffuse du flux anodique, admettent implicitement l'existence de charges périodiques, car le fait qu'une lame métallique est reliée au sol, n'empêche pas le flux oscillant de lui apporter des charges successives qui se propagent jusqu'au sol et y disparaissent.

[1] *Comptes rendus*, 15 sept. 1902, p. 457.
[2] *C. R.*, 11 août 1902, p. 319.

M. Semenov dit que dans le dispositif décrit, l'anticathode se comporte comme une cathode ordinaire dans un tube fonctionnant dans les conditions habituelles, et qu'il est naturel qu'elle émette des rayons cathodiques et des rayons X. M. Tommasina répond qu'une lame métallique, qu'elle se trouve dans un tube à vide ou dans l'air, peut agir comme réflecteur ou comme écran, mais ne constitue une cathode que si elle est reliée, même indirectement, au pôle négatif, or, dans les deux dispositifs décrits, ce dernier était toujours isolé, le flux anodique intermittent étant seul utilisé. En outre, dans le bipolaire une électrode était isolée, et sa charge, pendant l'action et après, a été toujours reconnue positive.

Ensuite M. Semenov ajoute : « *Si, par contre, le tube bianodique fonctionne comme d'habitude, c'est l'anticathode reliée à l'anode qui émet le plus de rayons X, bien qu'elle se trouve en dehors de l'action du flux anodique.* » M. Tommasina ne croit pas que l'anticathode, dans le mode de fonctionnement habituel du tube bianodique, se trouve en dehors de l'action du flux anodique déjà modifié par une première réflexion sur le miroir cathodique. En effet, on sait que le flux électrique qui sort d'un disque est de beaucoup plus intense autour des bords, aussi la face plane opposée à la cathode peut agir très efficacement comme réflecteur. La différence très grande d'intensité entre la production de ces rayons avec le dispositif ordinaire et celle avec une simple action unipolaire, dépend du fait que dans le premier dispositif le champ électro-magnétique est parfaitement fermé et l'amortissement de la propagation oscillatoire dans l'intérieur du tube à vide est pratiquement nul. Aussi la modification doit se produire dans des conditions meilleures pour une transformation plus complète, que lorsque l'amortissement est très fort comme c'est le cas dans le dispositif à circuit ouvert.

Dans tous les dispositifs connus pour la production de

---

[1] J.-J. Thomson. Les décharges électriques dans les gaz. Trad. par L. Barbillion ; Gauthier-Villars. Paris, 1900, p.127.

ces rayons, la décharge oscillatoire intervient toujours, elle semble donc être l'une des conditions nécessaires, ce qui démontre qu'une explication du phénomène en dehors de la théorie ondulatoire n'est pas suffisante. Quant aux transports ou projections de particules, ce sont très probablement la cause des différences que l'on constate entre les rayons Röntgen et le faisceau cathodique, sans toutefois faire disparaître la nature également ondulatoire éthérée d'une partie de ce dernier dont la complexité est reconnue, car les projections de particules sont déjà elles-mêmes l'effet d'une modification éthérée électro-magnétique. Une balle de fusil ne part pas sans l'explosion de la poudre, dans laquelle existe la cause du phénomène.

Enfin M. Semenov ayant cité les expériences de messieurs J. Perrin et J.-J. Thomson comme une constatation du transport d'électricité négative par les rayons cathodiques, M. Tommasina fait remarquer que les conclusions mêmes de M. J.-J. Thomson sur les résultats des expériences de M. J. Perrin et des siennes, sont contraires à l'interprétation de M. Semenov et n'admettent point que ce transport soit exécuté par les rayons. M. J.-J- Thomson conclut que les rayons cathodiques développent la conductibilité dans les gaz dans lesquels ils passent, de telle sorte que l'électricité négative se déplace au travers d'un milieu conducteur [1].

M. le prof. L. DUPARC présente les communications suivantes :

1. *Sur l'origine de la cluse de la Kosswa.*

Cette rivière, de même que plusieurs de ses congénères de l'Oural, coupe dans une certaine région de son cours, plus ou moins perpendiculairement les chaînes, et coule ainsi dans une espèce de vallée transversale dont l'origine a été jusqu'ici problématique. Le lit de la Koswa est, dans cette cluse, barré par une double ligne de rapides appelés « Touloum » par les gens du pays.

La tectonique de la région, d'après Krotow, est fort simple : il s'agit seulement d'une grande voûte de quartzites et conglomérats, flanquée de variétés schisteuses formant un horizon supérieur ; c'est cette voûte qu'aurait entamé transversalement le cours de la rivière. Les études que M. Duparc poursuit depuis trois ans sur le bassin de la Koswa, l'ont amené à penser que cette tectonique est plus compliquée ; il y a en effet non pas un seul pli, mais au moins deux anticlinaux voire même trois qui se poursuivent sur les deux rives de la Koswa de part et d'autre dans la région de la dite cluse. Le premier de ces deux anticlinaux est celui de l'Ostry-Dikar à l'ouest, le second celui du Tscherdinsky-Sloudky à l'est ; le troisième anticlinal, qui n'est qu'un replis sur le flanc occidental du second, prend vers le nord une grande importance et forme la montagne de Soukhoï. Ces divers anticlinaux sont formés par les quartzites et conglomérats compacts : le synclinal intermédiaire est comblé par les horizons schisteux supérieurs. Les deux barres consécutives de rapides correspondent à l'érosion du cœur des deux anticlinaux par la rivière ; la région tranquille du cours est celle ou affleurent les formations plus tendres du synclinal.

L'examen de l'allure des plis montre que ceux-ci plongent rapidement en profondeur et s'abaissent brusquement dans le voisinage de la Koswa qui, distante de 700 mètres en hauteur verticale du sommet de l'Ostry, aurait érodé, sans cette disposition particulière, des niveaux inférieurs à ceux des quartzites et conglomérats. Il est donc incontestable que la cluse de la Koswa n'est qu'une ancienne vallée synclinale plus ou moins orthogonale sur la direction générale des plis. Cette origine est donc identique à celle de certaines vallées de nos Alpes (Arve, Borne, etc), elle s'applique peut-être à d'autres cas semblables dans l'Oural.

2. Sur l'existence de mouvements orogéniques successifs dans l'Oural du nord.

Cette communication que M. Duparc présente en son nom et celui de ses collaborateurs, MM. L. Mrazec et F. Pearce, ne doit être considérée que comme préliminaire. Les auteurs développeront leurs idées à ce sujet dans un mémoire plus complet.

En étudiant la question de l'origine du minerai de fer de Troïtsk sur la Koswa, minerai contenu dans des cornéennes micacées considérées jusqu'ici comme schistes devoniens métamorphosés par un granit-porphyre intrusif, les auteurs sont arrivés à la preuve que les dites cornéennes en apparence parfaitement concordantes avec les chistes noirs du D^1, sont en réalité beaucoup plus anciennes et formaient, en compagnie du granit-porphyre qui les avait déjà métamorphosées, un massif émergé et dénudé à l'époque où se déposaient les asssises du dévonien inférieur. Ces assises renferment en effet certains bancs de conglomérats mis en évidence par des puits nombreux faits dans la région, conglomérats qui renferment des gros blocs roulés du granit-porphyre en question. L'étude de la tectonique de la région vient pleinement confirmer cette observation et montre que le môle rigide formé par le granit-porphyre et cornéennes subordonnées, a joué en cet endroit un rôle spécial dans l'allure des plis qui affectent les assises devonéennes. Il faut donc enregistrer dans la région de la Koswa un mouvement bien caractérisé et antérieur au dépot des assises du D^1.

D'autre part, en étudiant par des recherches multiples dans la forêt et par batteries de puits faites parfois sur 30 kilomètres, la grande bande de devonien inférieur qui se continue à l'est et surtout à l'ouest de la Koswa, entre Verkh-Koswa et Goubacha, les auteurs ont trouvé à plusieurs rerpises et même traversé sur leur épaisseur, des bancs de quartzites appartenant incontestablement au carbonifère inférieur et reposant *en discordance* sur les assises redressées du devonien inférieur. Certains *chapeaux* de ces quartzites ont été rencontrés à une assez grande distance de la frontière ouest de la bande devonienne en question, complètement isolés au milieu de cette formation. Il paraît donc y avoir ici un second mouvement qui se serait produit après le dépot du devonien inférieur, et aurait amené la transgression des quartzites carbonifères sur le D^1 (et peut-être aussi sur le D^2).

Séance du 20 novembre.

Ed. Béraneck. Traitement de la tuberculose. — J. Briquet. Sur le genre Pachypleurum.

M. Béraneck dépose sous pli cacheté *sa méthode de traitement de la tuberculose.* Après plusieurs années de recherches. M. Béraneck a préparé une tuberculine qui s'emploie comme toutes ses congénères en injections hypodermiques. Dans un avenir qu'il espère rapproché, M. Béraneck fera connaître sa méthode, ainsi que les travaux et expériences de laboratoire sur lesquels elle se base. Pour le moment, il ne veut que prendre date et parlera exclusivement de l'application de sa tuberculine à la tuberculose humaine. Les premiers essais sur l'homme datent de janvier 1900 et ont été faits tout d'abord dans le canton de Neuchâtel, puis à Leysin. M. Béraneck les passera sous silence, car à cette époque, il n'était pas encore arrivé à la formule définitive de sa tuberculine. Cette formule une fois établie, le traitement a été appliqué principalement : à Davos-Dorf, au Sanatorium international que dirige M. le Dr Humbert, et dans le canton de Neuchâtel, à l'Hospice de Perreux.

Depuis le mois de mars 1901 jusqu'à maintenant, 62 malades ont été traités par cette tuberculine tant dans les établissements sus-mentionnés que dans la clientèle particulière. Ce laps de temps, soit 20 mois environ, est insuffisant pour établir une statistique ayant une valeur scientifique tout à fait probante. Cependant, il nous fournit des données précieuses touchant le mode d'emploi de la tuberculine et l'action qu'elle exerce aussi bien sur l'état général que sur l'état local des malades. Il ressort des expériences faites que cette tuberculine est inoffensive à condition d'acclimater graduellement le malade à son effet et qu'elle ne détermine ni généralisation, ni aggravation de la tuberculose, même lorsqu'elle se montre impuissante à enrayer la marche de la maladie. On parvient facilement a faire supporter pendant des mois des injections quotidiennes de fortes concentrations de tuberculine, et cela sans aucun inconvénient.

Au début du traitement, les injections produisent rarement une réaction locale, mais déterminent souvent une réaction générale. Celle-ci se traduit par une ascension thermique d'amplitude variable qui s'accompagne de lassitude, de petits frissons, d'inappétence et parfois de vomissements. Ces phénomènes connexes de l'ascension thermique s'amendent au bout de quinze jours à trois semaines et ne nécessitent nullement la suspension du traitement. Il suffit pour les enrayer de diminuer pendant quelques jours les doses injectées et d'acclimater très graduellement le malade au médicament. Quant à l'ascension thermique, elle est plus tenace et finit elle aussi par disparaître. M. Béraneck fait circuler les courbes de température de quelques malades, courbes qui illustrent avec netteté l'acclimatement des tuberculeux à l'effet de la tuberculine.

La tuberculine de Koch produit une double action : 1° une action congestive sur le processus tuberculeux local, très manifeste chez les lupiques ; 2° une action générale dépendant de la susceptibilité plus ou moins grande des centres nerveux à l'égard des toxines injectées. Avec la tuberculine de M. Béraneck, l'action congestive ou locale est réduite au minimum. C'est à cette particularité que cette tuberculine doit son innocuité. Son emploi ne favorise pas l'apparition d'hémoptysies et les expectorations ne deviennent jamais sanguinolentes sous l'influence des injections. Pour se convaincre que la tuberculine de M. Béraneck ne détermine pas d'action congestive, il suffit de traiter des cas de lupus. On constatera alors qu'il peut se produire une ascension thermique allant jusqu'à près de 40° sans que le lupus ne manifeste aucune réaction inflammatoire. L'ascension thermique est ici essentiellement d'origine nerveuse.

La méthode de traitement par la tuberculine de M. Béraneck est applicable aussi bien aux cas fébriles qu'aux cas afébriles. Chez les malades fébriles, la température

s'atténue et finit par tomber après un traitement de plus
ou moins longue durée, si la tuberculose est favorable-
ment influencée par les injections. Ces dernières ont aussi
comme effet d'activer les sécrétions broncho-pulmonaires.
Pendant un certain temps, les expectorations augmentent
en quantité, puis diminuent à mesure que les lésions
locales s'atténuent. Il en est de même de la toux.

Des 62 cas traités par la tuberculine de M. Béraneck,
4 seulement n'avaient pas de bacilles de Koch dans leurs
expectorations. Chez les 58 bacillifères, l'analyse bactério-
logique des sputa a été faite régulièrement. Les analyses
montrent une diminution progressive des bacilles de Koch
aboutissant à leur complète disparition. Le terrain indivi-
duel joue ici un grand rôle. Chez quelques malades la
disparition des bacilles s'obtient après quelques semaines
de traitement et peut même précéder le relèvement de
l'état général. Chez d'autres malades, cette disparition ne
se produit qu'après un ou deux ans de traitement, malgré
le relèvement considérable de l'état général et l'atténuation notable des signes locaux. A ce point de vue les 58
bacillifères se répartissent comme suit : chez 14 d'entre
eux, soit le 24 %, les bacilles de Koch ont complètement
disparu ; chez 22 d'entre eux encore en traitement, soit le
38 %, la diminution des bacilles est notable ; enfin chez
les 22 autres, soit le 38 %, dont plusieurs encore en
traitement, le nombre des bacilles est resté stationnaire.
Sous l'action de la tuberculine les signes locaux diminuent
d'intensité et finissent par disparaître, tandis que l'état
général se remonte. Ces trois facteurs : a) diminution des
bacilles, b) atténuation des signes locaux, c) remonte de
l'état général, doivent marcher de pair pour qu'on soit en
droit d'affirmer l'action curative d'une médication anti-
tuberculeuse. Or, cette triple action s'est manifestée dans
le 62 % des cas traités, ce qui est très encourageant,
d'autant plus que le total des cas comprenait 12 tuberculeux au premier degré, 36 au deuxième et 14 au troisième
degré. En terminant, M. Béraneck insiste sur la nécessité
de continuer le traitement pendant un an et même deux
ans pour en obtenir le maximum d'effet curatif.

M. J. Briquet présente à la Société le résultat de ses recherches sur la *carpologie des Ligusticum et en particulier le groupe des Pachypleurum*. Le fruit des Ombellifères est décrit d'une façon incomplète et en partie contradictoire par les divers auteurs qui s'en sont occupés, et leur place dans la classification est fort controversée.

M. Briquet montre que plusieurs erreurs dans les descriptions proviennent de ce que l'on a négligé de spécifier le niveau du fruit auquel les coupes étaient faites. Ses analyses ne laissent aucun doute sur l'affinité très étroite des vrais *Ligusticum* et des *Pachypleurum*. Ces derniers rentrent dans le genre *Ligusticum* à titre de sous-genre, caractérisé par la ténuité des bandelettes. Tous les *Ligusticum* présentent des méricarpes plus ou moins comprimés par le dos dans leur région équatoriale.

Un mémoire complet de l'auteur paraîtra prochainement ailleurs sur cette question épineuse de la systématique des Ombellifères.

Séance du 4 décembre.

A. Bach. Le tétroxyde d'hydrogène. — Action des oxydants sur les peroxydes. — Arnold Pictet. Influence des changements de nourriture sur les chenilles,

M. A. Bach présente quelques observations au sujet de la note publiée dernièrement par MM. Bæyer et Villiger[1] sur l'acide « ozonique ». Il rappelle ses recherches personnelles sur le tétroxyde d'hydrogène[2] et fait ressortir que l'acide ozonique O_4H_2 de MM. Bæyer et Villiger n'est autre chose que le tétroxyde d'hydrogène H_2O_4 dont il a indiqué il y a cinq ans les propriétés fondamentales.

M. Bach communique en outre la suite d'un travail relatif à l'action des oxydants et en particulier du permanganate de potasse sur les peroxydes. Dans l'action du permanganate de potasse en solution aqueuse et acidulée sur

[1] *Berichte d. d. chem. Ges.*, t. 35, p. 3088 [1902].
[2] *Comptes Rendus*, 1897, p. 951 ; *Archives*, 1900, juillet.

le peroxyde d'hydrogène, chaque atome d'oxygène disponible du permanganate s'unit à l'oxygène actif d'une molécule de peroxyde pour fournir une molécule d'oxygène libre. Le rapport *Oxygène permanganique : Oxygène peroxyde* est donc égal à 1 : 1. En titrant par le permanganate de potasse en solution sulfurique le produit de l'action de l'acide sulfurique concentré sur le persulfate de potasse, M. Bach a constaté que la quantité d'oxygène dégagée était d'un tiers supérieure à celle que la quantité de permanganate employée aurait pu dégager avec une solution aqueuse de peroxyde d'hydrogène contenant la même proportion d'oxygène actif. Le même produit titré au moyen d'acide chromique en solution sulfurique a donné les mêmes résultats numériques que le peroxyde d'hydrogène. De ces expériences, l'auteur tire la conclusion que le rapport *Oxygène permanganique : Oxygène peroxyde* varie suivant que la réaction a lieu en solution aqueuse ou en solution sulfurique. Dans le premier cas, il est de 1 : 1, dans le second, de 3 : 5.

M. Arnold PICTET parle de l'*Influence des changements de nourriture sur les chenilles et sur la formation du sexe de leurs papillons.*

Après avoir expliqué brièvement en quoi consiste la variabilité des papillons provenant de chenilles élevées avec d'autres nourritures que celles qu'elles consomment en liberté, et montré les papillons issus de ces élevages, et qui ont donné lieu à la communication qu'il a faite à la dernière session de la Société helvétique des Sciences naturelles, M. Pictet expose ses expériences sur la variabilité des chenilles elles-mêmes, provenant des changements de nourriture.

C'est surtout *Bombyx Quercus* qui a fourni les variétés les plus remarquables. La chenille typique de cette espèce, dont la nourriture normale consiste en feuilles de Rosacées, est d'un beau noir velouté, avec les anneaux recouverts transversalement sur le dos de faisceaux de poils roux. Elevée avec de la *Laurelle (Laurier cerise)*, elle devient, vers la *cinquième* mue, brune, et a, sur chaque anneau, un gros losange formé de petits poils blancs, perpendiculaires au corps, très courts et très serrés. M. Pictet montre des chenilles vivantes normales, dont quelques-unes ont été élevées depuis six semaines avec cette nourriture et qui présentent déjà cette particularité. Il en montre d'autres provenant d'une seconde génération de cette alimentation et qui ont cet aspect aberrant beaucoup plus accentué. Avec de l'*Esparcette* (*Onobrychis sativa*), elles deviennent plus claires, plus *jaunes*, et l'auteur fait remarquer la tendance qu'elles ont alors à ressembler aux chenilles de Bombyx Trifolii dont la nourriture normale consiste en plantes des prés et en esparcette. Avec du lierre elles deviennent très foncées. Des chenilles de Bombyx Quercus qu'il a reçues de Leipzig et qui ont été trouvées sur le *saule* présentent aussi une curieuse aberration que M. Pictet décrit et dont il fait circuler quelques exemplaires. Il montre encore la variété larvaire du Midi de la France. Des aquarelles de toutes ces aberrations à leurs différents âges sont aussi exhibées.

M. Pictet parle ensuite de l'*influence de la nourriture des chenilles sur la formation du sexe de leurs papillons*, et cite quelques expériences qu'il a faites et qui tendraient à confirmer, en certaine mesure, l'hypothèse qui a été émise, à savoir que des chenilles bien nourries auraient une tendance à donner un nombre prépondérant de papillons femelles et que des chenilles mal nourries donneraient un plus grand nombre de mâles. L'auteur montre que cette hypothèse expliquerait en une certaine mesure la disparition momentanée et locale de certaines espèces, fait qu'il a eu plusieurs fois l'occasion de constater. Quiconque connaît les mœurs des chenilles peut se rendre compte de la difficulté qu'elles ont parfois, dans la nature, à trouver leur alimentation et qu'elles ont souvent, pour cela, un long chemin à faire, pendant lequel elles ne mangent pas suffisamment; cela leur occasionne une fatigue et des privations qui influencent énormément leur développement.

Dans beaucoup d'espèces, et surtout chez les Bombyciens, les chenilles qui doivent donner des femelles ont un aspect différent de celles qui doivent donner des mâles; cette différence est très marquée chez *Ocneria Dispar* (nourriture normale : chêne), elle facilite beaucoup les recherches de ce genre, et ne provient que de la suralimentation des femelles. En élevant ces chenilles avec de l'*esparcette*, de la *pimprenelle*, de la *dent de lion* (nourritures qu'il faut considérer comme riches en matières nutritives) M. Pictet a remarqué qu'au moment de la chrysalidation, la totalité des sujets (250 environ) avait l'aspect des chenilles *femelles*. Par contre, avec du *noyer* (nourriture pauvre en matières nutritives) la totalité des individus avait pris, au moment de la chrysalidation, l'aspect des chenilles *mâles*; mais, lorsque les papillons éclorent, pour les deux cas, chaque sexe était représenté d'une façon normale.

Les chenilles femelles vivent beaucoup plus longtemps que les mâles, et consomment par conséquent une plus grande dose d'aliments. Chaque sexe fait en général son cocon à la sixième mue. M. Pictet a remarqué que, lorsque les chenilles mâles ont atteint leur sixième mue et qu'elles font leur cocon, les chenilles femelles n'en sont qu'à leur *cinquième* mue; à ce moment elles ne présentent aucune différence avec les autres, sont de la même grosseur, ont le même aspect; en un mot on ne peut les distinguer et toute la transformation qui amène cette différence entre les représentants des deux sexes se fait dans ce laps de temps supplémentaire pendant lequel la chenille femelle vit et ne fait absolument que manger. Il paraîtrait donc admissible qu'il se fasse chez la femelle, pendant ce temps, un travail supplémentaire, qui ne peut se faire chez le mâle, puisque celui-ci est en chrysalide.

La durée de la vie de la chenille n'est pas absolument déterminée. M. Pictet a remarqué souvent, soit qu'elles soient malades, soit qu'elles aient une alimentation insuffisante, soit qu'elles aient été piquées par un ichneumon, que les chenilles peuvent effectuer leur changement en chrysalide avant la dernière mue, supprimant ainsi plusieurs journées de nourriture, pendant lesquelles elles auraient pu subir un développement différent. Ainsi, une des chenilles de *Bombyx Quercus* faisant partie de ses élevages avec de la laurelle, étant devenue malade, construisit son cocon pendant *l'avant-dernière mue*. Elle était donc assez avancée pour qu'il pût reconnaître que c'était une femelle. Elle mourut en chrysalide six semaines après. Mais, ayant détaché les fourreaux de cette chrysalide, M. Pictet vit que ce qu'elle contenait était un papillon mâle.

Séance du 18 décembre

L. Duparc et Mrazec. Gisement de fer de Troïtsk.

M. le prof. DUPARC communique ce qui suit : En collaboration avec M. le prof. Mrazec, il a étudié le gisement de fer de Troitsk sur la Koswa. Ce gisement de contact consiste en magnétite développée dans des cornéennes micacées par le contact d'un granit qui présente toutes les formes de passage du granit proprement dit au granit-porphyre. Ces cornéennes ont été considérées comme dévoniennes : MM. Duparc et Mrazec ont démontré qu'il n'en est rien et qu'elles sont plus anciennes : le porphyre et les cornéennes existent en effet en galet dans certains conglomerats du Dévonien inférieur. Le gisement consiste soit dans une zone minéralisée de contact immédiat et périphérique autour de l'affleurement granitique, soit en enclave restant d'une ancienne clef de voûte, minéralisée par une venue de granit, disloquée et tombée en partie dans le magma encore fluide (Mine d'Osamka). M. Duparc donne de nombreux détails sur des structure de la mine d'Osamka, et sur les faits cu rieux du contact du porphyre avec les cornéennes.

LISTE DES MEMBRES

DE LA

SOCIÉTÉ DE PHYSIQUE ET D'HISTOIRE NATURELLE
au 1er janvier 1903.

---

1. MEMBRES ORDINAIRES

Henri de Saussure, entomol.
Marc Thury, botan.
Casimir de Candolle, botan.
Perceval de Loriol, paléont.
Lucien de la Rive, phys.
Victor Fatio, zool.
Arthur Achard, ing.
Jean Louis Prevost, méd.
Edouard Sarasin, phys.
Ernest Favre, géol.
Emile Ador, chim.
William Barbey, botan.
Adolphe D'Espine, méd.
Eugène Demole, chim.
Theodore Turrettini, ingén.
Pierre Dunant, méd.
Jacques Brun, bot.-méd.
Charles Græbe, chim.
Albert-A., Rilliet, phys.
Charles Soret, phys.
Auguste-H. Wartmann, méd.
Gustave Cellérier, mathém.
Raoul Gautier, astr.
Maurice Bedot, zool.
Amé Pictet, chim.
Alphonse Pictet, entomol.
Robert Chodat, botan.
Alexandre Le Royer, phys.
Louis Duparc, géol.-minér.

F.-Louis Perrot, phys.
Eugène Penard, zool.
Chs Eugène Guye, phys.
Paul van Berchem, phys.
André Delebecque, ingén.
Théodore Flournoy, psychol.
Albert Brun, minér.
Emile Chaix, géogr.
Charles Sarasin, paléont.
Philippe-A. Guye, chim.
Charles Cailler, mathém.
Maurice Gautier, chim.
John Briquet, botan.
Preudhomme de Borre, entomol.
Paul Galopin, phys.
Etienne Ritter, géol.
Fredéric Reverdin, chim.
Théodore Lullin, phys.
Arnold Pictet, entomol.
Justin Pidoux, astr.
Auguste Bonna, chim.
E. Frey Gessner, entomol.
Augustin de Candolle, botan.
F.-Jules Micheli, phys.
Alexis Bach, chim.
B.-P.-G. Hochreutiner, botan.
Frédéric Battelli, méd.
Thomas Tommasina, phys.

2 MEMBRES ÉMÉRITES

Henri Dor, méd. Lyon.
Raoul Pictet, phys., Paris.
Eug. Risler, agron., Paris.
J.-M. Crafts, chim., Boston.

D. Sulzer, ophtal., Paris.
F. Dussaud, phys., Paris.
E. Burnat, botan., Vevey.
Schepiloff, Mlle méd., Moscou.

H. Auriol, chim., Montpellier.

3. MEMBRES HONORAIRES

Ch. Brunner de Wattenwyl, Vienne.
A. von Kölliker, Wurzbourg.
M. Berthelot, Paris.
F. Plateau, Gand.
Ed. Hagenbach, Bâle.
Ern. Chantre, Lyon.
P. Blaserna, Rome.
S.-H. Scudder, Boston.
F.-A. Forel, Morges.
S.-N. Lockyer, Londres.
Eug. Renevier, Lausanne.
S.-P. Langley, Allegheny (Pen.).
Al. Agassiz, Cambridge (Mass.).
Th. de Heldreich, Athènes.
H. Dufour, Lausanne.
L. Cailletet, Paris.
Alb. Heim, Zurich.
R. Billwiller, Zurich.
Alex. Herzen, Lausanne.
Théoph. Studer, Berne.
Eilh. Wiedemann, Erlangen.
L. Radlkofer, Munich.

H. Ebert. Munich.
A. de Baeyer, Munich.
Emile Fischer, Berlin.
Emile Noelting, Mulhouse.
A. Lieben, Vienne.
M. Hanriot, Paris.
St. Cannizzaro, Rome.
Léon Maquenne, Paris.
A. Hantzsch, Wurzbourg.
A. Michel-Lévy, Paris.
J. Hooker, Sunningdale.
Ch.-Ed. Guillaume, Sèvres.
K. Birkeland, Christiania.
Amsler-Laffon, Schaffhouse.
Sir W. Ramsay, Londres.
Lord Kelvin, Londres.
Dhorn, Naples.
W. His, Leipzig.
Aug. Righi, Bologne.
W. Louguinine, Moscou.
H.-A. Lorentz, Leyde.
H. Nagaoka, Tokio.
J. Coaz. Berne.

4. ASSOCIES LIBRES

Théod. de Saussure.
James Odier.
Ch. Mallet.
H. Barbey.
Ag. Boissier.
Luc. de Candolle.
Ed. des Gouttes.
H. Hentsch.
Edouard Fatio.
H. Pasteur.
Georges Mirabaud.
Wil. Favre.
Ern. Pictet.
Aug. Prevost.
Alexis Lombard.
Em. Pictet.
Louis Pictet.
F. Bartholoni.
Gust. Ador.
Ed. Martin.
Edm. Paccard.

D. Paccard.
Edm. Eynard.
Aug. Blondel.
Cam. Ferrier.
Louis Cartier.
Edm. Flournoy.
Georges Frütiger.
Aloïs Naville.
Ed. Beraneck.
Edm. Weber.
Emile Veillon.
Eug. Pitard.
Guill. Pictet.
Alexis Babel.
S. Keser.
F. Kehrmann.
R. de Saussure.
Ed. Long.
Ed. Claparède.
F. Pearce.

TABLE

· TABLE 75

COMPTE RENDU DES SÉANCES

DE LA

SOCIÉTÉ DE PHYSIQUE

ET D'HISTOIRE NATURELLE

DE GENÈVE

XX. — 1903

GENÈVE
BUREAU DES ARCHIVES, RUE DE LA PÉLISSERIE, 18
LAUSANNE   PARIS
BRIDEL ET Cⁱᵉ   G. MASSON
Place de la Louve, 1   Boulevard St-Germain, 120
Dépôt pour l'ALLEMAGNE, GEORG et Cie, à BALE

1903

Extrait des *Archives des sciences physiques et naturelles*, tomes XV et XVI.

COMPTE RENDU DES SÉANCES

DE LA

SOCIÉTÉ DE PHYSIQUE ET D'HISTOIRE NATURELLE DE GENÈVE

———

Année 1903.

Présidence de M. P. van Berchem.

————

Séance du 8 janvier 1903.

Th. Tommasina. Notions fondamentales pour la théorie mécanique de l'électricité. — C.-E. Guye et B. Monasch. L'arc de faible intensité entre électrodes métalliques. — E. Penard. Observations sur les héliozoaires. — C. Sarasin. La région des Bornes et des Annes. — R. Chodat et Adjaroff. Culture des algues. — Ph.-A. Guye et Homphry (Mlle). Mesures d'ascensions capillaires. — Ph.-A. Guye et Renard. Mesures d'ascensions capillaires dans l'air.

M. Tommasina fait une lecture relative à quelques notions physiques fondamentales pour la théorie mécanique de l'électricité.

M. le prof. C.-E. Guye communique les résultats définitifs d'un travail entrepris en collaboration avec M. B. Monasch sur *le fonctionnement de l'arc de très faible intensité jaillissant entre électrodes métalliques*.

Les expériences ont été effectuées d'une façon aussi comparative que possible sur les corps suivants : C. Mg, Cd, Fe, Ni Cu, Ag, Pt. Au.

Parmi les divers résultats qui découlent de cette étude, M. Guye mentionne particulièrement le suivant :

Il résulte de l'ensemble des expériences que la tension nécessaire pour maintenir un arc de longueur et d'intensité données, est d'autant plus grande que le poids atomique du métal des électrodes est plus élevé.

Pour l'intensité la plus faible (0,03), le seul métal qui ait fait exception à cette règle est le Cd; mais, indépendamment de la difficulté d'obtenir ce métal à l'état de pureté absolue, il est à remarquer que ce corps est extrêmement volatil et oxydable.

M. Guye se propose de rechercher si en diminuant encore l'intensité et en expérimentant dans une atmosphère dépourvue d'oxygène; cette exception cesserait ou s'atténuerait. Il semble en effet résulter des expériences effectuées jusqu'ici, que plus le courant est faible, c'est-à-dire plus la volatilisation par action directe de la chaleur est petite, mieux cette relation se vérifierait.

Sans entrer dans des considérations théoriques détaillées pour expliquer cette relation, qu'il serait prématuré de généraliser, attendu qu'elle n'a été vérifiée que sur huit corps, M. Guye fait remarquer néanmoins qu'en diminuant suffisamment le courant, de façon à réduire la volatilisation des électrodes par la chaleur, on diminue partiellement la conductibilité qui peut en résulter.

Il semble alors que la tension nécessaire pour arracher dans l'unité de temps un même nombre d'atomes métalliques (même intensité de courant) est d'autant plus grande que le poids de ces atomes est plus élevé.

M. Guye croit qu'à ce point de vue, l'étude des arcs de très faible intensité est très digne d'intérêt et peut nous révéler certains caractères atomiques de la décharge électrique. Les tableaux suivants résument les résultats pour trois intensités de courant et pour les distances de 3, 5, 7^{mm}.

On remarquera qu'en passant de l'intensité 0,05 à 0,03, la place qu'occupe le Cd tend à se rapprocher de la position assignée par la règle énoncée.

C	Mg	Fe	Ni	Cu	Ag	Cd	Pt	Au
11.97	24.3	55.88	58.6	63.18	107.66	111.5	194.3	196.7

Tensions aux électrodes

	C	Mg	Fe	Ni	Cu	Ag	Cd	Pt	Au	
$d = 3$	....	....	....	590	650	660	480	770	790	
$d = 5$	....	....	....	770	825	830	650	920	950	$I = 0.05$
$d = 7$	...	....	....	960	1010	1000	810	1000	....	
$d = 3$	....	500	650	650	690	710	550	830	890	
$d = 5$	640	700	850	850	870	900	725	1000	1070	$I = 0.04$
$d = 7$	....	890	1050	1050	1070	1100	890	1150	....	
$d = 3$	....	600	690	740	780	790	730	....	1070	
$d = 5$	....	820	910	950	980	990	900	....	1320	$I = 0.03$
$d = 7$	....	1040	1130	1170	1180	1210	1080	....	....	

M. Penard présente quelques remarques sur certains phénomènes qu'il a observés chez deux *Héliozoaires,* et qui sembleraient montrer de la part de ces organismes inférieurs une intention adaptée à un but. Bien qu'une étude prolongée des Protozoaires amène à la conclusion que ces êtres ont droit à une part, si petite soit-elle, de ce que l'on est convenu d'appeler chez les animaux supérieurs facultés psychiques, il est extraordinairement rare d'observer des actes spéciaux, exceptionnels, qui seraient de nature à faire particulièrement ressortir ces facultés conscientes.

Au mois de décembre dernier, on trouvait dans les environs de Genève, entr'autres héliozoaires, l'*Acanthocystis turfacea* extrèmement abondant, puis l'*Heterophrys myriapoda* beaucoup plus rare. La première de ces espèces, de forte taille, est revêtue d'une armature serrée, d'abord de grandes aiguilles siliceuses droites, tubulaires, élargies en tête de clou à leur base et terminées à leur extrémité par une fourchette courte, puis ensuite d'aiguilles beaucoup plus courtes et plus fines mais à grande fourche, intercalées entre les premières. La seconde espèce, l'*Heterophrys myriapoda*, est recouverte d'une épaisse enveloppe de mucilage plus ou moins rempli de poussières infiniment ténues, et cette enveloppe est traversée de myriades d'aiguilles extraordinairement fines, difficiles à distinguer et de nature chitineuse.

Or, sur huit *Hetorophrys* rencontrés, trois présentaient la structure suivante : C'étaient des *Heterophrys* parfaitement caractérisés, avec mucilage, poussières et aiguilles normales ; mais en outre on y remarquait une armature, alors peu serrée, d'aiguilles d'*Acanthocystis turfacea*. Ces aiguilles absolument typiques étaient implantées par leur base dans la couche externe du mucilage et rayonnaient de là vers tous les points de l'espace avec une disposition réciproque assez régulière.

Après avoir montré qu'il ne pouvait y avoir là ni une espèce spéciale ni un cas d'hybridité, M. Penard arrive à la conclusion que les *Heterophrys* en question s'étaient emparés des aiguilles d'*Acanthocystis*, prises sans doute sur des squelettes vides comme on en voyait en grand nombre, et avaient par leur moyen renforcé d'une manière très efficace l'enveloppe protectrice qu'elles possédaient déjà. Bien qu'il puisse y avoir chez l'*Heterophrys myriapoda* une tendance à capturer les aiguilles appartenant à d'autres héliozoaires, on ne peut pas considérer ce phénomène comme habituel et normal dans la vie de l'individu, car ces dernières années M. Penard a rencontré cette espèce en quantités considérables sans jamais y constater les mêmes faits. Toujours est-il que la capture de ces éléments étrangers et surtout leur arrangement régulier tout autour du corps, sont des faits de nature à montrer que l'animal semble se rendre compte de ce qu'il fait et agir en vue d'un but déterminé.

M. le prof. Charles SARASIN rend compte des excursions

qu'il a faites pendant l'été 1902 dans la *région des Bornes et des Annes* (Haute-Savoie). Il expose d'abord la tectonique des chaines comprises entre le Borne, l'Arve et le synclinal du Reposoir; cette région est formée de cinq anticlinaux successifs tous déjetés vers le N et présentant tous un abaissement rapide de leur axe vers la vallée de l'Arve. Un système de failles transversales qui coupent l'anticlinal des rochers de Leschaux est évidemment la conséquence directe de cet abaissement.

Passant à la klippe des Annes, M. Sarasin donne une série de profils de la zone de contact entre le Trias et le Lias de la klippe et le Flysch sous-jacent, et examine en particulier la tectonique des environs des Annes et de Maroly. Il discute l'hypothèse d'après laquelle la klippe en question serait un lambeau d'une grande nappe de charriage, qui comprendrait d'autre part l'ensemble des Préalpes romandes; il croit qu'on pourrait expliquer la structure particulière de ce massif en admettant qu'il aurait racine en profondeur et qu'il correspondrait à un ancien bombement anticlinal dont la direction aurait été oblique par rapport aux plis alpins et qui aurait été ainsi écrasé obliquement entre les chaines des Vergys et des Aravis lors de leur surrection.

Pour plus de détails, voir *Archives*, numéro de janvier 1903 ou *Eclogæ geologicæ helveticæ*, t. VII, fasc. 4.

M. le prof. CHODAT présente une communication relative aux *conditions de nutrition de quelques algues en culture pure*. Ces résultats ont été obtenus à la suite de cultures faites par l'auteur de la communication ou, sur ses indications, par un de ses élèves M. ADJAROFF.

D'une manière générale, dans toutes les cultures, l'addition du sucre, glycose ou saccharose, accélère beaucoup la rapidité de croissance. On peut donc par ce procédé de culture intensive, multiplier excessivement ces microorganismes. Le sucre finit cependant par avoir un effet nocif et cette surnutrition est souvent accompagnée d'une dégénérescence des cellules. Ceci avait déjà été observé au

cours d'une étude faite sur le Scenedesmus Sacutus. Les
sucres les plus assimilables (glycose) accélèrent au début,
mais finissent à la longue par être plus nocifs (Scenedesmus) que les moins assimilables (galactose). Il n'est pas
permis de tirer de cette constatation la conclusion que les
algues auxquelles convient le sucre ont une tendance au
parasitisme.

Dans une série de cultures faites avec les gonides de
Solorina crocea (lichen), le peptone ou l'asparagine ne se
sont pas trouvés constituer une meilleure source d'azote
que le nitrate de potassium. Si l'on supprime le sucre, le
peptone à lui seul ne peut accélérer la rapidité de croissance au même degré que le ferait une combinaison d'un
azote minéral et du sucre. On ne saurait donc parler d'algues à peptone dans ce cas. D'ailleurs plusieurs de ces
algues et en particulier certains Ştichococcus, le Scenedesmus acutus, etc., sont sensibles à la peptone et refusent
de se développer sur des milieux solides qui contiennent
plus de ¹/ₛ-1 % de cette substance.

Plusieurs de ces algues ont la faculté de sécréter des
ferments protéolytiques et par conséquent de liquéfier la
gélatine. Tandis que les gonidies de *Solorina* ou de *Pelti-
gera*, les *Dictyosphœrium*, les *Chlorella* n'attaquent pas ce
milieu, le *Stichococcus baccilaris*, le *Scenedesmus acutus* et
une espèce non encore décrite de *Cystococcus* liquéfient
avec vigueur cette gelée. Le *Stichococcus* étudié était particulièrement intéressant à cause de la variation du pouvoir
peptonisant. Cultivé à la lumière sur gélatine glycosée,
il ne produit pas [de protéolyse, tandis] que dans l'obscurité, sur le même milieu, la liquiéfaction a lieu. Au con·
traire, sur gélatine non glycosée la liquéfaction a lieu tant
à la lumière que dans l'obscurité. On peut tirer la conclusion qu'une forte nutrition dans les conditions normales
pour l'algue, c'est-à-dire la lumière, dispense l'algue de
dissoudre la gélatine. La liquéfaction est de beaucoup plus
forte si le milieu ne contient pas de glycose. Par conséquent l'obscurité et le défaut de nutrition hydrocarbonée
favorisent la sécrétion de l'enzyme chez cette algue.

De nombreuses cultures faites sur gélatine et sur agar, additionnés de diverses substances nutritives ou organiques, ont toutes montré que la lumière favorise toutes ces algues et que le saprophytisme de ces algues est toujours accompagné d'une diminution de la récolte totale quand on la compare à ce qu'elle est dans la lumière en présence de la même proportion d'hydrate de carbone.

Cette communication était accompagnée de l'exhibition de cultures pures réalisées par l'auteur du travail.

Vu l'heure avancée, M. le prof. Ph.-A. GUYE se borne à déposer sur le bureau deux notes relatives à des travaux entrepris dans son laboratoire et dont il rendra compte dans une séance ultérieure. Le premier effectué en collaboration avec Mᴵˡᵉ HOMPHRY, concerne des *mesures d'ascensions capillaires* sur des dérivés amyliques et maliques qui ont fourni comme cœfficient de température des valeurs comprises entre 3 et 4. Le second, en collaboration avec M. RENARD, conduit à ce résultat que contrairement à l'opinion admise jusqu'à présent, les *mesures d'ascension capillaire* peuvent être effectuées dans l'air avec la même précision que dans le vide, ce qui simplifie considérablement le mode opératoire.

Séance du 22 janvier

Ph.-A. Guye. Rapport présidentiel pour 1902. — Th. Tommasina.
Champ tournant électromagnétique.

M. le prof. Ph.-A. GUYE, président sortant de charge, donne lecture de son *rapport sur l'activité de la Société* pendant l'année 1902. Ce rapport contient les biographies de M. M. Micheli, membre ordinaire, et de MM. A. Cornu, Ch. Dufour, A. Falsan, H. Faye, W. Kühne, B. Wartmann, membres honoraires décédés.

M. TOMMASINA communique la *constatation d'un champ tournant électromagnétique produit par une modification hélicoïdale des stratifications dans un tube à air raréfié*, de

même que l'observation du mouvement pulsatoire syn-
chrone avec celui du trembleur de la bobine d'induction,
et de la forme sphérique, du point brillant d'émission anodique. Il a constaté en outre une projection de particules
qui frappent la cathode et produisent de petites étincelles,
tandis qu'aucune projection de cette nature n'a lieu sur
l'anode.

Séance du 5 février.

Th. Tommasina. L'éther-électricité et la constante électrostatique
de gravitation. — A. Brun. Glaciers du Spitzberg. — R. Chodat et
A. Bach. Sur les ferments oxydants.

M. Th. Tommasina donne lecture d'un travail sur l'*éther-
électricité et la constante électrostatique de gravitation, ou
aperçu d'une théorie électronique des radiations et de la gravitation universelle.* L'auteur considère le phénomène
radiant comme seule source et forme primaire de l'énergie
et l'état de contrainte du milieu éthéré comme nécessaire
pour la propagation des radiations. Tous les corps seraient
impondérables s'ils se trouvaient dans le vide absolu,
aussi ne peut-il exister qu'un seul corps impondérable
lequel doit par son action produire la pondérabilité de
tous les autres corps. L'état de contrainte ou tension de
l'éther est donc la constante absolue de la gravitation.

L'auteur envisage l'éther comme le réceptacle de l'énergie universelle et les corps pondérables comme des assem-
blages très variés de modifications des degrés de liberté
des particules de l'éther. Le phénomène radiant ondulatoire électromagnétique étant primaire les autres phénomènes n'en sont que des modifications partielles, conséquemment l'état de contrainte de l'éther n'est autre qu'une
tension électrostatique, il s'en suit que la constante absolue de la gravitation universelle est une constante électrostatique.

Les précédentes déductions sont aussi basées sur l'existence établie d'une pression longitudinale de radiation
laquelle a permis à l'auteur de donner une explication

mécanique du mode de transmission de l'énergie radiante, considérant comme élément électromagnétique, ou *électron*, non pas la masse même de la particule d'éther, mais sa trajectoire et son énergie. La masse de l'électron n'est qu'apparente et sa vitesse de déplacement est égale à celle de la lumière, l'électron n'étant en réalité qu'un mode de mouvement qui se déplace sans aucun transport de matière. Ce mécanisme permet d'entrevoir l'origine des deux forces, électrique et magnétique, réciproquement dans la pression de gravitation et dans la pression de radiation, ainsi que la nature électromagnétique des radiations. L'auteur conclut que, d'après cette théorie, l'éther-électricité est la forme primaire de la matière et de l'énergie. Les résultats théoriques résumés dans ce travail sont tirés directement de l'application, à la théorie électromagnétique de la lumière, des deux principes suivants :

1° *Aucune action à distance n'est admissible.*

2° *Aucune force attractive ou répulsive ne peut être inhérente à la matière inerte.*

L'intervention d'un milieu dans lequel toute transmission d'énergie se fait par chocs est donc nécessaire pour expliquer tous les phénomènes physico-chimiques.

M. A. Brun présente des photographies de *glaciers du Spitzberg* observés en 1902.

Il attire particulièrement l'attention sur une vue d'un glacier de Magdalena Bay, qui présente une section à la mer, parallèle au sens de son écoulement.

Les couches de glace sont relevées à leur extrémité, comme si elles éprouvaient une résistance à leur avancement, ce qui amène une formation de moraine engagée encore dans la glace. D'autres photographies montrent des canyons de petites rivières et des rivages surélevés d'anciens niveaux de mer.

M. Chodat communique en son nom et à celui de M. A. Bach les résultats de leurs nouvelles recherches relatives

aux *ferments oxydants* [1]. Les auteurs ont continué à étudier
l'action de la peroxydase sur divers produits organiques
(peroxydes) et ont trouvé que dans tous les cas ce ferment
active les peroxydes organiques en ce qui concerne le
bleuissement de l'émulsion de gaïac ou la production de
gallopurpurine aux dépens du pyrogallol. La peroxydase
elle-même n'a pas, quand elle est isolée, d'action oxydante.
Le résultat contraire annoncé par Lœw ne peut provenir
que du fait qu'il aurait employé des réactifs déjà vieillis,
par conséquent peroxydés. En employant l'émulsion fraiche de gaïac ou de pyrogallol pur la peroxydase se montre à elle seule inactive.

Tenant compte du fait que l'eau oxygénée ne peut à elle
seule bleuir l'émulsion de gaïac et du fait que les oxydases
dont les auteurs ont montré dans leurs précédentes recherches la nature de peroxydes, sont capables d'opérer
cette oxydation et d'autres encore que ne sait effectuer le
peroxyde d'hydrogène, les auteurs ont émis l'hypothèse
que les oxydases des auteurs sont des mélanges de deux
ferments. L'un analogue au peroxyde d'hydrogène serait
le peroxyde organique, ils lui donnent le nom d'oxygénase; l'autre dont il serait difficile de débarrasser l'oxygénase qui l'entraîne plus ou moins lorsqu'on la précipite,
serait une peroxydase ayant comme effet d'activer l'action
de l'oxygénase de la même manière que la peroxydase
préparée précédemment par MM. Chodat et Bach active le
peroxyde d'hydrogène.

C'est en partant de cette idée que les auteurs sont arrivés à dédoubler l'oxydase du *Lactarius vellereus* et de *Russula fœtens*, par précipitation fractionnée, en deux ferments, l'un facilement précipité par l'alcool à 40 %, l'autre assez soluble dans l'alcool aqueux. Par cette méthode
ils sont arrivés à obtenir une oxygénase qui ne donne
avec l'émulsion de gaïac fraîchement préparée qu'une
réaction minime après un temps prolongé (20 minutes).
Si on réunit les deux ferments inactifs par eux-mêmes
la réaction est énergique et instantanée.

---

[1] Voir *Ber. d. chem. Gesellschft.* 35, 2466, 3943 (1902).

Lorsqu'on prépare l'oxydase par précipitation par l'alcool une partie de la peroxydase reste dans les liqueurs alcooliques ; une faible partie est entraînée par l'oxygénase à laquelle elle confère le pouvoir d'oxyder directement et énergiquement.

C'est cette oxydase déjà appauvrie en peroxydase que les auteurs avaient réussi à activer par l'addition d'une dose nouvelle de peroxydase [1].

La peroxydase obtenue par dédoublement de l'oxydase de *Lactarius* et de *Russula* est différente de celle, très répandue dans les végétaux, qui active extraordinairement le peroxyde d'hydrogène et la plupart sinon tous les peroxydes. En effet, cette peroxydase que les auteurs appellent provisoirement P. β est spécifique pour l'oxygénase et est sans action nette sur le peroxyde d'hydrogène.

Les recherches quantitatives dans lesquelles on mesurait le volume d'oxygène absorbé dans l'oxydation du pyrogallol en solution aqueuse (1 gr.) et l'acide carbonique dégagé sont venues confirmer d'une manière indiscutable les théories et les expériences qualitatives des auteurs.

Dans un première série d'expériences on a utilisé une oxydase appauvrie en peroxydase par dialyse (la peroxydase dialysant plus vite que l'oxygénase) que l'on a activé par la peroxydase retirée du raifort.

Les deux autres séries ont été faites à partir de l'oxygénase, la dernière extraite de résidu d'oxydases déjà dépourvues en apparence de fonctions oxydantes.

Ces oxygénases ont été expérimentées seules et activées par la peroxydase du raifort et enfin par leur propre peroxydase (peroxydase β). Voici le résultats de quelques expériences, toutes ont été concluantes.

[1] Voir *Archives* 1902.

1 gr. Pyrogallol	Oxygène absorbé	CO_2 dégagé
I Oxyadse Lactarius seule	14,1 cc.	5,4 cc.
II Peroxydase de Raifort seule	0,6	0,2
III Oxydase et Peroxydase	19,1	7,7
IV Peroxydase de Raifort	0,5	0,1
V Peroxydase de Lactarius β	0,2	0,0
VI Oxygénase I seule	3,1	1,1
VII Oxygénase I et Peroxydase de Raifort	9,9	5,9
VIII Oxygénase I et Peroxydase β	11,0	6,8
IX Oxygénase II seule	1,2	0,4
X. Oxygénase II et Peroxydase Raifort	12,4	3,6
XI. Oxygénase et Peroxydase β	15,8	5,1

Par conséquent le pouvoir oxydant de l'oxygénase peut être considéré comme très faible ; il est fortement activé par la peroxydase et plus encore par la peroxydase β, son activateur spécifique (13 fois).

Les auteurs communiquent en outre le résultat de leurs premières recherches sur la localisation des ferments oxydants. Ils ont réussi à mettre en évidence l'oxydase dans les cellules vivantes de pomme de terre par le pyrogallol. Les leucites qui entourent le noyau des cellules subcorticales se colorent en jaune vif et puis en rouge orange (gallopurpurine) par ce réactif. Cette réaction a lieu même quand les leucites ont déjà donné naissance à des grains d'amidon.

On peut de même mettre en évidence cette localisation en employant les topinambours et les tubercules de Stachys tubifera. Dans cette dernière espèce c'est surtout l'épiderme et l'endoderme qui montrent clairement cette élégante réaction. Les cellules peuvent être plasmolysées normalement après la réaction. C'est sans doute pour la première fois que l'on peut localiser un ferment dans une portion définie de la cellule.

Séance du 19 février.

E. **Yung**. Effets anatomiques de l'inanition. — F. **Pearce**. Des
courbes obscures.

Au cours d'expériences sur la digestion des poissons,
M. le prof. E. Yung fut conduit à mesurer la longueur de
l'intestin chez de nombreux *Leuciscus rutilus*, *Esox lucius*
et *Lota vulgaris*, et remarqua que l'intestin est relativement plus court au printemps qu'en automne. Il observa
dans la suite le même fait chez *Rana esculenta*, et *R. temporaria*. Sur un lot de grenouilles de même taille mesurées
au mois d'avril, l'intestin fut trouvé en moyenne 2,8 fois
plus long que le corps, tandis qu'au mois d'octobre, chez
des grenouilles de même taille encore que les premières,
ce rapport s'éleva à 3,28.

On peut attribuer ce fait à l'*inanition* que subissent poissons et grenouilles durant la période hivernale, car si l'on
soumet ces animaux à un jeûne beaucoup plus prolongé,
de huit à quatorze mois, par exemple, le raccourcissement
de l'intestin s'accentue toujours plus jusqu'à atteindre ¹/₆
de sa longueur initiale. En essayant de se rendre compte
du mécanisme du phénomène, M. Yung s'est convaincu
par l'examen comparatif des éléments de l'épithélium, des
glandes gastriques, du foie et du muscle gastrocnémien
chez des individus nourris et inanitiés, que la diminution
des organes chez ces derniers n'était pas accompagnée de
la disparition des éléments cellulaires que l'état d'inanition empêcherait de se reproduire, mais de l'amaigrisse-
ment sur place de chacun de ces éléments. On trouve par
exemple le nombre normal de cellules gastriques dans les
glandes de l'estomac d'un brochet qui n'a pas mangé depuis
une année ; seulement ces cellules ont considérablement
diminué de taille. Les modifications morphologiques constatées chez un organisme qui meurt d'inanition ne pourraient donc recevoir une juste interprétation qu'à la condition de savoir au préalable les modifications qui s'ac-

complissent dans les dernières cellules de ses tissus. M. Yung décrit ces modifications dans la cellule épithéliale et la cellule gastrique ; à côté de particularités propres a chacune d'elles, elles présentent des caractères généraux à l'état d'inanition avancée. Ainsi leur cytoplasma est toujours beaucoup plus atteint que leur nucléoplasma. Conséquence : elles diminuent surtout par leur corps cellulaire alors que le noyau devient énorme par rapport à celui-ci. Le réseau protoplasmique du corps est détruit, les granulations diverses se dissolvent. Pour mieux suivre les phénomènes intracellulaires consécutifs à l'inanition, M. Yung s'est adressé à des cellules libres notamment à des infusoires. Il expose successivement les dégradations constatées chez *Paramecium* dans l'ectoplasma, l'endoplasma, et les macronucléus et micronucléus, insistant sur le fait que ce dernier au lieu de diminuer de volume quand l'inanition le gagne, augmente au contraire, se déforme et commence à se diviser en s'écartant progressivement du macronucléus. M. Yung n'a jamais assisté à une division micronucléaire complète. Mais il résulte de l'ensemble des détails qu'il a observés, que c'est le plasma micronucléaire qui, chez les infusoires, représente au plus haut degré le nucléoplasma des cellules des tissus et que, conservateur de l'espèce cellulaire, il la défend encore quand le protoplasma du corps de la cellule a déjà succombé.

M. Pearce, présente une communication sur les *phénomènes en lumière convergente*.

En lumière monochromatique, une lame cristalline, d'une substance biréfringente, placée sur la platine du microscope à lumière convergente, donne aux nicols croisés deux systèmes de *courbes obscures*. Les unes appelées courbes isochromatiques ne se déforment pas par la rotation de la platine et sont remplacées par des courbes irisées si l'on éclaire l'appareil avec de la lumière blanche. Les autres qui font l'objet de la présente note, subissent généralement une déformation en tournant la lame et restent obscures quelle que soit la nature de la source lumineuse employée, nous leur donnerons le nom de *courbes obscures*; celles-ci peuvent être définies comme le lieu des point où émergent de la lame les rayons correspondants aux vibrations qui ont traversé le cristal tout en restant polarisées pèrpendiculairement à la section principale du polariseur. Le problème consiste donc dans la recherche du lieu des droites OD et OD′ perpendiculaires aux sections elliptiques de l'ellipsoïde optique du cristal dont les axes sont contenus dans les sections principales des 2 nicols. L'équation de l'ellipsoïde direct du cristal ramené à 3 axes rectangulaires xyz coïncidants respectivement avec les sections principales du polariseur, de l'analyseur et la normale à la lame parallèle à l'axe optique du microscope est de la forme.

$$(1) \qquad Ax^2 + By^2 + Cz^2 + Dxy + Eyz + Fzx = 1$$

dans laquelle les coefficients des variables dépendent de la longueur des axes principaux de l'ellipsoïde, de leur position relativement aux lignes d'extinction de la lame et de l'orientation de celles-ci par rapport à la section du polariseur.

De cette équation on tire par un calcul simple les relations suivantes :

$$(2) \qquad \tan \psi = \frac{D \cos \varphi - E \sin \varphi}{(A - C) \sin 2\varphi + F \cos 2\varphi}$$

$$(3) \qquad \tan \psi' = \frac{D \cos \varphi' - F \sin \varphi'}{(B - C) \sin 2\varphi' + E \cos 2\varphi'}$$

qui sont les relations auxquelles doivent satisfaire, OD et OD′ pour que les axes des ellipses découpées par les plans normaux soient contenus respectivement dans les sections principales du polariseur et de l'analyseur $\psi =$ angle de OD avec le plan zx, $\varphi =$ angle de la projection de OD dans ce plan avec z.

$\psi' =$ angle de OD′ avec le plan zy et $\varphi' =$ angle de la projection de OD′ sur zy avec z.

Dans le cas où la section est normale à l'un des axes principaux ces relations se simplifient car $E = 0$ et $F = 0$

et deviennent en passant des coordonnées polaires aux coordonnées rectangulaires :

(4) $\quad xy - Rx^2 = Rz^2.$ $\qquad$ (5) $\quad xy - R'y^2 = R'z^2.$

dans lesquelles :

(6)
$$R = \frac{\sin 2\theta}{2\left[\cos^2\theta + \dfrac{\frac{1}{b^2} - \frac{1}{c^2}}{\frac{1}{a^2} - \frac{1}{b^2}}\right]}$$

(7)
$$R' = \frac{\sin 2\theta}{2\left[\sin^2\theta + \dfrac{\frac{1}{b^2} - \frac{1}{c^2}}{\frac{1}{a^2} - \frac{1}{b^2}}\right]}$$

θ est l'angle que fait une des lignes d'extinction avec la section principale du polariseur.

$a\ b\ c$ sont les axes principaux de l'ellipsoïde des vitesses.

Les équations 4 et 5 sont celles de deux cônes, ayant leurs sommets à l'origine des axes xyz si θ est différent de O ; ces cônes se réduisent à deux plans passant par zx et zy si $\theta = O$.

Les courbes obscures s'obtiennent facilement par l'intersection de ces deux surfaces par un plan normal à z.

Dans le cas d'une *section normale à* n_g [1], les relations 6 et 7 deviennent :

$$R = \frac{\sin 2\theta}{2\left[\cos^2\theta + \dfrac{1}{\tan^2 V}\right]} \qquad R' = \frac{\sin 2\theta}{2\left[\sin^2\theta + \dfrac{1}{\tan^2 V}\right]}$$

V = angle d'un des axes optiques avec la normale à la plaque.

θ = angle de la trace du plan des axes optique avec celle du polariseur.

Les deux cônes définis par 4 et 5 se coupent sur les deux

---

[1] Les notations n_g n_m n_p désignent les 3 indices de réfraction, maximum moyen et minimum du cristal.

axes optiques et déterminent dans un plan normal à z la formation de deux hyperboles de paramètres variant avec θ, si $\theta = 0$ les deux hyperboles deviennent deux droites parallèles à x et y. L'axe réel des hyperboles tombe toujours dans les quadrants où se projettent les axes optiques.

Pour *les sections normales à n_p* on obtient des résultats semblables à ceux indiqués par la section perpendiculaire n_g les formules 6 et 7 devenant :

$$R = \frac{\sin 2\theta}{2\left[\cos^2 \theta + \frac{1}{\tan g^2 V'}\right]} \qquad R' = \frac{\sin 2\theta}{2\left[\sin^2 \theta + \frac{1}{\tan g^2 V'}\right]}$$

dans lesquelles θ est l'angle de la trace du plan des axes avec la section principale du polariseur, V' l'angle de l'un des axes optiques avec la normale à la section.

Section normale à n_m :

$$R = \frac{\sin 2\theta}{2 \cos^2 \theta - 2 \dfrac{n_g^2 - n_m^2}{n_g^2 - n_p^2}}$$

$$R' = \frac{\sin 2\theta}{2 \sin^2 \theta - 2 \dfrac{n_g^2 - n_m^2}{n_g^2 - n_p^2}}$$

Le terme $2 \dfrac{n_g^2 - n_m^2}{n_g^2 - n_p^2}$ dépend de l'angle des axes optiques ; pour un cristal négatif, sa valeur est comprise entre 0 et 1 tandis que pour un cristal positif entre 1 et 2 ; si θ est l'angle que fait de ligne d'extinction n_p avec la section du polariseur, les équations :

$$xy - x^2 R = Rz^2$$
$$xy - y^2 R' = R'z^2$$

répresentent également deux cônes dont la section par un plan normal à z donne deux hyperboles, mais comme R et R' sont des signe contraires, l'une H, a ses sommets dans les quadrants ou tombe la bissectrice de l'angle aiguë des axes optiques, et l'autre H' dans ceux ou se trouve la normale optique. La discussion de l'équation montre que l'axe réel de H devient infini pour une relation θ de la platine supérieure à 45° et celui de H' pour une rotation θ < 45 si V < 45°.

Cette observation permettrait de déterminer le signe optique des cristaux biaxes sur une section parallèle au plan des axes optiques, il faudrait pour cela pouvoir établir la distinction entre les hyperboles H et H', il suffit pour cela de remarquer que l'axe réel de H' devient infini plus rapidement que celui de H, et la position de la bissectrice aiguë se déduira de celle du quadrant ou se formera l'hyperbole visible le plus longtemps.

Pour les *cristaux uniaxes*, le calcul nous montre que la section perpendiculaire à l'axe optique doit présenter une croix noire et celles parallèles à l'axe optique une seule hyperbole dont les sommets se trouvent dans les mêmes quadrants que l'axe optique.

Séance du 5 mars.

C.-E. Guye et B. Herzfeld. Hystérésis aux fréquences élevées. — M. Bedot. Recherches sur la Bathyphysa Grimaldii. — Amé Pictet. Acides organo-minéraux. — L. Duparc et E. Bourcart. Composition des eaux des lacs de montagne. — C.-E. Guye. Appareil [pour démontrer le mouvement ondulatoire.

M. le prof. Ch.-Eug. GUYE communique les derniers résultats de l'étude qu'il a entreprise en collaboration avec M. Beni HERZFELD sur l'*hystérésis magnétique aux fréquences élevées.*

Il rappelle d'abord que les résultats obtenus par les divers expérimentateurs sont des plus contradictoires ; tandis que Warburg et Hönig, Tanakadaté et d'autres auteurs arrivent à la conclusion que l'énergie dissipée dans un cycle d'aimantation diminue si la rapidité avec laquelle le cycle est parcouru augmente, Evershed et Vignoles, Bergmann, Gray, Maurain, estiment, d'après leurs expériences, que cette énergie est sensiblement indépendante de cette rapidité. Enfin, dans un travail très complet et très minutieux, M. Wien conclut à l'augmentation aux fréquences élevées de l'énergie consommée par cycle sous l'influence de l'hystérésis.

M. Guye estime que ces nombreuses divergences proviennent en grande partie de la difficulté d'éliminer totalement les courants de Foucault et de la difficulté plus grande encore d'en calculer ou d'en apprécier l'influence.

Les courants de Foucault sont en effet une double cause de perturbation ; d'une part leur présence tend à affaiblir le champ magnétique à l'intérieur du fer, de sorte qu'il règne une incertitude très grande sur la valeur réelle de ce champ, et d'autre part ces courants consomment une certaine énergie. Cette double perturbation étant fonction de la saturation, de la perméabilité, de la fréquence, ainsi que de la conductibilité et du diamètre du fil employé, on comprend aisément de quelles difficultés et de quelle incertitude un calcul de correction de ce genre peut être entaché.

Dans le travail entrepris, les auteurs se sont donc appliqués à réduire autant que possible cette action par l'emploi de fils de fer extrêmement fins. Ils ont étudié dans ces circonstances l'énergie dissipée pour diverses fréquences et divers courants magnétisants. Le principe de la méthode a été exposé déjà (Société helvétique des sc. naturelles. — *Archives des sciences physiques et naturelles*, oct. 1902). Ce dispositif a l'avantage de supprimer pratiquement toute réaction appréciable du fil magnétisé sur le courant magnétisant et de donner directement des indications proportionnelles à la puissance consommée dans le fil même, sans aucune correction pour l'énergie dissipée dans les enroulements.

Les expériences ont été effectuées sur 4 fils dont les diamètres en centimètres étaient respectivement :

$$0,0374 \qquad 0,0235 \qquad 0,0455 \qquad 0,0038$$

D'autre part la périodicité du courant magnétisant a varié entre 100 et 1200 à la seconde, c'est-à-dire entre des limites plus de deux fois plus étendues que celles des expériences de M. Wien.

Enfin les champs magnétisants (efficaces) étaient en C. G. S. suivant les expériences :

$$56,6 \qquad 37,7 \qquad 18,9 \qquad 9,4$$

Dans chaque série d'expériences l'intensité efficace du courant magnétisant était maintenue la même, et l'on faisait varier la fréquence par la vitesse de l'alternateur.

Résultats. Si l'on suppose d'une part l'énergie dissipée par hystérésis indépendante de la vitesse avec laquelle le cycle d'aimantation est parcouru, et que l'on admette d'autre part que l'induction magnétique qui traverse la section du fer est uniforme et la même à toute fréquence (fils fins et faibles saturations), on est conduit pour la puissance consommée, à une expression de la forme :

$$y = A\,n + B\,n^2 \qquad (\text{I})$$

n désignant la fréquence du courant, A et B, deux constantes.

En comparant les résultats expérimentaux à cette relation théorique, les auteurs ont constaté les faits suivants :

Saturations élevées. — Si l'on déduit les valeurs des coefficients A et B de l'ensemble des expériences, les courbes calculées relatives aux fils de gros diamètre (1) et (2), ne se superposent pas aux courbes observées, mais leurs ordonnées sont plus élevées. La différence entre les deux systèmes de courbes est encore plus grande si les valeurs de A et de B sont déduites seulement des expériences à basse fréquence.

Il semble donc que pour ces fils, les courants de Foucault par leur réaction diminuent la valeur de l'induction dans le fer au fur et à mesure que la fréquence augmente, atténuant ainsi et la perte par hystérésis et celle due aux courants parasites.

Pour le fil (3) les deux courbes se superposent exactement ; la puissance consommée est donc bien représentée par la formule I ; les courants parasites semblent ainsi suffisamment atténués pour ne pas changer sensiblement la valeur de l'induction aux diverses fréquences.

Enfin pour le fil (4), le plus fin, l'expression de la puissance consommée est une droite ; et l'on peut supposer alors les courants de Foucault négligeables.

Faibles saturations — Au fur et à mesure que la saturation diminue, la courbe (I) se rapproche généralement d'une droite ; c'est le cas du fil (4) pour toutes les inductions.

Il résulte donc de l'ensemble des expériences, qu'en employant des fils suffisamment fins, l'énergie dissipée dans un cycle d'aimantation est indépendant de la rapidité avec laquelle ce cycle est parcouru, même dans le cas de périodicités voisines de 1200 à la seconde.

M. le prof. BEDOT communique à la Société le résultat de ses *nouvelles recherches sur la Bathyphysa Grimaldii.*

Le tube creux qui constitue le corps des pneumatozoïdes, est pourvu d'ailettes latérales et recourbé en forme de C. La courbure est souvent accentuée au point que les deux extrémités du zoïde se touchent et que les ailettes, appliquées contre les parois du tube, forment une cavité centrale. Mais cet état de contraction est anormal et, en réalité, il n'y a pas d'autre cavité que celle du tube.

A l'extrémité proximale du pneumatozoïde, on remarque une sorte d'écusson triangulaire dont les angles sont plus ou moins arrondis. Il est entouré d'un bourrelet par lequel le zoïde est attaché à la tige de la colonie. Le petit filament décrit précédemment comme étant un pédoncule, est un fil tentaculaire. Dans l'écusson se trouve l'ouverture d'un canal entodermique très court, établissant la communication entre le canal de la tige et la cavité du pneumatozoïde.

Près de l'extrémité distale, l'entoderme donne naissance à cinq piliers cellulaires qui se dirigent vers l'axe de la cavité du pneumatozoïde et se réunissent pour former une masse commune d'où part un cordon élastique. On peut distinguer, dans ce cordon, plusieurs régions d'aspect différent.

La région initiale est caractérisée par une pigmentation

intense et par la présence d'une large gaine transparente. Dâns la région suivante, la pigmentation diminue et il existe probablement aussi une gaine dont on retrouve quelques lambeaux. Dans ces deux premières régions, le cordon forme toujours de nombreuses anses. A partir de là, il s'étend directement jusqu'à l'extrémité proximale de la cavité et n'est plus pigmenté.

Lorsque cet organe est très contracté — ce qui est le cas général — les deux premières régions forment un peloton serré, entouré d'une membrane très mince (la gaine) et le cordon est rompu à une certaine distance du peloton. Il est probable que cet organe sert à modifier la courbure du tube

Il est difficile de déterminer exactement les fonctions des pneumatozoïdes. Peut-être servent-ils à la locomotion. K.-C. Schneider les a pris pour de jeunes gastrozoïdes. Mais cette opinion n'est pas admissible, si l'on tient compte de la dimension de ces zoïdes, du fait qu'ils n'ont pas de bouche et de la présence de l'organe élastique dont la structure est très complexe.

Les gastrozoïdes sont probablement attachés à la tige de la même manière que les pneumatozoïdes. Le filament qui se trouve à leur extrémité proximale serait un fil pêcheur et non pas un pédoncule.

M. Bedot signale à la Société les principaux résultats des campagnes scientifiques faites par S. A. le prince de Monaco. Il montre les services qui ont été rendus à la science, dans le domaine de la biologie marine et de l'hydrographie, par ces explorations poursuivies régulièrement, chaque année, depuis 1884.

M. le prof. Amé PICTET rend compte de la suite de ses recherches sur les *acides organo-minéraux*. Il avait, dans une précédente séance, mentionné le fait que l'acide nitrique et l'acide acétique se combinent à froid pour former l'*acide acétonitrique* $N(OH)_2(OCOCH_3)_2$. Ce composé, qui distille sans altération à $127°,7$, constitue le dérivé diacétylé de l'acide hypothétique $N(OH)_5$; son existence prouve la pentavalence de l'azote dans l'acide nitrique et dans ses hydrates.

M. Pictet a voulu rechercher si d'autres acides ou anhydrides minéraux pouvaient, comme l'acide nitrique, former des anhydrides mixtes avec les acides organiques. Il a constaté que cette réaction est générale et il a pu obtenir de cette manière toute une série de composés nouveaux ; il en a entrepris l'étude avec MM. Genequand et Friedmann et avec Mlle Geleznoff. Les principaux résultats obtenus jusqu'ici sont les suivants :

L'*acide acétosulfurique*, $SO_2(OH)(O\,CO\,CH_3)$ prend naissance lorsqu'on fait réagir à basse température l'anhydride sulfurique sur l'acide acétique glacial. Il forme une masse sirupeuse, incristallisable et très hygroscopique. Il est très instable vis-à-vis de la chaleur, qui le convertit en

acide sulfoacétique $CH_2\Big\langle{{COOH}\atop{SO_3H}}$

L'*acide acétochromique*, $CrO_2\,(OH)(OCOCH_3)$, se prépare d'une manière analogue en dissolvant l'anhydride chromique dans l'acide acétique et en précipitant par le benzène ou le tétrachlorure de carbone. Séché à 110°, il se présente sous la forme d'une poudre brun-rouge. Chauffé plus haut, il subit une sorte d'auto-oxydation et se décompose violemment en laissant un volumineux résidu d'oxyde de chrome.

L'anhydride phosphorique se dissout de même à froid dans l'acide acétique glacial. L'éther précipite de cette solution l'*acide acétopyrophosphorique* $O\Big\langle{{PO(OH)(OCOCH_3)}\atop{PO(OH)(OCOCH_3}}$ incristallisable et déliquescent.

Enfin l'acide borique et l'anhydride acétique se combinent vivement à la température de 60° environ, en donnant l'*anhydride acétoborique*, $B(OCOCH_3)_3$. Celui-ci cristallise par refroidissement en larges aiguilles incolores, qui fondent à 120°. Il ne peut être distillé, même sous pression très réduite, et se décompose alors en anhydride acétique et anhydride borique.

Tous ces anhydrides mixtes ont des propriétés chimiques assez semblables. Ils sont décomposés par l'eau, et même par l'humidité de l'air, en régénérant les deux acides constituants. Ils réagissent facilement aussi avec les alcools ; il y a formation d'un éther acétique et mise en liberté de l'acide minéral. L'anhydride acétoborique fait seul exception et fournit les éthers boriques et de l'acide acétique. Avec l'ammoniaque on obtient de l'acétamide et le sel d'ammonium de l'acide minéral. Les autres réactions de ces corps sont actuellement à l'étude.

M. le prof. Duparc communique les premiers résultats du travail entrepris sous sa direction par M. F. Bourcart, sur la *composition chimique des eaux et des vases des lacs de montagne.*

Présentement, les recherches ont porté sur les lacs suivants : lacs de Taney, Champey, lac Noir, lac d'Amsoldingen et lac de Lauenen.

Les premiers résultats de ces recherches ont montré la très grande diversité de composition de l'eau des lacs de montagne qui, à ce point de vue, se distinguent essentiellement des grands lacs de la plaine.

Cette diversité est sous la dépendance immédiate des conditions géologiques du bassin d'alimentation de ces différents lacs.

M. Duparc indique sommairement les méthodes employées par M. Bourcart pour l'analyse des eaux des lacs ; la détermination du *Fer* notamment, qui est toujours en très petite quantité, est faite par colorimétrie, au moyen d'une méthode nouvelle basée sur la coloration du sulfocyanure ferrique en solution éthérique. Les matières organiques ont été déterminées par la méthode classique de Marignac. Chacune des déterminations a été répétée pour plus de sûreté.

Ce travail se continue en ce moment sur les autres lacs alpins suisses.

Le tableau suivant donne les résultats obtenus pour les premiers lacs.

Résultats des analyses (exprimés en milligrammes)

118,9	3,0	0,14	0,96	55,8	5,184	1,2	1,4	0,94	5,8	96,4
26,9	3,9	0,057	0,29	7,5	0,612	1,3	3,1	2,82	2,7	13,2
270,5	1,9	0,072	1,23	111,0	10,08	1,23	2,3	1,24	85,5	61,5
n 201,7	6,0	0,086	0,41	92,7	5,76	2,2	4,8	3,53	5,42	134,3
Lac Lauenen 306,3	3,2	0,072	0,328	115,8	13,18	1,5	2,3	0,296	102,2	57,26

M. le prof. Ch.-Eug. Guye présente un appareil de démonstration relatif à la *propagation des mouvements ondulatoires.*

L'analogie entre le mode de propagation des ondes qui se forment à la surface d'une nappe liquide et les ondes sonores, lumineuses ou électromagnétiques, a souvent été invoquée.

Malheureusement, lorsqu'on veut produire ces ondes expérimentalement, les ondes réfléchies sur les bords du récipient ne tardent pas à troubler complètement l'expérience.

On parvient à s'affranchir presque totalement de cette perturbation, en disposant sur tout le pourtour du récipient une quadruple rangée de clous, distants de 5 à 6^{mm}, contre lesquels les ondes viennent se briser et s'absorber dans d'innombrables réflexions.

Cet artifice supprime presque totalement l'onde réfléchie et l'on se trouve alors dans les mêmes conditions que si l'on disposait d'une nappe liquide illimitée.

L'appareil employé est un plateau de bois étanche, de 70 cm sur 40 cm, muni d'un rebord de 3 cm. de haut; on verse à l'intérieur du mercure, de façon à obtenir une nappe réfléchissante de quelques millimètres de profondeur. Afin d'obtenir une épaisseur uniforme de mercure sur toute l'étendue, le plateau doit pouvoir être exactement calé au moyen de vis.

Pour rendre les ondes visibles à un auditoire, on peut employer le dispositif suivant: Un faisceau de lumière parallèle venant d'une lampe à arc à courant continu, tombe horizontalement sur une glace sans tain placée au-dessus de la nappe de mercure et inclinée à 45°. Après s'être réfléchi normalement à la surface du mercure, le faisceau traverse successivement la glace et une lentille de grande dimension qui vient former au plafond de la salle une image de la nappe liquide. On pourra alors suivre sur cette image toutes les ondulations qui se produisent à la surface du mercure.

Deux procédés peuvent être employés pour produire les ondulations :

1) On pourra, par exemple, ne produire qu'un ébranlement unique, donnant lieu à quelques ondulations seulement, et suivre la propagation de ces ondes au travers des divers obstacles et surfaces réfléchissantes disposées dans la cuve. Le mieux, dans ce cas, est de prendre une baguette de fer ou de verre, de la placer préalablement dans la position exacte du centre d'ébranlement choisi, et, une fois le calme rétabli, la retirer brusquement.

2) Le second procédé consiste à produire un ébranlement périodique prolongé, sur un ou plusieurs points de la cuve ; chacun de ces centres d'ébranlement étant par exemple l'analogue d'un point lumineux ou d'un corps sonore :

L'appareil employé est un trembleur muni d'un style fin. Le plus simple pour cela est d'utiliser une sonnerie électrique, de la munir d'un manche, de supprimer le timbre et de remplacer le battant par une tige se terminant en un style fin et recourbé. Un petit poids curseur, mobile le long de la tige, permettra de faire varier la vitesse de vibration et d'obtenir des ondes de diverses longueurs d'ondulation. Grâce à ce dispositif, il est possible de reproduire avec beaucoup de netteté et de rendre compréhensibles à tout un auditoire, les principaux phénomènes d'interférence : ondes stationnaires au contact. d'une paroi plane ; dans un tuyau fermé ; franges hyperboliques de l'expérience de Fresnel ; (dans ce cas, la tige vibrante porte deux pointes fines distantes de quelques centimètres qui toutes deux pénètrent et sortent du mercure simultanément ; ces deux points correspondent donc aux deux sources identiques de l'expérience de Fresnel) ; franges hyperboliques produites par une source et une surface réfléchissante ; phénomènes de diffraction produits par les obstacles, etc.

Les obstacles que l'on peut disposer dans la cuve sont généralement façonnés avec du ruban de fer de quelques millimètres d'épaisseur et de 2 cm de hauteur, de façon à ne pouvoir flotter. On donnera à ce ruban des formes variées, rectiligne, elliptique, parabolique, circulaire, etc., et l'on disposera ces obstacles dans la cuve afin d'étudier les déformations qu'ils produisent sur les ondes.

Voici, à titre d'exemple, une liste d'expériences effectuées à l'aide de cet appareil ; chacune d'elles peut être faite soit en utilisant le premier mode d'ébranlement, soit le second ; les deux procédés se complètent mutuellement et ont l'avantage de mieux faire comprendre le mécanisme de la formation des diverses figures.

Formation des ondes concentriques dans un milieu indéfini ; influence du mouvement de la source vibrante ; cas où sa vitesse est inférieure, égale ou supérieure à la vitesse de propagation du mouvement ondulatoire.

Réflexion sur une surface rectiligne. Loi de la réflexion ; les ondes réfléchies semblent provenir d'un centre d'ébranlement, image virtuelle du centre réel (ébranlement unique).

En utilisant le trembleur, ondes stationnaires très nettes ; (analogie avec les tuyaux sonores, l'expérience de Wiener, la photographie Lippmann, les ondes stationnaires électromagnétiques).

Réflexion par des surfaces courbes. a) avec un anneau circulaire ; ébranlement central (propagation et ondes stationnaires).

Avec un anneau elliptique; ébranlement focal (propagation et figure des ondes stationnaires).

Segment parabolique; transformation d'une onde rectiligne en une onde circulaire concave.

Segment elliptique; transformation d'une onde convexe en une onde concave.

Deux segments elliptiques; expérience des miroirs conjugués; propagation et ondes stationnaires.

Montrer que dans l'expérience *e*, une partie du mouvement ondulatoire est perdue par diffraction (cas du son ou des ondes électromagnétiques de grande longueur d'onde).

Propagation; influence des écrans. Lorsque la dimention des écrans n'est pas très grande relativement à la longueur d'onde, les ondes contournent les obstacles finissent par se rejoindre derrière eux; remarquer les ondes stationnaires en avant de l'écran.

Interférences. a) Franges hyperboliques (expérience de Fresnel) avec deux centres d'ébranlement vibrant synchroniquement.

b) Franges hyperboliques obtenues avec une seule source et un miroir plan.

On peut varier dans des limites très larges ce genre d'expériences.

Quand l'appareil vibrant est convenablement réglé, résultat d'ailleurs facile à obtenir, les figures des ondes stationnaires sont d'une fixité remarquable.

Séance du 19 mars.

H. Dufour. Absorption atmosphérique exceptionnelle de la radiation solaire. — J. Briquet. Du genre Sempervivum.

M. le Prof. Raoul GAUTIER communique la note suivante au nom de M. le Prof. Henri DUFOUR :

Les observations de l'intensité du rayonnement solaire pendant les premiers mois de 1903 montrent une diminution sensible de la valeur thermique de la radiation solaire. Les mesures ont été faites au moyen de l'actinomètre de

M. Crova, par les mêmes observateurs et dans les mêmes conditions que celles que nous poursuivons depuis 1896, c'est-à-dire à Clarens par M. Bührer et à Lausanne par moi-même, entre 11 h. et 1 h. temps vrai. On constate ordinairement dans la seconde partie de l'hiver et au printemps un accroissement notable de l'intensité de la radiation qui a son minimum en décembre, c'est ce que montre le tableau suivant, qui n'indique que le rayonnement de l'hiver, d'octobre à mars :

Mois	1896	1897	1898	1899	1900	1901	1902	1903
Oct.	0.89	0.82	0.83	0.89	0.88	—	0.84	—
Nov.	0.88	0.78	0.76	0.83	0.82	—	0.85	—
Déc.	0.80	0.79	0.82	—	0.72	0.75	0.64	—
Janv.		0,82	0.74	0.79	0.79	0.84	0.76	0.68
Fév.		0.88	0.87	0.87	0.82	0.84	0.86	0.71
Mars		0.92	0.87	0.89	0.90	0.94	0.86	0.70

Ces chiffres expriment des calories gramme degré minute par centimètre carré. On voit que l'accroissement habituel qui se produit en janvier, février et mars est à peine sensible cette année et très inférieur à celui des années précédentes. A partir de décembre, l'insolation est exceptionnellement faible, ce fait résulte encore mieux de la comparaison des moyennes des années précédentes avec les chiffres de cette année :

	Moyennes		
	1895-1902	1902-1903	Différence
Déc.	0.78	0.64	0.14
Janv.	0,79	0.68	0.11
Fév.	0.86	0.71	0.15
Mars	0.89	0.70	0.19

Les observations de décembre sont trop peu nombreuses pour que seules elles permettent de conclure à un fait général, mais l'ensemble des observations des trois mois et demi ne paraît pas laisser de doute sur le fait d'une absorption particulièrement forte de la radiation solaire. Faut-il en chercher la cause dans la présence de poussières flottant dans l'air et projetées dans l'atmosphère par les éruptions violentes et répétées de la Montagne Pelée à la Martinique? On sait que plusieurs météorologistes ont cherché dans ce fait l'explication des colorations particulièrement belles observées cet hiver à plusieurs reprises dans les pays les plus divers et qui se sont succédées depuis le mois d'octobre 1902. Ces colorations rappelant par plusieurs caractères celles de l'hiver 1883-84 qui ont succédé, après plusieurs mois, à l'éruption du Krakatoa, dans le détroit de la Sonde, on leur a naturellement attribué une origine analogue. Avant de conclure, il faudrait savoir si cette diminution de l'intensité du rayonnement solaire a été observée ailleurs, ou si d'autres phénomènes permettent de diagnostiquer une opacité anormale de l'atmosphère. Les observatoires astronomiques pourront peut-être indiquer si une diminution de visibilité de certaines étoiles a été observée cette année comme en 1883, il sera intéressant de suivre dans ce cas la diminution de l'opacité observée qui pourra être également constatée par les observations actinométriques.

M. J. Briquet communique à la Société le résultat de ses recherches microscopiques sur les différentes formes de poils et de glandes des Joubarbes *(Sempervivum)*. Ces organes, qui n'ont été décrits que superficiellement jusqu'à présent, fournissent d'excellents caractères pour distinguer entre eux les principaux groupes de ce genre critique. Les recherches de M. Briquet feront l'objet d'un mémoire publié prochainement dans le *Bulletin de l'Herbier Boissier.*

Séance du 2 avril.

B -P.-G. Hochreutiner. Plante toxique du Sud-Oranais. — L. Duparc. Granit porphyre de Troïtsk. Action des sels alcalins sur les carbonates. — K. Birkeland. Sur l'aurore boréale.

M. B.-P.-G. Hochreutiner fait la communication suivante : *Sur une plante toxique du Sud-Oranais.* — Lorsque j'étais à Aïn Sefra, on m'avait souvent parlé d'une plante croissant sur les rochers de Mograr et appelée par les

Arabes « Oum-Hallons ». Ce végétal était fort redouté des indigènes parce qu'il empoisonne les chameaux. Je pus enfin m'en procurer quelques exemplaires par l'intermédiaire du capitaine Dessigny, chef du bureau arabe d'Aïn-Sefra. C'est un *Composée* du groupe des *Inulinées* et appartenant au genre *Perralderia*.

On connaissait déjà deux espèces de ce genre ; l'une le *P. coronopifolia* habite le S. E. de l'Algérie, et diffère complètement de la plante dont nous parlons, l'autre le *P. purpurasien*, au contraire, lui ressemble, et habite le Maroc méridional [1].

Nous n'avons aucun renseignement au sujet de la toxicité de deux espèces précitées, mais il est un fait évident c'est que toutes trois sont des plantes aromatiques et répandant une odeur assez forte. Le *Perralderia* de Mograr que nous avons dédié au Cap. Dessigny diffère cependant du *Perralderia* du Maroc par des caractères très importants et qui en font une espèce spéciale bien différente des deux autres et non un terme de passage comme la position géographique pourrait le faire croire. Les caractères sont à part le port qui ressemble à celui du *Perralderia purpurascens*, — l'indument des bractées involucrales, cilié dans un cas et glanduleux dans l'autre et l'indument des tiges très fourni dans un cas, très rare dans l'autre.

Il nous a paru intéressant d'appeler l'attention de la société sur cette plante nouvelle, à cause de ses propriétés toxiques. Elle doit renfermer probablement un alcaloïde très actif mais d'une nature spéciale puisqu'il empoisonne facilement le chameau, tandis qu'il parait être sans effet sur les autres herbivores. Ce dernier renseignement donné sous toutes réserves, car je le tiens des indigènes, et je n'ai pas fait d'expérience à ce sujet.

Cette plante était très connue dans la région, et y crois-

---

[1] Il lui ressemble intérieurement au point que la plante de Bonnet et Maury de Mograr, citée par Rattaudier sous le nom de *P. purpurascens* est très probablement notre espèce. Il faudrait voir le spécimen de Bonnet pour l'affirmer.

sait en abondance ; je crois donc qu'un chimiste ou un toxicologiste qui s'y intéresserait pourrait facilement s'en procurer.

M. le professeur Duparc communique les résultats des recherches pétrographiques effectuées par lui sur *le granit-porphyre de Troïtsk et ses contacts*. L'auteur dans une note précédente, a montré que ce granit considéré comme dévonien par les géologues russes, ne l'était pas en réalité, mais était plus ancien, et que par conséquent le minerai de fer, développé dans des schistes d'âge indéterminé par l'intrusion de ce granit, était lui-même anté-dévonien.

Le *granit-porphyre de Troïtsk* présente toutes les variétés possibles entre un granit à grain fin, pauvre en quartz, et un granit-porphyre nettement à deux temps, avec phéno-cristaux de grande dimension et une pâte aphanitique à structure microgranitique, toujours entièrement cristalline.

Les minéraux constitutifs en sont : l'apatite, le zircon, le sphène, la magnétite toujours exceptionnellement abondante, le mica noir plutôt rare et complètement chloritisé les oligoclases acides, l'Orthose à filonnets d'albite et l'Anorthose, puis le quartz. L'Orthose présente certaines variétés curieuses, dont la bissectrice est nettement n_g, fait observé déjà antérieurement par l'auteur sur des orthoses provenant d'autres roches. La structure est toujours franchement granitique, le quartz rare, moule les autres éléments souvent bordés d'une auréole de micropegmatite. Le passage aux variétés porphyriques se fait par des types chez lesquels les cristaux diminuent de taille, tandis que par contre certains d'entre eux s'exagèrent et passent au rang de phénocristaux. Ces roches renferment de 55 à 65 % de silice et sont relativement riches en oxydes de fer (de 3 à 5 %). Les alcalis y oscillent entre 7 à 10 % ; la potasse y prédomine légèrement sur la soude, ou vice versa.

Les *Hornfels*, qui entrent en contact avec le granit sont assez variés. En principe, ce sont des cornéennes formées par des lamelles microscopiques d'un élément micacé moins biréfringent que le mica noir, et agrégées en tissus serré. Plus la roche est métamorphosée, plus les lamelles grandissent, deviennent colorées, polychroïques et biréfringentes. En même temps on y rencontre parfois de gros cristaux de tourmaline, des feldspaths isolés, voire même du quartz. La calcite peut être très abondante dans certaines de ces cornéennes; elles sont alors plus compactes, moins schisteuses, et ont même sur le terrain un aspect un peu différent des précédentes.

Les passages des cornéennes compactes et schisteuses aux variétés micacées avec développement de grands lamelles de biotite sont nombreux et variés, la roche peut alors devenir extrêmement cristalline de par ce fait.

Les contacts des cornéennes avec le granit sont intéressants. Il y en a deux espèces ; l'un se fait par imprégnation, l'autre par empâtement. Le premier cas s'observe principalement lorsque le granit-porphyre touche des roches très riches en calcite. Il se forme alors des variétés très dures et compactes, constituées par l'association de la calcite, du quartz en petits grains, de petits cristaux d'albite et d'éléments ferrugineux; le tout réuni à quelques lamelles de mica noir. Le second cas se présente au contact du granit-porphyre avec les variétés schisteuses. La roche se transforme alors en un agrégat de grandes et larges lamelles de biotite, dont le centre est très coloré polychroïque et biréfringent. tandis que la périphérie est incolore et moins biréfringente ; ces lamelles sont reliées par des plages localisées d'orthose qui les empâte fréquemment. Les variétés les plus feldspathiques se trouvent au contact immédiat; à quelques mètres de celui-ci, les feldspaths deviennent rares, puis disparaissent complètement pour faire place à des variétés purement micacées à larges lamelles, qui passent par transition aux hornfels plus compacts et micro-cristallins.

La plupart de ces hornfels renferment de nombreux cristaux et agrégats cristallins de magnétite, et il est aisé de suivre le passage graduel du hornfels au minerai. Ce dernier est formé par des cristaux agrégés en plages qui se touchent directement en isolant entre elles des cryptes occupées soit par du mica, soit par du quartz.

Les hornfels sont traversés par des filons d'une roche aplitique qui présente la compostition minéralogique du granit, mais est beaucoup plus acide (9 % de silice).

M. le prof. L. DUPARC a fait entreprendre à plusieurs de ses élèves une série de recherches sur l'*action des solutions des sels alcalins et alcalino-terreux sur les carbonates, phosphates, sulfates et chlorures insolubles*. Il communique dans une note préliminaire les premiers résultats obtenus avec M. Goguélia, en faisant agir les chlorures alcalins en solution, sur les carbonates insolubles de la formule RCO_3.

Les solutions employées varient de $^1/_2$ % à la saturation leur action a été étudiée au triple point de vue de la concentration, du temps et de la température.

A froid, soit à la température ordinaire, les carbonates en question sont très peu attaqués par des solutions à 10 %, 20 % et saturés de NaCl et KCl, ils le sont d'une façon notable par les solutions de NH_4Cl de concentration correspondante.

A chaud, il en est tout différemment et la solubilité de $BaCO_3$ $SrCO_3$ $CaCO_3$ etc. par double décomposition suivie d'un équilibre chimique devient relativement considérable. Cette solubilité varie d'un carbonate à l'autre, mais reste constante pour un même carbonate, lorsqu'on fait agir la solution pendant des temps égaux.

Le facteur temps paraît agir lui-même très différemment selon qu'il s'agit de NaCl ou KCl; avec le premier état l'équilibre paraît être atteint beaucoup plus rapidement qu'avec le second. Nous donnerons ici à titre d'exemple, quelques résultats obtenus pour $BaCO_3$ avec des solutions de KCl et NaCl.

Solution 10 % NaCl	= 0,305 $BaCO_3$	solubilité en	7 h.
» »	= 0,331 »	»	22 h.
Solution NaCl poids moléculaire	= 0,244 $BaCO_3$	solubilité en	7 h.
„ NaCl 20 o/o	= 0,344 »	»	7 h.
» NaCl saturée	= 0,352 »		7 h.

Solution 20 % KCl	= 0,531	»		7 h.
» saturée	= 0,26	»		7 h.
» poids moléc.	= 0,35	»		7 h.
»	= 0,440	»		22 h.
» 10 % de KCl	= 0,42	»		7 h.
»	= 0,449	»		22 h.
	= 0,56	»		44 h.
» »	= 0,64	»	»	88 h.

Lorsqu'on fait réagir des solutions de NH_4Cl sur $BaCO_3$, celui-ci se dissout rapidement, avec dégagement de NH_3, puis de carbonate d'ammoniaque qui cristallise dans le réfrigérant et au bout d'un certain temps la solution ne renferme plus que du chlorure de Baryum. Les carbonates de calcium et strontium semblent se comporter de même, mais les temps nécessaires pour effectuer la réaction à concentration égale sont différents [1].

Cette note n'est qu'une communication préliminaire, les expériences se continuent et les résultats seront publiés ultérieurement.

M. Kr. BIRKELAND, membre honoraire de la Société, expose ses vues sur la *théorie de l'aurore boréale*. Ce travail paraîtra plus tard *in extenso* dans les *Archives*.

Séance du 16 avril.

A. Pictet. Dédoublement de la nicotine inactive.

M. le professeur Amé PICTET rend compte de recherches qu'il a faites en collaboration avec M. le Dʳ Arnold ROTSCHY sur *la nicotine inactive et son dédoublement*. Lorsqu'on

---

[1] L'action du facteur temps est très remarquable; ainsi, avec une solution 10 % de KCl, à l'instant même où commence l'ébullition il s'est déjà solubilisé 0,343 de $BaCO_3$, tandis qu'après 88 heures, où l'état d'équilibre n'est pas encore atteint, il s'est solubilisé 0,64 de $BaCO_3$ seulement. Cette rapidité de la solubilisation à l'origine est remarquable.

chauffe, en vase clos, à une température voisine de 200°,
la solution aqueuse d'un sel de nicotine (de préférence le
sulfate), le pouvoir rotatoire de celle-ci diminue progressivement et finit, au bout de 40 heures environ de chauffe,
par devenir nul. La solution renferme alors la *nicotine
inactive* (combinaison ou mélange équimoléculaire des
deux modifications lévogyre et dextrogyre), que l'on peut
mettre en liberté par addition d'alcali. Les propriétés de
la nouvelle base sont absolument identiques à celles de la
nicotine naturelle, à l'exception, bien entendu, du pouvoir
rotatoire.

Pour en retirer les deux modifications optiquement actives, MM. Pictet et Rotschy se sont adressés à la méthode
déjà plusieurs fois utilisée avec succès pour le dédoublement d'alcaloïdes racémiques, c'est-à-dire à la combinaison de la base avec un acide actif, suivie de la cristallisation fractionnée du mélange des sels ainsi obtenus ; mais
ils ont rencontré, dans le cas particulier, une difficulté
spéciale dans le fait que la plupart des sels de nicotine
sont incristallisables. Toute une série d'acides actifs (qui-
nique, tétracétylquinique, camphorique, bromo-camphre-
sulfonique, etc) ne leur ont fourni que des sels sirupeux
et par conséquent inutilisables.

Seul l'acide tartrique a permis d'arriver à un résultat
positif. Lorsqu'on fait agir cet acide sur la nicotine inactive, dans la proportion de 2 mol. du premier pour une
de la seconde, il se forme un mélange de tartrates bien
cristallisés, de la formule $C_{10}H_{14}N_2$. $2 C_4H_6O_6$. $2 H_2O$. Par
cristallisation fractionnée de ce produit dans un mélange
d'alcool et d'éther, les auteurs ont pu isoler un sel moins
soluble, possédant le pouvoir rotatoire de $+ 21°,7$, et un
sel plus soluble, possédant celui de $+ 12°,9$. Décomposé
par un alcali, le premier sel a fourni une base lévogyre
($- 36°, 8$) et le second une base dextrogyre ($+ 10°, 25$).

Les trois modifications optiques de la nicotine, prévues
par la théorie, ont ainsi été préparées, et obtenues par
synthèse complète à partir des éléments.

Séance du 7 mai.

P. A. Guye. Fonctionnement ˈdes électrolyseurs à diaphragmes. —
L. Duparc et J. Barth. Dosage colorimétrique du fer dans le sang.

M. P.-A. Guye communique un travail sur la théorie du *fonctionnement des électrolyseurs à diaphragmes* et son application à l'électrolyse du chlorure de sodium ; il signale les résultats d'expériences industrielles qui viennent confirmer d'une façon très satisfaisante les conclusions pratiques qui se déduisent de cette théorie.

M. J. Barth présente les premiers résultats d'un travail entrepris sous la direction de M. le professeur Duparc, *sur le dosage colorimétrique du fer et les méthodes colorimétriques en général.*

Jusqu'à présent le travail a porté sur la critique de l'appareil de Jolles, employé à l'Hôpital de Genève, pour doser cliniquement le fer dans le sang. Cet appareil est basé sur ce principe : les concentrations de deux couches colorées sont en raison inverse des épaisseurs sous lesquelles on les observe. — Il est composé, en résumé, de deux petits tubes, dans lesquels on réfléchit de la lumière ; l'un est destiné à recevoir une solution dont l'épaisseur ne variera pas ; dans l'autre, au contraire, qui est muni d'un robinet, l'épaisseur de la couche peut diminuer à volonté.

De nombreuses expérience ont permis de constater que ce principe était faux et que avec la solution colorée de sulfocyanate de fer, par exemple, 1° la hauteur de la colonne variable était toujours moindre que ne l'indique le principe, 2° l'erreur augmente avec la différence de hauteur des deux couches.

Ainsi, quand, d'après le principe, on devrait trouver 12, nous trouvons 11,56 ; pour 9, on trouve 8,42 ; pour 6, on a 5,19 et enfin pour 3 on trouve 2,07.

Ces résultats se sont trouvés être d'accord avec ceux obtenus par M. Riban, lorsqu'il critiqua la méthode de M. Lapicque et le colorimètre de Duboscq.

Mais, tandis que M. Riban attribue ces erreurs à la dissociation, nous pensons arriver à démontrer qu'elles proviennent de l'absorption. En effet, en opérant avec une solution colorée de salicylate de fer, on obtient également des résultats différents de ceux que l'on devrait avoir en appliquant le principe de la proportionnalité ; mais l'erreur, cette fois, va en sens inverse de celle trouvée avec le sulfocyanate.

Pour cela, nous basant sur le fait que les erreurs étaient dues, sans doute, aux hauteurs différentes du liquide dans les deux tubes, nous avons fait construire un appareil basé sur ce principe : regarder les deux couches de liquide sous une même épaisseur et faire varier l'intensité de coloration en concentrant plus ou moins le liquide.

Une cuve en laiton noirci est divisée en deux parties par une cloison également en laiton noirci ; les deux extrémités sont fermées par des lamelles de verre, maintenues par des lames métalliques, qui sont elles-mêmes fixées par des tiges à vis ; dans les lames métalliques sont ménagées deux petites fenêtres ; le tout est enfermé dans une boîte noircie intérieurement et percée également de deux petites ouvertures.

On a donc ainsi deux cuves de 10 mm. de largeur et de 100 mm. de longueur : dans l'une on met la solution type ; dans l'autre la solution à analyser ; puis on ajoute de l'eau dans la solution type, jusqu'à ce que les colorations, vues à travers les deux cuves, soient identiques.

Séance du 4 juin.

Duparc et Pearce. Nouveau groupe d'amphiboles. — Tommasina. Cohéreurs autodécohérents.

En étudiant les roches éruptives de Kosswinsky, MM. DUPARC et PEARCE, ont rencontré dans une roche filonienne traversant la dunite et appelée par eux dunite filonienne, *une amphibole spéciale*, dont les caractères optiques, tout en la rattachant au groupe de la hornblende,

en faisait une individualité minéralogique distincte. En
effet cette amphibole très polychroïque, se distingue de la
hornblende véritable par la valeur particulière de ses
indices de réfraction, comme aussi par la valeur de la
biréfringence et de l'angle des axes optiques. De nombreuses expériences faites au réfractomètre de Wallerant
ont permis en effet de déterminer pour les indices les
valeurs suivantes, sur deux variétés récoltées dans deux
roches du même type mais dont l'une traversait en filon
la dunite, l'autre la kosswite.

Orientation de la Section	n_g	n_m	n_p	$n_g\,n_p$	$n_g\,n_m$	$n_m\,n_p$
Sn_p	1,6806	1,6701	1,6593 1,6590	0,0215	0,0105	0,0110
Sn_p	1,6856	1,6765	1,6628 1,6627	0,0228	0,0091	0,0137

Ces valeurs comme on peut le voir sont un peu supérieures à celle de la hornblende commune, et à ce point
de vue, par conséquent, communiquent à cette amphibole
une individualité particulière; d'autre part la valeur de
l'angle des axes optiques pour la lumière jaune mesurée
directement pour la première de ces amphiboles = 99°,
pour la seconde la valeur mesurée est de 82,5°. Le polychroïsme est le suivant :

ng = verdâtre foncé.
np = jaune-verdâtre très pâle.
nm = verdâtre.

Cette amphibole a été isolée au moyen de liqueurs
lourdes et soumises à un triage absolument parfait, en
sorte que le produit analysé, vérifié sous le microscope,
ne contenait aucune trace d'impureté. Cette roche appartient au type le plus basique connu des hornblendes com-

munes à 40 % environ de silice, toujours caractérisé par une faible présence d'alcali (de 1 à 2 %).

Les recherches que nous avons faites sur les analyses publiées à ce jour des différentes amphiboles nous ont montré que celle dont il s'agit se rapproche beaucoup par sa composition des variétés d'ouralisation. Nous avons proposé le nom de « Soretite » pour l'amphibole dont nous venons de donner l'étude optique et chimique, et nous démontrerons ultérieurement que les soretites forment non pas une espèce, mais un groupe, dans les hornblendes communes.

M. Th. Tommasina fait hommage à la Société d'un exemplaire de sa note parue dans les *Comptes rendus de l'Acad. des Sc. de Paris* de la séance du 1er mai 1899, et communique que par cette note est établie sa priorité pour la construction du premier type de cohéreur à goutte de mercure entre électrodes métalliques, et pour la constatation de la très grande sensibilité de ce cohéreur. Cette revendication de priorité est faite parce que M. Marconi vient de communiquer que c'est avec un cohéreur de ce type et à l'aide de la réception téléphonique qu'il a pu entendre le 11 décembre 1901 les premiers signaux à travers l'Atlantique. Ces signaux, comme l'on sait, étaient émis par la station de Poldhu, cap Lizard (Angleterre), et reçus à Terre-Neuve (Amérique), à l'hôpital de Signal Hill, distance 3500 kilomètres. M. Marconi avait attribué l'invention du cohéreur à mercure, dit de la marine royale italienne, au lieutenant de vaisseau Solari, récemment son collaborateur. A la suite de cette déclaration eut lieu une polémique pour revendication de priorité qui finit par établir que le cohéreur à mercure avait été inventé par un sous-officier sémaphoriste M. Castelli.

M. Tommasina lit quelques lignes des Comptes rendus de la Société t. XVII, p. 35, du 3 mai 1900, où il avait cité un autre type de ses cohéreurs auto-décohérents constitué par une goutte de mercure placée entre deux cylindres de charbon. Or dans le volume publié par le capitaine

Q. Bonomo, contenant la description des expériences et des appareils utilisés par la marine italienne du 1er septembre 1900 au 18 mai 1901, à la table XIV. la fig. 5 représente ce type de cohéreur avec l'indication, décohération nette, sensibilité grande, réglage très facile. En outre, dans le même volume, il est dit que le cohéreur à mercure n'a été proposé par M. Castelli qu'en janvier 1901.

M. Tommasina vient de recevoir une lettre du ministre de la marine d'Italie qui déclare que ses travaux étaient connus au ministère et que la priorité de l'invention de ces cohéreurs ne peut lui être contestée. M. Tommasina présente un de ses anciens cohéreurs à mercure, constitué par deux cylindres de fer oxydés à la flamme, mais dont les facettes entre lesquelles se trouve la goutte de mercure sont polies ; il fait observer que l'imperfection du calibrage intérieur des tubes en verre permet à des traces de mercure de se propager, et c'est une des raisons que lui avait fait préférer pour l'étude des orages lointains les cohéreurs à charbon, une autre raison plus importante est l'oxydation trop rapide du mercure qui diminue la sensibilité et la régularité du fonctionnement de ce récepteur, ce qui n'est pas le cas pour ceux à charbon.

M. Tommasina dit que pour la télégraphie sans fil à très grande distance, son système à réception téléphonique qu'il a étudié dès 1898[1], est aujourd'hui utilisé par M. Marconi même et par tous les radiotélégraphistes, à cause de la simplicité du dispositif, du réglage plus facile et de la grande sensibilité. Il sert pour établir la première communication, pour la rétablir immédiatement lorsque le système à relais ne marche plus, pour contrôler ce dernier système, et enfin pour le remplacer complètement lorsqu'on ne réussit pas à le régler.

Il est ainsi établi que par des expériences de laboratoire, conduites avec soin et exécutées avec la plus grande attention, l'on peut reconnaitre la sensibilité d'appareils

---

[1] *Comptes rendus de la Soc. de Phys. et d'Hist. nat. de Genève*, t. XVI, p. 8. Séance du 5 janvier 1899.

que la pratique a démontré pouvoir déceler des actions produites à 3500 km. de distance. M. Tommasina ajoute que le nouveau récepteur Marconi, le *détecteur magnétique* n'actionne point le relais et ne peut être utilisé qu'avec le système électro-radiophonique.

Séance du 2 juillet.

Carl. Organe embryonnaire chez un Collembole. Sur une ligne faunistique dans les Alpes suisses.

Dr J. CARL. *Sur un organe embryonnaire chez un Collembole.*

Les insectes Apterygotes, Tysanoures et Collemboles, sont ametabols : l'insecte qui vient d'éclore ne se distingue extérieurement de l'adulte que par sa taille et certaines proportions du corps. Tout l'état larvaire, très abrégé, se passe donc dans l'œuf. L'embryon est entouré dans ses derniers stades comme chez les Arachnoïdes et chez les Myriapodes d'une cuticule larvaire, sécrétée par l'épiderme et l'enveloppant comme un large manteau, n'adhérant pas au corps dans toute son étendue. L'embryon sort de l'œuf avec elle et ne la quitte que deux ou trois jours après l'éclosion, lorsque la première mue s'effectue. L'éclosion a été observée par Lemoine[1] chez l'*Anurophorus laricis* Nic. La rupture du chorion se fait ici par des mouvements extensifs de l'embryon accompagnés d'une contraction de la membrane amniotique; l'embryon ne possède pas un organe spécial pour fendre la coquille qui l'entoure. Comme le chorion se fend à une place correspondant à la région dorsale de l'embryon, celui-ci sort de l'œuf en reculant, l'abdomen en avant. Sommer[2] a décrit l'éclosion chez la *Podura plumbea* L. Il vit apparaître tout d'abord dans la fente de la coquille quatre aiguillons disposés en croix avec leurs pointes convergentes en dehors. L'auteur les

[1] M. Lemoine. Recherches sur le développement des Podurelles. *C. R. de l'Assoc. franç. pour l'avancement des sciences*, La Rochelle 1882.

[2] Alb. Sommer. Ueber Macrotoma plumbea. *Zeitschr. f. wiss. Zoologie*, Bd. 41, 1885.

regarde comme un appareil servant à casser les enveloppes de l'œuf, comme des « Eizähne » appartenant à la cuticule larvaire chitineuse de l'embryon. Malheureusement, il néglige de préciser leur forme sur l'animal.

Sous une forme bien différente, cet organe se présente chez une autre espèce de Collembole, l'*Entomobrya nivalis*. J'ai trouvé vers la fin de l'automne des œufs de cette forme qui contenaient des embryons au dernier stade, prêts à éclore. Ces embryons sont déjà pourvu de tous leurs appendices et sont enveloppés de la cuticule larvaire. Ils portent tous sur la ligne médiane de la tête, depuis la bouche jusqu'au vertex, une sorte de peigne chitineux, composé de 28 a 30 dents aiguës, qui se touchent à leur base. Le développement de cette annexe n'est pas en proportion avec la taille de ces embryons et peut être qualifié d'excessif. Il s'agit là d'un organe provisoire; aucun des nombreux adultes que j'ai eu sous les yeux ne le possédait. Il faut donc admettre qu'il disparaît comme celui de *Podura plumbea* avec la cuticule larvaire à la première mue après l'éclosion. L'embryon prêt à éclore doit s'en servir pour fendre le chorion de l'œuf en exerçant des mouvements verticaux avec la tête. Cette interprétation est appuyée par le fait que l'Entomobrya nivalis apparaît pendant la saison rigoureuse, ce qui nécessite pour les œufs une certaine protection, qui leur est offerte par une coquille épaisse et résistante. Il s'agit donc là d'une adaptation à des conditions d'existence toutes spéciales, ce qui explique le degré de développement de cet organe chez l'*Entomobrya nivalis* [1]. Il faut admettre que c'est ici, contrairement à ce qui a été observé chez l'*Anurophorus*, la tête de l'animal qui sort la première de l'œuf. Comme nous connaissons un certain nombre d'espèces de Collemboles qui vivent exclusivement ou de préférence sur la neige, il serait intéressant de pouvoir examiner les der-

---

[1] Tout récemment Peyerimhoff a décrit un organe analogue chez l'embryon de *Stenoposcus crucialus* L. *Annales Soc. entomol. de France*, 1901.

niers stades embryonnaires au point de vue de cet organe.
De même pour les formes qui apparaissent pendant toute
l'année une comparaison entre les embryons d'été et les
embryons d'hiver serait désirable.

L'organe que les auteurs allemands désignent sous le
nom de « Eizahn » et qu'on connaît depuis longtemps chez
les oiseaux et les reptiles semble être assez fréquent chez
les Arthropodes. Les cas suivants ont déjà été signalés :
Chez les Phalangides il se trouve entre les yeux et la base
des chélicères sous forme d'une épine impaire. Les araignées *Tegenaria domestica, Attus floricola,* et un *Xisticus*
montrent à la base des deux pédipalpes une plaque chitineuse portant une épine dont la pointe est dirigée en
dehors. Purcell a observé que c'est en effet à cette place
que se forme la première fente dans le chorion. Chez le
Geophilus, Metschnikoff a trouvé une dent sur la cuticule
larvaire là où celle-ci recouvre la maxille postérieure.
Partout il disparaît après l'éclosion avec la cuticule larvaire. Parmi les Insectes Pterygotes enfin, il est cité pour
les genres *Pentatoma, Osmylus, Phryganea Epitheca* et *Li-
bellula.* Nulle part cependant, à en juger d'après les descriptions et les figures des auteurs, il ne semble être si bien
développé et si compliqué que chez l'*Entomobrya nivalis.*

Dr J. CARL. *Sur une ligne faunistique dans les Alpes
suisses.*

Pour la solution des problèmes zoogéographiques certains groupes d'animaux se sont montrés plus importants
que d'autres. Ce sont surtout les animaux peu mobiles et
très dépendants des facteurs climatériques qui nous donneront de bons renseignements sur la faune primaire d'une
contrée. Un groupe qui peut réclamer cette importance
sont les Diplopodes. Leur répartition horizontale et verticale dans les Alpes suisses est assez bien connue grâce
aux travaux de Fæs, Rothenbühler, Verhœff et quelques
recherches que j'ai faites pendant les dernières années
dans les Grisons. Il en résulte que les Alpes des Grisons
ont une Faune de Diplopodes bien différente de celle qui

habite la plaine et le reste des Alpes suisses, ce qui m'a
conduit à tracer dans cette partie de nos Alpes une ligne
faunistique, séparant deux faunes de provenance différente. Voila les faits sur lesquels ma conception se base :

La Suisse possède onze espèces du genre *Polydesmus*.
La forme la plus connue et la plus répandue, *Polydesmus
complanatus* L., habite la France, l'Allemagne, le nord de
l'Europe, l'Autriche au nord du Danube, le Plateau et les
Alpes suisses, excepté l'Engadine. Encore commune dans
la vallée du Rhin supérieur, elle s'arrête nettement à
l'ouest de la chaine de montagnes Albula-Silvretta. En
Engadine elle est remplacée par une espèce voisine, le
P. illyricus Verh., laquelle n'est connue dans aucune
autre partie de la Suisse, mais représente l'espèce domi-
nante au sud de l'Autriche, autour de l'Adriatique et au
Tyrol, allant au nord jusqu'à la ligne du Danube, où elle
rencontre de nouveau le *P. complanatus*. C'est le seul
Polydesmus jusqu'à présent connu de l'Engadine. *Polydesmus helveticus* et *subinteger* ont encore été constatés
dans la vallée du Rhin aux environs de Coire; ils semblent avoir ici leur limite orientale. Le *P. denticulatus*
dont la répartition géographique en Suisse correspond à
celle du *P. complanatus* se trouve encore à Davos et Ber-
gün, mais s'arrête ici sans franchir la chaine de montagnes qui sépare ces stations de l'Engadine. Il est intéressant de le voir ensuite réapparaître au Tyrol, où il semble
même fréquent. Il contourne donc l'Engadine, comme
paraît aussi le faire un Gloméride, le *Glomeris ornata*.

Pour les Polydesmides, la chaine de montagnes qui
sépare l'Engadine du reste des Alpes suisses forme donc
une limite zoogéographique très nette : A l'ouest d'elle un
certain nombre d'espèces trouvent leur limite orientale, à
l'est, dans la vallée de l'Inn supérieure, on rencontre la
première espèce orientale du genre, le *Polydesmus illyricus*. L'Engadine même appartient donc déjà aux Alpes
orientales, dont elle n'a cependant reçu qu'une seule
forme.

La famille des *Chordeumides* est représentée dans le

reste des Alpes suisses par onze espèces, dont deux seulement, les plus répandues, se retrouvent dans les Grisons. Par contre nous voyons apparaître ici l'escouade des formes orientales avec dix espèces, qui en grande partie se retrouvent dans les Alpes tyroliennes. Dans cette famille, non seulement les espèces, mais même les genres se substituent lorsqu'on passe des Alpes centrales aux Alpes rhétiennes. Dans ces dernières apparaissent les genres : *Trimerophoron, Oxydactylon, Heperoporatia, Oretrechosoma, Rotenbühleria.* Contrairement aux Polydesmides, les Chordeumides orientales ne s'arrêtent pas dans l'Engadine, mais une partie a envahi tout le territoire du Rhin supérieur, les vallées de l'Albula, du Hinterrhein, de Davos, etc., tout en y étant moins fréquentes qu'en Engadine. Ce sont des avant-gardes qui ont franchi la ligne faunistique principale.

D'après leur faune de Polydesmides les vallées du Rhin supérieur et de ses affluents appartiendraient à l'ouest, d'après la faune des Chordeumides à l'est. Elles forment donc une zone de transition avec une faune hétérogène, où les postes les plus avancés des deux côtés se rencontrent. Le fait que la limite n'est pas aussi nette pour les Chordeumides que pour les Polydesmides, et l'invasion vers l'ouest des premières s'explique facilement par la distribution verticale des deux groupes. Les Polydesmides habitent surtout les vallées et les pentes des montagnes jusqu'à 1800 ou 2000 m., tandis que les Chordeumides sont des formes alpines par excellence allant jusqu'au-dessus de 3000 m. Pour elles la barrière topographique n'existait donc pour ainsi dire pas. Aussi les conditions climatériques deviennent-elles dans les Alpes toujours plus uniformes, au fur et à mesure qu'on monte du fond des vallées vers les cimes qui les entourent. Les différences de climat entre deux régions des Alpes sont beaucoup plus accentuées dans la zone des Polydesmides que dans celle des Chordeumides, ce qui favorise également les migrations de ces derniers en comparaison aux premiers. Les deux espèces orientales qui vont le plus loin vers l'ouest, jusque dans les Alpes du Tessin, *Trimero-phoron rhâticum* et *Orotrechosoma alticola* sont en effet celles qui habitent les plus grandes altitudes. En considérant le fait que les contrastes climatériques se manifestent dans les zones basses d'une manière beaucoup plus accentuée que dans les altitudes, nous comprendrons également pourquoi la Basse-Engadine et ses vallées latérales avec leur climat très sec et continental sont si pauvres en Polydesmides habitant leur zone inférieure, mais assez riches en Chordeumides, habitant les hautes régions.

La répartition de la famille des *Julides* enfin est semblable à celle des Chordeumides. Une partie des espèces orientales-méridionales s'est arrêtée déjà dans la vallée de Münster (*Julus Brœlemanni*); d'autres se trouvent encore en Engadine, mais non plus loin vers l'ouest (*Julus riparius*); une troisième catégorie enfin (*Julus nigrofuscus, alpivagus, tirolensis*) a pénétré dans le territoire du Rhin, où elle rencontre les derniers postes vers l'est des espèces des Alpes bernoises et valaisannes, tel que le *Tachypodoiulus albipes*, le *Julus zinalensis*. L'Engadine même ne possède donc, abstraction faite des ubiquistes de la chaîne alpine, que des formes de provenance orientale-méridionale ou des espèces indigènes.

En résumé, on peut distinguer pour les Diplopodes des Alpes suisses une ligne faunistique bien marquée, qui sépare une faune occidentale-septentrionale d'une faune orientale-méridionale. C'est la chaîne de montagnes qui longe la vallée de l'Inn au nord-ouest. Au-delà de cette ligne, entre l'Albula et le Tödi, nous avons une zone de transition comprenant les vallées du Rhin supérieur et de ses affluents, ou des éléments septentrionaux-occidentaux viennent se mêler aux immigrants les plus avancés provenant du nord de l'Italie et du sud de l'Autriche.

Je n'oserais pas tirer ces conclusions si hardiment, si elles n'étaient appuyées par ce qu'on sait sur la distribution d'autres groupes d'invertébrés dans la région en question. D'après les travaux d'Amstein sur les Mollusques des Grisons *Helix zonata* trouve dans la vallée de Bergell sa limide orientale; *Helix rhœtica* et *H. obvia* sont des espèces orientales qui ne se trouvent en Suisse que dans la Basse-Engadine. Enfin pour *Helix ichthyomma* la dernière station vers l'ouest est Churwalden au centre des Grisons. Parmi les Lépidoptères la *Lycœna amanda* et *meleager*, *Zygœna pilosella f. Pluto*, *Melita maturna*, toutes des espèces orientales, se trouvent encore en Engadine.

Les Orthoptères des Alpes orientales y sont représentés par *Bryodemma tuberculata*, forme nouvelle pour la faune de la Suisse. C'est un immigrant du Tyrol que j'ai rencontré dans la Basse-Engadine et qui n'est connu dans les Alpes d'aucune autre station plus à l'ouest.

Comme les faunes, les flores aussi se rencontrent sur le haut plateau rhétien. D'après Christ, plus de 30 plantes Phanérogames s'arrêtent vers l'est en Engadine, et des formes orientales apparaissent à leur place. Christ trace dans notre territoire deux limites floristiques, dont l'une se couvre avec notre ligne faunistique Albula-Silvretta. C'est sa limite méridionale qui tourne ici vers le nord-est. Avec elle se croiserait une limite nettement orientale, qui suit le Thalweg de l'Adige, coupe la vallée de l'Inn près de Zernetz, laissant la Haute-Engadine à l'ouest, et va rejoindre la vallée du Lech. Nos connaissances de la faune de la Haute-Engadine ne nous permettent pas de nous prononcer sur cette ligne secondaire. Tout porte à croire que sur territoire suisse elle ne soit pas respectée par les animaux. Vu le courant général de la faune du SE vers NO nous admettrons une seule limite principale à la fois orientale et méridionale suivant la direction sud-ouest nord-est.

Séance du 1ᵉʳ octobre.

R. de Saussure. Constitution géométrique de l'éther. — L. de la Rive. Sur l'éllipsoïde d'élasticité.

M. René de SAUSSURE présente les premiers résultats d'un travail ayant pour but la réduction des unités mécaniques à des grandeurs géométriques, réduction qui, si elle est possible, ramènerait les questions de mécanique à des questions de géométrie.

L'auteur prend comme unités fondamentales de la mécanique : le temps, la force et l'espace et considère la masse comme une simple unité dérivée, définie au moyen des trois unités fondamentales par l'équation $f = m \varphi$ qui exprime que la masse est le rapport de la force à l'accélération.

Ceci posé, l'auteur remarque que deux des unités fondamentales, savoir le temps et l'espace, ont un caractère purement géométrique : le temps est une grandeur à une dimension, l'espace une grandeur à trois dimensions ; on peut donc se demander si la force ne peut pas être considérée comme *une grandeur géométrique à deux dimensions*, c'est-à-dire si l'on ne peut pas représenter graphiquement la force par un plan F de même qu'on représente graphiquement le temps par une ligne droite T.

Lorsqu'on exprime les coordonnées d'un point de l'espace en fonction d'une variable t, par les équations :

$$x = \varphi (t) \qquad y = \chi (t) \qquad z = \psi (t)$$

ces équations représentent une ligne et cette ligne représente un *mouvement* du point x, y, z, si l'on donne à la variable t une signification physique en considérant cette variable comme le temps.

Ainsi la science du *mouvement pur*, ou *cinématique*, se réduit à l'étude de la combinaison du temps avec l'espace, c'est-à-dire à la combinaison de deux grandeurs géométriques dont l'une a une seule dimension tandis que l'autre en a trois ; les phénomènes de mouvement se manifestent sur des *lignes* précisément parce que la variable t n'a qu'une dimension, ou, si l'on veut, la *vitesse* qui sert de mesure aux mouvements est exprimée en mètres par seconde (et non pas en mètres carrés ou en mètres cubes par seconde).

De même si l'on exprime les coordonnées d'un point de l'espace en fonction de deux variables u et v par les équations :

$$x = \varphi (u, v) \qquad y = \chi (u, v) \qquad z = \psi (u, v)$$

ces équations représentent une surface S. Si l'on considère les variables indépendantes *u* et *v* comme deux coordonnées dans un plan F, à chaque point de la surface S correspondra un point du plan F et à chaque portion de la surface S correspondra une portion du plan F. Donnons au plan F, ou plutôt à la grandeur à deux dimensions représentée par ce plan une signification physique en considérant toute portion de ce plan comme représentant une *force*. Les trois équations précédentes représentent alors le phénomène que produirait une force distribuée sur une surface, phénomène essentiellement *statique*.

Ainsi en combinant le temps avec l'espace, on obtiendrait la cinématique et en combinant la force avec l'espace on obtiendrait la statique, mais une statique purement géométrique, puisque la force serait traitée comme une grandeur géométrique à deux dimensions que l'on pourrait représenter par un plan F.

Tandis que le temps se manifeste dans l'espace sous la forme de lignes on voit que la force ne peut se manifester dans l'espace que sur des surfaces, et il en résulte une *pression* qui sert à mesurer le phénomène. En effet, la pression est exprimée en kilogrammes par mètre carré (et non par mètre ou par mètre cube).

Enfin en combinant les trois grandeurs géométriques fondamentales on obtiendrait une *dynamique* purement géométrique[1].

M. L. DE LA RIVE. — *Sur l'ellipsoïde d'élasticité.*

Dans le cas où les forces élastiques principales ne sont pas toutes de même signe, la surface tangentielle est un hyperboloïde. La force élastique tangentielle s'obtient dans une section principale en menant une tangente à l'hyperbole dont les axes sont $\sqrt{a}$ et $\sqrt{c}$ et en projetant le rayon vecteur correspondant de l'ellipse dont les axes

---

[1] Pour les développements, voir « Hypothèse sur la constitution géométrique de l'éther ». *Arch. des Sc. phys. et nat.* Octobre 1903.

sont a et c. Le calcul de l'angle de la tangente et du rayon vecteur et de la longueur de celui-ci donne une expression simple en fonction de tg φ, φ étant l'angle avec l'axe des x, dont la dérivée égalée à 0 donne tg $\varphi = \dfrac{c}{a}$; il en résulte que la tangente est à 45° et que la projection est égale à $\dfrac{a+c}{2}$. Il est à noter que cette projection est plus grande que la force tangentielle obtenue par la direction de l'asymptote laquelle est égale à $\sqrt{\overline{ac}}$.

Séance du 5 novembre.

R. de Saussure. Constitution géométrique de l'éther. — E. Yung. La grande corne de l'escargot. — J.-L. Prevost et Samaja. Siège des convulsions toniques et cloniques.

M. René DE SAUSSURE ajoute quelques mots à sa précédente communication[1] et montre comment son hypothèse sur la nature de la force introduit de grandes simplifications dans l'expression des unités dérivées électriques ou magnétiques.

Le tableau suivant donne les dimensions de ces différentes unités lorsqu'on prend pour unités fondamentales : 1° le temps t, 2° la racine de force f, 3° la longueur l.

	Unités statiques	Unités dynamiques
1 **Quantité d'électricité** ..	$q = [f][l]$	$Q = [f][t]$
2 **Force électrique**	$p = [f]\left[\dfrac{1}{l}\right]$	$P = [f]\left[\dfrac{1}{t}\right]$
3 **Potentiel électrique ou force électromotrice** .	$e = [f]$	$E = [f]\left[\dfrac{l}{t}\right]$
4 **Capacité**	$c = [l]$	$C = [l]\left[\dfrac{t^2}{l^2}\right] = \left[\dfrac{t^2}{l}\right]$
5 **Intensité de courant et puissance d'un feuillet**	$I = [f]$	$i = [f]\left[\dfrac{l}{t}\right]$
6 **Quantité de magnétisme**	$Q_{M} = [f][l]$	$q_{M} = [f]\left[\dfrac{l^2}{t}\right]$

---

[1] Voir séance du 1er octobre.

7 Force magnétique.... $P_M = [f]\left[\dfrac{1}{l}\right] \quad p_M = [f][t]$

8 Potentiel magnétique . $E_m = [f] \qquad e_m = [f]\left[\dfrac{t}{l}\right]$

9 Moment magnétique .. $M^M = [f][l^2] \quad m_m = [f]\left[\dfrac{l^2}{t}\right]$

10 Intensité d'aimantation $I_M = [f]\left[\dfrac{1}{l}\right] \quad i_m = [f]\left[\dfrac{1}{t}\right]$

11 Coefficient d'induction. $C_1 = [l] \qquad c_1 = \left[\dfrac{t^2}{l}\right]$

On remarque : 1° que ce tableau ne contient aucun exposant fractionnaire, comme cela a lieu lorsque l'on prend pour unités fondamentales le temps, la masse et la longueur. 2° que tous les symboles ont une signification physique; ainsi par exemple le symbole l n'apparaît que sous la forme l (longueur) l^2 (surface) ou l^3 (volume), tandis que dans le système ordinaire le symbole l apparaît sous une puissance supérieure à 3 et ne peut plus être interprété physiquement. 3° que lorsque le temps t apparaît dans le système électrostatique, il n'apparaît pas dans le système électromagnétique et réciproquement, de sorte que les deux systèmes de mesures habituels peuvent être remplacés par un système statique (indépendant du temps) et un système dynamique (qui implique le temps).

M. Emile YUNG expose le résultat de ses recherches sur la *structure histologique de la grande corne de l'escargot (Helix pomatia)*. Il appelle particulièrement l'attention sur un groupe de grandes cellules de nature nerveuse, qui se trouve au voisinage du ganglion tentaculaire et dans lequel M. Yung voit un centre moteur capable d'actionner les fibres du muscle rétracteur. En effet, on ne connaît jusqu'à présent que des nerfs sensoriels qui, partant du ganglion sus-œsophagien, se rendent aux tentacules, mais aucun nerf moteur.

M. PREVOST rend compte d'expériences faites dans son laboratoire par M. SAMAJA, pour étudier le siège des convulsions toniques et cloniques provoquées chez différentes espèces animales en appliquant pendant une seconde de la bouche à la nuque un courant alternatif variant de 11 à 110 volts. Ce procédé a été indiqué et employé par M. Battelli, pour provoquer chez le chien une crise convulsive épileptiforme caractérisée par une phase tonique suivie d'une phase clonique. (Soc. de Biologie, 4 juillet 1903.)

Voici les conclusions de M. Samaja :

1. La zone *corticale motrice* est le centre exclusif des convulsions cloniques chez le chien et le chat adultes. Le reste de l'axe cérébro-spinal ne peut donner chez eux que des convulsions toniques. Chez les mammifères moins élevés dans la série (*lapin, cobaye*) de même que chez le *chien* et le *chat* nouveau-nés et chez la *grenouille verte*, l'écorce motrice n'est pas le siège d'un centre convulsif.

2° Le bulbe ou l'isthme de l'encéphale chez le *cobaye* et le *lapin* sont le siège des convulsions cloniques. Chez le *cobaye* et la *grenouille verte*, le bulbe isolé de l'isthme de l'encéphale est encore le siège d'un centre convulsif clonique.

3° La moelle dans toute son étendue, chez tous les mammifères, est le siège d'un centre exclusivement tonique, elle ne provoque jamais de convulsions cloniques. Chez la grenouille verte, la moelle provoque au contraire, comme le bulbe, des convulsions cloniques.

Nous voyons donc que le centre convulsif clonique remonte progressivement dans l'échelle animale depuis la moelle jusqu'à l'écorce cérébrale : Bulbo-médullaire chez la grenouille verte, bulbaire ou basilaire chez le cobaye et le lapin, il devient cortical chez le chien et le chat adultes.

Chez l'homme, le siège des convulsions cloniques parait être situé à un niveau supérieur à la moelle, puisque l'on sait que chez les décapités le tronc ne présente aucun signe de convulsions. Nous pouvons donc admettre que chez l'homme le siège des convulsions toniques est basilaire, celui des convulsions cloniques cortical.

Séance du 19 novembre.

C.-E. Guye et A. Fornaro. Variation résiduelle du deuxième module
d'élasticité de l'invar. — C. Sarasin. La klippe des Annes. —
A. Jaquerod et E. Wassmer. Points d'ébullition de la naphtaline,
du biphényle et de la benzophénone. — T. Tommasina. Scintillation du sulfure de zinc en présence du radium.

MM. Ch.-Eug. GUYE et A. FORNARO. *Détermination de la
variation résiduelle du deuxième module d'élasticité d'un fil
d'invar, soumis à des changements de température.*

Les applications importantes auxquelles les aciers nickel
ont donné lieu, nous ont engagé à commencer l'étude
expérimentale de la variation résiduelle du module d'élasticité de ces alliages sous l'influence des changements de
température. Il nous a paru intéressant de rechercher si
les variations du deuxième module suivent une loi analogue
aux variations résiduelles de dilatation mentionnées par
M. Ch.-Ed. Guillaume (Rapports du Congrès international
de Physique).

Comme ces variations résiduelles sont toujours petites,
nous avons employé une méthode très sensible, basée sur
l'observation des coïncidences de deux fils identiques,
oscillant sous l'action de la torsion ; et nous avons recherché avant tout dans le dispositif expérimental à éliminer
les causes pertubatrices qui auraient pu masquer l'effet à
mesurer.

Soient deux systèmes dont les durées d'oscillation simples sont respectivement τ et τ' à une température initiale
donnée ; et soit n le nombre des oscillations simples de
l'un des systèmes, entre deux coïncidences successives [1]
nous aurons :

$$n\tau = (n + 2)\tau' \qquad (1)$$

Portons l'un des fils pendant un certain nombre d'heu-

---

[1] Nous avons adopté pour la définition des coïncidences, celle
donnée par M. Bichat. *Journ. de Phys.*, t. III, p. 369.

res à une température plus élevée et après l'avoir ramené à la température initiale, observons à nouveau les coïncidences avec l'autre fil (dit fil de comparaison); la température de ce dernier fil ayant été soigneusement maintenue constante pendant toute la durée de l'expérience.

Si le module du premier fil a été altéré par le recuit, cette seconde expérience fournira une deuxième relation :

$$n_1 \tau = (n_1 + 2)\tau'' \qquad (2)$$

d'où :

$$\frac{\tau'}{\tau''} = \frac{n(n_1 + 2)}{n_1(n + 2)} \qquad (3)$$

Cette relation montre que la sensibilité [1] peut être très grande, à la condition que la durée d'oscillation du fil de comparaison soit restée rigoureusement la même.

Cette sensibilité est en réalité limitée par le fait que la moindre variation de la durée d'oscillation τ du fil de comparaison peut introduire une erreur du même ordre que la variation résiduelle qu'il s'agit de mesurer.

C'est pour diminuer autant que possible cette erreur que les deux fils ont été choisis identiques ; ils ont été coupés à la suite l'un de l'autre dans la même bobine ; en outre ils étaient disposés symétriquement chacun à l'intérieur d'un manchon à double enveloppe ; les deux manchons pouvant être parcourus par le même courant d'eau. Dans ces conditions, les causes extérieures et particulièrement une petite différence de la température du courant d'eau dans les deux expériences, n'entraîne qu'une erreur négligeable sur la variation résiduelle relative du module exprimée par la relation :

$$d = \frac{G'' - G'}{G'} = \left(\frac{\tau'}{\tau''}\right)^2 - 1 \qquad (4)$$

Substituons, en effet, à la relation (1), par exemple, l'expression :

$$n'(\tau + \varepsilon) = (n' + 2)(\tau' + \varepsilon) \qquad [1']$$

ε étant la variation très petite de la durée d'oscillation (la

même pour les deux fils) dues aux causes perturbatrices extérieures agissant symétriquement sur les deux fils, on a, tout calcul
fait, pour le rapport $\dfrac{[1']}{(2)}$

$$\left[\frac{\tau'}{\tau''}\right]_1 = \frac{\tau}{\tau''} - \frac{2\varepsilon}{n_1\tau}\frac{(n_1+2)}{(n'+2)} \qquad [3]_1$$

Le premier terme étant très voisin de l'unité, le second très
petit et se réduisant approximativement à

$$\frac{2\varepsilon}{(n'+2)\tau}$$

comme nous le verrons plus loin.

Si l'on substitue dans (4) la valeur $[3]_1$, on obtient, en négli-
geant des termes très petits :

$$d_1 = d - \left(\frac{\tau'}{\tau''}\right)\frac{4\varepsilon}{(n'+2)\tau}$$

Dans nos mesures n' et n étaient environ 500. D'autre part,
ε était égal à 0,0003 τ pour une différence de température de 1°
entre les deux expériences. La plus grande différence constatée
étant de 0°,2, l'erreur absolue sur d résultant de ce fait était
approximativement :

$$\frac{0,00024}{500} = 0,0000048.$$

Or la plus petite valeur de d était 0,000554.

Le fil de comparaison a été tenu à la même température
pendant toute la durée des expériences au moyen d'un
courant d'eau. La plus grande variation accidentelle constatée a été de 0°.5. D'autre part, grâce à un thermostat
soigneusement étudié, la température n'a jamais varié de
plus de 0°.2 pendant toutes les mesures de coïncidences.

Nous avons effectué avec ce dispositif une première
série d'expériences qui nous a permis de nous rendre

---

[1] Dans nos expériences la valeur de n était environ 500; si l'on
fait $n_1 = 502$, ont voit qu'une différence d'une oscillation double
n'entraîne qu'une variation très petite du rapport $\dfrac{\tau}{\tau''}$ lequel devient
0.999984.

compte de la sensibilité de la méthode. Nous reviendrons ultérieurement sur les résultats numériques obtenus.

M. Ch. SARASIN rend compte d'une étude détaillée qu'il a entreprise pendant l'été 1903 de la *Klippe des Annes*.

Il montre que celle-ci, formée essentiellement de Trias et de Lias, paraît reposer sur toute sa périphérie sur les schistes beaucoup plus récents du Flysch du synclinal du Reposoir. De plus, contrairement à la manière de voir de Maillard, les formations secondaires de la Klippe se superposent en série normale sur leur soubassement tertiaire sans interposition d'aucune série renversée.

Le massif des Annes se divise en deux éléments tectoniques distincts séparés l'un de l'autre par une ligne de chevauchement; ce sont le massif de Lachat qui forme au-dessus du Flysch une nappe peu ondulée mais présentant pourtant un double plongement, et le massif d'Almet qui chevauche sur le précédent. La chaîne d'Almet est formée par un vaste synclinal de Lias, dirigé à peu près de l'E à l'W et déjeté vers le N, dont le flanc normal est fortement laminé et chevauche sur un soubassement de Flysch avec écailles de Crétacique supérieur. Vers le S ce synclinal se relie à un anticlinal écrasé et tordu de Trias et de Rhétien qui est repoussé sur le Lias de Lachat.

Les écailles de Crétacique supérieur qui s'intercalent soit dans le Flysch sous-jacent à la Klippe, soit dans la Klippe elle-même, ont été considérées comme appartenant exclusivement au type préalpin et comme devant avoir une origine lointaine. En réalité elles présentent une transition très intéressante du type préalpin ou type haut-alpin et peuvent fort bien être à peu près en place.

La chaîne des Vergys, qui borde au N le synclinal du Reposoir et la Klippe des Annes, est traversée dans le voisinage de celle-ci par tout un réseau de fractures, dont plusieurs sont évidemment dues à une poussée exercée par la Klippe sur la chaîne voisine et dont une se poursuit jusque dans le soubassement de Flysch de la pointe de Lachat. Comme des dislocations analogues ne se retrouvent plus ni au NE, ni au SW, il faut admettre que la

Klippe des Annes avait au moment de la surrection de la
chaine des Vergys une extension voisine de son extension
actuelle; elle ne pourrait donc pas être un lambeau de la
nappe préalpine admise par divers auteurs.

M. Sarasin conclut qu'il n'y a dans la tectonique de la .
Klippe des Annes aucun argument absolu en faveur de la
théorie du lambeau de recouvrement préalpin. Si cette
hypothèse reste possible, il est peut-être aussi justifié,
sinon plus, d'admettre un pli préexistant aux plissements
miocènes et orienté obliquement par rapport aux plis alpins, qui aurait été écrasé lors de la surrection de ces
derniers.

L'étude de l'auteur sera du reste exposée en détail dans
le numéro de décembre 1903 des *Archives des Sciences physiques et naturelles de Genève*.

M. A. JAQUEROD présente les résultats d'un travail
effectué en collaboration avec M. WASSMER, sur les points
d'ébullition de la *naphtaline*, du *biphényle* et de la *benzophénone*, sous diverses pressions. Ces déterminations ont
été faites au moyen d'un thermomètre à hydrogène, à volume constant et couvrent tout l'intervalle de température
compris entre 190° et 310°.

Le thermomètre employé était tout à fait semblable à
celui décrit par Travers et Jaquerod [1], moins la jaquette à
circulation d'eau froide entourant le manomètre, la température de la salle où se faisaient les mesures étant très
constante.

Le coefficient de la dilatation de l'ampoule (d'un volume
de 66 cc. environ) a été déterminé entre 0-100 et entre
0-216 au moyen d'un thermomètre à poids construit avec
le même verre; la valeur de ce coefficient entre 0-300 a
été calculée par extrapolation.

Le thermomètre a été rempli d'hydrogène pur et sec,
préparé au moyen du palladium (α à volume constant =
0.00366254), à quatre pressions initiales différentes, afin

---

[1] *Trans. Roy. Soc. London*. A. 200, p. 111, 1902.

de varier autant que possible les conditions d'expérience ; la lecture des pressions se faisait au $\frac{1}{100}$ de millimètre. Le point O était déterminé après chaque série de points d'ébullition, en entourant l'ampoule thermométrique d'un vase de verre pouvant contenir 4 kil. de glace fondante. Les chiffres obtenus dans les différentes séries sont très concordants.

L'appareil à ébullition se composait d'une jaquette entourant l'ampoule du thermomètre construite entièrement en verre soudé, de façon à éliminer l'emploi du bouchon de caoutchouc nécessaire dans l'appareil de Ramsay et · Young. Son extrémité supérieure, munie d'un réfrigérant à eau chaude (les corps employés fondant entre 47°-80°) était reliée à un manomètre donnant la tension des vapeurs du liquide bouillant au $\frac{1}{10}$ de millimètre, et à une trompe à eau permettant de faire varier à volonté la pression.

Les mesures ont été effectuées pour chacun des trois corps étudiés, sur deux ou trois échantillons différents, purifiés soigneusement par distillation et cristallisation dans l'alcool.

Voici quelques chiffres qui donneront un idée de la précision obtenue dans ces mesures ; ils se rapportent à différents échantillons et à diverses pressions initiales dans le thermomètre à hydrogène; dans la dernière colonne figurent les températures calculées d'après la moyenne des déterminations.

Naphtaline.

Pression	Température trouvée	Température calculée
696.1	213.86	213.89
730.7	216.00	215.99
811.7	220.63	220.57

Benzophénone.

412.7	277.68	277.70
727.2	303.29	303.32
806.4	308.26	308.32

Biphényle.

| 706.5 | 251.61 | 251.62 |
| 758.1 | 254.84 | 254.81 |

On voit que les différences ne dépassent pas en général 0°.02 à 0°.03

Les résultats définitifs peuvent se résumer dans le tableau suivant :

Pression mm. de mercure	Naphtaline	Températures Biphényle	Benzophénone
800	249.94	257.37	307.92
760	247.68	254.93	305.44
700	214.13	251.21	301.50
600	207.52	244.43	294.26
500	199.95	236.6	286.1
400	191.05	227.4	276.4
300	—	216.65	264.35

Crafts[1] a donné comme points d'ébullition de la naphtaline et de la benzophénone, sous 760 mm. 218°.06 et 306°.08; les différences avec les chiffres ci-dessus sont donc 0°.38 et 0°.64 respectivement. Mais comme Crafts lui-même ne garantit pas ses mesures à plus de 0°.5 et comme d'autre part il ne mentionne pas le coefficient de dilatation de l'hydrogène employé dans les calculs, ces différences n'ont rien de surprenant.

M. Th. TOMMASINA communique une note *sur la scintillation du sulfure de zinc phosphorescent, en présence du radium, revivifiée par les décharges électriques.* M. Henri Becquerel, dans la conclusion de sa note parue dans le « C. R. de l'Acad. des Sc. de Paris », du 27 octobre : *Sur la phosphorescence scintillante que présentent certaines substances sous l'action des rayons du radium,* disait : *Ces faits établissent sinon une démonstration, du moins une grande présomption en faveur de l'hypothèse qui attribuerait la scintillation à des clivages provoqués irrégulièrement sur l'écran cristallin par l'action plus ou moins prolongée des rayons* α. Comme les résultats de ses expériences confirment cette hypothèse, M. Tommasina croit utile de signaler quelques faits nouveaux qui semblent élucider davantage ce qui

---

[1] *Bulletin Soc. chim.* (2), 39, p. 282.

doit se passer dans ce curieux et très intéressant phénomène découvert par Sir William Crookes.

M. le prof. Rutherford, de passage à Genève au mois de juin dernier, eut l'amabilité de préparer sous nos yeux, dit M. Tommasina, la *spinthariscope* de Crookes et de me donner ensuite les deux petits écrans au sulfure de zinc phosphorescent. M. Rutherford appelait ce phénomène la *scintillation du zinc*; avant son départ, je lui ai annoncé que j'avais obtenu la même scintillation, bien que moins brillante, sur un écran au platino-cyanure de baryum, et que l'on pouvait revivifier par les décharges électriques la scintillation des écrans qui avaient été placés entre deux lames minces en verre.

Après quelques jours d'observation, les écrans, enveloppés dans le même papier, l'un collé sur verre du côté actif et l'autre nu, mais retourné contre le verre du premier, ont été renfermés dans une armoire obscure. Tout récemment on les a replacés sous le microscope et l'on a constaté que :

1° L'éclat de la phosphorescence était presque identique sur les deux écrans et semblait n'avoir point diminué.

2° L'écran collé contre verre ne présentait plus aucune scintillation et sa phosphorescence semblait distribuée également sur toute la surface.

3° L'écran nu présentait plusieurs points noirs et un seul brillant, mais sans scintillation.

L'on a entrepris la revivification par les décharges, simplement au moyen d'un bâton de résine et d'un bâton de verre, frottés, et l'on a reconnu que :

1° La revivification avait lieu, soit par les décharges positives, soit par les négatives ; des décharges successives alternativement de signe contraire semblaient l'accélérer davantage.

2° L'écran nu avait encore les points noirs, mais avait acquis une scintillation beaucoup plus intense que l'autre écran, comparable à celle qu'il possédait au commencement lorsqu'on avait écrasé sur le sulfure phosphorescent de minuscules fragments de chlorure de barium et de radium. Ces faits peuvent être attribués : soit à l'action purement mécanique due aux attractions et répulsions des corps électrisés qu'on présente, lesquelles, en agissant sur les fragments plus mobiles des sulfures, les dérangent et mettent à jour de nouvelles facettes encore intactes ; soit à l'électrisation que les cristaux reçoivent et aux petites décharges qui en résultent et produisent le renouvellement partiel et irrégulier des clivages.

En effet, il a été facile de reconnaitre, en fixant leur position dans le champ de la loupe et à la lumière du jour, que les points noirs correspondaient à des cavités ou interruptions plus ou moins profondes de la couche cristalline. En outre, des observations successivement alternées à la lumière et dans l'obscurité ont permis d'établir que la mise au point exacte pour voir toute la scintillation se trouve être celle qui permet la vision nette des arêtes plus proéminentes des cristaux de la couche supérieure.

Cette dernière constatation et la précédente de la nature des points noirs ou obscurs montre que dans l'intérieur de la couche, entre les cristaux, il n'y a point de scintillation ; l'action est donc limitée à la surface et semble indiquer l'origine électrostatique du phénomène lumineux, lequel consisterait en une production irrégulière de petites décharges là où se produisent les modifications des clivages.

Cette explication donnerait la raison des intermittences qui caractérisent la scintillation, intermittences trop lentes pour être de l'ordre de grandeur des actions électroniques directes, si l'on compare les dimensions de ce qu'on voit, avec celles extrêmement petites, que le calcul attribue aux électrons. *Il faudra donc admettre que chaque petit cristal ne devient suffisamment électrisé, pour produire une décharge disruptive et modifier sa forme, qu'après avoir reçu un nombre très grand de chocs par les particules constituantes des rayons α. Probablement ces particules, rebondissant après le choc, constituent la substance même qui rend lumineuses les petites décharges dans la scintillation du spinthariscope.*

Séance du 3 décembre.

Arnold Pictet. Variations chez les papillons.

M. Arnold PICTET présente quelques notes complémentaires sur les *variations des papillons provenant de l'humidité.*

Au 86me Congrès de la Société Helvétique des Sciences naturelles, à Locarno, M. Pictet a montré quelles peuvent être, dans certains cas, les variations des papillons sous l'influence de l'humidité (*Archives des Sciences physiques et naturelles*, 15 nov. 1903, p. 585). 1° Lorsque des chenilles de *Vanessa Urticæ* et *Polychloros* mangent, pendant une dizaine de jours, des feuilles constamment humides, les papillons qui en proviennent ont les ailes parsemées de dessins noirs, très marqués, qui ne se rencontrent pas chez les normaux. 2° Les chrysalides de *Vanessa Urticæ* qui sont mises, pendant huit jours, dans une atmosphère saturée d'humidité, donnent naissance à des papillons dont les nervures sont fortement marquées en noir, et dont la bordure, complètement noire également, a envahi d'une façon sensible les taches bleues ; celles-ci sont donc très petites, mais d'une intensité extraordinaire. 3° Les chenilles qui sont dans la période de mue transitoire entre l'état larvaire et la nymphose et qui ont subi, sous cette forme, les effets de l'humidité, donnent, au contraire, des papillons clairs, ayant une large bande jaune traversant l'aile supérieure et se continuant, à l'aile inférieure, sous forme d'un triangle plus ou moins allongé. Il résulterait donc, de ces deux premières expériences, que l'humidité, ainsi que cela a été observé chez d'autres espèces du règne animal, serait un facteur de mélanisme partiel.

Ces expériences ont été faites avec des chenilles de la plaine. Depuis, M. Pictet les a répétées, dans les mêmes conditions, avec des chenilles de la montagne, prises dans le Valais, à 1600 m. d'altitude ; les résultats obtenus ont été sensiblement les mêmes, mais beaucoup moins mar-

qués. Pourquoi donc cette différence entre les individus
de la plaine et ceux de la montagne? Pourquoi l'humidité
influence-t-elle les uns et non pas les autres? Pour élucider cette question, il faut se rendre compte de ce qu'est
l'humidité telle que M. Pictet l'a donnée, dans ses expériences, et l'on verra que, *sous cette forme*, elle est beaucoup plus fréquente dans les montagnes que dans la
plaine; une période pluvieuse, de huit à dix jours consécutifs, est, dans la plaine, chose relativement rare, tandis
que, à une certaine altitude, un cas semblable est plus
fréquent, lorsque des brouillards couvrent toutes les feuilles d'une infinité de gouttelettes d'eau que les chenilles
absorbent en se nourrissant; ces brouillards déposent
aussi sur les chrysalides et les chenilles en suspension
une humidité plus ou moins constante. M. Pictet en conclut donc que les chenilles des montagnes, habituées,
depuis de longues générations, à l'humidité, ne sont plus
influencées par elle, tandis que tel n'est pas le cas pour
celles de la plaine.

L'auteur a observé des exemples semblables au cours
de ses nombreuses expériences sur les changements d'alimentation. Des chenilles d'*Ocneria Dispar* élevées avec du
noyer, au lieu de chêne, donnèrent, à la première et à la
seconde génération, des aberrations albinisantes très curieuses, qui étaient encore plus marquées à la troisième
génération. Mais, déjà à cette troisième génération, parmi
les éclosions, quelques exemplaires étaient retournés
au type primitif, montrant ainsi qu'ils s'étaient accou-
tumés au changement de nourriture et que celle-ci avait
cessé de les influencer. Cette accoutumance aux milieux
ambiants peut servir à expliquer une foule de cas naturels, dont on ne connait pas encore la cause. Ainsi
les chrysalides, accoutumées aux basses températures
des montagnes, donnent très facilement des variétés méridionales, dès qu'elles ont reçu, des rayons du soleil,
et de par le fait de leur exposition spéciale, une chaleur
suffisante; c'est la grande différence qui existe entre la
température ambiante et la chaleur momentanée qui en

est la cause. C'est ainsi que M. Pictet a parfois trouvé, dans le Valais, les variétés *Graeca, Occidentalis* et *Méridionalis*, de *Melitaea Didyma*, et qu'il ne les a jamais rencontrées dans la plaine. Ces variétés sont donc constantes dans leur pays d'origine et accidentelles dans les Alpes.

Au contraire, il y a des espèces chez lesquelles les changements d'alimentation ne produisent des effets qu'au bout de deux générations (*Abraxas Grossulariata*, nourries avec de l'*Evonymus*).

Pour terminer, M. Pictet montre des papillons d'*Hybernia Defoliaria* qui, sous l'effet de l'humidité, sont devenus complétement bruns, sans dessins. Il a du reste souvent remarqué, qu'après des périodes pluvieuses d'une certaine importance, on rencontrait, dans la nature, un grand nombre de variétés mélanisantes, surtout parmi les noctuelles.

Séance du 17 décembre.

J. Briquet. Du genre Hyperaspis. Pétioles pourvus de coussinets de désarticulation chez les Labiées. — C.-E. Guye. Observations sur la lampe à arc au mercure.

M. Briquet fait une communication sur *l'organisation florale du genre Hyperaspis, nouveau type générique de Labiées*, découvert au pays des Somalis par l'expédition Ruspoli-Keller[1].

L'*Hyperaspis Kelleri* est un arbrisseau à rameaux âgés pourvus d'une écorce grise et lisse, à jeunes rameaux et à feuilles couverts d'un fin tomentum de poils étoilés. Les fleurs sont disposées en verticillastres 6-flores, groupés en spicastres terminaux. Les bractées sont ovées, atténuées à la base en un court pétiole, à poils étoilés moins denses, de couleur rose; elles sont plus courtes que les fleurs adultes et d'ailleurs plus ou moins caduques. Les pédicelles érigés sont recourbés au sommet, de sorte que la fleur est dirigée vers le bas. Les parties dorsales tournées

[1] Voy. Briquet in *Bull. Herb. Boiss*, 2ª sé. vol. III, p. 975 et 976. ann. 1903.

vers l'axe deviennent ainsi en apparence ventrales (orientées vers l'extérieur), ce qui donne à l'inflorescence une
apparence assez bizarre, réalisée fréquemment d'ailleurs
dans les Ocimoïdées. — Vu de l'extérieur, on n'aperçoit
du calice qu'une pièce arrondie, en forme de bouclier,
mesurant lors de son entier développement environ $5 \times$
5 mm. de surface. Ce bouclier, couvert d'un épais tomentum, est en général $\pm$ replié vers l'extérieur, donc à surface un peu concave. A la face interne de ce bouclier est
fixé un petit sac, entièrement enveloppé aussi dans un
épais manteau de tomentum. Ce petit sac est globuleux,
un peu plus long que large, et inséré excentriquement au
sommet recourbé du pédicelle. La cicatrice d'insertion,
au lieu d'être placée à la base même du sac, est en effet
située un peu latéralement, ce qui rend le sac légèrement
gibbeux à la base. Le sac est toujours clos. Il est divisé à
son sommet en 4 dents, très courtes et presque égales,
dont les latérales sont ovées et brusquement mucronées,
tandis que les médianes sont plus étroites et plus rapprochées. Ces dents sont conniventes à tomentum enche-
vêtré. — A l'intérieur du sac calicinal, se trouve la corolle
en forme de ballon ellipsoïdal. Elle comporte 5 lobes ovés
dont les deux supérieurs connés plus hautement, tous
repliés les uns sur les autres et couverts extérieurement
de poils rameux. — Les étamines au nombre de 4 sont
insérées sous les sinus séparateurs des lobes corollins. Au
début, elles présentent deux sacs anthériens assez distincts, mais plus tard les deux sacs confluent au sommet
de façon à former une anthère réniforme à ligne de déhiscence unique. Cette anthère est portée par un très court
filet nu, presque triangulaire en section longitudinale. —
Le style est aminci et pointu à sa base et à son sommet, un
peu renflé entre les deux extrémités. Il ne comporte ni
branches stigmatifères, ni différenciations d'aucune sorte.
Normalement gynobasique, il domine 4 loges ovariennes
qui ne présentent d'ailleurs rien de spécial. L'ovaire est
placé sur un petit torus en forme de socle, à renflements
alternes avec les nucules, le postérieur un peu plus développé que les autres.

Au point de vue morphologique, le nouveau genre *Hyperaspis* présente le plus grand intérêt. La pièce impaire postérieure du calice développée en bouclier établit une transition remarquable entre le labre décurrent des *Ocimum* et le développement en tunique de cette pièce dans le genre *Erythrochlamys*. D'autre part, toutes les fleurs que nous avons analysées, à divers degrés de développement, nous ont montré des organes sexuels complètement enfermés dans une double enveloppe : le sac calicinal et ballon corollin. Les anthères conniventes autour d'un style réduit viennent avec les caractères précédents à l'appui de l'hypothèse que l'*Hyperaspis Kelleri* se reproduit normalement par *cleistogamie*. Si cette hypothèse est confirmée par des recherches ultérieures, nous aurions là le premier exemple d'une reproduction purement cleistogamique normale dans la famille des Labiées [1]. Quant aux fonctions du bouclier calicinal, il est difficile de s'en faire une idée sans avoir vu la plante en fruits. Il nous paraît cependant probable que la large aile clipéale qui entoure le sac calicinal peut rendre des services comme appareil de vol et jouer son rôle dans la dissémination.

Dans une seconde communication, M. Briquet fait part à la Société de *la découverte* qu'il a faite de *pétioles pourvus de coussinets de désarticulation chez les Labiées*.

La morphologie des Labiées présente, en ce qui concerne le mode d'insertion des feuilles sur les tiges, une très grande uniformité. Le plus souvent le pétiole (quand il existe) est aplati ou canaliculé à sa face supérieure et cette disposition reste la même jusqu'à la base de l'organe, lequel, une fois séparé de la tige, laisse sur celle-ci une cicatrice de même forme que la section transversale du pétiole. On ne sait d'ailleurs rien, ou à peu près rien, sur

---

[1] La cleistogamie est connue chez les Labiées, chez diverses formes du genre *Salvia*, mais elle coexiste à côté des deux autres états sexuels : hermaphrodite et femelle. Voy. Briquet, *Labiées des Alpes maritimes*, ann. 1895.

la façon dont s'opère la chute de la feuille et sur la manière dont la plaie se cicatrise, ce qui présenterait cependant un certain intérêt, surtout quand il s'agit de feuilles
et de rameaux persistants.

Nous avons tout d'abord découvert les singuliers organes qui font l'objet de cette note chez un *Plectranthus* nouveau, originaire du Transvaal, que nous avons appelé
Plectranthus arthropodus [1]. Mais un examen ultérieur de la
série des *Plectranthus* de l'Herbier Delesssert nous a fait
retrouver une organisation analogue chez une autre espèce
austro-africaine de ce genre, le *P. petiolaris* E. Mey, et
aussi, mais à un moindre degré, chez le *P. saccatus* Benth.
ainsi que chez les autres espèces de la section *Germanea*
(*P. fruticosus* L'Hérit. et *P. ciliatus* E. Mey).

Chez les *P. saccatus* Benth., *fruticosus* Benth. et *cilia-*
tus E. Mey., le pétiole ne repose pas à proprement parler
sur un coussinet. Mais, au lieu de se séparer de la tige au
plan d'insertion de la feuille, il se produit un cadre de
déhiscence situé *au-dessus* de cette base, de sorte que le
pétiole laisse sa partie basilaire sur la tige après la chute
de la feuille.

Dans le *P. petiolaris* E. Mey., le pétiole est véritable-
ment pourvu d'un coussinet basilaire. Il est renflé en
forme de poire à sa base même. Ce coussinet pyriforme
laisse très rapidement apercevoir dans sa région équatoriale une ligne de déhiscence circulaire. Le coussinet se
divise ainsi perpendiculairement à son axe en deux parties, dont l'une apicale fait corps avec le pétiole et tombe
avec la feuille, tandis que l'autre basilaire reste attachée
à la tige. La partie basilaire est haute d'env. 4,5 mm. ;
elle offre une cicatrice plane, de contour circulaire, avec
un étroit sillon à la partie supérieure, mesurant $2\text{-}3\times2\text{-}3^{mm}$
de surface. On distingue très facilement à l'œil nu sur cette
cicatrice les faisceaux disposés en forme de croissant.

Enfin, chez le *P. arthropodus*, le coussinet est plus

---

[1] Voy. Briquet in *Bull Herb. Boiss.*, 2ᵉ sér, vol. III, p 1073,
ann. 1903.

petit, mais peut-être encore plus différencié. Sa forme générale est presque sphérique. Après la chute de la feuille,
l'hémisphère basilaire présente l'apparence d'une cupule
haute de 1-2 mm., à cicatrice de contour circulaire mesurant à la fin 2, 6$\times$2, 5^{mm} de surface. Les faisceaux sont
disposés en un croissant dont les deux extrémités se touchent presque.

Les feuilles à pétioles pourvus de coussinets de désarticulation basilaires des *Plectranthus* de la section *Germanea*
ouvrent dans la morphologie des Labiées un chapitre nouveau. Jamais jusqu'à présent, en effet, on n'avait observé
d'organes de ce genre dans la famille. D'une façon générale, la désarticulation du pétiole au-dessus de sa base est
même un phénomène rare chez les Dicotylédones et que
nous ne voyons guère signalé dans la littérature que chez
quelques types à feuilles composées (diverses Légumineu-
ses, Rosacées et Oxalidacées).

Quel peut-être le rôle biologique des coussinets de désarticulation? C'est une question à laquelle, pour le moment du moins, nous ne pouvons donner aucune réponse.
Peut-être l'étude de ces plantes curieuses dans leur milieu
d'origine fournira-t-elle ultérieurement quelques éclair-
cissements à ce sujet, dont l'intérêt actuel reste purement
morphologique.

M. C.-E. Guye fait une communication sur le fonctionnement de la *lampe à arc au mercure* dans le vide et les expériences d'Aron sur l'arc voltaïque entre amalgames. Cette
communication se termine par quelques considérations
théoriques sur la force électromotrice de l'arc voltaïque,
considérations qui ont engagé l'auteur à entreprendre une
étude plus détaillée du sujet, étude qui fera l'objet d'une
communication ultérieure.

LISTE DES MEMBRES

DE LA

SOCIÉTÉ DE PHYSIQUE ET D'HISTOIRE NATURELLE

au 1er janvier 1904.

---

1. MEMBRES ORDINAIRES

Henri de Saussure, entomol.
Marc Thury, botan.
Casimir de Candolle, botan.
Perceval de Loriol, paléont.
Lucien de la Rive, phys.
Victor Fatio, zool.
Arthur Achard, ing.
Jean Louis Prevost, méd.
Edouard Sarasin, phys.
Ernest Favre, géol.
Emile Ador, chim.
William Barbey, botan.
Adolphe D'Espine, méd.
Eugène Demole, chim.
Théodore Turrettini, ingén.
Pierre Dunant, méd.
Jacques Brun, bot.-méd.
Charles Græbe, chim.
Albert-A., Rilliet, phys.
Charles Soret, phys.
Auguste-H. Wartmann, méd.
Gustave Cellérier, mathém.
Raoul Gautier, astr.
Maurice Bedot, zool.
Amé Pictet, chim.
Robert Chodat, botan.
Alexandre Le Royer, phys.
Louis Duparc, géol.-minér.
F.-Louis Perrot, phys.

Eugène Penard, zool.
Chs Eugène Guye, phys.
Paul van Berchem, phys.
André Delebecque, ingén.
Théodore Flournoy, psychol.
Albert Brun, minér.
Emile Chaix, géogr.
Charles Sarasin, paléont.
Philippe-A. Guye, chim.
Charles Cailler, mathém.
Maurice Gautier, chim.
John Briquet, botan.
Preudhomme de Borre, entomol.
Paul Galopin, phys.
Etienne Ritter, géol.
Frédéric Reverdin, chim.
Théodore Lullin, phys.
Arnold Pictet, entomol.
Justin Pidoux, astr.
Auguste Bonna, chim.
E. Frey Gessner, entomol.
Augustin de Candolle, botan.
F.-Jules Micheli, phys.
Alexis Bach, chim.
B.-P.-G. Hochreutiner, botan.
Frédéric Battelli, méd.
Thomas Tommasina, phys.
René de Saussure, phys.
Émile Yung, zoolog.

2. MEMBRES ÉMÉRITES

Henri Dor, méd. Lyon.
Raoul Pictet, phys., Paris.
Eug. Risler, agron., Paris.
J.-M. Crafts, chim., Boston.

D. Sulzer, ophtal., Paris.
F. Dussaud, phys., Paris.
E. Burnat, botan., Vevey.
Schepiloff, Mlle méd., Moscou.

H. Auriol, chim., Montpellier.

3. MEMBRES HONORAIRES

Ch. Brunner de Wattenwyl, Vienne.
A. von Kölliker, Wurzbourg.
M. Berthelot, Paris.
F. Plateau, Gand.
Ed. Hagenbach, Bâle.
Ern. Chantre, Lyon.
P. Blaserna, Rome.
S.-H. Scudder, Boston.
F.-A. Forel, Morges.
S.-N. Lockyer, Londres.
Eug. Renevier, Lausanne.
S.-P. Langley, Allegheny (Pen.).
Al. Agassiz, Cambridge (Mass.).
H. Dufour, Lausanne.
L. Cailletet, Paris.
Alb. Heim, Zurich.
R. Billwiller, Zurich.
Alex. Herzen, Lausanne.
Théoph. Studer, Berne.
Eilh. Wiedemann, Erlangen.
L. Radlkofer, Munich.
H. Ebert, Munich.
A. de Baeyer, Munich.

Emile Fischer, Berlin.
Emile Noelting, Mulhouse.
A. Lieben, Vienne.
M. Hanriot, Paris.
St. Cannizzaro, Rome.
Léon Maquenne, Paris.
A. Hantzsch, Wurzbourg.
A. Michel-Lévy, Paris.
J. Hooker, Sunningdale.
Ch.-Ed. Guillaume, Sèvres.
K. Birkeland, Christiania.
J. Amsler-Laffon, Schaffhouse.
Sir W. Ramsay, Londres.
Lord Kelvin, Londres.
Dhorn, Naples.
W. His, Leipzig.
Aug. Righi, Bologne.
W. Louguinine, Moscou.
H.-A. Lorentz, Leyde.
H. Nagaoka, Tokio.
J. Coaz. Berne.
W. Spring, Liège.
R. Blondlot, Nancy.

4. ASSOCIÉS LIBRES

James Odier.
Ch. Mallet.
H. Barbey.
Ag. Boissier.
Luc. de Candolle.
Ed. des Gouttes.
H. Hentsch.
Edouard Fatio.
H. Pasteur.
Georges Mirabaud.
Wil. Favre.
Ern. Pictet.
Aug. Prevost.
Alexis Lombard.
Em. Pictet.
Louis Pictet.
F. Bartholoni.
Gust. Ador.
Ed. Martin.
Edm. Paccard.

D. Paccard.
Edm. Eynard.
Cam. Ferrier.
Edm. Flournoy.
Georges Frütiger.
Aloïs Naville.
Ed. Beraneck.
Edm. Weber.
Emile Veillon.
Eug. Pitard.
Guill. Pictet.
Alexis Babel.
S. Keser.
F. Kehrmann.
Ed. Long.
Ed. Claparède.
F. Pearce.
Joh. Carl.
G. Darier.
Adr. Jaquerod.

TABLE

COMPTE RENDU DES SÉANCES

DE LA

SOCIÉTÉ DE PHYSIQUE

ET D'HISTOIRE NATURELLE

DE GENÈVE

XXI. — 1904

GENÈVE

BUREAU DES ARCHIVES, RUE DE LA PÉLISSERIE, 18

PARIS	LONDRES	NEW-YORK
H. LE SOUDIER	DULAU & Cᵉ	G. E. STECHERT
174-176, Boul. St-Germain	37, Soho Square	9, East 16th Street

Dépôt pour l'ALLEMAGNE, GEORG et Cie, à BALE

1904

Extrait des *Archires des sciences physiques et naturelles*,
tomes XVII et XVIII.

COMPTE RENDU DES SÉANCES

DE LA

SOCIÉTÉ DE PHYSIQUE ET D'HISTOIRE NATURELLE DE GENÈVE

Année 1904.

Présidence de M. le Dʳ Aug. WARTMANN.

Séance du 21 janvier 1904.

P. van Berchem. Rapport présidentiel pour 1903. — Raoul Pictet. Liquéfaction des gaz. — Th. Tommasina. Variations d'intensité d'un champ magnétique sur l'air rendu conducteur par une flamme. Radioactivité des minéraux d'urane.

M. P. VAN BERCHEM, président sortant de charge, donne lecture de son *rapport sur l'activité de la Société* pendant l'année 1903.

M. le prof. Raoul PICTET décrit de nouvelles expériences sur la *liquéfaction des gaz* faites en collaboration avec M. OLZEWSKY. Ces essais montrent que la détente de l'hydrogène refroidi et comprimé à 200 atmosphères produit un échauffement; cet échauffement est nul à la pression de 100 atmosphères; à une pression plus faible, on observe un refroidissement.

M. TH. TOMMASINA communique un curieux effet produit, par les *variations d'intensité d'un champ magnétique, sur l'air rendu conducteur par une flamme.* L'on sait que les flammes ainsi que les rayons de Röntgen et les rayons de Becquerel, accélèrent la décharge d'un électroscope, et que cette accélération a sensiblement la même valeur quel que soit le signe de la charge.

M. Tommasina vient d'établir que ce n'est plus le cas pour les flammes reliées métalliquement au sol; non seulement la déperdition électrique devient alors beaucoup plus rapide, ce qui était connu, mais la décharge négative est moins accélérée que la positive dans le rapport de 3 à 5. Il était intéressant de reconnaître si cette différence d'action pouvait être modifiée par l'intervention d'un champ magnétique. Cette recherche, qui a amené à la découverte du phénomène que l'auteur va décrire, a été faite par les dispositifs suivants :

Le champ magnétique est produit par un électroaimant horizontal type de Faraday, fonctionnant avec une batterie de 8 accumulateurs. Un commutateur et un rhéostat ordinaire à 14 touches permettent de faire varier la direction et l'intensité du champ, dont la dimension entre les masses polaires est de 8 cent. L'électroscope utilisé est celui de M. Curie, auquel on a enlevé les deux disques et rallongé de 20 cent. la tige métallique supérieure isolée de façon à pouvoir placer son extrémité libre au dessus mais un peu en dehors des masses polaires de l'électroaimant. En face, de l'autre côté du champ, et en contrebas est placé un bec papillon à gaz avec sa flamme réduite à la dimension de 1,5 cent. La ligne allant du sommet de la flamme à l'extrémité de la tige de l'électroscope passe exactement par le centre de la ligne axiale du champ, à laquelle elle est normale et fait un angle de 45° avec le plan horizontal. La flamme et la tige se trouvent séparées par une distance de 11 cent. Le noyau de l'électroaimant ayant du magnétisme rémanent, pour établir exactement la valeur de l'accélération de décharge produite par la flamme sans champ magnétique l'on a transporté tout le dispositif loin de l'électroaimant. Pour avoir toujours, au départ, le même potentiel de charge on commençait chaque fois les lectures à la même division de l'échelle micrométrique de la lunette de l'électroscope. Voici les moyennes observées du temps employé pour la décharge de 20 divisions, dans une série de 16 modifications expérimentales qui sont les suivantes :

		Électrisations	
		positive	négative
I. Sans flamme, sans champ magnétique . .		9'.32"	9'.24"
II. Avec flamme isolée, sans champ magnétique .		0'.17"	0'.18"
III. Avec flamme reliée au sol, sans champ magnétique .		0'.3"	0'.5"
IV. Avec flamme isolée, avec champ magnétique .	14...	10'.59"	10'.58"
V. Sans flamme, avec champ magnétique .	14...	21'.32"	20'.40"
VI. Avec flamme reliée au sol, sans courant, avec action du magnétisme rémanent .		3'.23"	0'.24"
VII. » avec champ magnétique	1...	2'.55"	0'.31"
VIII. » »	4...	2'.27"	0'.35"
IX. » »	8...	1'.40"	0'.40"
X. » »	12...	1'.22"	1'.3"
XI. » »	13...	1'.11"	1'.10"
XII. » »	14...	0'.58"	2'.43"
XIII. » sans masses polaires, avec champ magnétique.	1... ; 14...	4'.10" ; 0'.37" }	0'.43" ; 2'.50"
XIV. » avec masses polaires, percées coniques tronquées, avec champ	1... ; 14...	4'.40" ; 0'.56" }	0'.48" ; 3'.8"
XV. » avec masses pol., non perc., cylind., faces plan., avec champ	1... ; 14...	4'.44" ; 0'.33" }	1'.56" ; 6'.21"
XVI. » » coniq. à bout arrondi, avec champ	1... ; 14...	10'.36" ; 2'.11" }	3'.14" ; 5'.52"

Si l'on construit les courbes données par les chiffres des expériences VI à XII l'on constate que les courbes se croisent à proximité du champ 13. En effet, avec ce champ on obtient des retards dans la déperdition électrique sensiblement les mêmes quel que soit le signe de la charge. Par l'examen des résultats de ces six expériences l'on voit que la déperdition négative se ralentit de plus en plus au fur et à mesure qu'augmente l'intensité du champ magnétique et qu'a lieu précisément le contraire pour la déperdition positive, dont on constate une diminution plus accentuée par un champ très faible. C'est cette anomalie apparente qui constitue l'effet curieux qu'il paraît utile de signaler, car il semble déceler une relation étroite entre le phénomène connu du diamagnétisme des flammes et la ionisation de l'air produite par les mêmes.

Si maintenant l'on rapproche certains des résultats de la série qu'on vient d'écrire, l'on découvre encore des autres faits qui pourront aider à expliquer le phénomène :

La confrontation des résultats des expériences I et V montre que même sans la présence d'une flamme, la déperdition d'une même quantité de charge quel que soit son signe se fait plus lentement, dans un temps plus que doublé sous l'action d'un champ magnétique, ce dernier semble donc produire une diminution de la conductibilité de l'air traversé par les lignes de force magnétiques.

Les résultats des expériences I, II et III mettent en évidence l'accélération de la décharge produite par une flamme isolée, et l'accroissement de cette action lorsque la flamme est reliée métalliquement au sol, ainsi que l'effet différent selon le signe de la charge dans ce dernier cas.

Si l'on rapproche les résultats des expériences II et IV, l'on voit que lorsque la flamme est isolée, le retard de la déperdition produit par le champ magnétique annule l'action de la flamme et agit également quel que soit le signe de la charge.

De même le rapprochement des résultats des expériences III et VI montre que lorsque la flamme est reliée au sol, le champ magnétique relativement très faible dû au magnétisme rémanent, est suffisant pour produire une diminution très grande de la déperdition électrique positive, et très faible de la négative, montrant ainsi d'une manière frappante l'effet en question. Effet qui est nettement confirmé dans les 4 derniers dispositifs de la série.

M. Tommasina donnera l'explication du phénomène dans une prochaine communication, il ajoute seulement pour compléter, que le renversement du courant ne le modifie d'aucune façon, que le diamagnétisme connu de l'air et des flammes intervient certainement et peut aider à établir la nature de la ionisation qu'elles semblent produire.

M. Tommasina, dans une deuxième communication, donne les résultats de ses recherches sur la *teneur en propriété radioactive de quelques minéraux d'urane.* D'après les échantillons qu'il a examiné, on aurait la série décroissante que voici :

Autunite de St-Symphorien près d'Autun. . .	10,0
Gummite de Johanngeorgenstadt	9,0
Trögerite de Schneeberg	4,3
Torbernite (Chalcolite) de Cornwallis . . .	3,8
Samarskite de Mitchell & Cie, New Caroline .	2,6
Torbernite (Chalcolite) de Lerbach	2,1
Pechblende de Joachimsthal en Bohème . .	1,9
Clévéite d'Arendal en Écosse.	1,4
Ittriogummite d'Arendal en Écosse. . . .	1,1
Uranocircite de Bergen	0,9
Orangite (Thorite) de Brévig en Norvège . .	0,6
Zeunerite de Schneeberg	0,4

M. Tommasina dit que cette série n'a pas une valeur absolue, des fragments plus riches en minéral pouvant donner des autres chiffres et il ajoute que des fragments de Clévéite après avoir été soumis à la forte chaleur du creuset pour l'extraction de l'Hélium, conservent encore leur radioactivité, ce qui indique que ce gaz ne s'y trouve point en état de simple occlusion, mais qu'il semble bien produit par une transformation continue de l'émanation radioactive du radium, comme MM. Ramsay et Soddy l'ont reconnu, dans leur analyse spectrale de l'émanation du radium pur.

Séance du 4 février.

J. Briquet. Sur l'Acer Peronaï. Cladodes du Ruscus aculeatus. —
  F. Battelli. Pouvoir hémolytique du sérum et de la lymphe. —
  Ed. Claparède. Théorie biologique du sommeil.

M. J. BRIQUET communique la *découverte* qu'il a faite
dans le Jura savoisien *d'un hybride rarissime dû au croise-*
ment de deux érables, les Acer monspersulanum L. et Acer
Opalus Mill. Cet hybride est l'*Acer Peronaï* signalé en 1901
par le comte de Schwerin comme ayant été découvert par
M. Perona dans la gorge du Masso del Diavolo près de
Vallombrosa (Apennin toscan). M. Pax, dans sa récente
monographie des Acéracées, mentionne en passant cette
plante en ajoutant qu'elle lui est inconnue. Elle a été retrouvée en quatre localités différentes du Jura savoisien,
par M. Briquet, toujours accompagnée des parents. L'auteur passe en revue les caractères de cette plante singulière, en particulier ceux que présentent la feuille et le
fruit. L'*Acer Peronaï* et les deux érables dont il est issu
doivent faire ailleurs de la part de l'auteur l'objet d'une
publication plus détaillée.

Dans une seconde communication, M. J. B**RIQUET** fait
part de diverses observations relatives à l'*anatomie et à la*
biologie des cladodes du *Ruscus aculeatus.* Les auteurs qui
ont traité de ces singuliers organes ont été beaucoup plus
préoccupés de leur interprétation morphologique que des
rapports qui existent entre leur organisation et le mode
de vie de la plante. Seul M. Reinke a récemment donné
des détails histologiques assez précis pour pouvoir être
utilisés au point de vue écologique. M. Briquet ayant étudié à plusieurs reprises le petit-houx à l'état sauvage,
dans son milieu, et ayant complété ses observations par
l'anatomie de cette plante, est en mesure de compléter
sur plusieurs points intéressants, les données de son pré-
décesseur. Ces points concernent particulièrement la structure des parois extérieures et latérales des cellules épider-
miques, l'anatomie du chlorenchyme, le fonctionnement

des cellules aquifères, la structure des marges des cladodes, l'organisation des stomates. L'auteur conclut de ses
observations que plusieurs des caractères épharmoniques
de xérophilie du *Ruscus aculeatus* permettent à cette
plante non seulement de résister aux chaleurs de l'été
dans des stations très brûlées, mais encore de végéter
pendant l'hiver, alors que le froid s'oppose à l'absorption
de l'eau sans cependant arrêter la transpiration.

M. Battelli rapporte les résultats d'expériences faites
dans le but d'étudier l'*origine de l'alexine hémolytique.*

L'alexine ne préexiste pas dans les liquides de l'organisme, mais est produite après la sortie du sang hors des
vaisseaux. Metchnikoff et ses élèves admettent que l'alexine provient des leucocytes mononucléaires, mais ils n'ont
pas déterminé si tous les mononucléaires (gros mononucléaires et lymphocytes) prennent part à la formation de
l'alexine.

Pour résoudre cette question, l'auteur a étudié le pouvoir hémolytique du sang et de la lymphe du chien. Le
pouvoir hémolytique a été dosé par la méthode de Mioni.
Le sang et la lymphe ont été pris chez le chien, et on a
fait agir le sérum de la lymphe et du sang sur les héma-
ties de lapin. D'autre part on a compté le nombre des leucocytes renfermés dans un millimètre cube de lymphe ou
de sang. L'auteur présente les résultats d'une de ces expériences prise comme exemple. Ces résultats sont rapportés dans le tableau suivant, où le pouvoir hémolytique
est exprimé par la quantité d'hémoglobine calculée en
grammes et mise en liberté par 5 cc. de liquide (sérum ou
lymphe). Le nombre des leucocytes est calculé pour un
millimètre cube de sang ou de lymphe.

Leucocytes	Lymphe du canal cervical	Lymphe du canal thoracique	Sang.
Gros mononu-cléaires	270	480	920
Lymphocytes	420	1530	650
Polynucléaires	—	—	7000
Hémolyse.	0 gr. 16	0 gr. 39	0 gr. 65

Ces résultats montrent que la quantité d'alexine hémo·
lytique est proportionnelle au nombre des gros mononucléaires, et que les lymphocytes n'en produisent pas, du
moins en quantité appréciable. Les polynucléaires ne sé-
crètent pas non plus d'alexine hémolytique.

M. Ed. Claparède esquisse une *théorie biologique du
sommeil*.

De l'avis de tous ceux qui se sont occupés de la question du sommeil, celle-ci est encore entourée d'obscurité.
Cela vient de ce qu'on a toujours considéré les choses de
trop près, sous l'angle exclusif du mécanisme physiologique immédiat, cérébral, au lieu d'envisager le sommeil
d'un point de vue plus élevé, permettant de se rendre
compte de la signification de ce phénomène au point de
vue biologique, et de juger de ses connexions avec les autres phénomènes de la vie. La conséquence la plus nette
de cette manière de faire a été de donner plus d'importance qu'elles n'en méritent probablement à certaines particularités physiologiques qui accompagnent le sommeil et
d'élever ces particularités à la dignité de théories préten-
dant tout expliquer.

C'est ainsi que l'on a tour à tour regardé le sommeil
comme la conséquence d'une asphyxie, d'une *intoxication*
du système nerveux (Sommer, Pflüger, Preyer, Errera, etc.)
d'une anémie cérébrale par *vaso-constriction* (Donders,
Durham), d'une discontiguïté des neurones par rétraction
de leurs dendrites (Rabl, Rückhardt, Duval). Ces théories
— dont la première seule, d'ailleurs, mérite ce nom —
ont toutes ceci de commun qu'elles considèrent le sommeil comme un état négatif, presque anormal[1], non comme
une fonction, mais comme un simple arrêt de fonctionnement de l'organisme.

Cette manière de voir, il est vrai, n'est pas partagée par
tous. Sergueyeff, Myers ont au contraire soutenu que le

---

[1] Maudsley, par exemple, a placé son chapitre sur le sommeil
non dans celui de ses livres qu'il a consacré à la Physiologie de
l'esprit, mais dans sa Pathologie de l'esprit.

sommeil représente une phase ou une faculté positive de l'activité animale; mais les arguments par lesquels il défendaient leur thèse reposaient sur une conception métaphysique, ou tout au moins jusqu'ici extra-biologique de l'Univers. De Sanctis dit aussi, dans son ouvrage classique sur les rêves : « Dormir est certainement une fonction positive de l'organisme et n'est pas seulement l'opposé de la veille [1] », et il le prouve par quelques exemples; mais il abandonne, aussitôt après, cette idée. Aug. Forel et O. Vogt [2] ont aussi considéré le sommeil comme un processus actif, ce qui leur a permis de formuler une théorie rationnelle de l'hypnotisme; ils n'ont pas cependant développé le côté biologique de cette hypothèse.

Il me semble évident, comme à ces derniers auteurs, que le sommeil est un acte positif, et non un simple état de repos; je voudrais montrer en outre qu'on peut le considérer, au point de vue biologique, comme un *instinct*. Dire qu'un phénomène est un instinct n'éclaire en rien, sans doute, les causes prochaines de son mécanisme, mais cela permet de le rapprocher d'autres phénomènes, et d'établir avec ceux-ci des comparaisons profitables. Dans le cas particulier, cette hypothèse réunit et coordonne entre eux des faits inexplicables ou contradictoires.

D'après la théorie toxique, le sommeil devrait être proportionnel à l'épuisement, ce qui n'est pas le cas (nouveaux-nés qui dorment beaucoup, vieillards qui dorment peu; insomnies des neurasthéniques); une promenade au grand air ne devrait pas favoriser le sommeil; des excès de sommeil ne devraient pas amener une tendance à toujours somnoler; la volonté ni la suggestion ne pourraient avoir de prise sur le sommeil; le sommeil ne pourrait pas être partiel, comme c'est souvent le cas, etc. Au contraire,

---

[1] De Sanctis. Die Träume, 1901, p. 199.

[2] A. Forel. Der Hypnotismus. 3. Aufl. 1895, p. 50. — A. Vogt. *Zeitschr. f. Hypnotismus*, III, 1895, p. 318. — Cf aussi P. Janet. Les obsessions et la psychiasténie, 1902, p. 408 : « Par un côté, le sommeil est un acte, il demande une certaine énergie pour être décidé... et pour être accompli correctement. »

la théorie « instinctive » du sommeil rend compte de tout cela. Elle permet en outre d'éviter cette hypothèse qui parait bien anti-physiologique, d'une intoxication journalière du système nerveux, intoxication assez forte pour mettre l'organisme hors d'état pendant 7 à 8 heures chez les adultes, et pendant une quinzaine chez les enfants. Ajoutons encore que la sensation agréable du sommeil qui nous envahit n'a rien de commun avec le sentiment pénible d'un état d'asphyxie.

Un des caractères de l'instinct c'est la prévoyance. La plupart des instincts se manifestent plus ou moins longtemps avant que la conservation de l'individu ou de l'espèce soit réellement en danger : ainsi l'hirondelle quitte nos parages avant que les froids soient venus; l'oiseau prépare son nid un certain temps avant la ponte; l'animal se met en chasse avant d'être débilité par la faim. Le sommeil, lui aussi, semble agir par prévoyance et se manifester bien avant que l'organisme soit épuisé : un médecin pourra, s'il est appelé au moment où il s'apprête à s'endormir, passer la nuit sur pied, faire correctement une opération difficile, sans présenter les moindres signes de faiblesse ou d'intoxication, etc. Les nécessités de la lutte pour l'existence font aisément comprendre pourquoi s'est établie cette marge entre le moment où l'animal sent le besoin de se reposer et celui où le repos serait la conséquence fatale de son épuisement. *En frappant l'animal d'inertie, l'instinct du sommeil l'empêche de parvenir au stade d'épuisement;* l'organisme profite de cet arrêt momentané du travail musculaire, qui est une des sources principales des substances ponogènes, pour éliminer celles-ci avant que leur cumul ne devienne nuisible; il est possible aussi qu'en vertu d'un mécanisme encore inconnu, l'état de sommeil favorise les processus de réassimilation.

Par quels excitants cet instinct, ce réflexe hypnotique, serait-il mis en branle? La composition chimique du sang, les sensations de fatigue, l'obscurité, les impressions monotones, ainsi que les images associées empiriquement à l'idée du sommeil (celle du lit ou du lieu où l'on est accoutumé de dormir), sont des facteurs qui jouent un rôle important, surtout s'ils agissent de concert. Les centres du sommeil ne doivent évidemment pas être plus spécialisés que ne le sont ceux des autres instincts qui utilisent les centres des fonctions générales (vision, motilité, etc.) ; les centres du muscle orbiculaire de l'œil, vaso-moteurs, moteurs, trophiques (?), doivent être intéressés ; peut-être faut-il admettre aussi un centre « inhibiteur de l'intérêt », dont l'action aurait pour effet de désintéresser [1] de la vie réelle l'individu qui va s'endormir, et, par suite, de l'empêcher de se soustraire à la léthargie qui l'envahit, ou d'en souffrir. Quant aux réactions produites (et qui constituent le sommeil proprement dit) mentionnons l'occlusion des yeux, l'anémie cérébrale par vaso-constriction (encore incertaine), l'inhibition complète ou partielle de l'intérêt, la recherche d'une couche, l'attitude du sommeil, peut-être des effets trophiques.

Cette conception positive du sommeil semble encore confirmée par les expériences de Kohlschütter, etc., sur la profondeur du sommeil ; les graphiques publiés ressemblent beaucoup aux courbes de fatigue : il semblerait que les centres du sommeil se fatiguent et qu'on se réveille par ce qu'on est fatigué de dormir. Portée sur le terrain de la pathologie, elle permettra peut-être de comprendre que, comme tout instinct, le sommeil peut être l'objet de dissolution, de perversion (insomnie, hystérie) ; elle nous paraît réconcilier dans une certaine mesure les opinions de Janet et de Sollier sur la nature de l'hystérie. En attendant de pouvoir développer plus longuement la théorie exposée, qui n'a pas, cela va sans dire, la prétention de tout expliquer, mais seulement d'attirer l'attention sur un côté trop négligé du problème, nous la résumerons ainsi :

Le sommeil n'est pas la conséquence d'un simple arrêt de fonctionnement, il est une fonction positive, un instinct, qui

---

[1] Bergson a dit avec raison que « l'on dort dans l'exacte mesure où l'on se désintéresse ». (Le Rêve. *Bull. internat. Institut psych.* I, mai 1901, p. 118.)

a pour but cet arrêt de fonctionnement : ce n'est pas parce que nous sommes intoxiqués, ou épuisés, que nous dormons, mais nous dormons pour ne pas l'être.

Séance du 18 février.

P.-A. Guye et J. Homfray. Tension superficielle des éthers.

Au nom de Mlle J. HOMFRAY et au sien propre, M. Ph.-A. GUYE entretient la Société de recherches entreprises sur *les tensions superficielles d'éthers amyliques et d'éthers maliques.* Les mesures ont conduit à des valeurs du coefficient de température K notablement supérieures à la valeur 2,12, généralement considérée comme normale. Ce résultat peut être interprété de deux façons différentes : ou bien il est dû à la non sphéricité des molécules, ou bien il a pour cause une dissociation dans la phase liquide. Les mesures de crioscopie et l'application de la règle de Longinescu confirmeraient cette seconde manière de voir. De nouvelles recherches seront entreprises en vue de permettre un choix plus judicieux entre les deux interprétations.

Séance du 3 mars.

Arnold Pictet. Le sommeil chez les insectes. — Camille Barbey. Chemin de fer aérien à grande vitesse. — R. Chodat et A. Bach. Sur les ferments oxydants.

M. Arnold PICTET fait une communication sur *l'instinct et le sommeil chez les Insectes.*

Pour faire suite à une communication sur la *théorie biologique du sommeil* dans laquelle M. le D[r] Ed. Claparède [1] est arrivé à la conclusion que le sommeil, chez les animaux supérieurs, ne serait pas produit par l'intoxication, ainsi qu'on l'admet généralement, mais serait plutôt une fonction de l'instinct, M. Pictet entretient la Société d'expériences qu'il a faites à ce sujet et de faits qu'il a rencontrés dans la nature et qui tendent à prouver que chez

[1] Séance du 4 février 1904.

les insectes le sommeil serait bien aussi causé par l'instinct. Chez les insectes, le sommeil peut atteindre parfois une durée considérable (certaines espèces vivent deux ans à l'état de chrysalide), surtout lorsque l'animal doit passer l'hiver sous une de ses trois formes, de larve, de nymphe ou d'insecte parfait. Dormir est alors, pour lui, une nécessité, et M. Pictet se demande, en premier lieu, quelles sont les causes qui sont capables d'amener ce sommeil prolongé de tout l'hiver; il cite les cas, surtout celui de l'hivernage des chenilles, où l'on admet, avec persistance, que ce sommeil est simplement dû aux basses températures qui les engourdissent, les endorment, pendant les cinq mois que dure l'hiver. Mais c'est une erreur et l'auteur pense plutôt que, dans ce phénomène, ce n'est uniquement que l'instinct, *l'intelligence fixée par l'hérédité*, qui agit. Voici les preuves que M. Pictet a signalées, à l'appui de sa théorie.

Preuves naturelles. — 1º Pour ne parler que des Lépidoptères, toutes les chenilles ne dorment pas en hiver. Il n'y a que celles qui se nourrissent de plantes qui disparaissent pendant cette saison qui le font, faute d'alimentation, pour vivre par combustion. Celles qui se nourrissent de plantes vivaces, telles que les herbes des prés, le lierre, les épines des pins silvestres. etc.. quittent fréquemment leur sommeil, pendant la mauvaise saison, pour aller se nourrir. Il est donc naturel de penser que les premières, comprenant, par l'instinct légué par leurs ancêtres qui ont eu à subir les mêmes conditions, que leur nourriture leur fera défaut pendant de longs mois, usent de la faculté nécessaire qu'ils ont acquise de pouvoir dormir pour vivre par combustion. Tandis que les secondes, n'ayant pas besoin de dormir ainsi, puisqu'elles ont toute l'alimentation voulue, ne le font pas, ou du moins ne le font pas d'une façon aussi prolongée que les autres.

2º Dans les pays tempérés, tels que le Midi, où la température de l'hiver n'est pas excessive, les chenilles s'endorment tout de même pendant cette saison.

3° On trouve souvent, en hiver, sous les écorces des arbres, des araignées endormies et maigres, montrant ainsi qu'elles hivernent, sans nourriture, vivant par combustion. Dans les nids des chenilles de *Porthesia chrysorhoea*, on rencontre d'autres araignées, grasses, dodues et parfaitement réveillées, qui montrent qu'elles peuvent se nourrir copieusement en suçant les chenilles qui les environnent.

Dans ces trois exemples, il n'y a que les espèces qui n'ont pas de nourriture en hiver qui s'endorment et c'est l'instinct qui leur enseigne qu'elles s'épuiseraient si elles voulaient en chercher inutilement et qu'il faut qu'elles dorment pour sauver leur existence, en vivant par combustion.

Preuves tirées des expériences. — 1° Lorsqu'on élève, dans une chambre chauffée, des chenilles qui ont coutume d'hiverner, elles s'endorment également et cela pendant plusieurs semaines, malgré qu'elles ne sentent pas le froid ; ce sommeil leur vient *à la même époque* à laquelle leurs ancêtres ont eu coutume, chaque année, de s'endormir, c'est-à-dire au commencement de l'hiver. (Expériences faites par l'auteur avec *Lasiocampa Quercus*, qu'il peut nourrir de plantes vivaces toute l'année, telles que le lierre, le laurier-cerise, le fusain du Japon et l'esparcette.)

2° Les espèces que M. Pictet élève constamment dehors, dans des cages en toile métallique, peuvent être considérées comme subissant les mêmes influences de température que celles qui se trouvent en liberté. Pendant les froids on ne les voit pas ; elles dorment, cachées dans la mousse. Survient une première période tempérée, comme il y en a souvent pendant l'hiver : le premier jour d'élévation de température, elles quittent leurs cachettes pour venir inspecter l'état de la végétation ; car, n'ayant pu mesurer la longueur du sommeil qu'elles ont subi, sentant la chaleur, elles pensent que le printemps est arrivé. Mais elles ne trouvent pas le moindre petit bourgeon ; c'est donc que le printemps n'est pas encore là et elles vont se coucher de nouveau. Le lendemain, nouvelle journée chaude : pas une seule chenille ne se montre ! C'est l'instinct qui se manifeste encore et leur enseigne (ainsi que cela s'était passé pour leurs ancêtres) qu'en un seul jour les bourgeons n'ont pu pousser, que ce n'est donc pas encore le printemps et qu'il n'est pas nécessaire de se déranger de nouveau. Et le même phénomène se produit à chaque nouvelle hausse de température.

3° Au printemps, lorsque les bourgeons sont sortis et que les chenilles ont repris leur vie active, il arrive souvent qu'une baisse de température, avec parfois chute de neige, se produise ; aucune ne va de nouveau se cacher, car elles comprennent (ce cas s'étant déjà présenté à l'un ou l'autre de leurs ancêtres) que ce retour du froid n'est que momentané et que, puisque les bourgeons ont poussé, c'est que l'hiver est tout à fait fini.

4° Parmi les expériences que M. Pictet a faites, en vue de prouver que le froid n'est pour rien dans le sommeil des larves de Lépidoptères, il cite la suivante, faite avec des chenilles de *Phalera Bucephala*, qui sont adultes en été. Lorsqu'il les met dans une boite sans aucune nourriture quelconque, elles tissent, après quelques heures, une toile de soie, s'y fixent toutes les unes à côté des autres et s'y endorment. Lorsqu'elles sont bien endormies, le fait de leur donner alors de la nourriture fraiche n'amène pas tout de suite leur réveil.

5° Lorsque, momentanément, on prive de nourriture des espèces qui ont coutume de se nourrir, durant tout l'hiver, de plantes qui sont vertes pendant cette saison (les ancêtres de ces espèces n'ont donc jamais dormi d'un sommeil nécessairement prolongé durant l'hiver), elles ne s'endorment nullement et finissent par s'épuiser, en cherchant leur alimentation ; elles finiraient par périr, si l'expérimentateur n'arrivait à temps à leur secours, avec de la nourriture fraiche.

M. Camille BARBEY présente un projet de *chemin de fer suspendu à grande vitesse*. Ce système de chemin de fer est une contribution à la solution du problème des transports à grandes vitesses actuellement à l'ordre du jour.

Les locomotives à vapeur construites dernièrement pour les grands réseaux français représentent à peu de chose près les limites de puissance que l'on peut atteindre par un emploi rationnel de la vapeur, sur les voies ferrées européennes. Ces locomotives remorquent un train de 360 tonnes à 110 km. l'heure en palier; leur poids en charge est d'environ 110 tonnes.

Les essais remarquables faits l'automne dernier sur la ligne Zossen-Marienfeld ont prouvé que les moteurs électriques étaient capables sous leur forme actuelle de fournir un travail suffisant pour remorquer une voiture de 90 tonnes à 210 km. à l'heure en palier, sans que la limite de leur puissance soit atteinte.

Les voies ferrées actuelles ne permettent pas d'autre part de mettre en marche sur leurs lignes des trains à vitesse moyenne de marche voisine de 125 km. à l'heure et cela surtout en raison des conditions d'exploitation. Si l'on veut conserver à ces lignes leur capacité de trafic, leur rendement commercial et leur assurer leur développement normal, il n'est pas possible de les monopoliser au profit de trains circulant à très grande vitesse.

Il s'agit donc, en profitant des progrès dûment acquis aujourd'hui, de superposer aux réseaux des voies ferrées existantes un nouveau réseau de lignes à très grande vitesse. Ces lignes ne seront établies qu'entre les centres ou les régions justifiant au point de vue de la circulation, du rendement commercial et des conditions topographiques, l'intérêt de tels moyens de transport.

Nous estimons que, pour ces lignes-là, il paraît indiqué d'adopter une superstructure et un matériel roulant réalisant un progrès sur la voie ferrée actuelle.

Une voie pour trains très rapides doit allier une grande rapidité à un guidage sûr et facile des véhicules au passage des courbes.

Dans la solution que nous proposons, nous avons conservé la voie ordinaire à deux files de rails; nous lui

avons donné une base rigide et invariable présentant par
sa disposition spéciale certains avantages supplémentai-
res. Pour améliorer le passage des courbes, la caisse des
véhicules a été placée au-dessous des trains de roues, en
tenant compte rationnellement de l'action de la force centrifuge.

Ce système se présente donc sous la forme suivante :

1° La *voie* proprement dite se compose de deux files de
rails, à écartement d'un mètre, logés à la partie inférieure
d'un tube ; celui-ci est à section rectangulaire avec une
fente longitudinale entre les deux files de rails. Ce tube
formé de sections de 20 mètres de longueur est supporté
à l'extrémité de ces sections et à 5 mètres au-dessus du
sol par des piliers dont la forme réserve le gabarit d'espace libre de la voie normale. Le tube et les piliers sont
en béton armé, matériel le plus approprié à ce type de
construction en raison de sa rigidité, de son invariabilité
et de sa facilité de construction.Cette superstructure forme
un ensemble homogène ; elle assure la protection complète de la voie et de ses attaches contre tous les phénomènes atmosphériques ; elle permet d'installer à l'abri de
ces mêmes intempéries et à proximité immédiate des moteurs les conducteurs de courant électrique pour la traction
des convois.

2° Le *matériel roulant* est constitué par des caisses de
voiture suspendues à deux bogies à trois essieux. Les bogies circulant à l'intérieur du tube s'inscrivent au passage
des courbes comme sur une voie ordinaire, la caisse de la
voiture par contre qui peut osciller s'incline librement
sous l'action de la force centrifuge. Si l'on adopte un type
de courbe à variation continue du rayon de courbure
entraînant une variation continue du surhaussement de
l'une des files des rails, on pourra franchir en toute
sécurité à très grande vitesse des courbes de 1500 mètres de rayon minimum. Les formes adoptées pour le matériel roulant assurent une indépendance complète entre
les appareils de roulement et moteurs permettant le rem-
placement rapide de ces derniers. Le mode de traction

électrique prévu est celui dit « par trains à unités multiples » à raison de deux moteurs par bogies, soit quatre
par voiture.   •

M. le prof. Chodat présente au nom de M. Bach et au
sien une communication relative au *mode d'action de la
peroxydase*.

Rappelant les travaux publiés antérieurement par ces
auteurs et donnant succintement les méthodes qui leur
ont permis d'obtenir du raifort une peroxydase purifiée,
pulvérulente et blanche, ils se sont demandé s'il ne conviendrait pas d'établir à partir de cette peroxydase relativement pure une série d'expériences pour déterminer son
mode d'action. Les auteurs de cette communication se
sont basés sur le fait que le produit d'oxydation du pyrogallol, la purpurogalline qu'on obtient en faisant agir la
peroxydase en présence de l'eau oxygénée, et un corps
insoluble qui se dépose facilement et peut être dosé avec
précision.

En effet, d'après la théorie de MM. Bach et Chodat, les
oxydases sont des sytèmes Peroxydase-Peroxyde, dans
lesquels *la peroxydase* liée temporairement ou plus étroitement avec un peroxyde inorganique ou organique est
l'agent activant par excellence le catalysateur.

Le peroxyde est l'agent chimique dont l'activité oxydante sur un autre corps doit être activé par le ferment, le
catalysateur.

On peut se demander à ce sujet quel est le mode d'action de la peroxydase ; appartient-elle à cette catégorie de
catalysateurs dont on ne peut encore déterminer le mode
d'action, qui durant toute la réaction se maintiennent
intacts et qu'on peut doser à chaque instant, prennent-ils
part à la réaction en formant une combinaison passagère
qu'on peut déceler comme dans l'action de l'acide chromique sur le peroxyde d'hydrogène, ou bien tout en formant avec le peroxyde une combinaison intermédiaire
la peroxydase n'est-elle pas régénérée, disparaît-elle durant la réaction ?

Pour élucider ces diverses questions, les auteurs ont procédé comme suit :

Dans une première catégorie d'expériences, ils ont fait agir sur une quantité constante de Pyrogallol une quantité constante d'eau oxygénée. faisant varier la quantité de peroxydase ; dans une seconde catégorie, le Pyrogallol et la peroxydase sont à la même concentration dans les diverses expériences, tandis que l'eau oxygénée varie.

A. Eau ad 35 cc.

	Pyrogallol	H_2O_2 à 1 %	Peroxydase	Purpurogalline
1	1 gr.	10 cc.	0,01	0,021
2	»	»	0,02	0,042
3	»		0.03	9,066
4			0,04	0,083
5	»		0,05	0,102
6			0,06	0,123
7			0,07	0,145
8			*0,08*	*0,166*
9			0,09	0,167
10	»	»	0,10	0,162

B. Eau ad 35 cc.

	Pyrogallol	H_2O_2 à 1 %	Peroxydase	Purpurogalline
1	1 gr.	1 cc.	0,10	0,0205
2	»	2 cc.	»	0,042
3		3 cc.		0,060
4		4 cc.		0,078
5		5 cc.		0,099
6		6 cc.		0,121
7		7 cc.		0,142
8		8 cc.		*0,168*
9		9 cc.		0,168
10	»	10 cc.	»	0,163

On voit d'après les chiffres de cette série pris parmi d'autres tout aussi constants que la production de purpurogalline est proportionnelle à la quantité de ferment employé et à celle de peroxyde employé, dans le cas où il y a suffisamment de l'un ou de l'autre pour établir le système indiqué peroxydase-peroxyde. On voit que pour 1 gr. de pyrogallol, lorsqu'on a atteint le maximum du système capable d'oxyder 1 gr., la quantité de purpurogalline n'augmente plus.

Soit dans l'une des séries, soit dans l'autre, il est facile de montrer que lorsque l'on n'a pas atteint l'équivalence des deux termes du système peroxydase-peroxyde, il y a tantôt excès de peroxydase, tantôt excès de peroxyde.

En effet, en ajoutant, dans le premier cas, de l'eau oxygénée, dans le second cas, de la péroxydase, la réaction se complète.

Si on élève la concentration du pyrogallol, on s'aperçoit que la quantité de purpurogalline peut, dans les expériences 9 et 10, s'élever encore, ainsi que le fait prévoir l'arrêt à 8.

C. Eau ad 35 cc.

	Pyrogallol	H_2O_2 à 1 %	Peroxydase	Purpurogalline
a	1 gr.	10 cc.	0,10	0,166
b	2 gr.	»	»	0,202
c	3 gr.			0,203
d	4 gr.	″	″	0,205

On ne peut donc oxyder avec une dose définie du système oxydasique qu'une quantité définie de pyrogallol.

Mais si on double la dose, la réaction est de nouveau proportionnelle.

D. Eau ad 35 cc.

Pyrogallol	H_2O_2 à 1 %	Peroxydase	Purpurogalline
4 gr.	20 cc.	0,20	411

La conclusion très importante qu'on peut tirer de ces expériences est la suivante :

La peroxydase et l'eau oxygénée agissent en proportion définie à la façon d'une combinaison chimique ; la quantité de purpurogalline obtenue est strictement proportionnelle à la quantité du système oxydasique employé à condition de lui offrir des doses suffisantes de Pyrogallol à oxyder.

C'est la première fois qu'à propos d'un ferment, on détermine une proportionnalité aussi constante et surtout qu'on détermine la relation qui unit les deux facteurs de la réaction, en fonction du produit obtenu.

Séance du 18 mars.

Amé Pictet. Synthèse de la nicotine. — A. Herzen et R. Odier. Nouveaux faits sur la morphologie et la physiologie des fibres nerveuses. — F. Tommasina. Nature de l'emanation du radium.

M. le prof. Amé PICTET donne un résumé des travaux qu'il a faits, en collaboration avec MM. Pierre Crépieux et Arnold Rotschy, pour déterminer la *constitution de la nicotine*, travaux qui ont abouti à la *synthèse* de cet alcaloïde. Le détail de ces recherches a été publié dans les *Archives*, XVII, 401.

MM. le prof. HERZEN et le Dr R. ODIER. *Quelques faits nouveaux concernant la morphologie et la physiologie des fibres nerveuses.*

I. *Paralysie curarique.* — On admet en général que le curare agit *exclusivement* sur la partie terminale des nerfs moteurs ; mais il y a quelques faits physiologiques qui montrent qu'il altère aussi ces nerfs eux-mêmes. Ainsi chez la grenouille, la paralysie des membres postérieurs apparaît beaucoup plus tôt et disparaît beaucoup plus tard que celle des membres antérieurs. Pourquoi?

De deux choses l'une : ou bien le curare attaque plus facilement et plus profondément les terminaisons motrices des extrémités postérieures que celles des antérieures ; ou bien il les attaque toutes en même temps. Or l'étude attentive de nombreuses préparations prouve que les altérations visibles que le curare produit dans les terminaisons motrices sont *simultanées et identiques* dans tout le système musculaire.

Dès lors la seule différence qu'il y ait entre les membres postérieurs et antérieurs de la grenouille étant la longueur de leurs nerfs, le fait en question ne peut être expliqué qu'en admettant que *le curare modifie les nerfs* de façon à créer dans ces conducteurs une *résistance croissante* qui enraye et amortit en eux la transmission de l'excitation, proportionnellement à leur longueur.

II. *Transmission par des nerfs altérés.* — L'altération que produit le curare dans les terminaisons motrices ne se borne point à ces terminaisons ; elle remonte, au contraire, plus ou moins, en s'atténuant graduellement, le long des fibres à myéline. Or, avant la généralisation de la paralysie curarique, les nerfs des bras *transmettent encore l'excitation aux muscles* malgré l'atteinte portée à leur intégrité structurale. *Celle-ci n'est donc pas une condition absolue au fonctionnement des nerfs.*

Il en est de même dans les lésions anatomiques que les fibres nerveuses subissent sous l'action de la strychnine et surtout de la *tétanine* ; celle-ci, injectée à un cobaye, à dose mortelle en cinq jours, produit déjà au bout de douze heures une altération profonde des nerfs, qui les envahit rapidement de la périphérie aux centres ; et cependant l'animal vit, sent et se meut jusqu'au cinquième jour.

Il en est encore de même dans la dégénérescence « wallerienne » des nerfs sectionnés. Chez le cobaye l'excitabilité disparaît environ soixante heures après la section ; or, déjà au bout de quarante-huit heures les fibres et les filaments nerveux sont manifestement altérés ; il est vrai qu'à ce moment les *terminaisons* proprement dites sont encore normales ; mais les cylindraxes sont déjà fragmentés en morceaux *longs* (destinés à se fragmenter ultérieurement en morceaux de plus en plus courts) et la myéline est divisée en boules ou en perles. Cependant le nerf est encore parfaitement excitable.

III. *Dégénérescence et régénération des terminaisons motrices.* — En continuant à observer les nerfs en train de dégénérer après section, on voit, au bout de trois jours, les cylindraxes *partout* divisés en fragments *courts*, séparés par des espaces assez considérables ; des zones

rouge foncé se forment sur le muscle autour des organes
terminaux, qui ne paraissent pas altérés. Huit jours après la
section, la fragmentation des cylindraxes s'accentue encore
et les premiers changements apparaissent dans les terminaisons motrices : quelques îlots de substance cylindraxile
se séparent de l'arborisation. La coloration de la zone rouge
foncé qui entoure celle-ci s'accentue encore. Nous n'avons
jamais vu une terminaison motrice disparaître complètement; au contraire, quinze à trente jours après la section,
les fragments des cylindraxes *s'accroissent*, se rejoignent et
reconstituent des filets cylindraxiles continus. Entre qua-
rante et soixante-douze jours, les îlots cylindraxiles pous-
sent de petits prolongements arrondis au sein de la zone
rouge foncé.

D'autres organes terminaux semblent en voie de *formation nouvelle, avec le concours du tissu musculaire*; ils sont
constitués par une sorte de bourgeon rouge-violet, d'assez
grande dimension, contenant un ou plusieurs nodules
allongés de substance cylindraxiles facilement reconnaissables à leur coloration.

Enfin, à ce stade, on voit par ci par là naître latéralement de filaments nerveux de nouvelle formation, un
bourgeon ayant d'emblée un caractère exclusivement nerveux et paraissant destiné à devenir un organe terminal.
Mais ce mode de formation aux dépens du *nerf reconstitué*
est en somme rare et la plupart des terminaisons motrices
se régénèrent avec la participation du tissu musculaire.

M. Th. TOMMASINA fait une communication *sur la nature
de l'émanation du radium*. La découverte faite l'année pas-
sée par MM. Ramsay et Soddy[1] et confirmée récemment
par MM. Curie et Dewar, avec la collaboration de M. Des-
landres[2], de la production spontanée de l'hélium dans un
tube en verre scellé ne contenant que de l'émanation du
radium, laquelle disparaît complètement, comme l'analyse

---

[1] W. **Ramsay** et Soddy. *Phys. Zeitschr*, septembre 1903.
[2] *C. R. de l'Acad. des Sc. de Paris*, 25 janv. 1904.

spectrale le montre, est la constatation de la genèse d'un élément chimique.

Cette désagrégation d'un type d'atomes et la reconstitution atomique des mêmes particules intégrantes qui forme un autre type d'atomes, est la démonstration expérimentale de l'unité de la matière. En outre, étant donné la propriété radioactive des deux émissions qui constituent l'émanation, cette constatation démontre que les liaisons interatomiques de la matière pondérable sont dues aux charges électriques des particules intégrantes. L'on sait, en effet, que les particules du rayonnement α, analogue aux rayons canaux de Goldstein, portent des charges positives, et, que celles du rayonnement β, analogue aux rayons cathodiques, sont électrisées négativement. Ces particules ne peuvent pas être des atomes, mais sont certainement des subatomes électrisés, car ils se recombinent entre eux d'une manière différente et telle que, d'après l'analyse spectrale, ils ne reforment plus aucun atome de radium, mais uniquement ceux de l'hélium, lesquels étant stables ne possèdent plus de radioactivité ; pour ne pas les confondre avec les ions électrolytiques, l'on peut appeler *subions* positifs les particules électrisées α et *subions* négatifs les β. L'on évite une confusion entre deux choses très différentes et l'on rend ainsi plus claires les descriptions et explications des phénomènes dus à des actions de cet ordre de grandeur.

En outre cette notion des subions a, selon M. Tommasina, une importance capitale, car elle permet d'appliquer la théorie mécanique de l'électricité aux charges des subatomes, pour mettre en évidence la forme purement cinétique, de laquelle l'électron unique est l'élément. Si toute charge est un champ électrostatique, dans lequel les lignes de force sont dirigées vers l'extérieur pour la charge positive et en sens contraire pour la négative, l'électron étant l'élément constitutif autant de l'une que de l'autre charge, il ne peut être lui-même ni positif ni négatif, mais c'est son mode d'action qui sera l'un ou l'autre. D'ailleurs l'électron étant aussi un élément de courant, il ne peut avoir de signe de par sa propre nature, du moment que c'est le sens seul de son déplacement qui le donne au courant. De même, le signe des charges doit dépendre de la distribution des électrons qui les constituent et non pas du signe de ces derniers, chacun desquels est un élément de charge et non pas toute une charge si petite soit-elle. Un élément de charge ne peut pas être une charge, aussi l'électron doit être un élément de tube de force.

La valeur de $\frac{e}{m}$ pour le projectile positif de Goldstein a été trouvée égale, en moyenne, à 9400, celle pour l'atome de l'hydrogène par électrolyse serait 9660, le projectile positif doit donc être un subion positif. Quant au rapport de $\frac{1}{1000}$ qui d'après les résultats de plusieurs expériences, semble exister entre la masse du subion négatif et celle du subion positif, il conduit évidemment à la conséquence que les subions négatifs doivent constituer une espèce d'atmosphère autour de chaque subion positif. Comme l'on sait que l'ensemble ainsi constitué est neutre et qu'il n'est donc pas un ion, mais un atome, il faut en déduire qu'un atome est toujours formé par un ou plusieurs subions positifs, à chacun desquels l'on aurait fourni une atmosphère de subions négatifs, et dont la charge totale est égale et de signe contraire à la charge totale des subions positifs, de cette façon le tout, c'est-à-dire l'atome, serait neutre. Il suffit de supposer que cette neutralisation ne soit pas parfaite de tous les côtés pour y voir l'origine et la nature électrique de l'affinité chimique des atomes et des molécules, ainsi que des propriétés qui distinguent les corps les uns des autres, car les phénomènes électrolytiques ont lieu dans l'éther, et les subioniques étant de l'ordre de ce dernier, en sont des modifications.

L'on sait que le poids atomique de l'hélium est égal à 4 si l'on adopte, en chiffre rond, 224 pour celui du radium; il en résulte que lorsque l'émanation du radium s'est transformée complètement en hélium, chaque atome du radium aura constitué, avec ses propres particules inté-

grantes, 56 atomes d'hélium. En outre, si les subions négatifs ont une masse 1000 fois plus petite que les subions
positifs, leur nombre proportionnel respectif dans l'atome
de radium sera de 112 positifs neutralisés par 112.000
négatifs. tandis que l'atome de l'hélium ne contiendrait
que 2 positifs neutralisés par 2000 négatifs, en admettant
les charges proportionnelles aux masses. Ces chiffres
montrent que la tendance au fractionnement doit être plus
grande dans les corps à poids atomique très élevé, comme
c'est le cas pour les corps radioactifs que l'on connaît.

M. Tommasina conclut, d'après ce qui précède, que les
subatomes ne peuvent pas exister sans charge électrique,
car, même lorsqu'ils sont réunis pour former un atome,
ce sont les effets égaux et en sens contraire de leurs charges qui se neutralisent, les charges opposées doivent
nécessairement coexister toujours, car elles constituent
précisément, par leurs lignes de force, les liaisons qui
maintiennent rapprochés les subions de signe contraire
dans un état d'équilibre plus ou moins stable. Ce qui explique pourquoi la radioactivité de l'émanation du radium
diminue, comme il a été constaté, au fur et à mesure que
les subions s'associent de nouveau pour former les atomes
plus stables de l'hélium.

Les atomes des corps ne sont donc pas constitués de
subatomes, mais de subions indestructibles positifs et
négatifs, tandis que l'électron, unique et sans signe, en est
l'élément cinétique éthéré, qui produit par ses pressions
les lignes de force de leurs charges, et qui est également
l'élément des radiations électromagnétiques ; conclusions
qui viennent à l'appui de sa théorie électrostatique de la
gravitation universelle. En effet, si dans le système inter-
atomique agissent des forces électrostatiques, il n'y a pas
une raison plausible contre l'hypothèse que les mêmes
forces soient en action dans les systèmes astronomiques.

Séance du 7 avril.

Le Secrétaire. 4me Fascicule du Tome 34 des Mémoires. — F. Battelli et Stern (Mlle). Richesse en catalase des tissus animaux. — Ed. Claparède et Borst (Mlle). Fidélité et éducabilité du témoignage.

M. le Secrétaire des publications présente à la Société le 4me fascicule du tome 34 des Mémoires, paru au mois de mars. Ce fascicule renferme : Note sur une opération analytique et son application aux fonctions de Bessel, par C. Cailler. — Rapport du Président pour l'année 1903.

M. BATTELLI et Mlle STERN rapportent les résultats de recherches faites dans le but d'étudier la *richesse en catalase des différents tissus animaux*. Les auteurs ont examiné les organes d'un animal à sang froid, la grenouille, et d'un animal à sang chaud, le cobaye. Le tissu à étudier était broyé, additionné d'eau distillée et mis en présence d'un excès de H^2O^2. La richesse d'un organe en catalase était dosée par la quantité d'O dégagé.

Les résultats principaux de ces expériences sont rapportés dans le tableau suivant. Les chiffres re rapportant à l'oxygène indiquent la quantité de ce gaz dégagée dans les premières cinq minutes pour un centigr. de substance.

Organes	Espèce animale	O dégagé
Foie	Grenouille	295 cc.
»	Cobaye	305 »
Rein	Grenouille	35 »
»	Cobaye	45 »
Sang	Grenouille	7,5 »
»	Cobaye	32,5 »
Cœur	Grenouille	5 »
»	Cobaye	33 cc.
Poumon	Grenouille	5 »
»	Cobaye	25 »
Rate	Grenouille	10 »
»	Cobaye	24 »
Muscles striés	Grenouille	0,6 »
»	Cobaye	3,2 »
Cerveau	Grenouille	1,2 »
»	Cobaye	1,6 »

Ces chiffres montrent qu'il existe une différence énorme entre les organes au point de vue de leur richesse en catalase. A poids égal le foie décompose 150 fois plus de H^2O^2 que le cerveau. On constate en outre que la grenouille et le cobaye présentent dans les glandes (foie, rein) et dans le cerveau des quantités de catalase assez voisines, tandis que dans les autres tissus (cœur, muscles, poumon, sang), la grenouille a une quantité de catalase cinq fois environ inférieure à celle du cobaye.

Ces données porteraient à admettre d'un côté que la catalase est en rapport avec des phénomènes métaboliques spéciaux ayant leur siège principal dans des organes à fonction chimique spécialisée comme le foie. Mais d'un autre côté la catalase parait aussi être en rapport avec l'intensité des phénomènes du métabolisme en général, car les tissus de la grenouille (cœur, muscles, poumon, sang) possèdent une quantité de catalase notablement inférieure à celle existant dans les mêmes tissus des animaux à sang chaud.

M. Ed. Claparède communique au nom de Mlle M. Borst (de Würzbourg) et au sien des expériences faites cet hiver au Laboratoire de Psychologie sur la *fidélité et l'éducabilité du témoignage,* expériences qui mettent en relief *divers facteurs du témoignage :*

L'importance et la possibilité de l'étude psychologique du témoignage a été montrée en France par Binet, en Allemagne par Stern. Les présentes expériences avaient entre autres pour but de voir si l'exercice améliore le témoignage, et comment il en modifie les divers facteurs.

Le principe de l'expérimentation est le suivant : on montre au sujet une image, représentant une scène quelconque, pendant un temps limité, une minute, par exemple. Ensuite, au bout d'un certain temps, on fait décrire (par écrit) au sujet l'image en question ; cette première épreuve accomplie, on l'interroge sur la même image. On a ainsi deux témoignages : le premier, le *récit,* est spontané ; le second *(interrogatoire)* est au contraire provoqué.

Une fois obtenues ces dépositions, on compte le nombre total des réponses faites, le nombre des oublis, le nombre des fautes; on note aussi combien de réponses n'ont été fournies qu'avec hésitation; combien ont été affirmées sous serment, etc.

Cette numération permet d'obtenir des résultats sur les points suivants : *l'étendue* du témoignage, exprimée par le nombre des réponses totales (ou mieux par le rapport des réponses totales au nombre total des réponses possibles): la *fidélité du témoignage* (rapport des réponses justes au nombre total des réponses faites).

Cette numération permet d'obtenir des résultats sur les points suivants : l'*étendue* du témoignage, exprimée par le nombre des réponses totales (ou mieux par le rapport des réponses totales au nombre des réponses passibles); la *fidélité du témoignage* (rapporte des réponses justes au

nombre total des réponses faites) $= \dfrac{\text{rép. justes}}{\text{rép. totales}}$ *l'assu-*

rance du témoin $= \dfrac{\text{total des réponses certifiées}}{\text{réponses totales}}$; *l'assu-*

rance justifiée $= \dfrac{\text{rép. certifiées justes}}{\text{réponses totales}}$; la *fidélité de la*

certitude $= \dfrac{\text{rép. certif. justes}}{\text{total rép. certif.}}$; *la justesse certifiée* $=$

$\dfrac{\text{réponses certifiées justes}}{\text{total réponses justes}}$; la *tendance du serment* $=$

$\dfrac{\text{rep. garanties sous serment}}{\text{réponses totales}}$; la *tendance au serment véri-*

dique $= \dfrac{\text{rép. jurées justes}}{\text{rép. totales}}$; la *tendance au faux serment* $=$

$\dfrac{\text{réponses jurées fausses}}{\text{réponses totales}}$; la *fidélité du serment* $=$

$\dfrac{\text{réponse jurées justes}}{\text{total réponses jurées}}$; *spontanéité de la déposition* $=$

$\dfrac{\text{réponses totales du Récit}}{\text{rép. totales de l'Interrog.}}$; *spontanéité du souvenir* $=$

$\dfrac{\text{réponses justes Récit}}{\text{rép. justes Interrog.}}$.

Les expériences faites sur 24 sujets, dont 12 de chaque sexe, ont montré entre autres que *la fidélité du témoignage s'améliorait légèrement avec l'exercice;* elles ont aussi confirmé pleinement ce fait signalé par Binet et Stern que, bien que le témoignage provoqué par interrogation soit beaucoup supérieur au témoignage spontané quant à l'étendue (65 réponses en moyenne contre 40), *il lui est notablement inférieur quant à la fidélité* (83 contre 89). Les expériences ont encore montré que *l'assurance du témoin est un facteur qui varie peu* au cours des diverses circonstances de l'expérimentation, et qu'il parait dépendre plus du tempérament de l'individu que de sa mémoire. Notons encore que la spontanéité du souvenir n'est pas toujours proportionnelle à son étendue. C'est une chose d'avoir une bonne mémoire de conservation, et une autre chose d'avoir des souvenirs qui surgissent spontanément quand on le désire.

Ces recherches, qui ont un intérêt spécial pour la pratique judiciaire et la pédagogie, seront exposées en détail par Mlle Borst dans les *Archives de Psychologie.*

Séance du 21 avril.

A. Jaquerod et L. Perrot. Point de fusion de l'or. — Th. Tommasina. Solution de deux questions de physique cinématique. — L. Duparc. Nouvelles recherches dans l'Oural.

M. A. JAQUEROD expose le résultat de recherches effectuées en collaboration avec M. F.-Louis PERROT sur *le point de fusion de l'or et la dilatation de quelques gaz entre 0 et 1000 degrés.* Les auteurs se sont servi du thermomètre à gaz déjà décrit [1], mais dans lequel l'ampoule de verre était remplacée par une ampoule de silice soudée à un tube capillaire de même matière, et reliée au manomètre au moyen d'un joint en cire à cacheter.

La silice fondue présente le double avantage d'être très

---

[1] Jaquerod et Wassmer. *Journal de Chimie physique,* t. II, p. 55, 1904.

rigide et de posséder un coefficient de dilatation près de vingt fois inférieur à celui du platine. Le réservoir thermométrique était placé au centre d'un four cylindrique chauffé au moyen d'une spirale de platine parcourue par un courant électrique. Un fragment de fil d'or, placé à côté de l'ampoule, servait aux déterminations ; il fermait un circuit électrique alternatif comprenant un téléphone, qui cessait de vibrer au moment de la fusion. La mesure de la pression initiale du gaz dans le thermomètre se faisait sans déplacer le four, en y introduisant un thermomètre à mercure de Baudin, lu au $^{1}/_{100}$ de degré. L'appareil fut rempli successivement d'azote, d'air, d'oxygène, d'oxyde de carbone et d'acide carbonique, à des pressions initiales variées, et les températures de fusion de l'or calculées en prenant comme cofficient de dilatation des quatre premiers gaz la valeur 0,0036650, et pour l'acide carbonique les valeurs du coefficient entre 0-100° résultant des mesures de M. Chappuis (extrapolées en supposant pour une pression nulle $\alpha = 0.0036620$).

Les résultats ont été les suivants :

Thermomètre.		Pression initiale à 0° (approx.)	Nombre d'expériences.	Température moyenne.
Azote	I	232 mm.	6	
	II	213 »	6	1067°2
	III	198 »	5	
Air		232 »	7	1067°2
Oxygène	I	233 »	6	1067°5
	II	185 »	5	
Oxyde de carbone		233 »	4	1067°,05
Acide carbonique	I	242 »	5	1066°5
	II	175 »	8	

Les conclusions qui résultent de ces expériences sont : 1° que le point de fusion de l'or sur l'échelle du thermomètre à azote (volume constant) est voisin de 1067 degrés ; 2° que les coefficients de dilatation moyens des quatre premiers gaz entre 0 et 1000° peuvent être regardés comme identiques ; 3° que celui de l'acide carbonique est un peu inférieur à ce qu'il est entre 0 et 100 degrés.

Les auteurs se proposent de reprendre ces mesures au moyen du thermomètre à *hélium*, dont les indications doivent se rapprocher beaucoup de l'échelle absolue des températures.

M. Th. TOMMASINA communique les *solutions théoriques de deux questions fondamentales de physique cinématique.* Le phénomène primaire, parce que *substratum* de tous les autres, qui constitue ce qu'on appelle la transmission de l'énergie, soit dans les espaces interatomiques, soit dans l'espace sidéral illimité, doit être expliqué mécaniquement, si l'on ne veut pas se contenter de mots sans signification concrète. Il faut donc que l'hypothèse de l'existence de l'éther soit complétée par une théorie mécanique. Cette théorie a pour base la solution des deux questions suivantes :

1° *Les dernières ou ultimes particules matérielles n'ayant que la propriété de l'impénétrabilité, c'est-à-dire la propriété d'occuper à l'exclusion de toute autre chose une partie de l'espace, ne possèdent aucune élasticité propre, comment peut-on expliquer leur réaction après le choc, réaction qui nous oblige à leur reconnaître au contraire une élasticité parfaite?*

2° *En admettant nécessairement le vide absolu autour des particules constituantes des vortex de l'éther, donc n'admettant aucune action à distance, aucune force attractive ou répulsive, comment expliquer l'existence de formes permanentes plus ou moins compliquées?*

M. Tommasina pense qu'on peut résoudre ces questions par les simples lois de la mécanique. En partant de ce qu'on doit considérer comme un axiome physique fondamental, que le vide absolu ne peut transmettre de par soi-même une action mécanique quelconque, on en tire ce corollaire : *Dans le vide absolu une masse matérielle quelconque ne peut présenter une résistance que si elle ou ses parties se trouvent en mouvement.*

Si donc, dans le vide absolu la résistance de la matière n'est due qu'à son mouvement, et si chaque particule possède un mouvement, qui peut être une trajectoire circulaire fermée, lorsqu'un choc vient à se produire entre deux particules également en mouvement, ce choc ne pouvant agir que sur la résistance qu'il rencontre, il agira sur chaque mouvement d'une manière directe, le mouvement étant la seule cause réelle et actuelle de la résistance. Il y aura donc déformation momentanée des deux orbites. Cette déformation de trajectoire, dans laquelle la matière n'agit que d'une façon passive par son déplacement, constitue le ressort idéal, l'élasticité parfaite. L'élasticité est ainsi liée au principe de l'action et de la réaction. En effet, il suffit de supposer immobile dans le vide absolu l'une des particules, pour voir disparaître la réaction, car la résistance qu'elle présente, dans ce cas, étant nulle, après le choc elle ne sera que déplacée, tandis que l'autre continuera son mouvement avec la même vitesse et direction, comme si rien n'avait eu lieu. Cette supposition n'est, d'ailleurs, pas réalisable, toutes les particules possédant des mouvements propres identiques, car d'après la loi d'inertie ces mouvements circulaires fermés doivent être perpétuels dans le vide absolu. Ainsi, deux particules ne pourront jamais se rencontrer sur une même direction, ni dans le même sens, ni en sens opposé, un élément de leur trajectoire étant toujours curviligne ne se confondra jamais avec la tangente. Deux particules, pour se rencontrer dans la même direction, devraient parcourir la même orbite en sens opposé, ce qui ne peut pas arriver, chaque particule ayant une orbite propre.

M. Tommasina donne à la première question la réponse suivante :

La résistance des particules non élastiques n'étant due, dans le vide absolu, qu'à leur mouvement, ce qui est déformé par le choc n'est que leur forme cinétique, laquelle en fait ainsi des agents dont l'élasticité est parfaite

Si l'on suppose deux particules *a* et *a'*, qui parcourent dans le même sens et avec la même vitesse deux trajectoires identiques sur deux plans parallèles infiniment rapprochés, ces particules sont en équilibre indifférent, ne pouvant jamais s'entre-choquer spontanément. C'est le

même cas pour deux autres particules a, a', dont les trajectoires se trouvent sur un même plan, car à cause du syn-
chronisme parfait, chaque fois qu'elles viennent à passer
par leur point de conjonction tangentielle, se trouvent
pendant un instant dans les mêmes conditions que les
premières, étant dirigées dans le même sens. Or, comme
la résistance dépend du mouvement, *l'inertie de position*
de l'orbite de chaque particule est proportionnelle à la
vitesse, aussi les chocs ne font que constituer les actions
réciproques. *Sans qu'il y ait donc aucune force, aucune
tendance entre les particules* a, a', *et même à cause de cette
absence d'action entre elles, les orbites de* a *et de* a' *restent
rapprochées par l'inertie de position propre à chacune et proportionnelle aux vitesses.* Pour les éloigner, il faudrait faire
naître entre elles une force répulsive. *Donc toute forme
cinétique composée de cette façon, quel que soit le nombre
des éléments, sera permanente.* C'est la réponse que M. Tommasina donne à la seconde question.

Ces deux questions ainsi résolues, M. Tommasina dit
avoir pu avancer d'un pas sûr dans la recherche de la
constitution cinétique de l'éther, laquelle pour être la vraie,
doit être la seule possible, car l'éther, d'après les lois de
l'optique, est certainement un élément invariable. Il faut
donc que deux molécules voisines de l'éther ne puissent
jamais se trouver dans l'état d'équilibre indifférent des
particules a, a', mais qu'elles exercent toujours des pressions constantes entre elles, sans quoi la transmission de
la lumière ne pourrait se faire suivant les lois connues.
M. Tommasina, à l'aide de dessins, explique la constitution et la cause de la permanence du vortex de l'éther, qui
est un tourbillon multiple, ou tore secondaire, constitué
de tores primaires, ces derniers étant formés de particules
élémentaires, liées entre elles d'après les lois mécaniques
qu'il vient de mentionner.

M. le prof. DUPARC parle de ses dernières *recherches dans
l'Oural.* Nous aurons l'occasion de revenir sur cette communication.

Séance du 5 mai.

E. Yung. Influence du régime alimentaire sur la longueur de l'intestin. — Léon-W. Collet. Tectonique du massif Tour Saillère-Pic de Tanneverge. — C.-E. Guye. Champ magnétique de convection dû à la charge électrique terrestre.

M. le prof. Émile YUNG expose les résultats d'expériences poursuivies pendant les années 1900 et 1901 dans le but de déterminer l'*influence du régime alimentaire sur la longueur de l'intestin* (mesuré du pylore à l'anus). Ces expériences ont porté sur des larves de *Rana esculenta* élevées dans le laboratoire et issues d'une même ponte. Les unes (A), à partir de 4 mm. de longueur du corps, furent nourries exclusivement de viande ; les autres (B) ne reçurent d'autre nourriture que des plantes (*Spirogyra*). Dans chacune de ces catégories, on puisait une dizaine d'individus de même taille (mesurés de l'extrémité du museau à l'anus) et on mesurait leur intestin. Voici les chiffres obtenus :

| Longueur du corps en millimètres | A | | B | |
	Longueur de l'intestin en millimètr.	Rapport de la longueur de l'intestin et de la long. du corps	Longueur de l'intestin	Rapport de la longueur de l'intestin et de la long. du corps
4	14	3.5	14	3.5
7	22	3.1	32	4.5
9	39	4.3	64	7.1
11 (sans pattes).	49	4.4	86	7.8
11 (av. moignons des pattes post.)	47	4.2	83	7.5
12 (av. pattes post de 5 mm)	56	4.2	125	9.6
12 (pattes post. de 7 mm. et moignons ant[rs]) . . .	49	3.7	96	7.6
12 (à la sortie des pattes ant[res]) . .	39	3.2	60	5.—
12 (quatre pattes et queue)	19	1.5	25	2.—
12 (petites grenouilles queue résorbée)	14	1.1	16	1.3

M. Yung a procédé, d'autre part, à la même détermination sur des têtards pris dans la nature. Voici les chiffres exprimant la moyenne de 10 individus de chaque catégorie :

Longueur du corps	Longueur de l'intestin	Rapport
4 mm......................	15	3.7
7	31	4.3
9	60	6.6
11 (sans pattes).............	85	7.7
11 (avec moignons postérieurs).	77	7.0
12 (avec pattes post^{res} de 5 mm).	102	8.5
12 (» » de 7 mm).	80	6.6
12 (à la sortie des pattes ant^{res}).	52	4.3
12 (quatre pattes et queue).....	23	1.9
12 (queue résorbée)..........	14	1.16

La comparaison de ces chiffres montre que l'alimentation végétale a pour effet d'allonger l'intestin, l'alimentation animale, de le raccourcir, par rapport à ce qu'il est sous le régime normal, qui est mixte. M. Yung a repris cette année les expériences en question, les étendant à d'autres espèces animales. Il aura donc l'occasion de revenir sur les conclusions qu'elles comportent.

M. Léon-W. COLLET fait une communication sur la *tectonique de la chaîne Tour Saillère-Pic de Tanneverge*.

Dans cette chaine, les axes des principaux plis observés ont une direction SW.-NE., et non SSW.-NNE., comme pourrait le faire supposer l'arête orographique qui du mont Ruan s'étend jusqu'au Pic de Tanneverge.

Les caractères tectoniques se modifient d'une façon fondamentale de la Tour Saillère, qui est formée (E. Favre et H. Schardt) essentiellement par un seul grand anticlinal couché, au Pic de Tanneverge, qui est constitué par l'empilement des trois écailles ou plis suivants :

Le pli inférieur, qui est représenté dans les pentes des Pas-Nais par une charnière écrasée de Lias supportant normalement le Dogger, l'Oxfordien, le Malm, et du côté de la Pointe des Rosses, le Néocomien. A ce même pli correspond la charnière anticlinale de Malm du fond de la combe de Sixt, qui est déjetée sur le Néocomien de Sageroux. Sur le versant N. de la Pointe des Rosses on peut voir le Malm et le Néocomien du jambage supérieur de ce pli se décrocher de façon à former une écaille normale intercalée entre le pli inférieur et le pli moyen. Au mont Ruan, c'est cette écaille qui forme le sommet; au-dessus d'elle, dans la paroi N., le pli inférieur du Tanneverge forme quatre digitations anticlinales de Malm, séparées par trois synclinaux de Néocomien, qui représentent les digitations amplifiées de l'anticlinal liasique des Pas-Nais. Vers la plaine de Susanfe, le jambage renversé de ce pli plonge vers la montagne par-dessus le Néocomien. A la Tour Saillère, l'écaille supérieure du Ruan n'existe plus, le grand anticlinal dégeté et digitté inférieur prend une ampleur plus considérable qu'au Ruan et recouvre sur toute la largeur de la chaîne un synclinal formé de Flysch et de Nummulitique.

Il faut admettre que la charnière de ce synclinal a une direction oblique à celle de l'anticlinal, de sorte que le profil de la Tour Saillère passe graduellement à celui du mur des Rosses par celui du Ruan par une diminution progressive de la profondeur du synclinal sous-jacent. Le pli inférieur du Tanneverge, de l'altitude de 2300 mètres, est arrivé à la Tour Saillère à celle de 3200 mètres.

Le pli moyen du Tanneverge, formé par une simple série normale d'Oxfordien, de Malm et de Néocomien, prend la forme d'une écaille chevauchant sur le pli inférieur; depuis le col de Tanneverge, il se poursuit par la Pointe des Rosses à la Tour des Rosses et au mur dont il forme le sommet; au Ruan, il a été enlevé par l'érosion.

Le pli supérieur est de nouveau représenté par une simple écaille de Malm avec un chapeau de Néocomien. Il n'existe qu'au Pic de Tanneverge et à la Pointe des Rosses, où il est réduit à un lambeau peu important.

En résumé, l'anticlinal de la Tour Saillère, en s'abaissant au SW., diminue rapidement d'importance, soit par la réduction du synclinal sous-jacent, soit par la disparition progressive des digitations frontales. Ensuite, nous voyons se superposer sur ce pli en voie de diminution deux autres plis, celui des Rosses et celui du Tanneverge, qui paraissent se relayer.

Tandis que sur la rive droite du Rhône les plis s'abaissent vers le NE., sur la rive gauche ils s'abaissent vers le SW. ; l'axe de la vallée du Rhône était donc occupé par un bombement anticlinal transversal du cristallin.

Une étude complète et détaillée de cette chaine paraîtra dans les *Matériaux pour la Carte géologique suisse.*

M. Ch.-Eug. GUYE développe quelques considérations sur le *champ magnétique dû à la convection de la charge électrique de la terre.* M. Guye montre comment ce champ peut être aisément calculé ; il insiste ensuite sur les analogies et les différences que ce champ présente avec le champ magnétique terrestre.

Séance du 2 juin.

Th. Tommasina. Pyroradioactivité. — Le Royer, Brun et Collet. Synthèse du périclase. — C.-E. Guye et Schidloff. Energie dissipée dans le fer par hystérésis aux fréquences élevées. — L. Duparc. Nouvelles roches de l'Oural. — L. Duparc et Hornung. De l'ouralitisation.

M. Th. TOMMASINA communique la *constatation d'une pyroradioactivité.* Il était connu depuis bien des années que les fils métalliques chauffés au rouge se comportent comme les flammes par rapport à l'accélération de la déperdition des charges électriques, mais il n'était pas établi que cette action dut être attribuée à des rayons analogues aux rayons de Becquerel émis par ces fils chauffés au rouge. C'est par la constatation de la radioactivité acquise par ces fils qu'ils manifestent encore pendant quelque temps après leur refroidissement et par la constatation de la radioactivité qu'ils provoquent sur tous les corps soumis à leur rayonnement, que M. Tommasina a pu reconnaître l'existence et la nature de ce dernier, qui est composé, comme le rayonnement de Becquerel, d'émissions α, β et γ (voir *Archives*, juin 1904, p. 589-596). M. Tommasina admet que l'oxydation joue un rôle important dans ce phénomène, mais il est convaincu que ce n'est pas l'oxydation qui peut l'expliquer, et qu'au contraire, c'est la radioactivité des corps qui fera découvrir la cause primaire électronique, non seulement de l'oxydation, mais des affinités chimiques. En attendant, il semble que la pyroradioactivité décèle l'origine de l'électricité de contact, dont la théorie n'est pas encore nettement établie.

MM LE ROYER, A. BRUN et COLLET communiquent les résultats de leurs expériences sur *le périclase* (MgO).

Ils ont obtenu au four électrique la synthèse directe de ce minéral.

En chauffant dans l'arc une certaine quantité de magnésite de l'île d'Eubée, il s'est formé des druses tapissées de petits cristaux de périclase (MgO). De plus, il a été obtenu des masses transparentes à cassure cristalline.

Les cristaux sont cubiques, sans autres faces que celles du cube, quelquefois allongées et prenant l'apparence prismatique. Les faces portent souvent les traces d'empilements de lames cristallines. Clivage parallèle à (100). Au point de vue optique, ils sont incolores, très transparents, absolument isotropes, d'un éclat aodamantin. L'indice mesuré avec les liquides et à l'aide d'un petit prisme taillé dans la masse transparente, s'est trouvé être de

$$n \text{ rouge} \quad 1.700$$
$$n \text{ vert} \quad 1.717$$

On ne peut garantir la 3ᵉ décimale.

Les propriétés chimiques des cristaux sont identiques à celles du périclase naturel. L'eau les attaque lentement, et celle-ci bleuit alors énergiquement le tournesol.

MM. Ch.-Eug. GUYE et A. SCHIDLOFF. *Sur l'énergie dissipée dans le fer par hystérésis aux fréquences élevées.*

Dans un précédent travail fait par l'un de nous en collaboration avec M. B. Herzfeld, nous avions constaté que la puissance consommée dans le fer pouvait être représentée en fonction de la fréquence n par une équation de la forme

$$y = An + Bn^2$$

à la condition de n'employer que des fils de très petit diamètre. En outre, ces expériences avaient montré qu'au fur et à mesure que l'on emploie des diamètres plus petits, le coefficient B diminue, de sorte que pour des fils suffisamment fins (0.0038^{cm}), l'équation se réduit à une droite.

Nous en avions conclu que l'énergie consommée dans le fer par hystérésis est bien indépendante de la vitesse avec laquelle le cycle d'aimantation est parcouru.

Ces expériences, effectuées par une méthode bolométrique, avaient porté sur des fils de fer de 0^{cm}.0374 à 0.0038^{cm} de diamètre soumis à des champs alternatifs efficaces variant entre 56.6 (C. G. S) et 9.4 (C. G. S) ; les fréquences étant comprises entre 300 et 1200 périodes à la seconde.

Les expériences définitives, dont nous communiquons aujourd'hui les résultats, ont été effectuées par la même méthode, à laquelle ont été apportés divers perfectionnements. En particulier, nous avons substitué au fil unique tendu dans l'axe de chaque bobine un faisceau de 10 fils, de façon à augmenter un peu l'élévation de température due à l'hystérésis. La sensibilité du galvanomètre a pu être diminuée. et il en est résulté que nous n'avons eu à effectuer aucune correction résultant de la variation de résistance des fils sous la seule influence de l'aimantation. Les courbes expérimentales obtenues passaient alors par l'origine des coordonnées.

Résultats. Le diamètre de chacun des fils composant le faisceau était de 0.0060^{cm}, et nous avons opéré avec trois champs différents et à des fréquences variant entre 300 et 1200 périodes.

Dans toutes ces expériences, les courbes expérimentales se sont confondues avec des droites, et cela dans la limite des erreurs de la méthode.

Les tableaux suivants montrent avec quelle approxima-
tion cette loi linéaire est vérifiée expérimentalement.

$$H_{eff} = 56.6 \text{ c. g. s.}$$

Fréquence	Déviation par cycle (sensibilité 1)	Ecart sur la moyenne
1200	0.32451	+ 0.00132
1100	0.32105	— 0.00214
1008.3	0.32341	+ 0.00022
898.1	0.32080	— 0.00239
800	0.31875	— 0.00444
700	0.32046	— 0.00273
611.1	0.32488	+ 0.00619
500	0.32200	— 0.00119
400	0.32842	+ 0.00523
300	0.32757	+ 0.00438

$$H_{eff} = 18.84 \text{ c. g. s.}$$

Fréquence	Déviation par cycle (sensibilité 1)	Ecart sur la moyenne
1191.7	0.25631	+ 0.00028
1108.3	0.25649	+ 0.00046
1000	0.25652	+ 0.00049
901.7	0.25569	— 0.00034
793.3	0.25347	— 0.00256
704.2	0.25858	+ 0.00255
599.2	0.25536	— 0.00067
503.3	0.25381	— 0.00222
402.8	0.25883	+ 0.00280
301.4	0.25527	— 0.00076

$$H_{eff} = 9.42 \text{ c. g. s.}$$

Fréquence	Déviation par cycle (sensibilité 1 28)	Ecart sur la moyenne
1200	0.08775	+ 0.00058
1102.5	0.08755	+ 0.00038
1016.7	0.08613	— 0.00104
900	0.08708	— 0.00009
800	0.08996	+ 0.00279
700	0.08744	+ 0.00027
600	0.08730	+ 0.00013
500	0.08756	+ 0.00040
402.1	0.08631	— 0.00086
298.2	0.08459	— 0.00257

L'écart moyen de chaque mesure sur la valeur moyenne est d'environ 0,8 %. En outre, comme le montrent les tableaux précédents, le nombre des écarts positifs est semblablement égal à celui des écarts négatifs.

Ces expériences confirment donc les résultats précédemment obtenus; l'énergie consommée par cycle est, dans ces limites de fréquence, indépendante de la vitesse avec laquelle le cycle d'aimantation est parcouru.

M. le prof. Duparc fait une communication sur les résultats de ses *explorations géologiques sur la rivière Wagran* (Oural du Nord). Il a rencontré de nombreuses roches éruptives basiques de la série des gabbros ouralitisés, gabbros diorites et gabbros francs, avec phénomènes de différenciation magnétique dont il donne la description; il a en outre rencontré un nouvel affleurement de dunite massive avec roches pyroxéniques ordinaires, affleurement qui apparaît en boutonnière au milieu des gabbros diorites, et qui peut être considérée comme nouvelle dans la région. M. Duparc a trouvé encore dans cette dunite de nouvelles roches filoniennes à caractères feldspathiques, différentes de celles trouvées au Kosswinsky et qu'il décrira ultérieurement.

En collaboration avec M. Hornung, M. Duparc fait connaître une *nouvelle théorie de l'ouralitisation* (transformation du pyroxène en amphibole). Le matériel d'études a été fourni par des gabbros ouralitisés du *Cerebriansky*, rapportés par M. Duparc en 1902 et étudiés par Mlle Petroff. Ces roches, d'une admirable fraicheur, sont formées de magnétite, de pyroxène, du groupe diallage et de hornblende extrêmement fraiche, provenant incontestablement de l'ouralitisation du pyroxène. Les minéraux ont été isolés par les liqueurs lourdes dans des conditions très favorables; la hornblende sur des variétés entièrement ouralitisées, le pyroxène sur d'autres qui l'étaient à peine. Les résultats sont les suivants :

Pyroxène D = 3.358		Amphibole D = 3.213	
SiO^2	50.91	SiO^2	43.34
Al^2O^3	2.64	Al^2O^3	12.60
Fe^2O^3	»	Fe^2O^3	10.44
FeO	10.06	FeO	7.92
MnO	traces	MnO	traces
CaO	23.33	CaO	13.06
MgO	13.30	MgO	12.60
K^2O		K^2O	0.02
Na^2O	nuls	Na^2O	1.90
Perte au feu		Perte au feu	0.22
Total	100.25	Total	102.10

Il résulte de ces chiffres que l'amphibole et le pyroxène sont totalement différents ; l'amphibole est décalcifiée vis-à-vis du pyroxène, plus basique, plus riche en alumine et alcalifère.

L'origine de l'ouralitisation ne peut provenir d'un dimorphisme moléculaire, comme on l'a pensé ; elle n'est pas non plus le résultat de transformations secondaires par la circulation des eaux ; elle doit être attribuée à d'autres phénomènes. Pour M. Duparc, l'examen microscopique indique la présence d'un fluide ayant une composition chimique lui permettant d'effectuer une modification profonde du pyroxène, et un état de ce dernier lui permettant la circulation plus ou moins parfaite de ces fluides.

Dans ces conditions, la théorie est : Le magma primordial d'où est issue la roche du Cerébriansky a d'abord donné naissance à du pyroxène et à de l'anorthite ; avant la consolidation complète de la roche, alors que celle-ci était encore pâteuse et formée en quelque sorte de cristaux restés en présence de leur bain pénétrant, un nouvel apport de caractère plus ou moins feldspathique est venu modifier la composition de ce dernier. Le bain ainsi modifié a réagi sur le pyroxène déjà formé en l'enrichissant en alumine, ce qui le basisifie en le décalcifiant et en y fixant les alcalis. C'est donc à une épigénie magmatique profonde que nous attribuons le phénomène d'ouralitisation.

Séance du 7 juillet.

R. de Saussure. Mouvements infiniment petits d'un corps solide. —
M. Stefanowska. Croissance en poids des animaux et des végétaux.
— Sprecher. Les noyaux filiformes.

M. René DE SAUSSURE traite le sujet des *mouvements infiniment petits d'un corps solide* qui possède plusieurs degrés de liberté, en se basant sur la notion d'axes cotés et de droites cotées. Un axe coté A est un axe de mouvement compatible avec les liaisons et affecté d'un coefficient p_a égal au pas de vis du dit mouvement; une droite cotée B est une droite quelconque du corps solide, et cette droite entrainée dans le mouvement autour de l'axe A, est affectée d'un coefficient p_β déterminé par la relation : $p_\alpha + p_\beta = = p =$ paramètre du complexe linéaire qui a pour axe A et qui passe par B.

Ces notions permettent d'énoncer des théorèmes qui sont valables quel que soit le degré de liberté que possède le corps solide. Cette théorie montre en outre l'identité entre la géométrie des mouvements infiniment petits d'un corps solide et la géométrie de l'espace réglé dont les formes linéaires fondamentales sont : le complexe linéaire, la congruence linéaire, l'hyperboloïde réglé, le couple de droites et la droite cotée.

Pour plus de développements, voir les *Archives des sciences physiques et naturelles*, juillet 1904.

Mlle M. STEFANOWSKA communique les résultats d'un travail qu'elle a entrepris dans le but de rechercher si la *croissance en poids des animaux et des végétaux* est régie par des lois. Pour la souris blanche, la croissance en poids peut être représentée par des couches qui sont des hyperboles; des résultats analogues ont été observés pour le cobaye et le poulet, et chez les végétaux pour le maïs cultivé en solution nutritive. Dans des essais récents, Mlle Stefanowska a cherché a établir le rendement organique de la plante en fonction du temps; elle a choisi comme sujets l'avoine et le sarrasin cultivés en plein air. Ces expériences confirment les résultats déjà obtenus; on peut en conclure que l'accroissement de la masse organisée en fonction du temps suit une loi mathématiquement rigoureuse[1].

M. le prof. CHODAT donne connaissance du travail suivant de M. SPRECHER :

En avril 1899, M. Molisch, prof. à l'Université impériale de Prague, décrivait dans *Bot. Ztg.*, Heft X, des noyaux cellulaires d'une espèce particulière.

Il avait trouvé des noyaux filiformes chez *Lycoris radiata* et d'autres Amaryllidacées en coupant des feuilles perpendiculairement à la nervure médiane et en laissant sortir le suc mucilagineux sur un porte-objet. Dans ce suc il constatait des noyaux nombreux, ronds, lobés, ovales-arrondis, ovales-pointus ou filiformes. Ces derniers formaient souvent des pelottes et Molisch les faisait dériver des noyaux lobés qui ne seraient autre chose que le commencement d'une transformation en noyaux filiformes. Les plus longs de ces derniers avaient jusqu'à 1540 μ.

Pour expliquer les noyaux de cette longueur, Molisch les mettait en rapport avec la longueur des cellules à mucilage où ils se trouvent généralement. L'allongement serait dû aux mêmes causes que la multiplication de noyaux dans les longues cellules des siphonées, des laticifères, etc. La sphère d'action du noyau étant restreinte, il faudrait donc multiplication ou allongement du noyau.

Au commencement de mes recherches sur le noyau cellulaire dans ses rapports avec les sécrétions et les excrétions, M. le prof. Chodat a attiré mon attention sur les noyaux filiformes de Molisch. J'ai étudié tout particulièrement les deux objets classiques de cet auteur : *Galanthus nivalis* et *Lycoris radiata*. En procédant d'abord comme lui et en colorant légèrement le suc sur le porte-objet avec le vert méthyle acétique, j'ai obtenu à peu près

---

[1] Voir *Archives*, t. XVIII, novembre 1904, p. 474.

les mêmes figures que Molisch : des formes rondes, ovales,
lobées, pliées, mais très peu de filiformes. Il me vint
quelques doutes à propos de la nature nucléaire de toutes
ces formations, surtout des filiformes. Les formes rondes,
ovales lobées, contournées, pliées, étaient incontestablement des noyaux possédant des granulations chromatiques
et des nucléoles ; mais dans ce suc sortant de la feuille
blessée, ils étaient très peu nombreux. Le suc de *Galanthus* contenait surtout beaucoup de raphides.

Mais je ne me suis pas arrêté là. J'ai coupé des feuilles
en morceaux et j'ai fixé ces morceaux dans de l'alcool
absolu. Après coloration avec fuchsine et vert d'iode,
safranine et bleu de méthylène ou enfin avec le réactif
genevois je les ai paraffinés. Dans les coupes faites au
microtome, je n'ai pas pu constater jusqu'à présent les
formes de noyaux décrits par Molisch. Mais les cellules
contenant ces noyaux particuliers avaient pu être coupées
lors de la fragmentation de la feuille, et ainsi les noyaux
auraient pu sortir des cellules. Pour ne pas donner lieu à
cette objection, j'ai fixé des feuilles de *Galanthus* et de
Lycoris tout entières soit dans le mélange suivant : alc. à
80 %, 2 p., et acide acétique glacial, 1 p., soit dans l'alcool
absolu, soit dans le fixateur de Flemming. J'ai employé
les différents procédés de coloration qui sont indiqués
dans la Bibliographie. Une solution de safranine ou un
mélange de fuchsine et de vert d'iode me satisfaisaient
tout particulièrement. J'ai fait beaucoup de coupes, les
unes minces, les autres épaisses, les unes transversalement, les autres longitudinales, parallèlement au limbe et
enfin les troisièmes longitudinales perpendiculairement à
lui, mais le résultat fut négatif en ce qui concerne les
noyaux de formes particulières de Molisch.

Si nous prenons une feuille de *Galanthus*, nous avons
au-dessous de l'épiderme trois à quatre couches de cellules ovales à noyaux normaux, et cela à la face supérieure
comme à la face inférieure. D'après Hanstein, c'est la
troisième ou quatrième couche de la face inférieure qui
contient le mucilage. Le mésophylle est composé de tra-

bécules qui contiennent les faisceaux libéro-ligneux et de canaux aérifères qui ont pris naissance par destruction de cellules, dont les restes sont encore visibles, tapissant les trabécules. Ces dernières sont limitées vers l'extérieur par de grandes cellules un peu allongées dans le sens de la feuille et dont les noyaux sont un peu allongés aussi. Plus à l'intérieur, les cellules s'allongent de plus en plus et deviennent plus étroites, de même que les noyaux. Dans les cellules qui accompagnent immédiatement le bois et le liber, ainsi que dans les cellules annexes, les noyaux sont très longs. J'en ai observé qui mesuraient jusqu'à 146 μ. La nature de ces noyaux est très variable, si l'on en juge d'après leur chromatophilie. Les nucléoles sont presque toujours présents au nombre de un ou plus souvent davantage. J'ai rencontré à plusieurs reprises des noyaux renflés et vacuolisés à une de leurs extrémités ou aux deux extrémités. Dans un ou deux cas, et seulement dans les cellules limitant les trabécules, j'ai vu des noyaux légèrement pliés ou ondulés; mais, abstraction faite de ces rares exceptions, tous s'étendaient bien en ligne droite dans les cellules.

Pour *Lycoris*, il en est à peu près de même, avec cette différence qu'ici se trouvent encore à la place des lacunes aérifères de grandes cellules pauvres en contenu cellulaire et à noyaux de forme normale, mais très petits par rapport aux cellules et peu chromatophiles. Cela prouve que nous avons affaire ici à des cellules peu actives. En outre, nous avons ici, au-dessous de l'épiderme supérieur, une assise palissadique à cellules encore peu allongées perpendiculairement à l'axe de la feuille. Si on coupe une feuille de *Galanthus* ou de *Lycoris* comme Molisch l'a fait, on coupe forcément les longues cellules qui accompagnent les faisceaux libéro-ligneux, les lacunes aérifères et chez *Lycoris* les grandes cellules entre les trabécules. Les noyaux, les raphides, bref tout le contenu cellulaire peut se déverser en dehors et les noyaux n'étant plus en relation avec les différents éléments de la cellule, les tensions qui leur faisaient équilibre ayant disparu, ils pourront prendre les formes les plus anormales qui par conséquent sont artificielles et ne se rencontrent point dans la feuille. C'est ainsi que je m'explique la présence dans le suc sortant de la feuille blessée de *Galanthus* ou de *Lycoris* de noyaux pliés, contournés, lobés, etc.

Chez les noyaux vacuolisés, nous aurions peut-être le même phénomène que Krause, Chodat ont décrit pour les chromatophores rouges du fruit de *Solanum pseudocapsicum*.

Quant aux soi-disant noyaux filiformes de Molisch, je ne puis pas encore les considérer comme des noyaux. Ce sont ou bien des filets de protoplasma ou de mucilage, ou peut-être même les fins débris de cellules détruites, sortant des lacunes intertrabéculaires.

La présente note n'est qu'une publication préliminaire, j'ai l'intention de la compléter sous peu en déterminant en détail les rapports de dimensions entre les noyaux et les cellules qui les contiennent.

Séance du 4 août.

R. de Saussure. Grandeurs fondamentales de la mécanique. — Th. Tommasina. Dosage de la radioactivité temporaire chez les corps. De la bioradioactivité.

M. René DE SAUSSURE reprend le sujet qu'il a traité en octobre 1903. L'auteur recherche quelles sont les trois grandeurs fondamentales de la mécanique; il remplace les grandeurs usuelles *temps, masse, espace* par les trois grandeurs *temps, effort* (musculaire), *espace,* qui correspondent aux trois intuitions directes de notre esprit. La *force* en un point est alors le rapport de l'effort à la surface sur laquelle agit cet effort, et la *masse* en un point est le rapport d'un effort à l'angle solide 4π autour de ce point.

Cette théorie permet d'établir un parallélisme complet entre la cinématique et la statique et permet aussi de rendre *homogènes* toutes les équations de la mécanique[1].

M. Th. TOMMASINA fait une communication *sur le dosage de la radioactivité temporaire qu'on peut faire acquérir à tous les corps et son application thérapeutique.* Les récentes expériences de l'auteur [1] sur le pyrorayonnement et sur la radioactivité temporaire que des substances quelconques soumises à son action pendant quelque temps acquièrent, l'avaient amené à rechercher des dispositifs pour augmenter l'intensité du phénomène, non seulement dans le but de rendre plus facile sa production et son étude, mais encore pour pouvoir doser soit l'intensité soit la durée de la radioactivité acquise. Un tel dosage aurait certainement une importance, dit l'auteur, dans les cas d'une utilisation thérapeutique de cette radioactivité qu'on peut introduire dans l'organisme par les voies digestives, ou même par injection directement dans le sang.

Or, M. Tommasina vient de reconnaitre que l'intensité et la durée du pouvoir actif sont proportionnelles à l'état de ionisation du milieu, lorsque cet état est provoqué par une émission de rayons X. Il suffit donc d'avoir tout le nécessaire pour la production des rayons de Röntgen pour pouvoir faire acquérir à une substance quelconque une radioactivité suffisamment intense qui peut durer plusieurs jours avant de disparaître complètement. Même les individus vivants peuvent être radioactivés ; ainsi un jeune moineau a été maintenu en charge pendant plus de trois heures sans qu'il manifestât aucun dérangement ni crainte Un malade pourra donc être activé sur son lit ; il suffira de placer ce dernier sur des supports isolants et le malade en communication, par un dispositif approprié selon les cas, avec l'armature intérieure d'une bouteille de Leyde, dont l'armature extérieure est mise à la terre ainsi que le pôle positif de la bobine d'induction, tandis qu'entre le pôle négatif de la bobine et le bouton de l'armature intérieure éclatent de rapides décharges de 1 cm de longueur : c'est le dispositif de MM. Elster et Geitel. Ces physiciens ont découvert ce phénomène en 1901. Ce système est plus

---

[1] *Archives des sciences physiques et naturelles,* juin 1904.

activant que la pyroradioactivité ; pour augmenter de beaucoup son action, M. Tommasina ionise davantage l'air en fermant le secondaire de la bobine sur un tube de Röntgen, et pour les charges de longue durée il remplace la corde humide utilisée par MM. Elster et Geitel, par un tube à vide peu résistant (mou).

MM. Elster et Geitel avaient déjà reconnu que des mauvais conducteurs, comme une corde, du papier, du feuillage fraîchement coupé, se montrent capables de prendre les propriétés radioactives ; M. Tommasina vient de constater qu'avec un réticule métallique appliqué contre du papier paraffiné, on rend ce dernier radioactif bien qu'il soit un des meilleurs isolants. Ont été rendus ainsi radioactifs toute sorte de corps solides inorganiques ou organiques, tels que des fruits, des plantes, des animaux et des liquides, eau ordinaire, eau distillée et d'autres liquides quelconques.

L'on peut donc activer toute substance pharmaceutique d'usage interne ou externe, utilisée pour bandages, compresses, etc., ainsi que pour une diète spéciale les aliments solides et liquides, sans y introduire aucune trace des corps radioactifs connus.

M. Tommasina conclut que certainement on ne peut rien affirmer d'avance sur les vertus thérapeutiques de cette radioactivité, mais qu'il y a pourtant un fait établi, celui de la ionisation produite par toute radioactivité, qui semble indiquer l'existence d'une relation étroite entre ce phénomène et l'éléctrolyse qu'il paraît provoquer. Si la chose est ainsi, ceci ferait présumer une heureuse influence pour l'assimilation rapide et plus complète de certains médicaments, comme par exemple le fer dans la cure de l'anémie. En outre la radioactivité qu'on vient de constater dans certaines eaux minérales pourra être accrue par le dispositif Tommasina, qui peut en donner à celles qui n'en possèdent que peu ou point ; le pouvoir curatif qui semble en dépendre confirmerait les précédentes conclusions.

M. Th. TOMMASINA fait une deuxième communication

sur la constatation d'une radioactivité propre aux êtres vivants, végétaux et animaux. Dans ses recherches pour mesurer la radioactivité acquise par les différents corps, l'auteur devait faire au préalable des observations électroscopiques aussi exactes que possible, pour reconnaître si le corps à activer n'avait pas déjà une activité propre ou acquise. C'est de cette façon qu'il a pu constater la radioactivité propre des végétaux (herbes, fruits, fleurs, et feuilles, tous fraîchement cueillis), tandis qu'entre les limites du degré de sensibilité de l'électroscope utilisé, tous les objets du laboratoire ainsi que les mêmes végétaux desséchés, n'en présentaient que des traces minimes ou plus rien. Ceci établi, M. Tommasina fit construire une cage en treillis métallique en forme de manchon, constituée par deux cylindres concentriques laissant un espace annulaire de 5 cent. entre eux. Les deux grilles cylindriques étaient fermées en haut et en bas par un disque en métal percé au milieu, pour permettre l'introduction libre du cylindre métallique isolé fixé sur l'électroscope sur lequel agit l'action dispersive. L'auteur n'a eu encore que le temps de reconnaître l'émission radioactive des oiseaux, mais comme celle-ci, de même que celle des végétaux, se présente avec la plus grande netteté, il ne semble y avoir de doutes possibles sur la généralité du phénomène.

Cette *bioradioactivité*, comme l'appelle l'auteur, semble avoir avec la vie une relation très étroite, car l'intensité de ce rayonnement se manifeste comme étant proportionnelle à l'intensité de l'énergie vitale ; en effet, elle est plus forte dans les adultes que dans les jeunes, dans les individus en action que dans ceux au repos. Les oiseaux au repos émettent un rayonnement d'une intensité approximativement de même grandeur que celle des végétaux, tandis que les oiseaux qu'on a irrités sont beaucoup plus radioactifs. Cette découverte, conclut l'auteur, permet de préconiser l'emploi par les médecins de l'électroscope au même titre que celui du thermomètre.

Séance du 6 octobre.

Ed. Claparède. Stéréoscopie monoculaire paradoxale. — A. Brun. L'éruption du Vésuve de septembre 1904. — C. de Candolle. L'herbier de Gaspard Bauhin déterminé par A.-P. de Candolle.

M. Ed. CLAPARÈDE signale la *stéréoscopie monoculaire paradoxale* qui se manifeste lorsqu'on regarde avec un seul œil une gravure, ou surtout une photographie représentant un paysage ou des objets disposés en perspective. L'image parait être vue stéréocospiquement; elle semble avoir de la profondeur. La perception du relief est surtout marquée pour les objets du premier plan, et elle est favorisée par la netteté du contour des lignes ainsi que par les jeux d'ombre et de lumière.

Il s'agit là d'une illusion facilement explicable: le dessin de la perspective évoque par association le sentiment de la profondeur, qui est si intimément lié à ses lignes fuyantes et à ses jeux de lumière. Reste à expliquer pourquoi cette illusion s'évanouit dès qu'on ouvre le second œil. Cette illusion ne subsiste pas, dans la vision binoculaire, parce que les différents objets du paysage photographié donnent pour chaque œil une image rétinienne semblable, ce qui est contraire à ce qui arriverait si le paysage était perçu en réalité (où chaque objet se peindrait sur des points *non correspondants* de la rétine). Dans la vision binoculaire de la photographie, cette similitude des images rétiniennes de chaque œil annihile donc les effets de l'illusion de la profondeur en favorisant au contraire l'impression de surface plane. Dans la vision monoculaire, cette cause de correction faisant défaut, le champ est laissé libre au jeu de l'illusion.

Peut être faut-il encore voir une autre circonstance empêchant l'illusion dans les sensations de convergence des yeux. Dans la vision binoculaire, en effet, la sensation de surface plane est conditionnée par ce fait que, lorsqu'on promène le regard sur une photographie, l'angle de convergence reste le même quel que soit le point fixé. Dans la vision monoculaire, il est probable que cette convergence est moins précise et qu'elle varie légèrement suivant que l'on considère un objet du premier ou du dernier plan de la photographie. Ce facteur convergence a sans doute pour effet de contrarier l'illusion dans la vision binoculaire et de la favoriser plutôt dans la vision monoculaire.

M. A. BRUN communique les observations qu'il a pu faire lors de *l'éruption du Vésuve de septembre 1904.*

Le 20 septembre, vers 4 heures de l'après-midi, le cratère commença à lancer quelques pierres. Le 21, les projections furent un peu plus fortes. Le 22 fut un jour paroxysmal. Les observations ont porté sur les points suivants :

1° *Le bruit.* L'on distingue très bien l'explosion claire et vibrante de l'inflammation de l'hydrogène ; lorsque l'inflammation a lieu un peu profondément dans la cheminée, le bruit est plus sourd.

Si l'observateur se trouve en haut du cône volcanique, les détonations sourdes semblent venir d'en bas, et d'un point sis à mi-hauteur, s'il se trouve au pied. Les explosions sont donc extra-superficielles.

Il y a en outre le bruit de la détente des gaz inertes, vent très violent, continu, faisant rafale et d'une sonorité particulière.

2° *Projections.* Les projections. étaient, des lapillis anciens, de la lave fondue pâteuse et fumante, des cinérites anciennes et de formation nouvelle (ces cinérites nouvelles n'étant que la pulvérisation, par l'explosion, de la lave pâteuse) et des fumées sèches.

Parfois il s'échappait des jets brusques de gaz pur, visibles de jour, grâce à la différence des indices de réfraction du gaz chaud et de l'atmosphère ambiante.

3° *Fumées.* Les fumées sèches condensées sur les lapillis encore chauds, ont donné à l'analyse : du chlore, du sodium, du potassium en abondance et un peu moins d'aluminium et de calcium ; on sait que tous ces chlorures sont volatils (le chlorure de calcium se volatilise au four Perrot facilement, observation de M. Le Royer).

De même qu'au Stromboli, M. Brun n'a pas pu observer de flammes, pas plus que des nuages dus à la vapeur d'eau (petites fumerolles exceptées).

4° *Cratères adventifs*. Le 22, M. Brun découvrit dans le val d'Inferno, trois cratères adventifs, sis au pied du grand cône du Vésuve et alignés sur une droite, s'appuyant à l'ouest contre le Vésuve, à l'est contre la Somma. Le petit volcan ouest donnait de nombreuses explosions avec projections. Son cône avait le 25 septembre 52 à 60 pas de hauteur (comptés sur la pente) et la bouche, 33 pas de circuit. Il était calme ce jour-là.

Le cratère n° 2 avait trois fentes, il était en lave compacte; des fentes s'échappait une fumée sèche avec un bruit strident des plus violents.

Le troisième donnait des petites projections et une coulée de lave qui s'échappait très vite d'une bouche pas très large. Le 25, la coulée était arrêtée, la bouche mesurée avait 2^{m}80 à 3^{m}20 de largeur, elle avait une forme demi-elliptique. La coulée marchait vers le nord-ouest. Tout le champ de lave du val d'Inferno recevait ce jour-là (le 22) un afflux des masses internes, un peu partout la lave ancienne se fendait et laissait couler des ruisseaux de lave chaude.

5° *Lave*. En observant avec soin la surface de la lave coulante, M. Brun a observé qu'elle pétillait, des bulles de gaz crevaient à la surface et laissaient échapper de la fumée.

Les surfaces unies laissaient aussi échapper de la fumée; cela confirme que celles-ci sont dues à la simple distillation sèche de la roche qui laisse échapper ses alcalis et combinaisons les plus volatiles.

Il a été possible d'observer exactement un bloc de lave pâteuse rejeté, éclater dans l'espace.

Le 28 et le 29, l'éruption commença à se calmer.

M. C. DE CANDOLLE présente à la Société la publication

qu'il vient de faire sous le titre : *L'herbier de Gaspard Bauhin déterminé par A.-P. de Candolle.*

L'herbier de Bauhin, conservé à Bâle, renferme les plantes décrites par ce grand botaniste dans son *Pinax theatri botanici*, publié en 1623. Dans cet ouvrage, chaque espèce est, selon l'usage du temps, définie au moyen d'une brève diagnose en latin.

Lorsque de Candolle entreprit, en 1818, la rédaction de son *Systema*, il se vit dans l'obligation de déterminer, conformément à la nomenclature de Linné, les plantes correspondant aux diagnoses de Bauhin. Il se rendit pour cela à Bâle, emportant avec lui un exemplaire du *Pinax*, et il y inscrivit en marge des diagnoses les noms linnéens des plantes correspondantes de l'herbier de Bauhin, qu'il avait sous les yeux. De Candolle n'eut malheureusement pas le temps d'effectuer ce travail pour toutes les plantes de Bauhin. Mais son exemplaire du Pinax ne renferme cependant pas moins de 1200 déterminations. Elles constituent un document de grande importance pour la synonymie botanique. Les botanistes qui en ont eu connaissance ont souvent exprimé le désir qu'il fût publié pour être mis à la portée de tous et pour que sa conservation fût mieux assurée. C'est pourquoi M. de Candolle s'est décidé à le faire paraître cette année dans le *Bulletin de l'herbier Boissier.* La série des déterminations y est précédée d'une notice, jusqu'ici inédite, dans laquelle leur auteur rend compte de son étude de l'herbier de Bauhin. En tête de la publication se trouve aussi la photographie d'un médaillon de A.-P. de Candolle par David d'Anger.

Séance du 3 novembre.

R. de Saussure. Théorème de cinématique. — Ph. Guye. Révision du poids atomique de l'azote. — Ed. Sarasin. Observations faites avec l'électroscope d'Elster et Geitel. — Ed. Sarasin, Tommasina et Micheli. Recherches sur l'effet Elster et Geitel.

M. René DE SAUSSURE communique le théorème suivant de cinématique : Lorsqu'un corps solide est en mouvement, il existe à chaque instant un mouvement hélicoïdal tangent au mouvement du corps ; en un point quelconque du corps, l'hélice correspondant au mouvement hélicoïdal est tangente à la trajectoire du point considéré ; or *il y a certains points du corps dont l'hélice correspondante est non seulement tangente, mais osculatrice à la trajectoire de ces points, et le lieu des points du corps qui jouissent de cette propriété se compose de deux droites.* Ce théorème, qui sera démontré dans la théorie géométrique du mouvement des corps, publiée par l'auteur dans les *Archives des Sc. phys. et nat.*, facilite la construction de l'axe de courbure dans la trajectoire d'un point quelconque du corps en mouvement.

M. Ph.-A. Guye rend compte de divers travaux effectués dans son laboratoire sur *la revision du poids atomique de l'azote*. Il rappelle d'abord que la méthode des densités-limites permet de calculer le poids moléculaire exact d'un gaz, et qu'au lieu de baser ce calcul sur la connaissance du coefficient de compressibilité aux basses pressions, on peut le faire au moyen des éléments critiques. Cette méthode, dont il indique le principe, conduit à la valeur 14,004 pour le poids atomique de l'azote. Il rappelle ensuite que ce résultat a été confirmé par l'analyse gravimétrique du protoxyde d'azote effectuée en collaboration avec M. *St. Bogdan*, qui donne le rapport $N_2O : O$, d'où $N = 14.007$; M. *A. Jaquerod* et *St. Bogdan* ont ensuite effectué l'analyse en volume du même gaz, par une méthode déjà exposée à la Société par M. Jaquerod ; elle fournit le rapport $N_2O : N_2$ d'où $N = 14.049$. En vue de vérifier encore ces résultats, la densité du protoxyde d'azote a été déterminée à nouveau au cours de recherches avec M. *A. Pintza*, en opérant suivant un principe nouveau qui consiste à condenser dans un tube taré contenant du charbon et muni d'un robinet de fermeture, un volume exactement jaugé de protoxyde d'azote ; appliquant ensuite le théorème des états correspondants et comparant la densité du protoxyde d'azote avec celle de l'anhydride carbonique pour lequel $M = 44.005$, on en déduit, par le rapport $N_2O : CO_2$, la valeur $N = 14.013$.

Récapitulant ces divers résultats, on est conduit à la valeur N = 14.011 qui démontre que la valeur N = 14.04 de la Table internationale des poids atomiques doit être ramenée au moins à 14.02 si ce n'est à 14.01.

M. Ed. SARASIN montre à la Société l'*électroscope, modèle Elster et Geitel*, construit par Gunther et Tegetmeyer, à Brunswick, qu'il à fait venir récemment en vue d'expériences avec MM. Tommasina et Micheli sur la radioactivité, dont il va être rendu compte à l'instant. Cet appareil consiste en une boîte cylindrique en métal, à axe horizontal, traversée par une tige métallique verticale isolée, portant les deux feuilles minces d'aluminium et fermée aux deux extrémités, antérieure et postérieure, par deux disques de cristal au travers desquels on lit l'écartement de ces feuilles sur une échelle graduée, vue par réflexion sur le disque antérieur. L'écartement total des deux feuilles en divisions de l'échelle donne à chaque instant la mesure de la charge décroissante de la capacité de l'électroscope. Celle-ci est un cylindre vertical de laiton noirci fixé en dehors de la boîte, sur la tige portant les feuilles. Cet électroscope établi par MM. Elster et Geitel est parfaitement isolé et d'une grande sensibilité, très bien approprié, par conséquent, pour mesurer les moindres variations dans la conductibilité de l'air entourant la capacité, quelle que soit la cause de ces variations, rayons de Röntgen, radioactivité de corps voisins, ionisation de l'air, etc.

M. Sarasin a fait cet été avec cet appareil quelques mesures de la conductibilité de l'air atmosphérique en montagne et constaté par cela une fois de plus que la notion longtemps admise et expliquant la déperdition de l'électricité dans l'air par les impuretés de cet air, poussière, humidité, brouillard, ne tient plus devant les faits et doit être remplacée par une autre telle que celle que les observations récentes font reposer sur le degré d'ionisation de l'air.

A l'appui de ce renversement de l'ancienne interpréta-

tion de la conductibilité de l'air, M. Sarasin se borne à
citer deux de ses observations faites au Jura (1260 m. d'altitude), l'une du 17 août, temps très beau, air sec, ciel
parfaitement pur, qui a donné une chute de 2.56 div.
(charge +) et de 2.64 (charge —) comme perte de charge
par minute, et l'autre, du 23 août, brouillard épais et très
humide, qui a donné 0.64 (+) et 0.74 (—), c'est-à-dire
une conductibilité de l'air beaucoup plus faible par le
brouillard que par le beau temps clair.

M. Th. Tommasina communique les résultats des *recherches
sur l'effet Elster et Geitel* faites par MM. Ed. Sarasin,
Th. Tommasina et F.-J. Micheli. L'électroscope qui vient
d'être présenté et décrit par M. Ed. Sarasin, a été complété par MM. Elster et Geitel, pour le rendre apte à
l'étude de la radioactivité acquise par les fils métalliques
qui constitue précisément l'effet qu'ils ont découvert en
1901, et auquel il convient de donner leur nom.

Le cylindre disperseur peut être enlevé pour permettre
de fixer sur une tige latérale un récipient cylindrique en
métal noirci. Ce récipient étant ouvert au centre de la base
laisse passer librement la tige isolée, portant les feuilles
sensibles, sur laquelle on remet en place de nouveau le
disperseur, qui peut ainsi recevoir le rayonnement direct
du fil radioactivé. Ce dernier, après sa radioactivation,
est enroulé sur une toile métallique formant un cylindre
de diamètre un peu plus petit que le récipient. Il enveloppe ainsi à distance le cylindre disperseur. L'on mesure
la chute de la radioactivité temporaire par la diminution
de l'effet dispersif sur la charge de l'électroscope. Cet
appareil se prête extrêmement bien au but pour lequel il
a été combiné.

Dans toutes les expériences exécutées, après chaque
série de 5 lectures, la charge de l'électroscope était re-
nouvelée et portée toujours au même potentiel; le signe
était toujours le même, ou alternativement positif ou négatif. En inscrivant comme ordonnées les moyennes des 5
lectures de chaque série, et comme abscisses la minute à

laquelle la cinquième lecture était faite, on obtient les courbes indiquant la loi de la chute de cette radioactivité, qui mettent en évidence les faits suivants :

1° Les courbes, comme celles de la chute de l'activité induite par l'émanation des corps radioactifs, sont exponentielles, et après 2 ou 3 heures, suivant l'énergie de l'activité acquise, prennent également la forme asymptotique. Dans la première heure, la radioactivité acquise par un fil d'un métal quelconque (argent, cuivre, aluminium, fer, nickel) diminue de moitié ; à la fin de la deuxième heure encore de moitié, et de nouveau de moitié à la fin de la troisième heure. Ensuite elle ne tombe de moitié qu'en 5 ou 6 heures, puis en plus de 20 heures, et l'on constate encore une faible action après 3 jours.

2° Cette périodicité de chute est approximativement la même pour tous les métaux ayant été radioactivés soit dans l'air ordinaire, soit dans l'air ionisé par les rayons X.

3° En introduisant un tube focus dans le circuit de l'inducteur qui produit la charge négative du fil qu'il s'agit de radioactiver, on obtient une augmentation très forte de l'effet Elster et Geitel sous l'action des rayons X. L'activation produite dans l'air sans ces rayons acquiert très sensiblement la même intensité avec la fenêtre ouverte ou fermée ; au contraire, l'action des rayons X ne se manifeste plus si la fenêtre reste ouverte pendant l'activation du fil ; en outre l'action très activante de ces rayons ne diminue pas lorsqu'ils sont dirigés du côté opposé à celui où se trouve le fil à activer. Donc la forte radioactivité provoquée par les rayons X n'est pas due au rayonnement direct, mais à la ionisation qu'il produit dans le milieu, ce qui montre que dans ce cas on ne doit plus faire intervenir la présence de traces de corps radioactifs pour expliquer l'effet Elster et Geitel.

4° En changeant alternativement le signe des charges de l'électroscope, on obtient deux courbes qui ne se superposent pas, la positive étant toujours la plus élevée. Ce fait montre l'existence de deux actions indépendantes, l'une plus énergique que l'autre, constatation qui nous

semble une démonstration expérimentale, que cette radioactivité temporaire contient, comme celle des corps
radioactifs, les deux émissions typiques, de signe con-

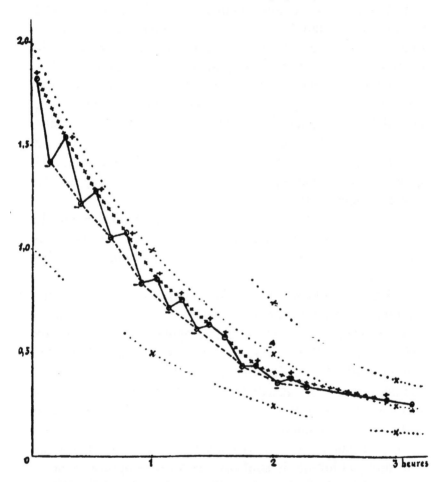

*Expériences du 22 juin 1904. — Chute de la radioactivité acquise par un
fil d'aluminium ayant été chargé pendant trois heures et quart.*

. . . . Courbes exponentielles théoriques.

— — — — — Effet du rayonnement α, courbe de la dispersion des
charges négatives.

+ + + + Effet du rayonnement β, courbe de la dispersion des
charges positives.

⊙ ⊙ Points donnés par les moyennes de cinq lectures.

— — — — — Chute de la radioactivité temporaire observée.

× × Chute de la radioactivité temporaire observée après
chaque heure.

traire, α et β. Quant à la valeur différente des deux actions dispersives, selon le signe de la charge de l'électroscope, elle peut être expliquée de la manière suivante :

Lorsque le cylindre disperseur de l'électroscope est négatif, il reçoit les ions positifs émis par le fil activé, mais il reçoit également une certaine quantité de ions négatifs que sa charge n'a pu repousser à cause de la grande vitesse de translation de ces derniers, lesquels neutralisent ainsi une partie de la charge apportée par les ions positifs. Au contraire, avec le cylindre disperseur électrisé positivement, les ions négatifs seuls apportent leur charge, car les ions positifs, étant donnée leur faible vitesse sont tous repoussés; la dispersion positive doit donc être toujours plus rapide et doit être considérée comme normale.

Il résulte de ce travail qu'il existe une liaison étroite entre la genèse de la radioactivité et la ionisation. L'on savait déjà que la radioactivité produit la ionisation, dès maintenant il est établi d'après les résultats de ces expériences que l'effet Elster et Geitel est dû à une ionisation de l'air quelle que soit son origine, sans faire intervenir des traces de radium ou d'autres corps radioactifs du moment que la radioactivation augmente fortement par l'action des rayons Röntgen. L'on peut donc conclure que ces phénomènes sont reversibles, c'est-à-dire que la ionisation des gaz est la cause directe de la radioactivation des liquides et des solides, et que la radioactivité de ces derniers est ensuite la cause de la ionisation des gaz. En effet, la radioactivité se présente comme une émission par les liquides et les solides de gaz ionisés qui constituent l'ensemble de l'émanation. Quant à l'intensité de l'activité temporaire acquise elle est proportionnelle entre certaines limites à la hauteur du potentiel de la charge négative des corps soumis à l'activation. Comme le milieu diélectrique qui entoure un conducteur électrisé négativement est positif par rapport à ce dernier, il en résulte que c'est le flux électrique positif qui amène vers le conducteur le gaz ionisé, ce transport serait donc l'effet de l'activité convergente du champ.

Séance du 17 novembre.

Arnold Pictet. Variations dans le cycle évolutif des lépidoptères. —
R. Chodat. Sur l'embryogénie de Parnassia palustris. — C. Cail-
ler. La fonction hypergéométrique de Gauss. — A. Jaquerod et
L. Perrot. Diffusion de l'hélium à travers la silice.

M. Arnold PICTET présente une communication sur *les
variations dans le cycle évolutif des Lépidoptères.*

1° *Sous l'influence de l'hivernage.* On sait qu'une diapause (arrêt de développement) se présente pendant l'hiver, soit à l'état embryonnaire, soit à l'état larvaire, soit à
l'état nymphal ; mais le froid n'est pas la seule cause qui
puisse amener des arrêts dans le développement ontogé-
nique des Lépidoptères. L'hérédité joue, dans cette question, un grand rôle, et c'est pourquoi des espèces, dont les
ancêtres ont toujours subi un arrêt de développement à
une certaine époque et à un certain stade, subissent un
arrêt analogue, à la même époque et au même stade, lors
même qu'elles sont maintenues dans une température
élevée.

C'est pour cela qu'il n'est pas possible de supprimer
complètement la diapause larvaire hibernale ; mais on
peut la raccourcir d'une façon notable et les expériences
que l'auteur a faites dans ce domaine, avec *Lasiocampa
quercus,* ont donné des résultats très inattendus. Le cycle
évolutif normal de cette espèce est le suivant : Les œufs éclosent vers le milieu d'août et les chenilles ont une première
période de vie active jusque vers le milieu de novembre ;
puis viennent *cinq mois* de sommeil hibernal, deux mois
et demi de seconde période de vie larvaire active, et enfin
une nymphose de 28-30 jours, l'éclosion des papillons
ayant lieu au commencement d'août. Si l'on raccourcit de
un mois la diapause larvaire en rentrant les chenilles
dans une chambre chauffée, cela n'a aucune influence sur
l'époque de la nymphose et l'éclosion du papillon ; si l'on
raccourcit le sommeil hibernal de six semaines, l'éclosion
survient six semaines plus tôt et il n'y a là rien d'éton-

nant que des lépidoptères ayant une avance de six semaines dans le commencement de leur vie active, atteignent le but de leur existence avec une avance égale. Mais si l'on amène la diapause larvaire à n'être que de deux mois, nous voyons la nymphose durer plus longtemps que la normale (plus de cinq mois), et le papillon n'éclore qu'au commencement de septembre. Enfin, les chenilles qui n'ont pas été en contact avec le froid, ont une courte diapause et commencent leur seconde période de vie larvaire active dans le commencement de décembre ; celles-là se chrysalident en mars-avril, mais restent 13 mois à l'état de nymphe pour ne donner naissance aux papillons qu'en mai de l'année suivante. Il se présente donc, dans cette dernière expérience, une diapause nymphale tout à fait anormale, et l'on conçoit que de pareils changements dans la durée comparative des différents stades puissent amener certaines perturbations dans la pigmentation.

2° *Sous l'influence de l'alimentation*, on rencontre parfois des variations semblables dans le cycle évolutif des Lépidoptères. Ainsi, sous l'influence du noyer, *Ocneria dispar*, dont les chenilles ne trouvent, dans ces feuilles, que des éléments peu nutritifs, a une longue vie larvaire mais une très courte nymphose, le cycle évolutif complet ayant cependant une durée sensiblement égale au cycle normal ; il en est de même de tous les végétaux qui constituent une mauvaise alimentation, comme le néflier, le *populus alba*, l'*æsculus hippocastaneum*, etc., qui amènent une longue vie larvaire mais une courte nymphose. Par contre, sous l'influence des végétaux qui contiennent une grande quantité d'éléments nutritifs, comme l'esparcette, la dent de lion, la pimprenelle, nous voyons les chenilles se développer très rapidement, avoir une courte vie larvaire, mais en revanche une longue nymphose. De sorte que l'on peut dire que le temps que l'animal gagne à l'état de larve, il le perd à l'état de chrysalide, et le temps qu'il perd à l'état de larve, il le rattrape à l'état de chrysalide ; et c'est ce qui a fait dire à certains naturalistes que la mauvaise alimentation, ou l'alimentation insuffisante, avait pour prin-

cipal effet d'accélérer le développement. Cette hypothèse
n'est pas tout à fait exacte, car le cycle évolutif complet
est, dans chaque cas, d'une durée sensiblement normale :
il n'y a de variations que dans la durée comparative des
différents stades.

Chez d'autres espèces, les mêmes cas se présentent.
Chez *Abraxas grossulariata*, nous savons qu'il faut deux
générations d'élevage avec l'*Evonymus japonicus* pour amener quelques variations sur les ailes des papillons ; aussi,
le cycle évolutif de ces deux premières générations est-il
semblable au cycle évolutif normal. A la troisième génération, les papillons deviennent albinisants : ils ont eu une
longue vie larvaire et une courte nymphose. A la quatrième génération ils retournent au type primitif, par accoutumance, et il y en a même quelques-uns qui acquièrent une coloration plus intense que les normaux : leur
cycle évolutif présente une courte vie larvaire et une longue nymphose. Enfin lorsqu'à la troisième génération l'on
a introduit dans le régime alimentaire de ces chenilles un
nouveau végétal (le laurier-cerise) et que les papillons
sont de nouveau albinisants, leur cycle évolutif comprend
de nouveau une longue vie larvaire et une courte nymphose.

Dans la majorité de ses expériences, M. Pictet a donc
constaté, pour les variétés albinisantes, une vie nymphale
plus courte que la normale, et pour les variations mélanisantes, une vie nymphale d'une durée plus longue. Et si
l'on tient compte que, à l'origine, les pigments sont inco-
res, et que pour acquérir leur coloration définitive ils passent par une série de teintes successives qui peut les
amener du blanc le plus pur au noir le plus intense, *et que
cela prend un temps déterminé*, on comprendra que, dans
une courte nymphose, la pigmentation soit arrêtée par
l'éclosion de l'imago avant d'avoir atteint le degré de coloration voulu, et que les papillons ainsi obtenus soient
albinisants avec des ailes insuffisamment colorées ; au
contraire, dans une longue nymphose, la pigmentation
aura le temps de se faire largement et les papillons seront
mélanisants, avec coloration intense.

Chez les espèces chez lesquelles existe le dimorphisme sexuel, nous savons que la femelle peut être considérée comme le type le plus ancien, l'hypothèse généralement admise étant qu'autrefois mâles et femelles étaient identiques et que les mâles seuls se sont transformés. M. Pictet a constaté que sous l'influence de la mauvaise alimentation, de l'alimentation insuffisante ou de l'alimentation avec des fleurs, les mâles (abstraction faite de la taille) prennent la forme femelle ; ils retournent donc au type ancestral et constituent des *formes régressives*. Sous l'influence de l'alimentation riche, au contraire, ce sont les femelles qui prennent la forme mâle ; en outre les mâles prennent une forme qui s'éloigne toujours plus du type femelle normal, ou bien prennent une forme considérée comme nouvelle. Dans ces derniers cas, les uns et les autres constituent des *formes progressives*.

M. Chodat présente un mémoire intitulé : *Sur l'embryogénie de Parnassia palustris* ; il décrit l'origine des ovules pariétaux : l'archéspore qui est sous épidermique, apparaît avant que les téguments ne se soient formés ou tout au moins avant qu'ils n'aient enveloppé la nucelle. Cette cellule d'archéspore se divise : l'une des cellules filles devient sac embryonnaire et écrase les deux supérieures. Pendant ce temps les deux téguments ont enveloppé le petit nucelle dont l'épiderme gélifie ses membranes. Il est finalement digéré et le sac proémine dans le micropyle ; il confine alors aux téguments et il n'est plus entouré par les cellules du nucelle qu'à sa base. Il s'établit bientôt entre les deux noyaux du sac embryonnaire jeune une grande vacuole, de telle sorte que les groupes nucléaires femelle et antipodial sont au début séparés. Puis il y a union des deux noyaux polaires avant la fécondation. A ce moment le noyau secondaire s'est porté vers l'oosphère, dont le noyau est situé au-dessous de la vacuole de l'œuf. Celui des synergides est le plus souvent placé également à la partie la plus basse de la cellule. Ces synergides se prolongent souvent en bec dans le micropyle. Le tube pollinique amène deux gamètes, petites cellules dont il est donné la description. Ces deux gamètes sont déversés dans l'une des synergides.

L'auteur de cette communication décrit en détail le phénomène de la double fécondation. Elle est en général simultanée, c'est-à-dire que dans beaucoup de stades on a le noyau de l'œuf et le noyau polaire unis au gamète dans le même moment. Dans d'autres, l'union du second gamète avec le noyau secondaire précède la fécondation stricte. Lorsque le gamète s'unit au noyau secondaire, ce dernier est déjà tout à fait constitué.

L'auteur décrit en outre un cas curieux dans lequel il s'est formé deux œufs à l'intérieur d'un sac unique. On ne peut expliquer ce phénomène qu'en supposant que le noyau polaire inférieur s'est de nouveau divisé sans s'unir au noyau polaire supérieur. Il s'est ainsi formé un nouvel appareil œuf et synergides au-dessous du noyau polaire supérieur.

Ce sac n'a qu'un groupe d'antipodes.

Ainsi on aurait chez *Parnassia* non seulement un œuf en puissance mais un second, représenté par le noyau secondaire, ainsi que cela a été démontré pour d'autres plantes, mais il pourrait éventuellement s'en former d'autres. Ces œufs multiples correspondent dans une certaine mesure aux Archégones multiples des Gymnospermes.

L'auteur illustre son exposé de dessins nombreux, et démontre la double fécondation au moyen de coupes en série examinées à un fort grossissement.

M. Chodat décrit également les mouvements des étamines, leur structure et celle des nectaires, de leurs fausses glandes, etc.

M. C. CAILLER présente une communication relative à *la fonction hypergéométrique de Gauss*. M. Hadamard a signalé au récent congrès des mathématiciens à Heidelberg l'existence de relations intégrales entre certaines fonctions hypergéométriques particulières, comme conséquence de recherches sur les équations aux dérivées partielles.

M. Cailler a obtenu par une voie directe ces résultats antérieurs, en les étendant à des séries hypergéométriques
beaucoup plus générales. Il a ainsi trouvé la valeur d'une
intégrale définie dont la formule connue d'Euler n'est
qu'un cas extrêmement particulier.

M. A. JAQUEROD, en son nom et en celui de M. L. PERROT,
parle de l'observation qu'ils ont faite de *la diffusion de
l'hélium à travers la silice, à haute température.* Le but des
auteurs était de déterminer, au moyen du thermomètre à
hélium et ampoule de silice, le point de fusion de l'or, par
la méthode déjà employée par eux avec les thermomètres
à azote, air, oxygène, oxyde de carbone et acide carbonique, et de comparer ainsi les indications de ces diverses
échelles thermométriques à haute température.

Comme on le sait, l'hélium, par ses propriétés, se rapproche beaucoup du type idéal dit *gaz parfait*; son point
d'ébullition, encore inconnu, est situé beaucoup plus bas
que celui de l'hydrogène; de plus, étant monoatomique, il
n'est pas susceptible de se dissocier, et les indications
d'un thermomètre rempli de ce gaz doivent s'approcher
beaucoup de l'échelle thermodynamique.

Une comparaison directe de l'échelle de l'hélium avec
celle des autres gaz serait donc du plus grand intérêt;
mais le fait que l'hélium diffuse à chaud à travers la silice
a malheureusement rendu cette comparaison impossible.

Le gaz employé dans ces recherches a été préparé en
chauffant dans le vide un échantillon de cléveïte qui en
contenait une forte proportion; il a été purifié tout d'abord
par son passage sur de l'oxyde de cuivre chauffé au rouge,
et sur de la potasse caustique en morceaux. Afin de le
débarrasser de l'azote présent en faible quantité, l'hélium
a été mélangé avec un quart ou un tiers de son volume
d'oxygène pur et soumis à l'influence de l'étincelle électrique pendant quatre à cinq heures, en présence d'une
solution concentrée de potasse. L'excès d'oxygène a été
enfin éliminé au moyen du phosphore jaune, et le gaz
desséché sur de l'anhydride phosphorique.

L'examen spectroscopique a montré que l'hélium ainsi préparé devait être considéré comme très pur. Il a été alors introduit dans le thermomètre avec toutes les précautions ordinaires, et le four à résistance de platine mis en place et le courant électrique établi. La température, au bout de cinquante minutes environ, atteignit le point de fusion de l'or; mais la pression du gaz, au lieu de s'élever d'une façon régulière, passa par un maximum vers 900ᵐᵐ environ, puis se mit à descendre régulièrement.

En maintenant la température voisine de 1100°, on a vu le mercure baisser dans le manomètre, atteindre la pression atmosphérique et continuer à descendre assez rapidement, ce qui n'aurait pu avoir lieu s'il s'était agi d'un manque d'étanchéité de l'appareil. Comme l'hypothèse d'une combinaison de l'hélium avec la silice est extrêmement peu probable, il faut donc bien admettre que, à cette température, l'hélium *diffuse* à travers la silice.

La vitesse de diffusion semble être approximativement proportionnelle à la pression du gaz; elle est très grande à 1100°, car après six heures de chauffe la pression était tombée à 160ᵐᵐ. Après refroidissement, elle n'était plus que de 32ᵐᵐ au lieu de 212ᵐᵐ qu'elle avait avant l'expérience.

D'autres essais ont été faits à des températures inférieures, à savoir 510° et 220° environ; la diffusion a été observée dans les deux cas, bien que dans le dernier l'abaissement graduel de la pression fut très lent.

Les recherches seront continuées en vue de trouver une substance absolument imperméable à l'hélium au rouge vif; jusqu'à ce qu'elle soit trouvée, l'azote reste le gaz thermométrique par excellence pour les mesures à haute température.

Séance du 1ᵉʳ décembre.

Albert Brun. Points de fusion de quelques minéraux.

M. Albert BRUN communique les résultats obtenus dans l'étude des *points de fusion de quelques minéraux*. Ses recherches font ressortir que, dans ce genre d'étude, il faut tenir compte de l'état physique du corps. Il montre que le point de fusion du silicate, pris à l'état de cristal, est supérieur au point de fusion du silicate de même composition centesimale pris à l'état de verre colloïde. De plus, il existe un point qui coïncide avec le point de fusion maximum du verre et qui est le point de cristallisation commençante; cette température est intermédiaire entre les deux précédentes. En outre, pour les minéraux réfractaires, il est bon de déterminer le point soudable, qui est celui où les particules d'une poudre se soudent en une masse compacte. M. A. Brun a trouvé :

Orthose.	Point de fusion du cristal........		1310°
Albite	»	»	1259
»		du verre colloïde...	1177
Anorthite naturelle.		du cristal........	1490
»	»	du verre colloïde...	1083
»	Point de cristallisation..........		1210
Leucite.	Point du fusion du cristal		1430
»	»	du verre colloïde...	1150
			environ
Wollastonite		du crist. clinorhomb.	1366
Pseudo wollastonite.	»	du crist. hexagonal.	1515

Les températures étaient déterminées à l'aide du calorimètre. Une masse de platine s'enfonçait dans la masse fondue, à l'instant de la fusion, et par un système de deux expériences, donnant deux équations, l'on calculait aisément la température.

Séance du 15 décembre.

C.-E. Guye et P. Denso. Chaleur dégagée dans la paraffine soumise à l'action d'un champ électrostatique tournant de fréquence élevée. — Arnold Pictet. Influence de l'alimentation sur la formation du sexe chez les Lépidoptères. — R. Chodat et F. Neuhaus. Action combinée de la catalase et de la peroxydase. — Tommasina. A propos des recherches expérimentales sur l'effet Elster et Geitel. — F. Battelli et Stern (Mlle). La catalase dans l'organisme animal.

MM. Ch.-Eug. Guye et P. Denso ont étudié *la chaleur*

dégagée dans la paraffine soumise à l'action d'un champ électrostatique tournant de fréquence élevée.

L'appareil se composait de quatre armatures métalliques disposées à angle droit et noyées dans la paraffine.

Au moyen d'un dispositif qui a fait l'objet d'une précédente communication, on produisait entre ces quatre armatures un champ électrostatique tournant dont la forme circulaire pouvait d'ailleurs être minutieusement vérifiée à l'aide d'un appareil construit à cet effet (Voir *Eclairage électrique*, 7 mai 1904 : Sur la réalisation d'un champ électrostatique tournant de haute tension).

La chaleur dégagée dans la paraffine était mesurée par un couple thermo-électrique fer constantane dont l'une des soudures était placée au centre du champ tournant, tandis que l'autre était disposée semblablement dans un appareil identique mais dont les quatre armatures étaient isolées. On pouvait ainsi faire agir le champ tournant dans l'un ou l'autre appareil et observer le déplacement correspondant du galvanomètre pour diverses tensions et diverses fréquences.

Cette étude a conduit aux résultats suivants :

1° Pour une même fréquence, l'énergie consommée sous forme de chaleur est proportionnelle au carré de la tension, comme cela a été observé par plusieurs expérimentateurs avec le champ alternatif. Les limites de fréquence entre lesquelles cette relation se trouve vérifiée, sont comprises entre 400 et 1200 périodes à la seconde.

2° Pour une même tension la puissance consommée sous forme de chaleur est proportionnelle à la fréquence.

Le rapport entre la puissance consommée dans le champ tournant à celle consommée dans le champ alternatif (à tension et fréquences égales) a fourni la valeur provisoire de 2,56. Toutefois les expériences effectuées dans le but de déterminer ce rapport sont encore trop peu nombreuses, aussi le chiffre précédent n'est-il donné que sous toutes réserves.

En résumé, l'ensemble de cette étude complète, pour les fréquences élevées, l'étude de l'hystérésis diélectrique de la paraffine. Grâce aux limites très étendues de la fréquence, les résultats permettent la discussion de quelques-unes des formules proposées pour représenter l'hystérésis diélectrique en fonction de la fréquence du champ électrostatique.

M. Arnold PICTET communique quelques recherches sur *l'influence de l'alimentation sur la détermination du sexe chez les Lépidoptères.*

On sait que, d'après l'hypothèse émise par quelques embryogénistes, hypothèse très combattue du reste, les individus mal nourris donneraient une plus grande proportion de mâles et les bien nourris une plus grande quantité de femelles. En ce qui concerne les insectes, cette hypothèse semble avoir été confirmée par Landois (1867) Mary Neat (1873) et Gentry (1873) cependant Herold et Bessels ont établi que, dans l'œuf, l'embryon possède déjà les principaux caractères de son sexe. Au cours des recherches qu'il a entreprises sur l'influence de l'alimentation chez les lépidoptères, M. Pictet a obtenu une grande quantité de papillons et, les ayant toujours soigneusement gardés, il a pu compter les mâles et les femelles des expériences qui avaient été faites avec le plus grand nombre de sujets ; les chiffres qui en découlent apportent une confirmation partielle de l'hypothèse en question.

Sous l'influence du noyer, *Ocneria dispar* a donné, à la première génération, 54 % de ♂ et 46 % de ♀, à la seconde génération 65 % de ♂ et 35 % de ♀. Si, dans la nature, les animaux sont dans des conditions alimentaires que nous pouvons considérer comme ni trop bonnes ni trop mauvaises, nous voyons déjà l'effet de la mauvaise alimentation qu'est le noyer pour cette espèce, sur la surproduction des représentants du sexe masculin. Après une première génération de noyer, suivie d'une seconde génération de la nourriture normale (chêne), on compte 61 % de ♂ contre 39 % de ♀ ; ce qui revient à dire qu'avec la réintroduction de la nourriture normale dans le régime alimentaire, on se rapproche de la proportion qui se ren-

contre dans la nature. Avec le néflier (mauvaise alimentation) on obtient 56 % de ♂ et 44 % de ♀, à la première
génération. L'esparcette et la dent de lion, que des communications antérieures ont montrées comme constituant
de bonnes alimentations, ont produit à la seconde génération, lorsque les chenilles étaient encore sous les effets du
noyer donné à la première génération, pour l'esparcette :
57 % de ♂ contre 43 % de ♀ ; pour la dent de lion :
60 % de ♂ contre 40 % de ♀. Ces deux végétaux constituant une bonne nourriture, nous voyons donc que le
chiffre des femelles de cette expérience, sans atteindre
encore celui des mâles, est supérieur au chiffre des femelles obtenu sous l'influence de la nourriture normale réin-
troduite après une génération de noyer.

Mais, lorsque des chenilles d'*Ocneria dispar*, exemptes
d'expériences antérieures, sont nourries pour la première
fois avec de l'esparcette et de la dent de lion, on obtient,
dans les deux cas, 51 % de ♂ et 49 % de ♀. *Lasiocampa
querqus*, sous l'influence de l'esparcette, donne 49 % de
♂ et 51 % de ♀, une seconde génération de ce régime ne
modifiant pas sensiblement les résultats obtenus. *Bombyx
everia* et *Lasiocampa quercus*, avec le laurier-cerise (mauvaise alimentation) et *Psilura monacha* avec le noyer
(mauvaise alimentation) donnent également une augmentation sensible des représentants du sexe masculin. Par
contre, avec *Biston hirtarius*, sous l'influence du noyer,
on arrive à la proportion suivante : 44 % pour les ♂,
56 % pour les ♀, et avec la pimprenelle (alimentation
riche) : 55 % pour les premiers et 45 % pour les secondes.

Il résulterait donc de ces chiffres que la première moitié
de l'hypothèse se trouverait, en partie confirmée, à savoir
que, sous l'influence de la mauvaise alimentation des
chenilles, il naîtrait une plus grande quantité de mâles ;
mais les effets de la bonne alimentation n'arrivent pas à
augmenter la proportion des représentants du sexe féminin ;
c'est-à-peine s'ils arrivent à égaliser sensiblement la différence entre les uns et les autres. Des résultats analogues

ont du reste été obtenus par le professeur Yung chez les têtards de grenouilles qui, nourris uniquement de végétaux, produisent un chiffre supérieur de mâles, mais qui avec un régime carné ne donnent pas des femelles en plus grand nombre.

Il va sans dire que les résultats que M. Pictet vient de citer sont, en eux-mêmes, insuffisants pour élucider la question d'une manière satisfaisante ; on conçoit qu'une série plus complète de recherches avec un plus grand nombre d'espèces soit nécessaire pour donner des résultats qui aient quelque chance de la résoudre. Il est également désirable de s'assurer que les chiffres que l'on obtient de cette façon ne soient pas un simple effet du hasard, alors qu'on croit être sûr d'avoir éliminé toutes les chances d'erreur : ainsi, ceux cités par l'auteur, qui ne portent que sur les papillons qui sont éclos, ne tiennent pas compte des chenilles qui sont mortes en cours d'élevage et qui, dans certains cas, par suite de la flacherie ou d'autres maladies contagieuses, ont atteint de très grandes proportions, ce qui aurait bien pu modifier les résultats dans un sens ou dans un autre. Puis il a fallu laisser de côté plusieurs séries dont les proportions entre les mâles et les femelles était quelquefois favorable à l'hypothèse, parce qu'elles étaient composées d'un nombre insuffisant d'individus. Enfin les résultats de *Biston hirtarius*, qui sont absolument opposés à ceux qui tendent à confirmer cette hypothèse, viennent jeter un léger doute sur sa réalité. Néanmoins il y a lieu de constater la régularité de la progression de certains des premiers chiffres cités.

M. Chodat a fait étudier dans son laboratoire par M. Neuhaus *l'action de la catalase sur le système peroxydase — eau oxygénée en présence du pyrogallol.* On sait que Lœw n'admettait pas que, dans les organismes vivants, les peroxydes, s'ils se formaient, pussent avoir une action quelconque car, pensait-il, ces corps seraient décomposés immédiatement par la catalase qui abonde dans la plupart des tissus. Chodat et Bach ont montré qu'en ce qui concerne les oxygénases et les peroxydes substitués l'idée de Lœw n'est pas acceptable car la catalase est sans action sur cette catégorie de peroxydes. Ces auteurs avaient également observé que la catalase ne paraissait pas avoir un effet sensible sur le pouvoir oxydant d'un système peroxydaso-hydroperoxyde.

Pour vérifier et étendre si possible ces résultats obtenus par voie qualitative, on a tout d'abord préparé une catalase excessivement active, extraite du foie de mouton encore chaud d'après une méthode qui sera publiée plus tard in extenso.

La peroxydase a été préparée d'après la méthode décrite par Chodat et Bach. On a cependant modifié le procédé en laissant sécher la poudre de raifort dans laquelle s'était faite la décomposition des glycosides. La précipitation de la peroxydase s'est faite à l'alcool car la méthode alcool-éther fournit un produit plus hygroscopique et moins puissant. Dans une première série d'expériences, on s'est servi de la solution alcoolique de peroxydase (40 % d'alcool) et d'une solution de catalase obtenue en faisant digérer 0,5 gr. de catalase avec 30 gr. d'eau distillée. A 0,5 gr. pyrogallol, 10 ccm H_2O_2 (1 %o), 2 ccm solution de peroxydase répétée en 11 flacons, on a ajouté 1, 4, 6, 8, 10, 12, 14, 16, 18, 20, 30 gouttes de la solution de catalase. (Cette dernière était sans action oxydante sur le système pyrogallol, hydroperoxyde.) On pouvait voir à l'œil que la quantité de purpurogalline fournie allait croissant de 1-12 gouttes puis diminuait rapidement; avec 30 gouttes il ne se formait aucun précipité de purpurogalline. Ces expériences ont été réparties quantitativement avec des quantités variées de pyrogallol, d'eau oxygénée, de peroxydase en solution et en poudre. Il s'est toujours trouvé que de faibles quantités de catalase ne diminuent pas la réaction. Il a paru au contraire que jusqu'à une limite la catalase accélère la fonction oxydante du système peroxydase-peroxyde, mais dans tous les cas on a pu s'assurer qu'en augmentant la dose de catalase il arrive un moment où son action l'emporte sur celle du système peroxydase-hydroperoxyde, et à partir duquel les quantités de purpurogalline tendent vers zéro.

Il était intéressant de voir comment s'établirait cet équilibre à des températures variées. On sait en effet que les animaux à sang froid et à sang chaud ont dans les divers tissus des catalases inégalement actives. La coexistence de la catalase et d'un agent oxydant analogue à la peroxydase dans le sang rendrait cette recherche plus intéressante. A 0° cent. 1 gr. pyrogallol, 5 cc. d'eau oxygénée à 1 %., 0,10 de peroxydase, répétés en 12 séries, on ajoute 0, 1, 2, 4, 8, 16, 24, 32, 40, 48, 56, 64 gouttes d'une solution de catalase préparée comme précédemment; le maximum de rendement est atteint à 4 gouttes, 55 mgr., puis cette quantité va décroissant et n'est plus que de 17 mgr. à 64 gouttes de catalase. A 40° c. dans le thermostat le maximum est atteint entre 30-40 gouttes et il n'y a presque pas de chute. A 15° centigrades la chute est plus manifeste. D'autres expériences sont venues confirmer les premières et les préciser. On peut donc dire que lorsque le corps à oxyder est le pyrogallol, l'action retardataire effectuée par la catalase diminue avec l'élévation de température. Mais même à 37° si l'on augmente la dose de catalase 60-120 gouttes, les quantités de purpurogalline finissent par diminuer 50-24 mgr.

On a cherché à voir alors si peut-être à 40° le mélange pyrogallol-eau oxygénée abolit totalement ou en partie l'action de la catalase. Le dégagement d'oxygène mesuré à l'eudiomère n'a pas varié d'une manière sensible à 15° et à 40°. On sait d'après Senter que la réaction effectuée par la catalase est faiblement accélérée par l'élévation de température; cette accélération est très petite en comparaison avec celle qu'on observe pour d'autres réactions. Il n'en est sans doute pas de même en ce qui concerne l'action du système peroxydase-hydroperoxyde sur le pyrogallol.

On pourrait également supposer que plus l'action oxydante est énergique en fonction de l'élévation de température, plus la catalase devient inactive. Ou bien aux basses températures, le peroxyde et le produit accessoire qui se forme souvent s'accumuleraient sans opérer aussi vite les oxydations dont ils sont capables à une plus haute température; plus la température s'élève moins la catalase deviendrait nécessaire; ou bien la diminution de la catalase chez les animaux à sang chaud s'expliquerait par sa sensibilité vis-à-vis des corps oxydants.

Enfin M. Chodat signale l'observation faite par lui et M. F. Neuhaus que certaines urines d'albuminuriques contiennent une catalase très active, tandis que l'urine normale n'en contient que des traces ou pas du tout. Une urine fournie par M. le prof. Bard a dégagé 25 cc d'oxygène en un quart d'heure, tandis que bouillie elle n'en dégageait que 2 ccm. Les auteurs se réservent de poursuivre cette étude.

Complétant sa communication antérieure concernant les expériences en cours *sur l'effet Elster et Geitel*, M. TOMMA-SINA relate certains faits accessoires qui seront publiés ultérieurement avec l'ensemble de ces recherches.

M. BATTELLI et Mlle STERN rapportent les résultats d'expériences faites dans le but d'étudier *la catalase dans l'organisme animal*.

Les auteurs ont préparé une catalase très énergique, extraite du foie de cheval, de mouton ou de bœuf. Une solution très concentrée de catalase injectée dans les veines, dans le péritoine ou sous la peau des animaux, ne produit aucun phénomène appréciable. La température du corps, la pression sanguine, la respiration, la sensibilité générale, les réflexes, ne présentent aucune modification.

La catalase injectée disparait rapidement. Au bout d'une heure le sang et les tissus renferment de nouveau une quantité normale de catalase. Ce ferment ne disparait pas par élimination, car, après l'injection, l'urine est complètement dépourvue de catalase et le contenu stomacal et intestinal n'offre pas une quantité de catalase supérieure à celle qu'on y trouve habituellement. D'autre part la catalase n'est pas détruite in vitro par le sang ; elle est donc transformée dans l'intimité des tissus.

On sait en outre que les liquides de l'organisme (plasma sanguin et lymphe) ne contiennent que de très faibles quantités de catalase. Par conséquent on doit admettre que l'organisme détruit la catalase dès que celle-ci, en quittant les éléments anatomiques, entre en solution dans les liquides.

Les auteurs ont trouvé qu'il existe une *suppléance* entre les organes au point de vue de la catalase qu'ils renferment. Si chez les grenouilles on extirpe le foie, on constate qu'après quelques jours la catalase est augmentée dans les autres tissus et surtout dans les reins. Cette augmentation est beaucoup plus nette chez les cobayes empoisonnés par le phosphore. En administrant à ces animaux de petites quantités de phosphore, on provoque la stéatose du foie. Si à ce moment on tue l'animal, on constate que la catalase a beaucoup diminué dans le foie, mais qu'elle a beaucoup augmenté dans tous les autres tissus et surtout dans les reins. Souvent la quantité de catalase est trois fois plus considérable qu'à l'état normal. Les liquides de l'organisme sont dans ce cas aussi dépourvus presque complètement de catalase.

Les auteurs ont étudié plusieurs espèces d'oiseaux au point de vue de la catalase qui est contenue dans les tissus de ces animaux. Ils ont constaté que les oiseaux se distinguent des autres vertébrés examinés par la très faible quantité de catalase que renferme leur sang. Ainsi le sang de pigeon, de moineau, de pinson, etc., est 40-50 fois moins riche en catalase que le sang de lapin ou de cobaye. En outre les muscles blancs du poulet sont presque complètement dépourvus de catalase ; les muscles rouges en renferment davantage.

Cette faible proportion de catalase dans le sang des oiseaux et dans les muscles blancs, fait aussi supposer que la fonction de la catalase n'est pas liée à des phénomènes du métabolisme général, car ceux-ci sont très actifs dans les muscles blancs des oiseaux.

La pauvreté du sang des oiseaux en catalase pouvait faire supposer que ce ferment joue peut-être un rôle dans la formation de l'urée, car on sait que chez les oiseaux les déchets azotés sont éliminés sous forme d'acide urique et non sous forme d'urée comme c'est le cas chez les mammifères. Les auteurs ont recherché si in vitro la catalase transforme les substances qui, d'après les hypothèses les plus courantes, donnent origine à l'urée. Les résultats ont été négatifs. En faisant agir la catalase sur l'urate de sodium, sur le carbonate et le cyanate d'ammonium, sur le glycocolle, on n'a constaté aucune formation d'urée.

LISTE DES MEMBRES

SOCIÉTÉ DE PHYSIQUE ET D'HISTOIRE NATURELLE

au 1er janvier 1905.

---

1. MEMBRES ORDINAIRES

Henri de Saussure, entomol.
Marc Thury, botan.
Casimir de Candolle, botan.
Perceval de Loriol, paléont.
Lucien de la Rive, phys.
Victor Fatio, zool.
Arthur Achard, ing.
Jean-Louis Prevost, méd.
Edouard Sarasin, phys.
Ernest Favre, géol.
Emile Ador, chim.
William Barbey, botan.
Adolphe D'Espine, méd.
Eugène Demole, chim.
Théodore Turrettini, ingén.
Pierre Dunant, méd.
Jacques Brun, bot.-méd.
Charles Græbe, chim.
Auguste-H. Wartmann, méd.
Gustave Cellérier, mathém.
Raoul Gautier, astr.
Maurice Bedot, zool.
Amé Pictet, chim.
Robert Chodat, botan.
Alexandre Le Royer, phys.
Louis Duparc, géol.-minér.
F.-Louis Perrot, phys.
Eugène Penard, zool.
Chs Eugène Guye, phys.

Paul van Berchem, phys.
André Delebecque, ingén.
Théodore Flournoy, psychol.
Albert Brun, minér.
Emile Chaix, géogr.
Charles Sarasin, paléont.
Philippe-A. Guye, chim.
Charles Cailler, mathém.
Maurice Gautier, chim.
John Briquet, botan.
Preudhomme de Borre, entomol.
Paul Galopin, phys.
Etienne Ritter, géol.
Frédéric Reverdin, chim.
Théodore Lullin, phys.
Arnold Pictet, entomol.
Justin Pidoux, astr.
Auguste Bonna, chim.
E. Frey-Gessner, entomol.
Augustin de Candolle, botan.
F.-Jules Micheli, phys.
Alexis Bach, chim.
Thomas Tommasina, phys.
B.-P.-G. Hochreutiner, botan.
Frédéric Battelli, méd.
René de Saussure, phys.
Émile Yung, zoolog.
Ed. Claparède, psychol.
Eug. Pittard, anthropol.

2 MEMBRES ÉMÉRITES

Henri Dor, méd. Lyon.
Raoul Pictet, phys., Paris.
Eug. Risler, agron., Paris.
J.-M. Crafts, chim., Boston.

D. Sulzer, ophtal., Paris.
F. Dussaud, phys., Paris.
E. Burnat, botan., Vevey.
Schepiloff, Mlle méd., Moscou.

H. Auriol, chim., Montpellier.

3. MEMBRES HONORAIRES

Ch. Brunner de Wattenwyl, Vienne.
A. von Kölliker, Wurzbourg.
M. Berthelot, Paris.
F. Plateau, Gand.
Ed. Hagenbach, Bâle.
Ern. Chantre, Lyon.
P. Blaserna, Rome.
S.-H. Scudder, Boston.
F.-A. Forel, Morges.
S.-N. Lockyer, Londres.
Eug. Renevier, Lausanne.
S.-P. Langley, Allegheny (Pen.).
Al. Agassiz, Cambridge (Mass.).
H. Dufour, Lausanne.
L. Cailletet, Paris.
Alb. Heim, Zurich.
R. Billwiller, Zurich.
Alex. Herzen, Lausanne.
Théoph. Studer, Berne.
Eilh. Wiedemann, Erlangen.
L. Radlkofer, Munich.
H. Ebert, Munich.

A. de Baeyer, Munich.
Emile Fischer, Berlin.
Emile Noelting, Mulhouse.
A. Lieben, Vienne.
M. Hanriot, Paris.
St. Cannizzaro, Rome.
Léon Maquenne, Paris.
A. Hantzsch, Wurzbourg.
A. Michel-Lévy, Paris.
J. Hooker, Sunningdale.
Ch.-Ed. Guillaume, Sèvres.
K. Birkeland, Christiania.
J. Amsler-Laffon, Schaffhouse
Sir W. Ramsay, Londres.
Lord Kelvin, Londres.
Dhorn, Naples.
Aug. Righi, Bologne.
W. Louguinine, Moscou.
H.-A. Lorentz, Leyde.
H. Nagaoka, Tokio.
J. Coaz. Berne.
W. Spring, Liège.
R. Blondlot, Nancy.

4. ASSOCIÉS LIBRES

James Odier.
Ch. Mallet.
H. Barbey.
Ag. Boissier.
Luc. de Candolle.
Ed. des Gouttes.
H. Hentsch.
Edouard Fatio.
H. Pasteur.
Georges Mirabaud.
Wil. Favre.
Ern. Pictet.
Aug. Prevost.
Alexis Lombard.
Em. Pictet.
Louis Pictet.
Gust. Ador.
Ed. Martin.

Edm. Paccard.
D. Paccard.
Edm. Eynard.
Cam. Ferrier.
Edm. Flournoy.
Georges Frütiger.
Aloïs Naville.
Ed. Beraneck.
Edm. Weber.
Emile Veillon.
Guill. Pictet.
F. Kehrmann.
Ed. Long.
F. Pearce.
Joh. Carl.
G. Darier.
Adr. Jaquerod.
Ch. Du Bois.

TABLE

TABLE 87

Séance du 21 avril.

Séance du 5 mai.

Séance du 2 juin.

Séance du 7 juillet.

Séance du 4 août.

Séance du 6 octobre.

Séance du 3 novembre.

COMPTE RENDU DES SÉANCES

DE LA

SOCIÉTÉ DE PHYSIQUE

ET D'HISTOIRE NATURELLE

DE GENÈVE

XXII. — 1905

GENÈVE

BUREAU DES ARCHIVES, RUE DE LA PÉLISSERIE, 18

PARIS
H. LE SOUDIER
174-176, Boul. St-Germain

LONDRES
DULAU & Cᵒ
37, Soho Square

NEW-YORK
G. E. STECHERT
9, East 16th Street

Dépôt pour l'ALLEMAGNE, GEORG et Cⁱᵉ, à BALE

1905

Extrait des *Archives des sciences physiques et naturelles,*
tomes XIX et XX.

COMPTE RENDU DES SÉANCES

DE LA

SOCIÉTÉ DE PHYSIQUE ET D'HISTOIRE NATURELLE DE GENÈVE

———

Année 1905.

Présidence de M. Alexandre LE ROYER.

———

Séance du 5 janvier 1905.

Prevost et Mioni. Observations des crises convulsives chez de jeunes chiens thyroïdectomisés.—R. de Saussure. Des grandeurs spatiales.

M. PREVOST, en collaboration avec M. MIONI, son assistant, a enlevé chez deux jeunes chiens, âgés de neuf et de douze jours et appartenant à deux portées différentes, les deux corps thyroïdes. Or, comme M. Samaja l'a montré dans des expériences faites dans le laboratoire de physiologie et publiées dans sa thèse inaugurale, les jeunes animaux électrisés avec le courant alternatif appliqué de la bouche à la nuque, offrent une crise convulsive uniquement tonique jusqu'au dix-huitième jour environ, au lieu d'avoir, comme l'adulte, une crise tonique suivie d'une phase clonique.

Chez les chiens opérés par MM. Prevost et Mioni, la période pendant laquelle les crises cloniques manquent s'est prolongée pendant plusieurs semaines, ces animaux offrant en outre tous les symptômes et l'apparence du myxœdème opératoire. Leurs frères appartenant aux mêmes portées s'étaient au contraire bien développés, et les convulsions développées chez eux par l'application du courant alternatif offraient, comme chez l'adulte, une phase clonique, succédant à la phase tonique.

L'administration de corps thyroïdes de chiens et de mouton, de pastilles de thyroïdine a amené chez eux une modification dans les symptômes généraux et une phase clonique, d'abord moins intense qu'à l'état normal, succédait à la phase tonique quand on les électrisait.

M. René DE SAUSSURE traite des *grandeurs spatiales*. Les grandeurs spatiales ont été introduites en géométrie dès l'antiquité comme des notions intuitives de l'esprit (notion de longueur, d'angle, etc). On a conservé ces notions primitives, sans rechercher à quoi elles se rattachent aux yeux de la géométrie moderne. L'auteur montre que toute grandeur spatiale se rattache à une *forme spatiale* et qu'il y a lieu de classer les grandeurs d'après les formes, d'autant plus que cette méthode conduit à des grandeurs qui ne semblent pas avoir été considérées jusqu'ici, quoiqu'elles soient d'une nature primitive et irréductible. Les formes spatiales sont les suivantes :

1° *Formes ponctuelles* : La *ligne* ou série de points dont le type est la *ligne droite*, et la grandeur correspondante : la *longueur* (limitée par deux points).

La *surface* ou double série de points, dont le type est le *plan* et la grandeur correspondante l'*aire* (limitée par une ligne fermée).

L'*espace* ou triple série de points, forme à laquelle correspond le *volume* (limité par une surface fermée).

2° *Formes tangentielles* : La *ligne* ou série de plans (osculateurs) dont le type est la *ligne droite*, considérée comme l'axe d'un faisceau de plans, et la grandeur correspondante l'*angle dièdre* (limitée par deux plans du faisceau).

La *surface* ou double série de plans tangents, dont le type est le *point*, considéré comme le centre d'une gerbe de plans, et la grandeur correspondante l'*angle solide* (limité par une série de plans appartenant à la gerbe et enveloppant un cône fermé).

3° *Formes réglées* : La *surface réglée* ou série de rayons, dont le type est le *conoïde droit*, et la grandeur correspondante l'*angle gauche* (grandeur complexe limitée par deux rayons du conoïde). Comme cas particulier du conoïde droit, on peut citer le *faisceau de rayons*, dont la grandeur correspondante est l'*angle plan*.

La *congruence* de rayons, dont la forme type est la *congruence linéaire*, et la grandeur correspondante l'*angle solide gauche* (limité par le tétraèdre formé par deux segments pris sur les droites focales de la congruence). Comme cas particulier de la congruence linéaire, on peut citer la *gerbe de rayons*, dont la grandeur correspondante est un *angle solide ordinaire* (limité par un cône de rayons).

Le *complexe* de rayons et l'*espace réglé* sont les deux dernières formes réglées, et il serait utile d'étudier les grandeurs réglées (à 3 et à 4 paramètres) qui leur correspondent.

Séance du 19 janvier.

A. Wartmann. Rapport présidentiel pour 1904.

M. Aug. Wartmann, président sortant de charge, donne lecture de son *rapport sur la marche de la Société* pendant l'année écoulée. Ce rapport contient les biographies de MM. les prof. C. Soret et A. Rilliet, membres ordinaires, de M. le prof. His, membre honoraire, et de M. Fernand Bartholoni, associé libre, décédés en 1904.

Séance du 2 février.

A. Brun. Recherches sur les roches volcaniques. — H. Russenberger. La vision des particules ultramicroscopiques et son application à l'étude des solutions colloïdales. — A. d'Espine. De la polysystole du cœur. — V. Fatio. Observations sur quelques campagnols et musaraignes suisses. — Th. Tommasina. Dispositif électrique pour purifier l'air des salles d'hôpital. — R. Chodat. Sur la fréquence des formes hétérostylées chez Primula officinalis.

M. Alb. Brun communique les premiers résultats de ses *recherches sur les roches volcaniques*.

La lave qui vient au jour a une température oscillant entre 980° comme minimum et 1230° comme maximum.

A ces températures, les laves dégagent des gaz et il faut les fondre longtemps pour les en débarrasser.

Les laves contiennent en général des azotures. M. Brun a étudié l'action des azotures sur les silicates. Il propose de donner le nom de **Marignacite** à l'azoture de silicium qui est soluble sans décomposition dans les silicates fondus privés de fer. Ces recherches se poursuivent.

M. Russenberger montre à la Société, dans un microscope modifié pour la méthode de Cotton et Mouton, *les particules ultramicroscopiques* en suspension dans diverses solutions. Il indique deux applications de cette méthode à *l'étude des solutions « colloïdales. »*

1° Un mélange de colloïdes « positif » et « négatif » présente, vu au microscope, une agglomération *partielle* des granules des deux signes (sous le microscope, c'est l'éclat du granule qui indique sa nature, positive ou négative). Cette agglomération devrait être totale pour l'un des colloïdes, si le signe était dû à la charge du **granule**; elle n'est pas totale parce que la différence de potentiel est due, soit à la charge du **liquide** d'après la loi de Nernst (comme on en admet une au liquide dans les piles de concentration), soit aux ions du **liquide** venant entourer le granule (hypothèse de M. Perrin).

Un mélange de colloïdes de même signe présente le même aspect.

Les granules devraient leur agglomération partielle à la couche d'ions qui les entoure, fait corps avec eux, et ne varie pas assez vite lors du mélange des deux liquides.

Dans certains cas il n'y a même pas d'agglomération du tout.

2° On peut avoir une idée de la dimension des granules en les comptant sous le microscope, sachant d'une part le volume du liquide dont on a compté les granules, et d'autre part le rapport entre le volume du liquide et le volume des granules coagulés.

Une deuxième méthode est basée sur la mesure au micromètre des dimensions du coagulat d'un nombre compté de granules. La distance qui sépare les granules permet de les compter. Lorsque le coagulat est desséché, cette distance devient négligeable. En comparant le volume du coagulat en suspension au volume du coagulat desséché, on peut avoir les dimensions des granules.

Ces dimensions, variant quelque peu suivant le colloïde étudié, seraient d'après ces deux méthodes, dans l'ordre de grandeur des longueurs d'onde de la lumière, ce qui est peut-être vérifié par le fait que certains granules sont entourés d'anneaux colorés. En effet, à moins d'une autre explication que nous donnerait une étude plus approfondie de ce phénomène, il semble, jusqu'ici, logique d'admettre que ces anneaux, vus au moyen de lentilles parfaitement achromatiques, sont dus à des interférences qui ne peuvent se produire sous cette forme que si les points lumineux d'un granule sont distants de plus d'une longueur d'onde.

Des méthodes différentes basées sur la théorie électromagnétique de la lumière attribueraient aux granules des dimensions beaucoup plus petites (Ehrenhaft).

M. Russenberger rappelle l'importance de l'étude des solutions colloïdales, particulièrement en physiologie, les lois des solutions ordinaires ne s'appliquant plus aux liquides organisés.

Le matériel expérimental mis à la disposition de la Société pour vérifier les principaux faits énoncés a été obligeamment prêté par M. le professeur R. Chodat, auquel M. Russenberger adresse ses remerciements, ainsi qu'aux professeurs, amis et camarades qui, tant à Genève qu'à Paris, l'ont aidé dans ses recherches.

M. le prof. D'ESPINE. *Sur la polysystole du cœur.*

J'ai donné en 1882 le nom de polysystole à la contraction en plusieurs temps des ventricules [1], contrairement à l'opi-

---

[1] Essai de cardiographie clinique. *Revue de médecine*, 1882, p. 1 et 117.

nion de Marey basée sur l'étude myographique du cœur de
la tortue qui admettait dans la systole une seule secousse
ventriculaire. Les preuves que je donnais alors, étaient
tirées de l'étude des tracés intraventriculaires pris sur le
cheval dans le laboratoire du professeur Chauveau. Depuis
lors, la question a été reprise par le prof. Frédericq[1] à
Liège et par M. Contejean[2], assistant du prof. Chauveau.
Ces savants ont reconnu, comme moi, l'existence de trois
secousses élémentaires principales dans la systole cardiaque.

J'ai montré que sous l'influence de conditions patholo-
giques qui augmentent la tension artérielle ou qui diminuent la force musculaire du ventricule, la première secousse qui a pour résultat d'ouvrir les valvules sigmoïdes
en contrebalançant la tension artérielle, peut se décomposer en deux secousses distinctes et donne alors naissance
au bruit de galop.

Dans un travail récent[3], j'ai poursuivi l'étude des secousses élémentaires du plateau systolique dans les tracés
des artères et principalement dans le tracé de la carotide.

J'ai montré que l'élasticité artérielle transforme à l'état
normal dans la carotide le plateau systolique à trois ondulations si net dans le tracé de l'aorte en un plateau à deux
ondulations. A l'état pathologique les trois ondulations
peuvent reparaître dans le tracé de la carotide, quand il y
y induration des parois de l'aorte et de la carotide (artério-
sclérose et hypertension artérielle); par contre, dans les
palpitations de la maladie de Basedow, le plateau systolique du pouls carotidien est transformé en une ondulation
très haute, unique, grâce à la brusquerie de la contraction
ventriculaire, à l'intégrité des parois élastiques artérielles
et à l'abaissement de la tension artérielle.

---

[1] Travaux du laboratoire de physiologie, 1888, p. 91.
[2] C. R. de la Soc. de biolog., 22 déc. 1894 et 19 déc. 1896.
[3] Nouvel essai de cardiographie clinique. Revue de méd., 1905.
p. 23.

M. Victor FATIO traite de l'*inconstance de certains caractères chez quelques Campagnols et Musaraignes*[1].

Il a observé, suivant les cas, une grande variabilité dans
l'importance de quelques caractères généralement considérés comme spécifiques, même subgénériques, ou une
prédominance marquée de certains traits distinctifs en
apparence plus superficiels.

Un Campagnol de la section *Terricola* Fat., caractérisée
par 4 mamelles et 5 tubercules plantaires, avec 4 espaces
cémentaires à la 2ᵉ molaire supérieure, l'*Arvicola subterraneus* Selys, présente parfois, dans sa dentition et la
forme de sa boîte cranienne, des irrégularités qui le rap-
prochent jusqu'à un certain point de l'*Arvicola agrestis*
Linné, type de la section *Agricola* Blas. avec 8 mamelles,
6 tubercules plantaires et 5 espaces cémentaires constants
à la même molaire. M. Fatio a constaté, en effet, chez
trois individus du dit *Subterraneus* de Lugano, la présence
régulière, aux deux côtés de la mâchoire supérieure, d'un
5ᵉ petit espace cémentaire à la 2ᵉ molaire, espace déjà signalé par Forsyth Major, en 1877, comme plus ou moins
développé, sur un nombre égal de spécimens de l'espèce
trouvés dans le nord de l'Italie.

En comparant, à ce point de vue, les sujets du Tessin
avec quelques individus du *Subterraneus* capturés : partie
à Zermatt, entre 1620 et 1700 mètres d'altitude dans le
Valais, et à la Murgseealp, à 2000 mètres environ dans le
canton de St-Gall, partie au-dessus des Plans, à 1800 mètres dans les Alpes vaudoises, et près de Lausanne, en
plaine, il remarque que ces modifications aux formes du
type semblent aller en décroissant d'importance du sud au
nord et à l'ouest. Elles seraient surtout accusées dans les
régions alpines et subalpines, où elles représenteraient
une forme particulière du *Subterraneus*, forme un peu compliquée qui mériterait le nom subspécifique de *multiplex*.
Cela expliquerait le silence à cet égard d'auteurs très minutieux et compétents de Belgique, de France et d'Allemagne, comme de Selys, Gerbe, Blasius et autres.

[1] Voir *Archives*, t. XIX, février 1905, p. 188.

En citant l'*Arv. agrestis*, M. Fatio signalait, dans l'espèce, deux formes ou variétés qu'il distinguait sous les noms d'*Arv. agrestis, angustrifrons* et *A. a., latifrons*.

Il dit ensuite quelques mots d'un Campagnol de Bulle (Fribourg) qu'il avait sommairement rapproché, en 1872, de l'*Arvicola arvalis* Pallas et que Forsyth Major, en 1877, a supposé pouvoir être rapporté peut-être au *Subterraneus*. Il retrouve dans cette variété locale tous les traits distinctifs d'une certaine importance qui caractérisent l'*Arvalis* sous ses diverses formes de plaine et alpines, aussi bien dans la forme sombre des régions inférieures, qu'il a rapprochée de l'*Arenicola* Selys, que dans celle, pâle ou blonde « *flava* », qu'il a rencontrée jusqu'à 2300 m. s/m. sur la Furka (Valais), et que chez les types de Nager du *Rufescente-fuscus* Schinz. Pour tenir compte, toutefois, de quelques petites divergences de moindre valeur, il désignera cette forme intéressante sous le nom subspécifique d'*Arv. arvalis, Galliardi*. — A ce propos, M. Fatio attire l'attention sur une assez grande variabilité dans le développement des cinquième et sixième tubercules plantaires, soit de celui ou de ceux qui se trouvent en arrière de la base du cinquième doigt, chez les *Arvicola subterraneus* et *Arvalis* surtout.

Passant aux Musaraignes, il distingue, chez le *Sorex vulgaris* L. (et *auctorum*), en Suisse, trois formes, variétés ou sous-espèces assez différentes. Une première, typique, très répandue dans le pays, depuis la plaine jusqu'à 2000 mètres environ, de taille ordinaire et livrée tricolore, brunâtre ou noirâtre en dessus, plus ou moins rousse sur les côtés, avec queue moyenne, volontiers peu velue, parfois subcarrée et baptisée à cause de cela *S. tetragonurus* par Hermann, celle à laquelle Gerrit Miller a, en 1901, attribué le nom subspécifique d'*Alticola*. Une seconde, un peu plus grande, tricolore aussi, mais franchement noire en dessus et grise sur les côtés, avec queue plus longue et bien couverte de poils couchés, jusqu'ici trouvée près de Lucerne seulement, variété qu'il a décrite, en 1869, sous le nom de *var. nigra*. Une troisième, un peu plus petite que le *S. vul-*

garis type, plus particulièrement alpine et se distinguant à première vue des précédentes par une livrée rousse à peu près unicolore, porte une queue étranglée à la base, à la fois très longue (égale au corps, plus moitié de la tête), très épaisse et couverte de poils hérissés, qui la fait désigner ici sous le nom de *S. vulgaris, crassicaudatus*. Elle se différencie, par les proportions comparées des dents intermédiaires, des *Sorex pygmœus* Pallas et *S. rusticus* Jenyns, d'Angleterre, qui ont une livrée à peu près analogue, le premier avec une taille beaucoup moindre, le second avec une queue notablement plus courte. En rapprochant le *Rusticus* du *Pygmœus*, M. Fatio signale assez de variabilité dans les caractères dentaires chez le *Sorex vulgaris*, sans vouloir aller plus loin, pour le moment, dans ses rapprochements.

Enfin, il a trouvé, dans les restes des nombreux petits mammifères collectionnés par lui dans le pays, le crâne d'une Musaraigne étiqueté « *Sorex X*, Suisse, 1861 » qui porte une dentition entre celles des genres *Crossopus* et *Sorex*. Avec 30 dents bien colorées de brun-rouge, il présente, en effet, quatre intermédiaires supérieures des deux côtés, en même temps que des incisives inférieures un peu recourbées en avant et très profondément découpées en quatre lobes bien détachés. Quoique la dépouille de l'animal ait disparu, le crâne en question suffit à établir l'existence d'une espèce inconnue que l'auteur propose d'appeler, jusqu'à nouvel ordre, *Crossopus* (ou *Sorex*) *ignotus*.

M. Th. TOMMASINA fait une communication sur un *dispositif électrique pour purifier l'air des salles des hôpitaux, dispositif qui permet en outre de faire le dosage des impuretés*. Se basant sur la découverte faite par M. Rutherford que les corps exposés aux émanations du thorium acquièrent une forte radioactivité temporaire lorsqu'on leur donne, pendant la durée de l'exposition, une charge électrique négative, sur l'effet obtenu par MM. Elster et Geitel d'une radioactivité acquise par tous les corps maintenus électrisés négativement dans l'air atmosphérique, et sur ses propres observations, l'auteur déclare que le fait ainsi établi que les lignes de force d'un champ électrostatique négatif ramènent vers le corps électrisé toutes les particules extrêmement tenues, inorganiques et organiques, en suspension dans l'air ou adhérentes aux parois, constitue un très puissant moyen de purification de l'air ambiant, et le plus parfait.

En attendant que la pratique enseigne des dispositifs meilleurs, M. Tommasina dit qu'on peut adopter celui de MM. Elster et Geitel, mais il faut recouvrir les fils tendus et isolés d'un vernis gluant conservant sa viscosité pendant la durée de l'action, pour qu'il retienne facilement tout ce qui se déposera, et permette de faire dans la suite l'analyse des liquides de lavage du vernis. Les fils seront changés chaque 24 heures, et les mêmes pourront servir successivement. La charge dépassant les 2000 volts est facile à obtenir sans aucun frais, outre celui d'achat d'une bouteille de Leyde et d'une machine électrostatique des plus simples. Si le fil est bien isolé par des crochets en verre paraffiné, il conserve sa charge plusieurs heures à un potentiel suffisamment élevé.

L'auteur pense que l'utilisation de cette propriété des charges électriques sera une source inépuisable de bienfaits pouvant rendre plus facile la guérison ou empêcher la production et la propagation de certaines maladies.

M. le prof. CHODAT fait une communication préliminaire sur la fréquence des formes hétérostylées dans le *Primula officinalis*.

Le 24 avril 1904, il a établi une première statistique à Montauban sur le flanc N. des Voirons.

I. Au-dessus de Montauban. Brachystylées. Macrostylées.

136 plantes.   118 plantes.

II. A la ferme de Montauban. 524   »   451   »

Soit I. 53.54 % B. et 46.46 % M.

II. 54.05 % B.   46   M.

Moyenne des deux statistiques : 53.7 % B.   46.3 M.

Le 28 avril, dans une prairie au pied du Vuache, vis-à-vis du fort de l'Ecluse (prairie argileuse).

III.   442 B.   399 M.

Soit 52.6 % B.   47.4 % M.

Le 29 avril, Beulet, au-dessous des Pitons du Salève.

IV.   597 B.   526 M.

Soit 53.1 % B.   46.9 % M.

Cette statistique a été faite avec le plus grand soin.

Le 1er mai, prairie près de l'Ariana, Genève.

V.   181 B.   155 M.

Soit 53.8 % B.   46.2 % M.

Le 15 mai, sommet du grand Salève. On a avec beaucoup de soin pris TOUTES les plantes d'un assez grand espace. Cette statistique est donc excessivement soignée.

VI.   1230 B.   1090 M.

Soit 53.02 % B.   46.98 % M.

Ainsi, dans l'hétérostylie comme dans la répartition du sexe, il y a prédominance d'une des formes sexuelles ; ici, c'est la Brachystylie qui l'emporte à peu près d'un seizième ($^1/_{16}$) sur la macrostylie. M. Chodat se réserve de compléter cette communication en exposant comment on peut expliquer cette prédominance par la loi mendélienne. Il présentera également le résultat de ses investigations en ce qui concerne le *P. elatior*, le *P. grandiflora* et le *P. farinosa*, qui ont été également étudiés l'an dernier, mais dont l'auteur veut compléter la statistique cette année.

M. Chodat a également étudié la fréquence du nombre de fleurs par inflorescence,

3, 4, 5, 6, 7, 8, 9, 10, 11, 12, 13, 14, 15, 16, 17, 1,
33, 55, 136, 197, 143, 169, 96, 98, 80, 45, 33, 14, 12, 6, 4,

soit une courbe à fréquence maximale sur 6 et second sommet sur *8, 10*.

Seance du 16 février.

Ch. DuBois. Nouvelle platine chauffante pour le microscope. --
  L. Bard. Les éléments physiques de l'orientation auditive des bruits.
  — Th. Lullin. Sur l'éclat des écrans phosphorescents.

M. le D^r DuBois. *Platine chauffante électrique s'adaptant à tous les microscopes.*

L'appareil se compose d'une boite métallique rectangulaire, longue de 6 cm., large de 4 cm. et haute de 2 cm., percée en son centre d'un trou rond et pouvant se placer sur la platine de n'importe quel microscope. A l'une des extrémités, un orifice permet d'introduire un thermomètre indiquant constamment la température intérieure, à l'autre se place la fiche d'arrivée du courant. L'intérieur est rempli par l'enroulement d'un fil très fin et soigneusement isolé, formant la résistance qui s'échauffe par le passage du courant. A la partie supérieure, sur laquelle est déposée la préparation à examiner, sont fixés, par des charnières, deux volets métalliques qui recouvrent la préparation et empêchent la déperdition de chaleur. Ces volets sont disposés de manière à ne pas gêner le mouvement latéral de la préparation, qui peut être complet.

Un petit rhéostat, très sensible et portatif, est intercalé dans le circuit qui relie la boite à n'importe quelle prise de courant lumière alternatif ou continu, et l'appareil peut fonctionner. Pour la mise en marche, on supprime d'abord la résistance totale du rhéostat; la boite métallique atteint en 4' à 5' la température de 40°. On intercale alors une quantité donnée de résistance qni correspond à la température voulue pour la préparation. L'échelle est grande, allant de 0° à 150°, et lorsque la platine est réglée pour une température elle s'y maintient tant que la température extérieure ne varie pas. Le rhéostat permet d'ailleurs de rectifier très rapidement les variations même les plus faibles.

Cet instrument, qui se recommande surtout par la rapidité de sa mise en marche et la simplicité de son fonctionnement, peut, malgré son manque d'autorégulateur, rendre de grands services pour des examens de plusieurs heures à des températures plus élevées que celle du milieu ambiant.

M. L. BARD, professeur de clinique médicale à l'Université. *Les éléments physiques de l'orientation auditive des bruits.*

M. Bard a déjà entretenu la Société, dans une séance de l'année dernière, de l'impossibilité d'expliquer l'orientation auditive des bruits avec les seules données actuellement connues sur les éléments constitutifs des ondes sonores. La trajectoire des vibrations moléculaires, parallèle à la ligne de propagation du son, permet bien de définir la *direction* de cette dernière, mais elle ne révèle pas le *sens* de cette propagation; il en est de même des croissances et des décroissances périodiques de pression qui résultent des vibrations moléculaires.

A défaut d'éléments physiques, les naturalistes et les physiologistes attribuent l'orientation auditive à l'analyse des différences d'intensité d'un même bruit, spontanées entre les deux oreilles, ou provoquées par les mouvements de recherche de la tête. L'insuffisance de cette interprétation résulte de faits multiples, et notamment de celui que la surdité absolue d'une oreille n'empêche pas l'orientation latérale par l'oreille saine, c'est-à-dire par une perception unique.

Pour combler cette lacune, M. Bard a émis la pensée que le sens de propagation de l'onde pouvait se déceler par les effets de l'amortissement que lui impose l'inertie du milieu dans lequel s'effectue cette propagation elle-même. Théoriquement, ou plutôt d'après la définition classique, la vibration moléculaire sonore se compose de deux demi-amplitudes égales, en avant et en arrière de la position initiale d'équilibre; en réalité, les deux moitiés de la vibration doivent présenter une différence d'amplitude, variable avec le degré de la résistance opposée au mouvement de propagation de l'onde, mais qui ne peut jamais être nulle, et qui doit être toujours en faveur des demi-amplitudes d'avant, puisque le sens en est fixé par celui dans lequel s'exerce la résistance. Cette différence positive des demi-amplitudes d'avant sur celles d'arrière crée une légère prédominance des phases de pression positive sur celles de pression négative au cours de la succession des ondes. Dès lors, si l'on admet cette manière de voir, il existe un élément physique susceptible de fournir une base à la perception sensorielle du sens de propagation de l'onde.

M. Bard a développé ailleurs [1] l'ensemble des phénomènes par lesquels nos organes auditifs parviennent à dégager de cet élément physique des ondes la localisation dans l'espace de l'origine des bruits; il ne veut attirer l'attention que sur l'hypothèse physique qui est à sa base, dans l'intention surtout de faire juger les objections qui lui ont été adressées par M. Yves Delage, professeur de zoologie et de physiologie comparées à la Faculté des sciences de Paris [2].

La première objection de M. Delage est purement physiologique. Il accepte la réalité de l'inégalité des demi-amplitudes, il la calcule même, mais il la croit « insignifiante, » c'est-à-dire, sans doute, trop faible pour être perçue par nos sens, car sa valeur absolue n'importe pas. Pure question d'impression dès lors, car nous ignorons la limite de puissance de l'audition. M. Delage n'envisage d'ailleurs, dans son calcul, que la valeur de cette différence résultant de l'effet de l'amortissement d'une impulsion élémentaire isolée, alors que la continuité du son, due à la succession

---

[1] L. Bard, Des éléments des vibrations moléculaires en rapport avec le sens de la propagation des ondes sonores. *C. R. de l'Académie des sciences*, 17 octobre 1904, p. 593. — De l'orientation auditive latérale, son rôle et son mécanisme. *Semaine médicale*, 1904, p. 305. — De l'orientation auditive angulaire, éléments périphériques et sa perception centrale. *Archives générales de médecine*, 1905, p. 257.

[2] Y. Delage, Sur l'orientation auditive latérale. *Archives de zoologie expérimentale et générale*, Notes et Revue, 1905, vol. III.

ininterrompue d'impulsions élémentaires, multiplie en conséquence l'effet produit sur les organes auditifs.

La seconde objection est d'ordre exclusivement physique, c'est sur elle spécialement que M. Bard voudrait appeler l'attention et solliciter l'avis des physiciens. M. Delage admet qu'un même son, celui d'une lame d'acier violemment courbée et celui d'une cloche, dans les exemples indiqués par lui, effectue différemment sa propagation à distance, suivant le côté de la source sonore considérée : par la phase positive de l'onde, du côté où la lame porte sa première extension, par la phase négative, du côté opposé. Comme, d'autre part, M. Delage attribue la fixation du sens de prédominance des deux phases exclusivement au caractère de celle qui arrive la première à l'oreille, il en conclut que si la théorie de M. Bard était vraie, le bruit serait orienté exactement par un observateur situé du côté de la source sonore, où la phase positive marche en tête de la propagation de l'onde, mais à rebours par un observateur situé du côté opposé, où c'est la phase négative qui marche la première, ce qui est contraire, en effet, à l'observation courante.

Cette objection repose sur l'assimilation faite entre les vibrations moléculaires sonores et le déplacement en masse des couches d'air adjacentes à la lame vibrante. De ce qu'il existe en effet une raréfaction de l'air sur un des côtés de la lame, il n'en résulte pas nécessairement que cette raréfaction puisse être le facteur des oscillations moléculaires et qu'elle constitue la phase initiale de l'onde sonore. Il semble, au contraire, que ces oscillations sont provoquées alternativement de chaque côté de la lame par les *chocs* positifs qu'elle imprime aux molécules et *uniquement par eux*. L'aspiration qui résulte de son retrait ne met en jeu que la tendance au vide, suffisante pour créer un déplacement des molécules rapprochées, insuffisante pour leur communiquer le premier ébranlement des vibrations périodiques. La meilleure preuve que le vide en arrière de la lame est incapable de commencer l'onde sonore, c'est que cette dernière doit ses particularités de rythme et de timbre aux qualités acoustiques de l'objet vibrant, qu'elle les reçoit des chocs dus à ses déplacements, mais qu'elle ne saurait tenir de la pression atmosphérique qui comble le vide en arrière d'eux, car celle-ci est un facteur constant pour tout déplacement d'égale longueur, tout à fait indépendant des qualités sonores de chaque objet. Par suite, l'onde sonore ne commence réellement que lorsque le choc positif a lieu, aussi bien sur un côté de la lame que sur l'autre, mais successivement sur chacune d'elles, et dès lors le départ du son se fait à la phase positive de l'onde dans toutes les directions.

L'égalité de propagation des sons dans tous les rayons autour de leur cercle de production, l'absence de zones d'interférence sur aucun diamètre, le fait que tous les points équidistants de la source sonore sont en coïncidence de phases, sont également incompatibles avec un mécanisme de production du son qui sera différent sur les diverses faces d'un corps vibrant.

M. Bard ne pense pas qu'il y ait des sons capables de naître et de se propager par une phase négative initiale; s'il en existait, ils devraient, par le fait des résistances subies, obéir comme les autres à la loi de la propagation sphérique uniforme et à celle de la prédominance des demi-amplitudes d'avant sur celles d'arrière. Le point fondamental de sa théorie n'est pas la prédominance des phases positives sur les négatives, plutôt que le contraire : c'est uniquement l'existence d'une différence entre la somme des phases contraires, fixée par le sens de propagation de l'onde, et dès lors de valeur contraire en un même point, suivant qu'il s'agit d'une onde centripète ou d'une onde centrifuge par rapport à ce point.

M. Th. LULLIN décrit deux expériences relatives à l'*éclat des écrans phosphorescents*.

Il se sert pour la première de l'écran lumineux annexé à la brochure de M. Blondlot sur les rayons N. L'insolation doit être très faible et ne pas excéder 10 à 15 secondes à la lumière du jour.

L'écran étant d'abord placé à 70 centimètres environ, distance à laquelle il est à peine visible, et rapproché en--suite progressivement jusqu'à quelques millimètres de l'œil, on constate une augmentation frappante de sa luminosité, les taches phosphorescentes acquièrent un éclat très vif, sans atténuation bien sensible de la netteté de leurs contours. En éloignant l'écran de l'œil, le phénomène inverse se produit.

Ces variations d'éclat sont d'autant plus accentuées que l'écran est moins lumineux. Souvent l'insolation ayant été trop forte, on aura avantage à en atténuer les effets en recouvrant la surface phosphorescente d'une, ou même de plusieurs feuilles de papier blanc. La netteté du phénomène n'en est pas altérée, à la condition d'obtenir une bonne adhérence entre le papier et l'écran.

Il sera donc important, dans toute recherche relative aux rayons N, de maintenir invariable la distance entre l'écran et l'œil de l'observateur.

Pour la seconde expérience, quatre petits écrans phosphorescents, de forme carrée et de 25 mm. de côté, sont alignés à la distance de 10 c. les uns des autres. Si l'observateur se place alors à 1 mètre environ et qu'il fixe attentivement un des écrans, il le voit s'assombrir puis disparaître. Portant alors le regard sur l'écran adjacent, il le voit s'éteindre à son tour, tandis que le premier se ravive instantanément; le même phénomène se produit pour toute la série.

L'expérience peut aussi se faire avec un seul écran. Il suffit alors, après l'avoir fixé et vu s'éteindre, de faire dévier légèrement la direction du regard pour voir reparaitre l'éclat primitif.

On peut employer des écrans de dimensions et de formes différentes de celles indiquées par M. Lullin; il faut alors déterminer par tâtonnement la meilleure distance d'observation et l'écartement des écrans; s'ils sont trop rapprochés les uns des autres, la zone d'extinction en assombrit plusieurs à la fois.

Ces deux expériences s'expliquent probablement par des

différences de sensibilité des diverses parties de la rétine. On sait que sa partie centrale est comparativement peu sensible aux rayons les plus réfrangibles du spectre; elle sera donc peu sensible à la lumière phosphorescente, riche surtout en rayons bleus et violets.

Séance du 2 mars.

Le Secrétaire des publications. Présentation du tome 34 des Mémoires. — Arnold Pictet. La sélection naturelle chez les lépidoptères. — Amé Pictet. La genèse des alcaloïdes dans les plantes. — Albert Brun. Sur l'origine des gaz des volcans.

M. LE SECRÉTAIRE DES PUBLICATIONS présente à la Société le tome 34 des Mémoires.

M. Arnold PICTET présente quelques observations se rapportant à la *sélection naturelle chez les Lépidoptères.*

Un des caractères utiles à la conservation des Papillons réside dans la coloration de leurs ailes : autrefois, lorsque les espèces présentaient un nombre de variations beaucoup plus grand qu'actuellement, celles qui furent d'une coloration appropriée au milieu dans lequel elles avaient coutume de vivre, purent seules échapper à la destruction de leurs ennemis et se reproduire. Par hérédité, cette coloration avantageuse fut transmise à leurs descendants et peu à peu finit par dominer chez ces espèces. Nous nous trouvons là en présence d'un des phénomènes de la *sélection naturelle* de Darwin.

Parmi les objections qui ont été faites à cette théorie, la principale est que, nulle part autant que chez les Lépidoptères, il se trouve un aussi grand nombre d'espèces possédant des caractères défavorables à leur maintien. Or ces espèces qui, d'après la loi de la sélection naturelle auraient dû se modifier ou disparaître, s'étendent et se multiplient de manière à devenir parfois de véritables fléaux en conservant leurs caractères défavorables avec une fixité remarquable. On peut donner de cette anomalie l'explication suivante : chez certaines espèces les fonctions de la reproduction se font de suite après l'éclosion des adultes qui, lorsqu'ils sont détruits, ont déjà pondu et transmis à leurs descendants leurs caractères appropriés ou non au milieu. L'auteur signale quelques cas où l'accouplement et la ponte ont eu lieu dans un espace maximum de trois heures, depuis le moment de l'éclosion; le temps pendant lequel ces espèces peuvent être détruites avant la ponte est donc limité et c'est ce qui explique la fixité de certains caractères désavantageux.

Une seconde objection est que, chez les espèces dimorphes, chaque sexe ayant parfois une coloration absolument différente et vivant cependant dans le même milieu, l'un des deux se trouvera nécessairement désavantagé et aura de grandes chances d'être détruit : par suite de la disparition plus ou moins rapide de l'un des sexes, l'espèce finira par disparaître. Or, chez les Lépidoptères, il n'en est rien, et l'on rencontre une foule d'espèces, dans le genre d'*Ocneria dispar*, dont les mâles sont d'une coloration appropriée au milieu, tandis que les femelles possèdent au contraire des caractères très désavantageux. Nous venons de voir pourquoi les femelles ont pu perpétrer ces caractères désavantageux ; mais comment se fait-il que les mâles, vivant dans les mêmes conditions, se soient seuls modifiés ? Les expériences précédentes de M. Pictet montrent que, chez *Ocneria dispar* en particulier, et chez une foule d'espèces appartenant aux Bombycites et aux Géomètres, les mâles éclosent plus tôt que les femelles. En ce qui concerne *O. dispar*, ils apparaissent 8 à 10 jours avant les représentants de l'autre sexe; c'est donc 8 à 10 jours pendant lesquels ils peuvent être détruits, et c'est pourquoi ils se sont modifiés, par sélection naturelle, pour devenir ce qu'ils sont actuellement.

Mais parmi les mâles d'une même espèce, il se présente souvent de grandes variations dans la coloration de leurs ailes, les uns ayant une teinte propre à les dissimuler, les autres, au contraire, se rapprochant de la forme femelle et ayant des caractères désavantageux. C'est ainsi que, sous l'influence de l'alimentation, les mâles d'*Ocneria dispar* varient facilement du brun au gris, pour devenir parfois aussi blanc que les femelles. D'après ce que nous savons, un tel phénomène ne devrait pas se présenter, et pourtant il existe fréquemment dans la nature. Pour l'expliquer, il faut supposer, dans une même localité, deux pontes A et B d'une même espèce; les mâles A écloront avant leurs femelles. Mais si, pour une raison que nous ne connaissons pas, la ponte B se trouve avancée de quelques jours, ce qui se rencontre souvent, l'éclosion des mâles A coïncidera avec celle des femelles B et l'accouplement pourra se faire de suite; le temps qui s'écoulera entre l'éclosion des adultes et l'accouplement étant relativement court, les chances de destruction seront réduites, et ces individus pourront perpétrer leurs caractères désavantageux. Il n'y aura donc que les mâles B, les premiers éclos de la saison, qui auront à attendre plusieurs jours l'arrivée des femelles et qui n'échapperont à la destruction de leurs ennemis que s'ils sont d'une coloration appropriée au milieu.

Voilà trois observations qui semblent expliquer l'origine de bien des cas de dimorphisme sexuel.

Les chenilles vivent beaucoup plus lontemps que les Papillons (de 15 jours à 3 ans, suivant les espèces); elles ont donc à lutter contre des ennemis bien plus nombreux et leurs moyens naturels de défense sont souvent très difficiles à discerner. Les variations dans la coloration des chenilles existent tout aussi fréquemment que chez les adultes; l'auteur signale plusieurs de ses expériences, ainsi que celles de Poulton et de Standfuss, où des chenilles peuvent prendre les teintes les plus diverses, principalement sous l'influence de l'alimentation. Il serait donc intéressant de savoir si ces variations de coloration leur sont de quelque utilité, en un mot, si les chenilles, comme les papillons, sont devenues ce qu'elles sont aujourd'hui par sélection naturelle. Trois observations semblent le prouver :

1° Ces variations dans la teinte des chenilles sont souvent héréditaires et même ataviques; elles sont, sous l'influence de l'alimentation, de deux sortes : albinisantes et mélanisantes, comme pour les papillons. Les claires, qui sont en même temps les plus petites, se tiennent dessous une feuille; on ne peut les voir d'en haut, mais d'en bas seulement, où la feuille, par transparence, prend un aspect éclairci qui se confond avec l'aspect clair de la chenille. Les foncées, qui sont en même temps les plus grosses, ne peuvent, par suite de leur poids, se tenir sur une feuille et se tiennent dans les branchages, qui constituent un milieu foncé. (Observations avec *Ocneria dispar*.)

2° Dans les élevages en captivité, où la destruction est nulle, on rencontre une quantité de variations larvaires beaucoup plus considérable que dans la nature; ce qui semble indiquer que, en liberté, il existe des chenilles d'une coloration désavantageuse qui sont détruites avant qu'on ait pu les trouver. (Observations avec *Himera pennaria*, *Biston hirtarius*, *Amphydasis betularius*, etc.)

3° On a signalé récemment un cas frappant de sélection naturelle chez des chenilles d'*Abraxas grossulariata*, qui, blanches dans nos régions, sont devenues presque noires dans le voisinage des grands centres manufacturiers d'Angleterre, où par suite des brouillards et des fumées des usines, le milieu de ces chenilles se trouve considérablement obscurci.

M. le prof. Amé PICTET présente quelques considérations sur la *genèse des alcaloïdes dans les plantes*. On est aujourd'hui de plus en plus porté à admettre que les alcaloïdes végétaux ne sont point. comme on le pensait autrefois, des produits de synthèse représentant un stade intermédiaire dans l'édification des matières protéiques, mais qu'ils constituent au contraire des produits de désassimilation, des déchets azotés correspondant à ce que sont chez l'animal l'urée, l'acide urique, l'indican urinaire, etc. Si l'on adopte cette manière de voir, on doit, à propos de chaque alcaloïde particulier, se demander quelle est la substance primordiale dont il provient. L'expérience ne pouvant être ici d'aucun secours, on ne peut se baser, pour répondre à cette question, que sur les analogies de constitution chimique que l'on pourra découvrir entre les alcaloïdes et les matières végétales plus compliquées.

Les données que l'on possède aujourd'hui sur la constitution des alcaloïdes permettent de classer ceux-ci en quatre groupes distincts, dont chacun est caractérisé par un assemblage d'atomes ou *noyau* particulier :

1° Les alcaloïdes qui renferment le noyau hexagonal de la *pyridine* (alcaloïdes de la ciguë, de l'opium, des quinquinas, etc.).

2° Ceux qui contiennent le noyau pentagonal du *pyrrol* (nicotine, atropine, cocaïne, strychnine, etc.).

3° Les bases xanthiques (caféine, théobromine, etc.), caractérisées par le noyau de la *purine*.

4° Certaines bases quaternaires, comme la choline, la bétaïne, la muscarine, la sinapine, qui possèdent en commun le groupement atomique $(CH_3)_3(OH)N^v\text{-}C\text{-}C\text{-}$.

Il ne semble y avoir aucun doute sur l'origine des deux derniers groupes d'alcaloïdes. On sait depuis longtemps que les ~~nucléines~~ fournissent par décomposition *in vitro* des bases xanthiques, et que les lécithines donnent dans les mêmes conditions de la choline ou des corps voisins. Il est légitime de penser que des réactions analogues peuvent s'effectuer dans la plante et donner naissance aux mêmes produits.

Mais aucune supposition semblable n'a encore été formulée au sujet de l'origine des deux premiers groupes d'alcaloïdes, où se trouvent cependant les composés les plus importants, au moins par leurs propriétés physiologiques et leur utilisation thérapeutique.

En ce qui concerne les alcaloides *pyrroliques*, M. Pictet serait disposé à y voir les produits de décomposition des albumines. Les remarquables travaux d'Emile Fischer ont, en effet, démontré l'existence du noyau du pyrrol dans toutes les albumines. Ce serait ce groupement, plus stable que le reste de la molécule, qui résisterait le plus longtemps à la désagrégation et se retrouverait dans les déchets basiques.

Restent les alcaloïdes *pyridiques*. Le noyau de la pyridine n'existe, cela est certain, ni dans les albumines, ni dans les nucléines, ni dans la chlorophylle, ni dans aucune autre substance végétale semblable. Quelle idée doit-on se faire du processus grâce auquel il apparaît dans un grand nombre d'alcaloïdes ? M. Pictet émet l'idée que ce noyau pyridique pourrait provenir d'une transformation du noyau pyrrolique préalablement méthylé. Il fait reposer cette hypothèse sur les observations suivantes :

Lorsqu'on distille le N-méthylpyrrol ou l'α-méthylpyrrol à travers un tube chauffé au rouge sombre, ces corps se convertissent partiellement en *pyridine*. En soumettant à la même opération l'α-méthylindol, on obtient de la *quinoléine*. La méthylphtalimidine fournit dans des conditions semblables de l'*isoquinoléine,* et le méthylcarbazol de la *phénanthridine*. Dans tous ces cas, il y a passage très net du noyau pyrrolique méthylé au noyau pyridique, par intercalation du méthyle entre deux chaînons du noyau pentagonal. Ne pourrait-on pas penser que ce passage, qui dans les expériences *in vitro* ne s'effectue qu'à une température élevée, puisse être réalisé à froid par la plante vivante ?

Cette hypothèse recevrait un premier appui si l'on trouvait. dans le même végétal, les deux alcaloïdes à la fois, l'alcaloïde pyrrolique primitif et l'alcaloïde pyridique qui en dériverait. Or, c'est ce qui semble avoir lieu dans le tabac. A côté de la nicotine (qui renferme le noyau pyrrolique méthylé), MM. Pictet et Rotschy ont pu constater, il y a deux ans, la présence de petites quantités d'autres alcaloïdes. L'un d'eux, la *nicotimine*, a la même composition que la nicotine, mais elle en diffère essentiellement par certaines propriétés qui font conclure à l'absence du noyau pyrrolique et du groupe méthyle dans sa molécule. Y sont-ils remplacés par le noyau pyridique, c'est ce que les auteurs ont tout lieu de croire et ce qu'ils s'efforceront d'établir par la suite de leurs recherches.

M. Albert BRUN donne la suite de ses recherches *sur l'origine des gaz des volcans.*

Il a constaté que les cendres du Vésuve qui tombaient

dans le val d'Inferno le 25 septembre 1904 contenaient un hydrocarbure de la consistance de la vaseline et coloré en vert.

En faisant des expériences avec les pétroles, il constate que jusqu'au point de fusion de la roche, les silicates fixent les hydrocarbures. Ceux-ci se décomposent et donnent des gaz qui font gonfler la masse précisément au moment de la fusion du silicate. La réaction pyrogénée des hydrocarbures fournit donc l'hydrogène et le gaz carbonique. Les silicates ferriques sont alors réduits. Il se forme même de l'hydrogène sulfuré. Il est facile de reproduire les ponces, les lapillis bulleux et tous les phénomènes d'explosion par chauffe suffisante d'une roche silicatée imprégnée des hydrocarbures du pétrole.

Séance du 16 mars.

R. Chodat. Mode d'action de l'oxydase. — P.-A. Guye. Contribution à l'étude des poids atomiques. — L. Duparc, Cantoni et Chautems. Entraînement de l'arsenic par l'alcool méthylique. — E. Yung. Causes des variations de la longueur de l'intestin chez les larves de rana esculenta. — Sarasin, Tommasina et Micheli. Sur l'effet Elster et Geitel.

M. le professeur Chodat présente une communication sur le *mode d'action de l'oxydase.*

Le ferment a été obtenu de la manière suivante : Des champignons, en automne, ont été concassés et broyés (Lactarius vellereus). Le suc exprimé à la presse est additionné d'une quantité suffisante de Toluol qui agit comme antiseptique. Au bout d'un certain temps le suc s'est clarifié ; un gros dépôt s'est formé. On filtre le liquide clair qui sert pour les expériences. Les propriétés générales de cette oxydase ont été étudiées précédemment par Bach et Chodat. Ces auteurs ayant reconnu que l'oxydase de Lactarius possède les propriétés d'un système Peroxyde-peroxydase en ont conclu que ce ferment oxydant correspond à un système analogue comprenant un peroxydeferment l'oxygénase et une peroxydase spécifique la myco-peroxydase.

Ayant étudié précédemment avec Bach la loi d'action de la peroxydase nous avions trouvé que la quantité du produit oxydé résultant de l'action du système peroxydase-hydropéroxyde est jusqu'à la limite d'action, proportionnelle à la quantité du système employé.

D'autre part nous avions montré que la peroxydase dans la catalase de l'HJ. suit, aussi longtemps que les produits de la réaction ne viennent pas entraver sérieusement son action, la loi des masses, c'est-à-dire que la vitesse est proportionnelle à la concentration.

Il était donc intéressant de vérifier si l'oxydase du Lactaire suivrait dans son action oxydante la même loi.

J'ai à cet effet établi une série d'expériences :

	I.	II.	III.	IV.
Pyrogallol	1 gr.	1 gr.	1 gr.	1 gr.
Eau	30 cc.	20 cc.	10 cc.	0 cc.
Oxydase	10 cc.	20 cc.	30 cc.	40 cc.

On laisse à l'air ces solutions dans des flacons d'Erlenmeyer de même grandeur; après 24 h., 30 h., 48 h., etc., on détermine la quantité de purpurogalline formée en la récoltant sur un filtre exactement pesé. On lave la purpurogalline qui reste sur le filtre par 100 cc. d'eau distillée. On sèche à 40° puis à 105° et on pèse. Le résultat a été le suivant. Au lieu de la stricte proportionalité obtenue comme expression de l'action du système Peroxydase-hydroperoxyde on obtient quand les concentrations croissent comme 1, 2, 3, 4, une augmentation de purpurogalline qui est exprimée par les valeurs 2, 3, 4, 5. C'est donc un résultat qui dans les limites de nos expériences peut s'exprimer par la formule générale $ax + b$.

Ici $b = a$, autrement dit dans le cas qui nous occupe la constante d'accroissement, est égale à la moitié du produit obtenu à la concentration I.

Voici les résultats numériques de nos expériences :

	I	II	III	IV
24 h.	0,082	0,130	0,159	0,211
Calc. ($b = 0,41$)	0,082	0,123	0,167	0,210
72 h.	0,1530	0,2330	0,3135	0,3660
Calc. ($b = 0,575$)	0,1530	0,2268	0,3024	0,3780
	I	II	III	IV
48 h.	0,115	0,179	0,212	0,262
Calc. ($b = 0,575$)	0,115	0,172	0,230	0,287
4 jours	0,98	0,152	0,205	0,252
Calc. ($b = 0,50$)	0,100	0,150	0,200	0,250
A 24 h.	0.692	0,1022	0,1333	0,1708
Calc. ($b = 0,340$)	0,682	0,1022	0,1362	0,1702
B 48 h.	0,711	0,1075	0,1451	
Calc. $b = 0,35$)	0,711	0,1065	0,1420	

Cette loi ne se maintient que pour autant que la limite d'action n'a pas été atteinte.

Elle se vérifie alors cependant en ce qui concerne les concentrations qui continuent à agir. Ainsi au bout de 72 h. ces mêmes solutions donnent pour les concentrations :

	II	III	IV
B. Calc. ($b = 0,547$)	0,1094	0,1607	0,2100
	0,1094	0,1631	0,2088

Il faut cependant remarquer que cette expression ne peut exprimer la loi d'action du ferment dès le début car alors en prolongeant la droite on obtiendrait le résultat que, à la concentration O, il y aurait déjà une action considérable. On est donc forcé d'admettre qu'au début le phénomène suit une autre loi.

On sera frappé au premier abord de la différence qui existe entre l'action de l'oxydase et celle de la peroxydase telle que nous l'avons rappelée plus haut. On sera tenté d'y voir un argument contre la théorie que nous défendons M. Bach et moi, à savoir que les oxydases sont des systèmes peroxydes–peroxydase I.

Mais après mûr examen on voit que la différence n'est qu'apparente. En effet quand on fait agir sur le pyrogallol le système Hydroperoxyde-peroydase la totalité de l'oxygène qui sert à oxyder est présente dans l'eau oxygénée.

Au contraire lorsqu'on fait agir une solution d'oxydase sur le même corps la quantité d'oxygène actif que peut fournir le peroxyde organique de l'oxydase, notre oxygénase, est faible. Le ferment (Oxygénase) doit régénérer constamment le peroxyde détruit. De là aussi la lenteur d'action beaucoup plus grande.

Il est évident qu'au début les quantité de Peroxyde (Oxygénase) qui entrent en action sur le pyrogallol sont proportionnelles aux concentrations des solutions et que cette proportionalité se maintient. Par conséquent l'action sera également proportionnelle.

La constante d'addition b ne peut provenir que de la rapidité avec laquelle l'oxgène est absorbé. Si cela est, la vitesse d'absorption de l'oxygène par nos solutions d'oxydase à concentrations différentes doit être sensiblement la même. C'est ce que semblent démontrer les premières expériences que j'ai faites à ce sujet.

Lorsque dans l'appareil qui nous a servi à d'anciennes expériences et au moyen duquel on peut mesurer la variation du volume des gaz on introduit une solution d'oxydase additionnée de pyrogallol on voit, au début et aussi pendant un temps prolongé, le niveau du mercure de l'eudiomètre descendre; avant que l'absorption du gaz oxygène l'emporte sur le dégagement d'acide carbonique le liquide s'est déjà troublé.

Si à partir de ce moment où le niveau cesse de baisser on calcule l'absorption du gaz, on voit que cette absorption est sensiblement constante pour les différentes solutions.

J'ai fait à ce sujet de nombreuses expériences. Voici le résultat des dernières :

De 11 h. à 7 h.

Sol. Oxydase 40, Pyrogallol I g.	9,0 ccm.
Oxydase 30, Eau 20, Pyrogallol I g.	9,1 ccm.

Ces deux expériences ont été faites d'une manière absolument comparatives.

Les suivantes ont été faites en vue de la résolution d'un autre problème et n'ont pas la précision des deux précédentes.

Oxydase 20, Eau 30   9,2
    »   20, » 10   8,4
    »   10, » 40   9,1
    »   20   8,9

On remarque en outre que l'absorption de l'oxygène est strictement proportionnelle au temps.

Dans ces conditions il me semble que la constante d'addition b. dépend exclusivement du phénomène d'absorption de l'oxygène par le liquide et n'a rien a voir avec la loi d'action proprement dite.

Si ces raisonnements sont justes, nos expériences prouveraient que la loi d'action de l'oxydase est la même que celle du système peroxydase-hydroperoxyde.

L'unité de ces systèmes : oxygénase-myco-peroxydase [1] et hydroperoxyde-peroxydase que par d'autres réactions, Bach et moi, nous avions cherché à mettre en évidence se trouverait ainsi démontrée.

M. Ph.-A. GUYE expose que la relation $M = \dfrac{22,412\,L}{(1+a)\,(1-b)}$ où L est le poids du litre normal de gaz, a et b, les constantes de l'équation de Van der Waals, ne se vérifie qu'imparfaitement lorsqu'on calcule a et b au moyen des éléments critique T_c et p_c. Il établit ensuite que cette relation peut être corrigée, et conduit à des résultats satisfaisants lorsqu'on la modifie comme suit : 1° pour les *gaz permanents à* 0° C, il suffit de remplacer 22,412 par $22412 + mTc$, où m est un coefficient unique pour tous les gaz ; 2° pour

---

[1] Je rappelle en passant que M. Bourquelot, récemment, a publié à propos de l'oxydation de la vanilline, une confirmation de notre théorie. Il n'a changé que les termes. (Voir Comptes rendus.)

les *gaz liquéfiables* à O° C, on conserve la valeur **22,412** et remplace a et b par a_0 et b_0 calculés par les relations :

$$a_0 = a \left(\frac{T_c}{T}\right)^{\frac{3}{2}} \text{ et } b_0 = b \left(1 + \frac{T_c - T}{T_c}\right)\left(1 - \frac{\beta p c}{p}\right)$$

où β est encore un coefficient unique.

Des exemples numériques, concernant les gaz dont les constantes physiques sont établies avec le plus d'exactitude, conduisent à des valeurs de M qui se confondent, aux erreurs d'expériences près, avec celles que l'on déduit des déterminations de poids atomiques les plus sûres.

M. le prof. DUPARC communique un travail fait dans son laboratoire par MM. CANTONI et CHAUTEMS *sur une méthode de séparation de l'arsenic*[1].

M. le professeur Emile YUNG donne le résumé de ses recherches *sur les causes des variations de la longueur de l'intestin des larves de Rana esculenta.* Durant la période qui précède l'apparition de leurs pattes postérieures l'intestin s'allonge rapidement. Il atteint jusqu'à 8 fois la longueur de leur corps chez les larves soumises au régime végétal et 5 fois cette longueur chez celles nourries avec de la viande. Dès lors, l'intestin se raccourcit, et à la fin des métamorphoses, il est réduit à un minimum d'environ 1 $\frac{1}{2}$ fois la longueur du corps. Ce minimum est à peu près le même pour toutes les jeunes grenouilles après la résorption de leur queue et quel qu'ait été leur régime alimentaire.

M. Yung attribue ce raccourcissement au jeûne qu'observent les têtards pendant leurs métamorphoses. Il se passe chez eux quelque chose d'analogue à ce qu'il a constaté à la suite de l'hibernation chez les grenouilles adultes. Ainsi, lorsqu'on prélève des têtards issus d'une même ponte et élevés jusque là dans les conditions normales, puis qu'on les fait jeûner, on constate après un

---

[1] Voir le mémoire in extenso, *Archives des sc. phys. et nat.,* t. XIX, p. 364.

mois d'inanition, une diminution de la longueur de l'intestin due évidemment à l'état de vacuité de celui-ci. Si au lieu de les priver complètement de nourriture, on leur donne à manger du papier à filtrer, la diminution en question est beaucoup moins accusée. Cependant l'inanition est complète dans les deux cas, car le papier à filtrer n'est pas digéré ; les têtards en remplissent leur tube digestif et le rendent intact sous la forme de cylindres moulés sur celui-ci. Le papier s'oppose donc par son volume à la réduction de la longueur de l'intestin et tandis que les têtards maintenus dans l'eau pure n'ont plus en moyenne qu'un intestin égal à 2,8 la longueur du corps (au bout d'un mois) ceux qui mangent du papier l'ont égal à 3,9 de la même longueur. Ceci met en évidence le rôle mécanique exercé par le volume du contenu de l'intestin sur la longueur de ce dernier.

M. Th. Tommasina rapporte quelques faits nouveaux concernant les expériences en cours avec MM. E. Sarasin et F. J. Micheli *sur l'effet Elster et Geitel* et complétant ses communications antérieures. Tandis que l'étude, par l'appareil de dispersion, de la chute de la radioactivité acquise par un fil métallique nu, donne deux courbes dont la positive est toujours la plus élevée quel que soit le métal du fil, les auteurs ont trouvé qu'un fil métallique quelconque s'il est recouvert par un gaine diélectrique, de caoutchouc, de paraffine, ou autre, donne les courbes de dispersion renversées, c'est-à-dire que c'est la négative qui se trouve être, au contraire, toujours la plus élevée.

En outre si l'on interpose dans l'intérieur de l'appareil de dispersion un écran cylindrique réticulaire métallique, analogue à celui sur lequel est enroulé le fil radioactivé, entre ce dernier et le disperseur et relié au sol, l'on constate que, bien que les jours aient plus de 2 cent. carrés de surface, l'écran arrête presque la moitié de l'effet dispersif, quel que soit le signe de la charge de l'électroscope. Les courbes ne sont donc pas renversées, mais, tandis que, lorsque le fil actif est nu, les deux courbes conservent

à peu de chose près la même distance entre elles; lorsque
le fil est recouvert par un diélectrique, tel qu'une couche
de paraffine, cette distance devient très grande, la dispersion de la charge positive étant extrêmement affaiblie. C'est
ce que montrent les courbes, obtenues par plusieurs séries
de lectures, que M. Tommasina présente.

Ces résultats semblent résoudre le point douteux, reconnu par M. Rutherford, du *transport de charges positives
par les particules constituant l'émission* α, en confirmant
l'existence de ce fait, qui a une importance capitale pour
la théorie de la radioactivité.

Séance du 6 avril.

F. Battelli. L'anaphylaxie chez les animaux immunisés. — A. Brun.
Recherches sur les gaz des volcans. — V. Fatio. Vertébrés nouveaux pour la Suisse. — Amé Pictet. Dosages de nicotine. —
Th. Tommasina. Sur la cause mécanique de la résistance de la
matière.

M. BATTELLI expose les résultats de recherches sur
l'*anaphylaxie*, qui est le contraire d'accoutumance.

Dans une première série d'expériences l'A. montre que
chez le lapin l'injection intraveineuse de l'extrait des globules rouges est toxique ou bien inoffensive suivant l'espèce animale à laquelle appartiennent ces globules. Les
globules rouges de mouton et de porc sont toxiques pour
le lapin, les globules de bœuf, de chien et de chat sont
inoffensifs. Or, le serum de lapin dissout les globules rouges de mouton et de porc, il n'attaque pas au contraire
les globules de bœuf, de chien et de chat.

L'extrait des globules rouges de tous les animaux est
toxique pour le chien, et le serum de chien dissout les
globules rouges de toutes les espèces animales.

L'A. a ensuite établi des recherches pour étudier la
toxicité des globules rouges chez les animaux immunisés.
Ces expériences ont été faites chez le lapin.

Des lapins ont été immunisés contre les globules de
chien ou de bœuf par des injections intrapéritonéales de

ces globules. Après trois ou quatre injections le serum de
de ces lapins agglutine les globules rouges de chien ou
de bœuf, mais ne les dissout pas encore. Si à ce moment
on injecte aux lapins l'extrait de ces globules, l'animal
meurt immédiatement, parce que les stromas globulaires
s'agglutinent et forment des embolies qui vont obstruer
les branches de l'artère pulmonaire. L'extrait globulaire
privé de stromas n'est pas encore toxique.

Après sept ou huit injections le serum de lapin dissout
bien les globules de chien ou de bœuf. Si à ce moment on
injecte aux lapins immunisés l'extrait de ces globules,
privés de leurs stromas par centrifugation, on constate que
cet extrait est devenu toxique.

L'anaphylaxie est donc manifeste. Les lapins qui normalement supportent bien l'extrait des globules de bœuf
ou de chien, sont au contraire intoxiqués par ce même
extrait après avoir reçu plusieurs injections de globules.

Pour étudier le mécanisme de ces phénomènes anaphy-
lactiques M. Battelli a fait l'expérience suivante. On prend
le serum d'un lapin immunisé contre les globules de chien,
et on fait agir le serum sur ses globules pendant dix minutes au thermostat. On injecte ensuite l'extrait globulaire privé de stromas à un lapin normal. Ce lapin est
aussi intoxiqué.

L'expérience prouve que le serum du lapin immunisé a
acquis la propriété de transformer des substances inoffen-
sives contenues dans les globules de bœuf ou de chien en
substances toxiques. Un lapin normal, non immunisé,
présente cette propriété vis-à-vis des globules de porc ou
de mouton, mais il ne la possède pas vis-à-vis des globules de bœuf, de chien ou de chat. Le chien normal possède cette propriété vis-à-vis de tous les globules.

M. Alb. Brun donne la suite de ses *recherches sur les gaz
des volcans.*

Il s'est occupé en collaboration avec M. A. Jaquerod des
gaz chlorés.

Chauffée à 1000° dans le vide l'obsidienne de Lipari

fournit deux volumes de gaz chlorhydrique mêlé d'un peu de gaz inerte.

L'azote se dégage sous forme d'ammoniaque et de chlorhydrate d'ammoniaque.

L'étude de la réaction montre que le gaz HCl provient de l'action du chlore sur les hydrocarbures. Il reste dans le tube une ponce colorée par du charbon. En opérant dans l'oxygène l'on obtient alors CO_2.

Les expériences ont aussi porté sur Vésuve-Stromboli, Santorin, Auvergne, etc.

Les générateurs des gaz, azotures, hydrocarbures, silicio-chlorures, sont donc matériellement démontrés pour les volcans européens. Il est facile de reproduire par synthèse un silicio-chlorure perdant son chlore à 1000°.

M. Victor FATIO présente une *Liste préliminaire d'espèces, sous-espèces et variétés de Mammifères, entièrement nouvelles ou nouvelles pour la Suisse, successivement trouvées dans le pays, depuis 1869*, en vue d'un Supplément général à la Faune des Vertébrés de la Suisse.

CHIROPTERA

Rhinolophus hipposideros Bechst., *var.*, des grottes de Baar, au canton de Zoug, à tort attribuée à *Rh. Euryale* Blas., comme *var. helvetica*, par K. Bretscher (Vierteljahrsschi. Naturf. Gesell. in Zürich, Jahrg. XLIX, 1904). Face antérieure de la corne nasale plus ou moins conique et bords du fer-à-cheval parfois peu ou pas dentelés, chez *Hipposideros*, les sujets de Baar entre autres.

Dysopes Cestoni Savi, espèce méridionale, accidentelle en Suisse : un sujet pris dans une maison à Bâle, en 1870 (D. Cestonii in Basel, Schneider, mai 1870), un autre, femelle pleine, trouvé mort sur la neige près de l'hospice du Gothard, par D. Nager, en 1872; deux cas probablement dus à des transports commerciaux (Fatio, Act. Soc. helv. 1872, et Faune, app. 1872 et 1882).

Vesperugo noctula Schreb, *maxima*, Amsteg, Uri, 46 cent. d'envergure, le plus grand Cheiroptère d'Europe (Faune, I, 1869), élevée au rang d'espèce nouvelle, sous le nom de *Pterygistes maximus* Fatio, par G. Miller, en juin 1900 (Proc. biol. Soc. Wash., XIII).

Vesp. Nathusii K. et Bl., *var. unicolor*, sombre, capturée à Genève, en 1900, par F. Vuichard, et donnée à la coll. loc. du Musée; étudiée par Ch. Mottaz, en 1905.

Vespertilio Bechsteini Leisl. trouvé, à Bâle, par F. Müller, en 1880 : espèce alors nouvelle pour la Suisse (Fatio, Faune, app. 1882 et 1890).

Vesp. Bechst., Ghidinii, Fatio, ou *Vesp. Ghidinii*, sous espèce ou espèce rappelant beaucoup le *V. Bechsteini*, mais s'en distinguant, à première vue, par ses incisives inférieures parallèlement implantées sur le maxillaire et par des oreilles notablement plus petites, égales au tibia, au bord externe. Un seul individu, jusqu'ici, capturé, au sud des Alpes, près de Lugano, dans le Tessin, le 3 octobre 1901 (Fatio, Rev. suisse, Zool., X, fasc. 2, 1902).

Vesp. ciliatus Blas., *neglectus* Fatio, espèce nouvelle pour la Suisse, sous une forme subspécifique nouvelle, avec neuf plis dans l'oreille, au lieu de six, etc., capturée à Valavran, près de Genève (Fatio, Archiv. Sc. phys. et nat., nov. 1890).

Vesp. Capacinii Bonap., espèce méridionale, nouvelle pour la Suisse, commune dans le Tessin; nombreux sujets fournis par A. Ghidini (Fatio, Rev. suisse, Zool. X, fasc. 2, 1902).

Vesp. lugubris Fatio, espèce nouvelle, assez répandue en Suisse; d'abord considérée comme *V. Mystacinus, var.* dans Faune, vol. I, 1869 : taille relativement petite, coloration générale noirâtre, avec plastron blanchâtre ou blanc, chez ad.; plus tard élevée au rang d'espèce (Fatio, Faune, app. 1900).

INSECTIVORA

Crossopus ignotus Fatio, d'après un crâne de sa collection, étiqueté « Sorex X. Suisse, 1861, », portant 30 dents, dont quatre intermédiaires supérieures, de chaque côté, et des incisives inférieures profondément multilobées (Fatio, Archiv. Sc. phys. et nat., fév, 1895).

Sorex vulgaris Linné et auctorum (aussi *Sorex araneus* Linné), sous trois formes subspécifiques principales, en Suisse :

a) *S. vulg.*, *typicus* (*tetragonurus*) Herm., etc. *Alticola* G. Miller (Proc. biol. Soc. Wash., April 1901), forme commune en plaine et montagne.

b) *S. vulg.*, *niger* Fatio; Lucerne, rare (Faune I, *var. nigra*, 1869, et Archiv. Sc. phys. et nat., fév. 1905).

c) *S. vulg.*, *crassicaudatus* Fatio, Alpes, Valais et Vaud, rappelle assez *S. pygmœus* Pall., en beaucoup plus grand (Archiv. Sc. phys. et nat., fév. 1905).

Sorex pygmœus Pallas, espèce nouvelle pour la Suisse, définitivement reconnue en divers lieux, mais plutôt rare (Fatio, Faune, I, 1869, et Rev. suisse, Zool., VIII, fasc. 3, 1900).

Crocidura mimula Miller, trouvée, le 1er déc. 1900, à Züberwangen, St.-Gall; espèce nouvelle, petite et voisine de *Leucodon araneus*, soit de *C. aranea* (G. Miller, Proc. biol. Soc. Wash., XIV, june 1901).

Erinaceus europœus italicus (Barret-Hamilton, Ann. a. Mag. Nat. hist. V, 1900), forme ou variété pâle d'Italie, récemment trouvé, avec *E. eur.*, *vulgaris*, dans le Tessin, par A. Ghidini; remarquée aussi près de Genève.

CARNIVORA

Foetorius pusillus Aud. et Bach., *vulgaris* Briss., en livrée d'hiver blanche, soit *Mustela nivalis* Linné : quelques sujets, petits et grands, trouvés dans le pays, depuis quelques années, en Suisse orientale surtout, avec pelage entièrement blanc ou transitoire et maculé de roux (Wartmann, Soc. St-Gall, 1890, et Fatio, Arch. Sc. phys. et nat., janv. 1894).

Foetorius pusillus, grande forme, *major* (mâles surtout) rencontré, dans ces dernières années, sur divers points dans le pays, parfois en livrée blanche : rappelle *Must. boccamela* Cetti, de Sardaigne, et *Put. Cicognanii* Bonap., d'Amérique septentrionale.

Meles taxus Schreb., variété exceptionnelle : un

sujet, de 0^m,85, entièrement de couleur isabelle, avec iris brun, capturé à Thonon (Léman), en 1869.

RODENTIA

Sciurus vulgaris Linné, var. *Gothardi*, forme relativement petite, à poils longs, noirâtre en dessus, blanche en dessous, sans trace de roux, avec membres noirs, assez différente d'*Alpinus* Cuv. et d'*Italicus* Bonap., trouvée au sommet de la forêt sur le versant sud du Gothard (un mot déjà dans : Fatio, Faune, I, 1869).

Myoxus glis italicus ou *Glis italicus* B.-Ham., d'Italie septentrionale, avec queue brune, très touffue et fortement distique, spécifiquement distingué de *Myoxus glis* ou *Glis glis* par Barret-Hamilton (Ann. a. Mag. Nat. Hist., 1898). Récemment trouvé, avec le *Glis* ordinaire, dans le Tessin, par A. Ghidini, qui a rencontré des formes transitoires : peut-être sous-espèce seulement.

Myoxus avellanarius Linné, *var.*, soit *Muscardinus avellanarius pulcher*, d'Italie, signalé par Barret-Hamilton (loc. cit.), en 1898; semble synonyme de *Muscardinus speciosus* Dehne; trouvé aussi dans le Tessin, avec *Musc. avellanarius* ordinaire : variété orangée, à poils longs.

Cricetus frumentarius Pallas, Hamster, commun en Allemagne et jusqu'en Alsace. Une capture faite en 1901, à Kolée, en Suisse, à 2 ½ kilom. de la frontière, sur sol bâlois, rive S.-W. du Rhin, signalée par le prof. Zschokke (in litt. ad Fatio).— G. de Burg (Oltner Tagblatt, oct. 1901) cite, comme probablement échappé, un individu de l'espèce qui aurait été pris dans le Leberberg, canton de Soleure (sans date).

Mus alexandrino-rattus, variété ou hybride, d'un gris-brun et roussâtre, trouvé dans le Tessin et à Genève : forme transitoire entre *Mus alexandrinus* Geoffroy et *M. Rattus* Alb. magn., ou bâtard de ces deux Rats (Fatio, Rev. suisse, Zool., X, fasc. 2, 1902).

Mus sylvaticus princeps Barr.-Ham., sous-espèce, de Roumanie, rappelle beaucoup une belle variété rousse signalée déjà par Fatio, dans les Alpes suisses, en 1869

(Faune, vol. I). *Princeps* et *Wintoni* B.-Ham., de Savoie, sont très voisins et peu distincts. Le *M. sylv. intermedius* B.-Ham., forme ordinaire, très répandue en Suisse, comme ailleurs, comprend des individus de taille et livrée très différentes (Voy. Barret-Hamilton, Proc. Zool. Soc. London, aug., 1900).

Hypudœus glareolus Schreb. (Faune, vol. I, 1869). Les *Hypudœus* ou *Evotomys Nageri* Schinz, Alpes, et *Evot. hercynicus* Mehlis, *helveticus* Miller, plaine, spécifiquement séparés par G. Miller (Proc. Wash. Acad. Sc., july 26, 1900), seraient, pour V. Fatio, deux formes voisines d'une seule et même espèce.

Arvicola Musignani var. *destructor* Savi, var. *a* de Selys, du nord de l'Italie, signalé, comme *Arv. amphibius* L., dans le Tessin (Faune, I, 1869), bien différent, par taille, queue et livrée, d'*Arv. amphibius*, *terrestris*, pourrait être considéré comme sous-espèce de celui-ci, sous le nom de *Arv. amph., Musignani.*

Arvicola arvalis, Galliardi Fatio, sous-espèce d'*Arvalis* Pall., de Bulle, canton de Fribourg (Fatio, Faune, I, 1869, et Archiv. Sc. phys. et nat., fév. 1905).

Arvicola agrestis, angustifrons et *latifrons* Fatio, deux formes ou sous espèces d'*A. agrestis* Linné; la première assez répandue en Suisse, la seconde à Veyrier, près de Genève, et à Lucerne (Fatio, Archiv. Sc. phys. et nat., fév. 1905).

Arvicola subterraneus de Selys et *Arv. subterr., multiplex* Fatio, espèce et sous-espèce nouvelles pour la Suisse, où la présence de la première a été constatée depuis 1903, celle de la seconde depuis 1904 (Fatio, Archiv. Sc. phys. et nat., fév. 1905).

Arvicola Savii de Selys, d'Italie, espèce voisine de la précédente, commune dans le Tessin, où elle a été signalée par Fatio, dès 1872 (Faune, app. 1872).

Lepus Varronis, G. Miller (Proc. biol, Soc. Wash., june 1901) n'est autre que la forme alpine (*Lepus alpinus* Penn.) de *Lepus variabilis* Pall., bien connue en Suisse ; sous-espèce géographique actuelle.

La Suisse compterait donc, aujourd'hui, 24 espèces de Cheiroptères, 11 d'Insectivores et 20 de Rongeurs, au lieu de 18, 8 et 17 signalées en 1869 (Faune Vert. Suisse, vol. I), avec nombreuses sous-espèces et variétés.

M. le prof. AMÉ PICTET communique quelques *dosages de nicotine* qu'il a faits dans différentes sortes de cigares, et en particulier dans ceux que l'on trouve actuellement dans le commerce sous le nom de *cigares sans nicotine*. Ces derniers ne méritent aucunement cette appellation ; ils renferment tous une proportion très notable de l'alcaloïde ; mais ils montrent, en revanche, une teneur très faible en d'autres substances extractives neutres, qui donnent au tabac naturel son arome, et qui pourraient peut-être aussi posséder certaines propriétés toxiques.

M. TH. TOMMASINA. *Sur la cause mécanique de la résistance de la matière.* On attribue à la matière la propriété essentielle de l'inertie, propriété contemplée dans la loi connue d'inertie, et l'on explique par l'inertie la résistance que la matière présente à son déplacement. Le but de cette note est de démontrer que cette explication est fausse et que la notion d'inertie doit être remplacée par celle d'énergie, non seulement dans cette explication, mais aussi dans la loi citée.

Si l'on examine la nature de l'inertie, l'on constate qu'elle ne peut pas être une résistance, car une résistance serait une énergie inhérente, l'inertie est donc au contraire la négation de toute résistance. Supposons qu'une masse matérielle inerte, existe seule dans l'espace illimité, absolument vide, et qu'elle en occupe une partie quelconque finie, cette masse étant, par hypothèse, unique dans l'univers, et le vide qui l'entoure étant incapable d'exercer une action sur elle, il est évident que cette masse immobile ne pourrait présenter aucune résistance à son déplacement. En effet, s'il n'existe point de forces pour maintenir la masse considérée dans la partie de l'espace qu'elle occupe, et si le milieu n'offre pas de résistance, la masse matérielle étant inerte donc sans tendances propres, pour produire une résistance elle devrait créer de l'énergie, ce qui est inadmissible. Il faut donc conclure, que si une masse matérielle présente une résistance, celle-ci ne peut pas être attribuée à l'inertie, mais à l'énergie que cette masse doit nécessairement posséder. Or, l'énergie est inhérente au mouvement, et est nécessairement une fonction de la vitesse, *la résistance est donc une réaction énergétique que seule la matière en mouvement peut manifester.* Aussi on ne doit pas conclure que la vitesse augmente l'inertie, mais que la vitesse augmente la résistance. En outre, comme la science admet que rien n'est en repos absolu, la loi d'inertie doit être appelée la *loi de l'énergie* et rédigée ainsi : *Sans une intervention mécanique extérieure un élément de matière énergetique ne peut modifier ni la direction ni la vitesse de son propre mouvement.*

Séance du 20 avril.

A. Jaquerod et F.-Louis Perrot. Thermomètre à hélium et point de fusion de l'or. — J. Pidoux. La comète d'Encke. — Mˡˡᵉ Stern et M. Battelli. La philocatalase et l'anticatalase dans les tissus animaux.

M. A. JAQUEROD présente la suite des recherches qu'il a effectuées en collaboration avec M. F. Louis PERROT sur le *thermomètre à hélium et le point de fusion de l'or.*

Après avoir constaté la diffusion de l'hélium à travers la silice [1], les auteurs ont essayé d'une ampoule de porcelaine de Berlin, qui s'est trouvé être, aussi, perméable à l'hélium au rouge. Des essais comparatifs avec l'hydrogène ont montré que la vitesse de diffusion des deux gaz à travers la porcelaine était à peu près du même ordre de grandeur.

MM. Ramsay et Travers [2] ont démontré que l'hélium ne

---

[1] *C. R. Acad. Paris*, t. 139, p. 789 (1904) et *Archives*, t. XVIII, p. 613 (1904).

[2] *Proc. Roy Soc. London*, 61, 267.

traverse pas le platine à 950°. Néanmoins comme l'un de ces auteurs a constaté l'absorption de l'hélium par le platine sous l'influence d'étincelles électriques [1], il était nécessaire de s'assurer si un phénomène de ce genre ne rendrait pas impossible l'usage d'une ampoule de ce métal pour les mesures au thermomètre à l'hélium aux hautes températures. Des essais ont été faits dans ce but au moyen d'un tube de platine de 14 cm. de longueur, 8 mm. de diamètre et 0.4 ^{mm} d'épaisseur. Il a été soudé au manomètre du thermomètre à gaz, rempli d'hélium à une pression de 300 ^{mm} environ, et chauffé à plusieurs reprises vers 1000°.

On a bien observé après les premières chauffes, dans un four à résistance électrique, une baisse progressive de la pression, de 2^{mm} à 2^{mm},5 environ. Néanmoins comme le phénomène a paru ensuite cesser, et que certaines irrégularités ont été constatées, une absorption de l'hélium par le platine à chaud n'est pas encore prouvée.

Cette absorption, si elle existe, est en tout cas très faible, et l'emploi combiné du platine et de la silice pourrait servir à la préparation facile d'hélium tout à fait pur. Deux tubes concentriques l'un (intérieur) en silice fondue, l'autre en platine, seraient chauffés au rouge. Le second aurait été d'abord soigneusement vidé tandis que le premier renfermerait l'hélium impur ; ce gaz, à haute température, diffuserait rapidement à l'état de pureté dans le tube extérieur. Le seul autre gaz dont nous ayons constaté le passage à travers la silice à 1060° étant l'hydrogène, il serait facile de l'éliminer au préalable.

MM. Jaquerod et Perrot, en appliquant les formules indiquées par M. D. Berthelot [2] pour ramener les températures de fusion de l'or, données par leurs différents thermomètres à gaz, à l'échelle thermodynamique, ont obtenu les valeurs suivantes :

---

[1] *Proc. Roy. Soc.*, 60, 449.
[2] *Travaux et Mém. du Bureau Intern. des Poids et Mesures* (1904).

Gaz	Pression initiale à 6° (approx.)	Température obtenue	Correction	Température corrigée
N²	180-250	1067.2	0.2	1067.4
Air	230	1067.2	0.2	1067.4
CO	230	1067.05	0.2	1067.25
O²	180-230	1066.8	0.2	1067.0
CO² I	240	1066.2	1.1	1067.3
CO² II	170	1066.6	0.8	1067.4

Ces résultats seront discutés dans un mémoire ultérieur[1].

M. J. PIDOUX donne quelques détails sur la *Comète d'Encke* et en particulier sur sa dernière apparition, à la fin de l'année 1904.

Ce petit monde, cet amas minuscule de poussière lumineuse nous tient compagnie depuis plus d'un siècle et constitue un des objets les plus intéressants de notre système solaire. Découverte par Pons à Marseille en 1818, la comète fut observée assidûment jusqu'au printemps de 1819 et bientôt les calculs de l'astronome Encke de Berlin lui assignèrent une orbite elliptique avec une durée de révolution de 3 ans et un tiers. C'est encore aujourd'hui la comète qui possède la plus courte période. Non seulement elle fut identifiée avec les comètes de 1805, de 1795 et de 1786, mais encore Encke prédit et calcula son apparition pour 1822. Dès lors, aucun retour de cet astre n'a été manqué et les observations de ses passages successifs fournirent bientôt au savant astronome de Berlin des matériaux suffisants pour montrer que le mouvement de la comète allait s'*accélérant* d'une révolution à l'autre.

C'est ainsi que la comète d'Encke décrit autour du soleil une orbite elliptique dont les dimensions vont en diminuant à mesure que le moyen mouvement s'accélère. Au lieu d'être en équilibre stable, comme les autre corps du système solaire, suivant la loi de l'attraction, la comète d'Encke est en train de tomber sur le soleil. Non pas que

[1] Voir *Archives* novembre 1905.

cette accélération ou cette chute soit considérable puisque la durée de révolution diminue en moyenne de 2 heures et demie à chaque retour de la comète. En 1785, cette durée était de 1212 jours, elle n'est plus maintenant que de 1207. En moyenne cela représente une accélération du moyen mouvement de 0".06 par jour. Traduit en chiffres usuels, nous dirons que la comète parcourt 20 km. par seconde avec un accélération de 1.20 m. dans chaque révolution.

Pour expliquer l'existence de cette accélération les savants furent amenés à émettre l'hypothèse d'un *milieu résistant* empêchant la comète de développer son orbite suivant les lois de la gravitation et la ramenant chaque fois un peu plus tôt à son passage au périhélie.

La comète d'Encke est toujours restée télescopique et les occasions de l'observer avec des instruments de moyenne puissance sont assez rares. A Genève, le professeur L. F. Wartmann s'occupa du retour de 1828 et fit graver à cet effet une carte du ciel avec le chemin que suivrait la comète d'après l'éphéméride d'Encke. En 1848 le professeur Plantamour fit une série d'observations à l'équatorial de Gambey ; elles ont été publiées dans les mémoires de la Société de Physique de l'époque. En 1878 M. W. Meyer et en 1885 A. Kammermann purent également l'observer et en prendre quelques positions.

L'éphéméride pour l'apparition de 1904 fut préparée par MM. Kaminsky et Ocoulitsch de l'observatoire de Poulkovo d'après les éléments de Thornberg. Cette éphéméride fut corrigée lors de la découverte de la comète par la photographie à Heidelberg, le 11 septembre. Voici les écarts trouvés à Genève entre la position réelle de la comète dans le ciel et la position prévue par l'éphéméride corrigée :

1904 novembre 29	+ 34 secondes en α et	— 0'.7 en δ
» 30	+ 35 » »	— 0.3 »
décembre 1	+ 36 » »	— 0.1 »
» 4	+ 39 » »	+ 0.7 »
8	+ 42 » »	+ 1.0 »
» 10	+ 44 » »	+ 1.5 »

Les observations ont été faites à l'équatorial Plantamour avec un grossissement de 90 fois et avec fils éclairés sur champ sombre. La comète s° présentait sous forme d'une légère nébulosité avec un noyau lumineux visible par intermittences.

La philocatalase et l'anticatalase dans les tissus animaux. Mlle STERN et M. BATTELLI rapportent les recherches qu'ils ont faites sur deux ferments nouveaux auxquels les auteurs ont donné le nom d'*anticatalase* et de *philocatalase.*

Dans des expériences précédentes les auteurs avaient étudié les effets produits chez les animaux par les injections de grandes quantités de catalase. Dans les expériences dont ils rapportent à présent les résultats ils ont cherché à étudier l'effet que produirait la destruction plus ou moins complète de la catalase contenue dans l'organisme animal.

L'injection de cyanure de potassium qui *in vitro* détruit énergiquement la catalase a produit la mort immédiate de l'animal sans que les différents tissus examinés au point de vue de leur richesse en catalase aient présenté un changement manifeste de leur pouvoir catalytique vis-à-vis de H_2O_2.

L'injection de grandes quantités d'anticatalase n'a produit aucun effet. L'animal ne présente rien d'anormal. Les divers tissus examinés une heure après l'injection de l'anticatalase ne présentaient rien d'anormal quant à leur richesse en catalase. En outre l'anticatalase n'a pas pu être retrouvée. Immédiatement après l'injection l'anticatalase disparaît de la circulation. Pour ces expériences les auteurs se sont servi d'une préparation très active obtenue d'après la méthode suivante :

La rate de bœuf et de cheval est finement broyée, extraite par 2 volumes d'eau, chauffée à 55° pour enlever des matières albuminoïdes et précipitée par le sulfate d'ammonium à saturation.

Le précipité est dialysé pour le débarasser du sulfate d'ammonium, dissout dans l'eau et après filtration concentrée par l'évaporation dans le vide à 45°.

Les auteurs ont pu constater que l'anticatalase est détruite non seulement *in vivo* mais aussi *in vitro* en présence
du sérum et de certains tissus. Ainsi en ajoutant du sérum
à une solution très active d'anticatalase on empêche celle-
ci de détruire la catalase. L'extrait de muscle, de rein et
de cerveau agit dans le même sens. Le principe actif dé-
truisant l'anticatalase et protégeant de cette façon la catalase, peut être isolé de ces tissus par l'extraction avec de
l'acide acétique à 2 °/₀₀ et par la précipitation par l'alcool.
On obtient une poudre brunâtre qui est très active. Cette
substance que les auteurs ont appelée *philocatalase* présente
tous les caractères d'un ferment.

Séance du 4 mai.

Penard. Sur un rotifère du genre Proales. — Penard. Sur un nouveau flagellate. — Battelli et Stern. La philocatalase. — C. E.
Guye et H. Guye. L'influence des fortes pressions sur le potentiel
explosif dans différents gaz. — Schidlof. Emploi d'un tube de
Braun dans un cycle d'aimantation aux fréquences élevées. —
P.-A. Guye et Pintza. Détermination des poids spécifiques de
quelques gaz.

M. PENARD traite des observations qu'il a faites l'été
dernier sur un *rotifère* de très petite taille, appartenant au
genre Proales, qui s'introduit dans le corps d'un héliozoaire, l'Acanthocystis turfacea, le tue, y dépose un œuf,
et s'en va ; le jeune rotifère, protégé par la carapace vide
de l'héliozoaire, se développe, et, trois jours après la
ponte, s'échappe à son tour. Au marais de Bernex, il s'est
déclaré de la sorte une véritable épidémie, laquelle a fait
temporairement disparaître la plus grande partie des Acanthocystis, qui jusque là s'étaient montrés très abondants.

Dans une seconde communication, M. PENARD étudie un
flagellate, de taille relativement forte, de teinte légèrement rosée, qui paraît être nouveau et doit probablement
rentrer dans le genre Dinema. Ce flagellé, qui jusqu'ici
ne s'est rencontré que dans le lac aux environs de Genève,
se prêterait tout particulièrement à des études cytolo-

giques; il est remarquable entre'autres par la possession
d'un appareil pharyngien très nettement différencié et
d'une structure particulièrement instructive; les organes
locomoteurs peuvent également donner lieu à d'intéressantes observations, et M. Penard se livre à cet égard à
quelques réflexions sur le mécanisme de la locomotion
chez les flagellates, mécanisme qui n'est pas encore expliqué aujourd'hui.

M. BATTELLI et Mlle STERN exposent les recherches faites dans le but d'étudier le *mécanisme d'action de la philocatalase.*

Ce mécanisme peut être éclairci par deux expériences.

Dans la première expérience on mélange une solution
de catalase avec une quantité suffisante d'anticatalase
(2 g. de rate) et de philocatalase (2 g. de muscle). On
place le tout au thermostat pendant dix minutes. On
constate que la catalase n'est pas du tout attaquée par l'anticatalase.

Dans la seconde expérience on fait d'abord agir l'anticatalase sur la catalase pendant dix minutes. Une partie de
la catalase est détruite. On ajoute de la philocatalase et on
place le tout au thermostat pendant dix minutes. Une partie de la catalase est régénérée.

La philocatalase protège donc la catalase par un double
mécanisme. D'un côté elle empêche la destruction de la
catalase et de l'autre côté elle régénère la catalase.

La régénération de la catalase est souvent beaucoup
plus considérable si le contact de l'anti-catalase avec la
catalase est de courte durée. A mesure que ce contact devient plus prolongé, l'addition de la philocatalase se montre de plus en plus inefficace. Mais ce résultat n'est pas
constant, et quelquefois la catalase est régénérée même au
bout d'une heure.

Dans les tissus des animaux il existe en outre un *activateur de la philocatalase.* Pour mettre en évidence la présence de cet activateur on fait bouillir les extraits des tissus.
L'ébullition détruit la catalase, la philocatalase et souvent

l'anticatalase. Le liquide bouilli contient au contraire l'activateur. En ajoutant à une petite quantité de philocatalase un certain volume d'activateur, on renforce considérablement l'action de la philocatalase. L'activateur de la philocatalase, en absence de la philocatalase, n'a aucune action ni sur l'anticatalase ni sur la catalase.

M. le Prof. C. E. Guye a étudié avec M. H. Guye *l'influence des fortes pressions sur le potentiel explosif dans différents gaz.* Les gaz employés étaient : l'air, l'azote, l'oxygène, l'hydrogène, l'acide carbonique. Jusqu'aux environs de 10 atmosphères le potentiel explosif croit linéairement avec la pression. A des pressions plus fortes, le rapport du potentiel explosif à la pression va en diminuant. Pour l'azote, la courbe du potentiel explosif a son maximum dans le voisinage du maximum de compressibilité de ce gaz.

M. A. Schidlof communique un travail sur l'emploi du tube de Braun à l'étude des cycles d'aimantation aux fréquences élevées. La méthode employée se base sur la considération, que dans l'équation exacte des phénomènes d'induction dans le circuit secondaire d'un tore magnétique :

$$-\frac{d\varphi}{dt} = L\frac{di}{dt} + Ri,$$ on peut négliger le terme Ri

vis à vis de L$\frac{di}{dt}$ si la selfinduction du circuit extérieur (L) est grande, la résistance (R) relativement faible, et si la rapidité des variations est considérable. On aura dans ces conditions un courant secondaire d'une intensité i qui reste sensiblement proportionnelle au flux d'induction à l'intérieur du noyau magnétique. La méthode basée sur ce principe a servi à comparer les propriétés magnétiques de 2 noyaux faits d'un même fil de fer qui dans l'un des noyaux avait un diamètre de 0.2^{mm}, tandis qu'il fût étiré à un diamètre de 0.05^{mm} pour la confection du second noyau.

Des détails concernant la méthode ainsi que les résultats des déterminations ont été exposés dans un article publié dans les *Archives des sciences physiques et naturelles* du 15 septembre 1905.

M. le prof. P.-A. GUYE parle des recherches qu'il a faites avec M. PINTZA sur la détermination du poids spécifique du protoxyde d'azote, de l'anhydride carbonique et du gaz ammoniac.

Séance du 8 juin.

A. Jaquerod et Scheuer. Détermination de la compressibilité des gaz à des pressions plus petites que la pression atmosphérique. — A. Jaquerod et Perrot. Détermination des poids moléculaires des gaz. — P.-A. Guye. Du poids atomique de l'argent. — E. Sarasin. Radioactivité des puits souffleurs.

M. A. JAQUEROD présente le résultat de recherches effectuées en collaboration avec M. O. SCHEUER sur *la compressibilité de quelques gaz au-dessous de l'atmosphère et le calcul de leurs poids moléculaires par la méthode des densités limites.*

L'écart présenté par un gaz par rapport à la loi de Mariotte peut être représenté, d'après la notation de M. D. Berthelot par l'expression

$$1 - \frac{P_1 V_1}{P_0 V_0} = a (P_1 - P_0)$$

en faisant $P_1 = 1$ atm. et $P_0 = 0$ a représente alors l'écart entre 0 et 1 atm. Le poids moléculaire exact est alors donné par la relation

$$M = \frac{L (1 - a) \times 32}{L' (1 - a')}$$

où L est le poids du litre normal du gaz, L' celui de l'oxygène et a' l'écart présenté par l'oxygène entre 0 et 1 atm.

Les mesures ont été effectuées à 0° entre 400 et 800^{mm} de mercure, et de plus pour le gaz facilement liquéfiable (SO^2, NH^3) entre 200—40°^{mm}.

Gaz	a	M
H^2	—0,00052	2,0156
O^2	+0,00097	32,000 (base)
NO	+0,00417	30,005
NH^3	+0,01527	17,014
SO^2	+0,02386	54,036

Pour les gaz H^2 et N^o, les poids moléculaires coïncident avec ceux des meilleures analyses gravimétriques, à condition d'admettre pour le poids atomique de l'azote un nombre voisin de 1401. Pour les gaz voisins de leur point de liquéfaction, les nombres trouvés pour M sont un peu trop faibles, ce qui provient du fait que l'écart de compressibilité varie légèrement avec la pression.

M. A. JAQUEROD parle ensuite de calculs effectués avec M. F.-L. PERROT sur *la densité de quelques gaz à haute température, et leurs poids moléculaires*. Ces calculs ont été faits au moyen des données relatives au point de fusion de l'or avec différents thermomètres à gaz qui ont fait l'objet d'une précédente communication. En adoptant pour ce point de fusion la valeur trouvée avec le thermomètre à azote, et y appliquant une correction de +0°2 calculée au moyen des formules de M. D. Berthelot pour la ramener à l'échelle thermodynamique absolue, on arrive à la température de 1067°4. Au moyen de cette donnée et des expériences relatives aux autres gaz il est alors facile de calculer le coefficient moyen de dilatation de ces gaz entre 0—1067° à volume constant, et par suite leur densité à cette température. Le rapport de cette densité par rapport à celle de l'oxygène, multipliée par 32 donne leur poids moléculaire.

Les nombres trouvés sont les suivants :

Gaz	Pression initiale approxim. à 0°	Coeff. de dilat. moyen entre 0—1067°	Poids du litre à1067°4 et sous 760mm.	Poids moléc
N²	240	0,0036643	0,29071	32,
Air	230	0,0036643	—	
O²	180—230	0,0036652	0,25451	28,0155
CO	230	0,0036638	0,25445	28,009
CO²	240 170	0,0036756 0,0036713	0,39966	43,992

Pour CO et CO² les poids moléculaires trouvés concordent à très peu près avec les résultats de l'analyse. De celui de l'azote on déduit la valeur N=14,008 identique à la moyenne de toutes les déterminations physico-chimiques.

M. P.-A. Guye fait lire une note relative au calcul du poids atomique de l'argent à partir des valeurs des poids atomiques du carbone, de l'hydrogène et de l'azote telles qu'elles résultent aujourd'hui des déterminations concordantes effectuées de divers côtés par les méthodes physico-chimiques et par des rapports gravimétriques directs avec l'oxygène. En utilisant dans ce but les rapports pondéraux AgNO₃ : Ag, — Ag : CH₃CO₂Ag, — Ag : C₆H₅ : CO₂Ag, tels qu'ils ont été déterminés par divers savants et recalculés par M. Clarke, M. Guye trouve pour poids atomique de l'argent la valeur Ag=107,885 qui diffère de $\frac{1}{2500}$ environ de la valeur admise aujourd'hui (Ag= 107,93 d'après la table internationale pour 1905). Si cette valeur se confirme il y aurait lieu de réviser légèrement plusieurs poids atomiques reliés actuellement à l'argent. M. Guye se réserve de revenir ultérieurement sur cette question.

M. Ed. Sarasin entretient la Société *de la radioactivité de l'air qui s'échappe des puits qui soufflent.*

On sait par les recherches de MM. Elster et Geitel, de M. Ebert, de M. Himstedt et de beaucoup d'autres observateurs, que l'émanation radioactive provenant du radium ou de quelqu'autre source que ce soit, se trouve répandue partout avec une teneur plus ou moins grande dans les capillaires du sol d'où elle passe par diffusion dans l'atmosphère. M. Ebert a même basé sur ce fait maintenant bien nettement établi, une théorie du champ électrique de l'atmosphère.

Aussitôt que M. Sarasin eut connaissance du phénomène des puits souffleurs, si bien étudié et décrit par M. le Dr Gerlier[1], il pensa qu'il y avait là une occasion très favorable de constater la forte ionisation de l'air provenant des couches profondes du sol.

Comme le dit M. Gerlier, dans le mémoire cité, la caractéristique de ces puits souffleurs est d'être forés dans un lit de gravier, constituant par les vides qui séparent les cailloux une grande masse spongieuse très pénétrable à l'air, une sorte de poche ou caverne souterraine séparée de l'atmosphère par une couche superficielle de terre arable compacte. C'est comme un grand baromètre différentiel, l'équilibre de pression entre l'air souterrain et l'atmosphère s'établissant constamment par le seul canal du puits, mais avec un retard assez considérable provenant de l'écoulement lent de l'air à travers les vides du gravier. Quand, par suite d'une baisse du baromètre, il y a excédant de pression dans les couches profondes de la masse spongieuse, l'air qui y a séjourné plus ou moins longtemps s'échappe par la colonne du puits, et tout indiquait que l'air expiré dans ces conditions-là devait présenter les propriétés radioactives observées ailleurs. C'est ce que M. Sarasin a constaté en effet en allant à plusieurs reprises faire des mesures de la conductibilité électrique de l'air expiré par les puits souffleurs.

L'appareil employé était l'électroscope à aspiration de M. Ebert, construit par MM. Günther et Tegetmeyer à Brunswick. Il était relié à la petite ouverture de 3 cm. de diamètre percée dans la couverture en pierre du puits au

---

[1] Dr F. Gerlier. Des puits qui soufflent et aspirent, *Archives des sc. phys. et nat.*, 1905, t. XIX, p. 487.

moyen d'un tube de fer blanc coudé. On aspirait au travers de l'appareil tantôt l'air libre, tantôt l'air expiré du puits par ce tube. Toujours ce dernier a manifesté une conductibilité électrique incomparablement plus grande que l'air libre.

M. Sarasin s'en tient aux mesures faites au puit situé sur la place de la Croix au village de Meyrin, qui est le plus favorable à l'installation de l'appareil, et présente d'ailleurs le phénomène décrit par M. Gerlier avec le plus de netteté.

Pour ne citer qu'une seule expérience faite la veille, 7 juin, entre 11 h. et midi, à la suite d'une baisse assez marquée du baromètre, temps beau et chaud, soleil ardent, puits soufflant assez fortement, voici les lectures faites ce jour-là à l'électroscope d'Ebert :

Heure	signe de la charge	écart. feuille de gauche	écart. feuille de droite	somme	charge en volts	perte de charge en 1 min.
			Air libre			
11 h. 25	—	15.0	15.0	30.0	178.6	
11 h. 26		14.2	14.2	28.4	172.6	6.0
			Air du puits			
11 h. 29	—	15.0	15.0	30.0	178.6	
11 h. 30		8.5	8.5	17.0	121.9	56.7
			Air libre			
11 h. 35	+	16.8	16.8	33.6	190.4	
11 h. 36		16.2	16.2	32.4	186.6	3.8
			Air du puits			
11 h. 36	+	16.2	16.2	32.4	186.6	
11 h. 37		8.4	8.0	16.4	118.8	67.8

La perte de charge de l'électroscope en une minute est donc en moyenne dans cette expérience plus de dix fois plus forte pour l'air provenant du puits que pour l'air libre aspiré à 1 m. au dessus du puits. Encore, le mélange de cet air avec celui sortant du puits l'a-t-il rendu plus conducteur que l'air libre a une certaine distance du puits, lequel n'a donné un instant après qu'une perte de 1 à 2 volts par minute à peine. Le rapport entre les radioactivités de l'air libre et de l'air du puits varie notablement avec l'intensité de la respiration de ce dernier.

On voit que le phénomène général de la radioactivité de l'air sortant des profondeurs du sol se retrouve ici à un haut degré d'intensité, et que *l'air du puits souffleur est très radioactif.*

Dans toutes les expériences, sauf une, la perte de charge a été plus rapide avec la charge positive qu'avec la charge négative, mais la différence a presque toujours été faible.

Séance du 3 août.

L. de la Rive. Mouvement d'un pendule dont le point de suspension subit une vibration horizontale.

M. L. de la Rive fait une communication sur le mouvement d'un pendule dont le point de suspension subit une vibration horizontale.

En supposant le mouvement vibratoire donné par $\dfrac{a\sin.\pi t}{T_1}$ et en admettant un mouvement pendulaire de très petite amplitude, on trouve pour le déplacement horizontal de la masse pendulaire

$$x = a \left\{ \frac{T_1}{T_2} \sin. \frac{\pi t}{T_2} - \left(\frac{T_2}{T_3} \right)^2 \sin. \frac{\pi t}{T_1} \right\}$$

expression dans laquelle entrent l'oscillation du point de suspension et celle du pendule, dont la durée est T_2. Si T_1 est petit par rapport à T_2, les amplitudes du mouvement du pendule sont petites par rapport à a.

Séance du 5 octobre.

L.-W. Collet. Les concrétions phosphatées des mers actuelles. — T. Tommasina. La théorie cinétique de l'électron.

M. le Dr Léon-W. COLLET fait une communication sur les *concrétions phosphatées dans les mers actuelles.*

Surmontées de protubérances et perforées de nombreux

trous, les concrétions phosphatées ont, en général, une forme très irrégulière. La matière qui les recouvre empêche d'en connaître la stucture. Cette matière est de deux sortes : foncée et brillante, grise et mate. Cette différence de couleur externe donne une idée sur la position de la concrétion sur le fond ; la partie grise, surmontée d'organismes étant dans l'eau, tandis que la partie brillante et noire se trouverait enfouie dans la vase.

Sur une coupe faite à la machine au travers d'une concrétion, on voit cette dernière formée par des nodules de différentes grandeurs, de couleur grise, jaune ou brunâtre, cimentés par une substance compacte jaunâtre, renfermant des minéraux détritiques, de la Calcite en paillettes, de la Glauconie et de des coquilles de Foraminifères. La matière qui forme le ciment, comme celle qui constitue les nodules, donne la réaction caractéristique des Phosphates.

Le phosphate de chaux (Po⁴) ³Ca³ varie, dans les nodules, de 30 à 50 %. Quelques nodules jaunes renferment jusqu'à 21 % d'oxyde fer Fe²O³ ; ils proviennent de draguages faits par le Département de l'Agriculture du Cap sur l'Agulhas Bank au S. du Cap de Bonne-Espérance ; les nodules décrits jusqu'à ce jour ne contenaient pas plus de 5 % d'oxyde de fer.

Cette grande quantité d'oxyde de fer provient de la décomposition de la Glauconie.

Les concrétions phosphatées furent draguées premièrement par l'expédition anglaise du « Challenger » sur l'Agulhas Bank, la côte E. d'Espagne, la côte E. du Japon, la côte E. d'Australie, la côte du Chili, entre les îles Falkland et l'embouchure du Rio de la Plata ; puis, par l'expédition allemande de la Gazelle, aussi sur l'Agulhas Bank ; puis, par l'expédition américaine du Blake, sur la côte atlantique de l'Amérique du Nord et dans le détroit de Floride ; plus tard, par l'expédition allemande de la Valdivia et, dernièrement, par le Gouvernement du Cap, sur l'Agulhas Bank.

Dans les localités ci-dessus, nous avons la rencontre

d'un courant chaud avec un courant froid ; les animaux
vivant dans le courant chaud seront tués à la rencontre
du courant froid, par la différence de température et vice-
versa.

Par leur décomposition, ces animaux produiront de
l'Ammoniaque et du Phosphate de Chaux qui servent à
former les nodules et concrétions phosphatées.

Les nodules sont de deux sortes : avec et sans organismes calcaires. Le mode de formation, pour les premiers, paraît être le suivant : Par sa décomposition, la
matière organique produit de l'ammoniaque et du phosphate de chaux qui réagiront pour donner du phosphate
d'ammonium. C'est l'action du phosphate d'ammonium sur
le carbonate de chaux des coquilles calcaires qui paraît
devoir être le premier stade dans la formation de ces nodules. Cette action, comme le prouve l'analyse microscopique qui peut s'expliquer comme suit :

$$2\ Po^4\ H^3 + 3\ Ca\ Co^3 = 3\ H^2\ 0 + 3\ Co^3 + (PO^4)^2\ Ca^3$$

ou mieux

$$2\ Po^4\ (NH^4)^3 + 3\ Ca\ Co^3 = (PO^4)^2\ Ca^3 + 3\ Co^3\ (NH^4)^2$$

Le phosphate de chaux, provenant de cette pseudomor-
phose, pourra servir ensuite d'attraction pour des précipitations subséquentes de phosphate de chaux dues, peut-
être, à des réactions entre le phosphate d'ammonium et le
bicarbonate de chaux en solution dans l'eau de mer.

Dans les nodules sans organismes calcaires, le phosphate agit simplement comme ciment entre les grains de
Glauconie et les minéraux détritiques.

Les phosphorites de la série sédimentaire, le Gault de
Bellegarde, par exemple, ressemblent souvent aux concrétions phosphatées des mers actuelles ; nous basant sur les
conditions qui paraissent présider à la formation de ces
dernières de nos jours, nous pourrons en déduire l'état
des mers correspondant aux étages géologiques, dans lesquels nous trouvons les phosphorites[1].

[1] Pour plus de détails, voir : *Proceedings of the Royal Society
of Edimburgh*, 1904-05. Vol. XXV, part. X.

M. Th. TOMMASINA communique un travail *sur la théorie cinétique de l'électron qui doit servir de base à la théorie électronique des radiations.* L'auteur rappelle les magistrales leçons du professeur J.-J. Thomson, publiées sous le titre « Electricité et Matière » et en cite les conclusions suivantes : Toute la masse de chaque corps, et non pas une partie seulement, n'est autre que la masse de l'éther qui l'entoure, transportée par les tubes Faraday associés aux atomes du corps ; enfin, toute la masse est masse d'éther, toute la quantité de mouvement est quantité de mouvement de l'éther, toute l'énergie cinétique est énergie cinétique de l'éther », ainsi que la considération que M. Thomson ajoute « que cette théorie demande que la densité de l'éther soit immensément plus grande que celle des substances que l'on connait ». M. Tommasina déclare que, d'après ces conclusions, la manière actuelle d'envisager la forme dynamo-cinétique des phénomènes doit être complètement modifiée pour s'accorder avec les lois de l'*Ethérodynamique*, science nouvelle qui amènera nécessairement une théorie purement mécanique de l'électromagnétisme.

Lorsque, par une série d'expériences et par les faits nouvellement acquis, l'on est forcé d'établir des conclusions qui diffèrent essentiellement de celles qui avaient été utilisées au point de départ, il est nécessaire, dit l'auteur, de retourner en arrière pour reconnaître soigneusement si les anciennes notions peuvent subsister à côté des connaissances nouvelles. Si ce n'est pas le cas pour toutes, il faut voir si certaines conclusions ne doivent pas être, elles-mêmes, modifiées ou changées complètement.

L'auteur, en appliquant cette méthode à la discussion des résultats des expériences de M. Kaufmann, au point de vue théorique, en tire les nouvelles conclusions que voici :

Comme c'est l'énergie du champ qui déplace l'électron négatif, lequel n'est qu'une charge, l'inertie qui s'oppose à son déplacement est celle de la charge qui le constitue. Ceci montre que la masse de l'élection n'est pas électro-

magnétique, mais électrostatique. Cette masse électrostatique se comporte comme si elle réagissait, sur le milieu
actif électromagnétique, par ses lignes de force ; l'inertie
de l'électron négatif est donc proportionnelle à la densité
de ses propres lignes de force.

Ce n'est donc pas la masse de l'électron qui augmente
avec la vitesse, mais c'est la vitesse qui est d'autant plus
grande que la masse électrostatique de l'électron est plus
petite et ce n'est que la résistance que cette masse invariable oppose à son déplacement qui augmente avec la
vitesse, ce qui indique simplement qu'elle se comporte
comme un frottement.

Ce qu'on appelle improprement ici l'inertie, est, en réalité, une résistance au déplacement, donc une réaction, donc
une énergie cinétique qui existe dans ce qui est déplacé
et qui réagit d'autant plus, pour diminuer la vitesse de
son déplacement, qu'elle est plus grande par rapport à
celle du champ moteur.

La vitesse de l'électron négatif, dont la résistance n'est
jamais nulle, ne pourra, en aucun cas, quelle qu'en soit la
source, être égale à la vitesse de la lumière, sauf à l'instant initial absolu, lequel n'est pas mensurable. Aussi,
s'il y a entrainement, par les rayons lumineux, d'électrons
négatifs, l'amortissement de leur vitesse sera beaucoup
plus rapide que celui de la vibration rayonnante qui les
entraîne.

Les électrons sont libérés par une modification localisée
dans les atomes et cette production d'électrons libres peut
être naturelle dans certains corps et provoquée dans les
autres. A l'origine, il y a une action initiale qui modifie
les champs préexistants dans l'éther et c'est cette modification qui, en se propageant, entraîne l'électron.

M. Tommasina trouve très plausible l'hypothèse de
M. Langevin, que l'électron négatif soit une *vacuole* dans
l'éther et y voit une conception du mécanisme vrai
dynamo-cynétique ; aussi, il est amené à la compléter par
la supposition que l'éther soit constitué d'électrons positifs, ce qui expliquerait pourquoi on n'est parvenu nulle

part à isoler l'électron positif. D'après ces hypothèses, l'atome pondérable serait constitué par un ou plusieurs électrons positifs fixés ou établis dans l'intérieur de la vacuole négative ou de plusieurs, différemment assemblés. Selon la prédominance des uns ou des autres, l'on aurait l'ion positif ou l'ion négatif. Tout phénomène est donc un ensemble plus ou moins complexe d'actions réalisant une modification de l'éther.

S'il en est ainsi, ce qui individualise chaque élément chimique et qui lui apporte les propriétés spéciales qu'on reconnaît, doit dépendre directement des arrangements cinétiques intra-atomiques. C'est donc bien jusqu'à la structure intime de l'atome qu'il faudra pousser la théorie cinétique électrodynamyque. Evidemment, si les densités sont fonction des vitesses corpusculaires, les cœfficients d'élasticité doivent l'être aussi. Si l'on considère que, dans la constitution fibreuse ou cristalline des corps, existent forcément plusieurs systèmes superposés, s'influençant réciproquement, l'on ne peut douter que dans le même corps l'élasticité atomique soit différente de l'élasticité de la molécule et de l'élasticité que le corps présente en son ensemble. Des modifications complexes comme celles qui interviennent, par exemple, dans la trempe des métaux, deviennent ainsi parfaitement cmopréhensibles.

Pour donner un aperçu des mouvements tourbillonnaires qui donnent naissance aux lignes de force dans l'électron négatif, ainsi que dans le positif, M. Tommasina cite les importantes recherches faites par Helmoltz sur les systèmes *monocycliques*, puis il conclut par l'observation que ce qui frappe par son importance capitale, dans cette théorie générale dynamo-cinétique, est la relation étroite qu'on voit exister entre le mécanisme de l'électron négatif mobile mais passif et celui de l'électron positif, fixe mais actif, qui constitue le champ électromagnétique moteur. La vibration transversale et, en même temps, pulsatoire longitudinale de l'électron positif de l'éther, donne naissance à la forme cinétique vraie des radiations, donc au phénomène électromagnétique.

C'est d'après ces notions que la théorie électronique des radiations peut être établie, se basant donc sur une théorie ou conception cinétique de l'électron.

Séance du 2 novembre.

Ed. Claparède. La grandeur de la lune à l'horizon.

M. Ed. CLAPARÈDE fait une commmunication sur *l'agrandissement apparent de la lune à l'horizon.*

Après avoir passé en revue les principales solutions proposées de ce vieux problème, M. Claparède montre qu'aucune d'elles n'est entièrement satisfaisante. La théorie la plus répandue, celle qui explique l'agrandissement des astres à l'horizon par leur plus grand éloignement apparent, suppose évident un fait qui ne l'est pas du tout, à savoir que la lune paraît plus éloignée lorsqu'elle se lève. Au contraire, une enquête faite par M. Claparède, a montré que la lune est considérée, par tout le monde, comme *plus près* à son lever. La théorie du plus grand éloignement suppose donc que l'esprit forme deux jugements contraires au même instant : 1° la lune est plus éloignée, donc elle est plus grosse ; 2° la lune est plus grosse, donc elle est plus proche. Bien que des expériences de fusionnement par divergence et par convergence d'images stéréoscopiques aient montré que l'image résultante obtenue par convergence paraît souvent plus loin que celle obtenue par divergence (ce qui prouve la possibilité de deux inférences contradictoires superposées), M. Claparède se refuse à admettre la théorie classique. Pour lui, la lune paraît plus grosse à l'horizon parce que nous la considérons alors *comme un objet terrestre* et nous la considérons comme telle soit parce que, par suite de changements de couleur, elle n'est pas tout d'abord reconnue, soit parce que, par sa position, elle appartient à la zone terrestre. Or, ce que nous considérons comme terrestre, est grossi parce que cela nous intéresse davantage que ce qui se passe dans les régions inaccessibles du ciel. Cette théorie affective de l'illusion des astres à l'horizon, s'accorde d'ailleurs avec d'autres faits psychologiques ; chacun sait combien est grande l'influence du sentiment sur la perception. (Pour de plus amples détails, voir le travail de l'auteur, paru dans les *Archives de Psychologie*, t. V, N° 18).

Séance du 16 novembre.

René de Saussure. Mouvement des fluides. — P.-A. Guye et C. Davila. De la densité du bioxyde d'azote. — L de la Rive et A Le Royer. Oscillations d'un pendule dont le point de suspension se déplace. — J. Deutsch. Thermomètre pour basses températures. Appareil pour mesurer le niveau de l'air liquide contenu dans un réservoir. — R. Pictet. Sur la liquéfaction de l'air.

M. René de Saussure fait quelques remarques relatives à son étude géométrique du *mouvement des fluides* et montre comment, avec sa méthode, on détermine les points singuliers d'un fluide en mouvement dans un plan. Ces points singuliers sont, d'une part, les *pôles* (cyclones et anti-cyclones), d'autre part, les *points d'équilibre*[1].

Au nom de M. Ch. Davila et au sien propre, M. Ph.-A. Guye rend compte des expériences faites pour déterminer exactement la *densité du bioxyde d'azote*. En préparant ce gaz par trois méthodes différentes (décomposition de la solution sulfonitrique par le mercure, réduction de l'acide nitrique ou du nitrite de soude par le sulfate ferreux, réaction de l'acide sulfurique sur le nitrite de soude en solution étendue) en le rectifiant ensuite aux basses températures réalisables avec l'air liquide, les diverses déterminations ont conduit aux valeurs moyennes suivantes pour le poids du litre normal : 1.3403, 1.3402 et 1.3401 dont la moyenne, 1.3402, est égale aussi à la valeur obtenue

[1] Voir la suite de la « Théorie géométrique du mouvement des corps » dans un prochain numéro des *Archives*.

tout récemment par M. Gray. On en déduit que le poids
atomique de l'azote est compris entre 14.006 (densités
limites) et 14.010 (réduction des éléments critiques).

MM. L. DE LA RIVE et A. LE ROYER présentent les appareils qu'ils ont employés pour la vérification des formules de M. De la Rive, relatives aux mouvements d'un
*pendule dont le point de suspension se déplace horizonta-
lement.*

M. DEUTSCH, assistant de M. Raoul Pictet, donne la description de deux appareils employés dans le laboratoire
de Wilmersdorf : 1°) un thermomètre à basses températures ; 2°) un dispositif pour suivre le niveau de l'air liquide contenu dans un réservoir.

M. Raoul PICTET mentionne quelques faits observés par
lui dans les *machines à liquéfier l'air;* ces faits sont en
contradiction avec les théories généralement admises et
enseignées.

Séance du 7 décembre.

C. Sarasin. Géologie des environs de la Lenck. — R. Gautier.
Eclipse de soleil du 30 août. — R. Gautier. La comète 1905 b. —
L. Duparc et G. Pearce. Expédition scientifique dans le bassin de
la Wichera. — L. Duparc et F. Pearce. Extinctions des diverses
faces d'une zône d'un cristal biaxe.

M. Ch. SARASIN fait une communication sur la *Géologie
des environs d'Adelboden et de la Lenck.*

La région étudiée fait partie de la bordure méridionale
des Préalpes, dans laquelle celles-ci entrent en contact
avec le front des grands plis couchés au N. des Hautes
Alpes. Elle est formée par des plis empilés et imbriqués
de terrains préalpins dont la forme exacte restait à déterminer et qui ont été interprétés, dans leur ensemble, de
deux façons diamétralement opposées. Tandis que certains auteurs voient, dans cette zône interne des Préalpes,

un faisceau de plis à peu près autochtones couchés au S., en sens inverse des plis haut-alpins, d'autres, en particulier MM. H. Schardt et M. Lugeon, admettent ici l'existence de plusieurs lames de charriages successives, qui auraient appartenu à des plis superposés à ceux des Hautes Alpes, enracinés au S. de celles-ci et entraînés au N. par une énorme masse chevauchante, dont l'ensemble des Préalpes médianes ne représenterait qu'un lambeau.

M. Sarasin a commencé par définir les caractères stratigraphiques de la série sédimentaire dans la région étudiée, en insistant particulièrement sur la présence au niveau du Lias moyen d'un complexe puissant de grès quartzeux et de conglomérats à éléments granitiques, qui ressemblent d'une façon frappante à des dépôts de la chaîne du Niesen attribués généralement au Flysch. Ce sont, du reste, le Lias et le Dogger qui sont les éléments stratigraphiques fondamentaux ; le Trias n'est jamais représenté que par une série peu épaisse de calcaires dolomitiques, de corgneules et de gypse ; le Malm n'existe que très localement sous forme de calcaires gris massifs ; le Crétacique apparaît, par places, avec un faciès de calcaires gris lités, qui caractérise en partie les « Couches rouges ». Le Flysch, formé de schistes et de grès, ne joue ici qu'un rôle tout-à-fait subordonné.

Au point de vue tectonique, M. Sarasin a reconnu l'existence, entre le front des Hautes Alpes et la zône de Flysch du Niesen, de quatre plis couchés et empilés et, pour deux d'entr'eux, il a pu constater directement des charnières anticlinales fermées au S.E. ; il en conclu que tous quatre sont enracinés au N.W. et couchés contre le front des Hautes Alpes au S.E. Dans la région de la vallée de la Simme, les trois plis inférieurs ont subi une réduction très brusque, qui s'explique par le développement, en face d'eux, de plis chevauchants haut-alpins émergeant de dessous le grand anticlinal Mittaghorn-Fixer-Ammertenhorn ; par contre, le pli supérieur préalpin prend une très grande amplitude, recouvre les plis chevauchants des Hautes Alpes et enfonce son front entre ceux-ci et le grand anticlinal Mittaghorn-Fixer-Ammer-tenhorn.

Le déversement au S. des plis préalpins de la région de la Lenck, que M. Sarasin considère comme démontrée, rend fort probable l'hypothèse que l'ensemble des plis préalpins sont autochtones et ne font pas partie d'un système de nappes de charriage, comme l'admettent MM. Schardt et Lugeon. Le déversement au S. de la zône interne des Préalpes. tandis que les Hautes Alpes montrent un déversement au N., peut s'expliquer par l'existence, entre ces deux régions, d'une zône géosynclinale, qui tendait à s'affaisser pendant que les chaines s'élevaient au N. et au S., et vers laquelle ont convergé tout naturellement les plis d'abord déjetés puis couchés des Hautes-Alpes d'une part, des Préalpes de l'autre.

Pour plus de détails, voir *Archives*, t.. XXI, janvier et février 1906.

M. R. GAUTIER revient avec plus de détails sur l'*éclipse de soleil* du *30 août*, dont il avait déjà sommairement entretenu la Société le 14 septembre. Il présente quelques-unes des photographies que M. PIDOUX et lui ont prises, le 30 août, à Santa Ponza (île de Majorque). On trouvera les détails complets, sur les observations faites par la mission suisse, dans la note sur « l'éclipse totale de soleil du 30 août » qui a paru dans le N° de décembre des *Archives*.

M. Gautier donne ensuite quelques indications sur les résultats obtenus ailleurs pendant la durée de la totalité. En Espagne, il y a quelques cas de réussite, malgré un temps nuageux. En Algérie, en Tunisie et en Egypte, le temps a été très généralement beau. La couronne solaire a partout présenté la forme irrégulière et à grands jets, ou faisceaux lumineux qu'elle prend pendant les éclipses survenant, comme la dernière, dans une période de maximum d'activité du soleil. Il n'y a pas encore de fait vraiment nouveau à signaler; mais l'étude de tous les matériaux photographiques accumulés pendant les trois ou quatre minutes de la totalité, est loin d'être terminée a l'heure actuelle.

M. R. Gautier communique quelques détails sur la *comète 1905 b*, découverte par M. Emile Schær, astronome adjoint à l'Observatoire de Genève. C'est le 17 novembre, à six heures et demie du soir, que M. Schær a trouvé cet astre nouveau, qui est intéressant par le mouvement très rapide dont il était animé au moment de sa découverte et, par conséquent, par sa distance relativement faible à la terre.

M. Schær l'a trouvé en explorant, ce soir-là, le ciel du côté du nord, au moyen d'un réflecteur newtonien modifié, qu'il avait construit en 1904 et dont la description détaillée a été publiée dans le N° 3958 des *Astronomische Nachrichten*[1]. C'est un réflecteur à tube à peu près horizontal, avec miroir parobolique de 16 cm. de diamètre, pour concentrer les rayons, et un miroir plan de 22 cm., incliné à 45° et destiné à réfléchir sur le premier les rayons venant d'un astre quelconque. Le miroir plan est percé d'un orifice de 4 cm. pour laisser le faisceau de rayons arriver à l'oculaire. Cet instrument se prête très bien à l'exploration du ciel dans une direction quelconque, car il reste toujours à peu près horizontal et ne fatigue pas l'observateur.

La comète Schær avait, le 17 novembre, une forme circulaire avec une condensation bien marquée au centre et le diamètre total de la nébulosité était de 8' environ. Elle était de septième grandeur et elle a encore un peu augmenté d'éclat les jours suivants, de sorte qu'elle a été vue facilement à l'œil nu, le 20, à l'observatoire de Königstuhl sur Heidelberg.

Grâce aux mauvaises conditions atmosphériques, les observations n'ont pas été faciles les premiers jours, à Genève en particulier. Jusqu'à présent, M. Pidoux, qui la suit attentivement, quand c'est possible, à l'équatorial Plantamour et qui l'a photographiée plusieurs fois avec la lunette photographique actuellement fixée à cet instrument et souvent à travers un interstice de nuages, n'a pu obtenir que 5 positions.

---

[1] *A. N.*, v. 165, p. 345.

Le mouvement est très rapide : le 17 au soir, la comète était à 4° du pôle ; le 18, d'après une observation de Bamberg, elle était déjà à 9°.3 ; le 19, à 20° ; le 20, à 28° ; le 21, à 37°. Ce mouvement très rapide a amené la comète à travers les constellations de Cassiopée et de Pégase, à passer l'équateur le 3 décembre près de λ des Poissons et, actuellement, c'est un astre austral.

Dès le 21 novembre, M. Ebell, l'un des collaborateu à la rédaction des *Astron. Nachrichten*, qui reçoivent toutes les observations par télégraphe car c'est à Kiel que se trouve la « Centralstelle für astronomische Telegramme », calculait des éléments de l'orbite et une éphérémide pour suivre son mouvement. D'après un nouveau calcul du même M. Ebell, basé sur des observations un peu plus distantes, l'orbite de la comète est très bien représentée par le système d'éléments suivant, franchement parobolique.

Passage au périhélie : T = 1905 octobre 25,7 temps moyen de Berlin.

Distance périhélie : q = 1.052.

Longitude du nœud : Ω = 222° 55'.

Longitude du périhélie rapportée au nœud : ω = 132°35'.

Inclinaison : i = 140° 37' (mouvement rétrograde).

Il en résulte que la comète a été trouvée assez longtemps après son passage au périhélie ; qu'elle s'éloigne du soleil ; qu'elle a passé le 20 novembre à sa moindre distance de la terre, distance encore respectable de 36 millions de kilomètres ; puis elle s'éloigne à la fois de la terre et du soleil et son éclat va toujours en diminuant.

Elle a été cependant assez lumineuse grâce à sa proximité de la terre et c'est, en tous cas, la comète la plus brillante que l'on ait vue depuis longtemps.

M. le Prof. L. DUPARC, en son nom et en celui de M. F. PEARCE, communique les résultats préliminaires de l'expédition qu'ils ont faite cet été dans le *bassin de la rivière Wichera* (Oural du Nord). Cette rivière, qui est bien l'un des plus forts affluents de la Kama, a été remontée de son embouchure jusqu'à sa source ; toute la vaste région mon-

tagneuse qui s'étend de sa rive gauche à la ligne de partage des eaux européennes et asiatiques a été explorée en
détail ; les recherches ont même été poursuivies jusqu'à
20 kilomètres environ à l'est de cette ligne.

Au point de vue géophysique, la contrée est fort intéressante ; elle est constituée par une série de rides parallèles qui comprennent plusieurs massifs rocheux importants tels que le Toulimsky-Kamen, l'Ichérim, le Jalping-
Ner, etc. Ces massifs sont relativement élevés ; leurs
principaux sommets dépassent 1400 mètres. La topographie est d'une remarquable uniformité ; le phénomène
des hautes terrasses que nous avons découvert antérieurement sur les chaînes qui se trouvent plus au sud[1] est,
ici, développé avec une ampleur et une généralité remarquables, et communique, à cette région, un aspect unique
et inoubliable. Tous les sommets sont rasés en platefor-
mes d'une régularité surprenante et, sur les flancs de
montagnes, les terrasses étagés à divers niveaux se
poursuivent à perte de vue avec une régularité parfaite.
Nous avons relevé une foule de cotes barométriques de
ces différentes terrasses et avons pu constater que leurs
niveaux se correspondent sur de grandes distances et sur
des chaînes très différentes. Ces terrasses sont le reste
d'une très ancienne topographie ; elles sont, en tout cas,
antéquaternaires et antérieures aux vallées qui sont occupées par les cours d'eau actuels et dont le lit est creusé
dans des alluvions couvertes qui renferment parfois des
molaires de mamouth. Bien plus, ces terrasses ont parfois
été ravinées par les érosions quaternaires et contempo-
raines, comme on peut le constater en maints endroits,
notamment sur le Bieli-Kamen.

Nous avons dépassé, vers l'extrême nord, la limite des
sources de la Wichera et sommes arrivés à proximité des
sources de la Petchora, dans l'espérance que nous trou-
verions là des vestiges de l'extension glaciaire septen-

[1] Voir l'article publié dans *La Géographie* de Paris, par
MM. Duparc et F. Pearce, sur le phénomène des hautes terrasses.

trionale ; nos recherches n'ont pas été couronnées de succès, nulle part nous n'avons trouvé trace de terrain erratique ou de topographie glaciaire, mais, en revanche, partout le phénomène des hautes terrasses ; de sorte qu'il n'est pas douteux que l'extrême limite sud de la nappe glaciaire qui a recouvert la partie septentrionale de l'Oural ne se soit arrêtée au-delà des sources de la Wichera et des hauts massifs de l'Icherim et du Jalping-Ner.

· Au point de vue géologique, la contrée est en grande partie, formée par des roches detritiques recristallisées, simulant les schistes cristallins les plus variés. Ces roches sont infradévonniennes, l'absence de bancs fossilifères ne permet pas de leur attribuer un âge précis. Dans l'Oural du Sud, on les considère comme formant la base du dévonien inférieur dans la region que nous avons parcourue on ne peut rien affirmer à cet égard.

Le seul point que nous avons pu définitivement établir, c'est que ces pseudo-schistes cristallins sont supérieurs à des quartzites blanches et sacchariodes ainsi qu'à des conglomérats siliceux qui alternent avec elles et qui apparaissent toujours au cœur des anticlinaux. Cette disposition ressort à l'évidence dans les massifs les plus élevés, qui sont toujours formés par des boutonnières anticlinales de quartzites et conglomérats siliceux, entourés par les schistes cristallins qui sont nettement supérieurs. L'élévation de ces massifs de quartzites tient exclusivement au fait que les quartzites et conglomérats siliceux résistent beaucoup mieux à l'érosion que les schistes. Les roches éruptives sont rares dans cette contrée et d'un type très uniforme ; ce sont toujours des gabbros lencocrates ou mélanocrates, en gros dykes ou filons qui percent dans les quartzites ou les schistes cristallins. Le Joubrechkine-Kamen est particulièrement intéressant à cet égard et l'anticlinal de schistes qui le constitue est percé de nombreux et gros filons de ces gabbros qui présentent deux faciès très tranchés. A une dizaine de kilomètres à l'est de la ligne de partage, nous avons trouvé une très longue chaine, qui court à peu près N.-S. et que nous avons suivie sur plus de 60 kilomètres ; elle est entièrement formée par des roches éruptives basiques variées de la série des gabbros et des pyroxénites, dont nous ferons l'étude ultérieurement. Cette chaine parait topographiquement et pétrographiquement aussi, être une continuation de la grande boutonnière éruptive du Daneskin-Kamen qui vient plus au sud.

Dans la région même de la haute Wichera, les chaines de schistes cristallins et de quartzites sont limitées, vers l'ouest, par une bande de dévonien moyen que nous avons antérieurement étudiée plus au sud, dans le synclinal de Tépil où elle prend naissance, et qui, en s'élargissant vers le nord, se poursuit sans discontinuité jusqu'à la mer blanche. Nous avons supposé, antérieurement déjà, que ce dévonien était discordant sur les schistes cristallins[1] et nous avons trouvé sur la Wichera des preuves décisives de cette discordance. En effet, en remontant le Vels, affluent gauche de la Wichera, nous avons nettement vu le contact des schistes verts redressés et plongeant vers l'est, avec les dolomies du D² qui ondulent faiblement et les recouvrent en discordance manifeste. A plusieurs reprises, nous avons trouvé des lambeaux de ces dolomies en couches horizontales qui reposaient sur un soubassement continu de ces schistes verts presque verticaux. Près de la mine de Choudia, et complètement isolé de la grande bande de D² par une crête de schistes verts plus orientale ; nous avons trouvé un très grand affleurement de ces dolomies horizontales dont les bancs inférieurs, en contact avec les schistes redressés, étaient bréchiformes et renfermaient des débris anguleux de ces mêmes schistes. Cette discordance témoigne de l'existence de plusieurs mouvements successifs[1] qui se sont produits à diverses époques dans la grande chaine[2].

[1] Voir L. Duparc et F. Pearce. Recherches géologiques et pétrographiques sur l'Oural du Nord. Vol. II, 1905.

[2] L. Duparc, L. Mrazec et F. Pearce. Sur l'existence de plusieurs mouvements orogéniques successifs dans l'Oural du Nord. *Comptes rendus de l'Académie des sciences* 1903.

Quant à la tectonique, elle est relativement simple. Les plis, toujours déjetés vers l'ouest, se succèdent avec une grande régularité, sans dislocations compliquées. Les zónes tectoniques que nous avons établies dans les régions situées plus au sud, ont toutes été retrouvées dans le bassin de la Wichera. La grande chaîne de quartzites du Poyassavoï se continue plus au nord par un longitudinal de schistes verts formant l'Oural proprement dit, l'anticlinal du Liampowsky-Kamen, qui vient plus à l'ouest, trouve sa continuation dans celui du Bieli-Kamen où réapparaissent les quartzits. La crête d'Autipowsky-Greline, anticlinal déjeté et faible sur le versant ouest, se continue par la crête et la pyramide de Choudi-Pendi et, plus au nord, par le Martaïsky-Gora. Enfin, la grande chaîne de Kwarkouclo trouve son équivalent septentrional dans le Tschouwal.

M. PEARCE, en son nom et celui de M. DUPARC, présente une communication *sur les extinctions des diverses faces d'une zone d'un cristal biaxe.*

Lorsque l'on choisit le plan d'une projection stéréographique normal à l'axe de zóne Z, les diverses faces de celle-ci sont représentées par les diamètres du cercle fondamental ; en outre, les deux plans que l'on peut construire par la normale N à la section et les deux axes optiques sont figurés par des grands cercles faisant, avec l'arête de zóne, des angles β et β', qui se projettent eux-mêmes sur la trace de chaque section. L'angle d'extinction E, en vertu d'un théorème connu de Fresnel, aura pour valeur :

$$\varepsilon = \frac{\beta + \beta'}{2}$$

Si, dans cette égalité, on remplace β et β' par leurs valeurs, on obtient l'équation

$$\varepsilon = \frac{1}{2}\left[\text{arc tang}\Big(\text{tang}\,\theta\,\cos(\varphi + \alpha)\Big) + \text{arc targ}\Big(\text{tang}\,\theta'\,\cos(\alpha - \varphi)\right.$$

donnant l'angle d'extinction pour une face quelconque de la zóne et où θ et θ′ sont les angles compris entre les axes optiques et l'arête de zóne, α celui entre le plan mobile et l'origine qui est le plan bissecteur de l'angle 2 φ du dièdre construit sur les axes optiques et l'arête de zóne.

L'angle d'extinction peut être obtenu graphiquement et il est représenté dans la projection stéréographique par une droite Z E ayant son origine au centre du cercle fondamental, elle est la projection sur la trace de la section de l'angle d'extinction rapporté à l'axe de zóne. Si l'on fait la construction pour toutes les faces de la zóne, le vecteur Z E trace une courbe fermée dissymétrique, passant au centre de la projection, elle montre que l'angle d'extinction, pour un déplacement de 180° sur la zóne, passe par un maximum et par 0 en changeant de signe. La formule donnée permet une discussion aisée des propriétés des courbes d'extinction et la recherche des maxima et minima.

La deuxième ligne d'extinction dont le póle se trouve sur la trace de la section à 90° de E, trace une courbe coupant le cercle fondamental. L'étude détaillée de ces courbes montre que :

1° La ligne d'extinction de la vibration de même signe que la bisectrice aiguë trace la courbe fermée, par conséquent que l'angle d'extinction passe par un maximum et par 0 en changeant de signe, lorsque l'arc mesurant l'angle aigu des axes optiques se projette dans l'intérieur du cercle fondamental.

2° Si l'arc mesurant l'angle aigu des axes optiques coupe le cercle de base, c'est la direction d'extinction de signe contraire à celui de la bisectrice aiguë qui trace la courbe fermée passant au centre de la projection.

3° Si l'un des axes optiques a son póle sur le cercle fondamental, on se trouve dans un cas limite, la direction d'extinction du signe de la bisectrice aiguë du cristal trace une courbe où le signe de l'extinction change brusquement en passant par une valeur indéterminée.

4° Si on trace sur la sphère deux grands cercles dont les

plans sont normaux aux deux axes optiques, on découpe sur celle-ci quatre fuseaux dans lesquels peuvent se trouver les pôles de l'axe de zône. On trouve, si l'axe de zône à son pôle dans le fuseau contenant la bissectrice aiguë, c'est-à-dire s'il est contenu dans l'angle obtus des sections cycliques de l'ellipsoïde, que c'est la direction d'extinction de même signe que le cristal qui trace en projection la courbe fermée passant au centre de l'épure. Cette courbe est décrite par la direction de signe contraire au signe optique si l'axe de zône est situé dans l'angle aigu des sections cycliques.

5° Si l'arête de zône est situé dans un des plans principaux d'élasticité du cristal, les résultats généraux précédents s'appliquent également et les courbes réunissant les pôles des deux lignes d'extinction, sont symétriques par rapport à la trace du plan d'élasticité.

Séance du 21 décembre.

R. Chodat et A. v. Sprecher. L'origine du sac embryonnaire de Ginkgo biloba. — R. Chodat et E. Rouge. La sycochymase. — V. Fatio. Le Rhodeus amarus à Genève. — F. Battelli et Stern (Mlle). Les oxydations dans l'organisme animal.

M. le Prof. CHODAT présente, au nom de M. A. v. SPRECHER, une communication *sur l'origine du sac embryonnaire de Ginkgo biloba.*

Cette origine n'avait encore été décrite jusqu'à présent. La matière de ces recherches provient de deux exemplaires de Ginkgo femelle se trouvant à Genève, l'un aux Bastions, planté par A.P. de Candolle, l'autre, plus petit, au Jardin anglais. Les bourgeons floraux ont été cueillis du mois d'octobre jusqu'à l'arrêt du développement au mois de novembre et au printemps, dès le commencement de la végétation.

La fleur femelle est encore, aujourd'hui, interprétée d'une manière différente par les botanistes. Sans entrer ici dans cette discussion, l'auteur appelle fleur tout l'appareil qui naît à l'aisselle, soit d'une feuille normale, soit d'une feuille formant passage aux écailles. Cette fleur naît de bonne heure comme une petite protubérance. Elle se distingue à ce stade de la feuille rudimentaire par l'absence de chlorophylle. Au sommet de cette protubérance, se forme une dépression et, latéralement, se produisent deux renflements correspondant peut-être à deux feuilles réduites. Sur chacun de ces renflements naît un ovule dont le tégument et le nucelle se développent, simultanément. A la fin d'octobre, le nucelle est encore visible extérieurement et rappelle celui de *Stangeria paradoxa*.

Au mois de mars, le tégument a entouré le nucelle, ne laissant au sommet qu'une ouverture bilabiale : le micropyle. Le nucelle est d'abord arrondi au sommet et sur toute sa longueur à une largeur à peu près régulière. Les cellules qui le constituent sont arrangées en séries verticales. (Lang a observé la même disposition dans le *Stangeria*)[1]. Au dessous de l'épiderme, se produit une active division cellulaire qui refoule vers l'intérieur le futur tissu sporogène. Ce tissu sporogène se forme au printemps, au premier éveil de la végétation. Il se distingue par ses cellules plus grandes et plus différenciées. Enfin, le nucelle s'appointe et à son sommet commence, sous l'action de ferments, une destruction de cellules qui laissera, vers le mois d'avril, une chambre pollinique prête à recevoir le pollen. Au même moment, dans le tissu sporogène situé profondément dans le nucelle, on aperçoit une grande activité au niveau de l'insertion du nucelle ou même un peu plus bas.

Dans des préparations colorées avec de la fuchsine et du vert d'iode, on voit des cellules qui se distinguent des autres par leurs membranes épaissies, comme gélifiées, colorées en rouge et un noyau plus gros situé du côté de la chambre pollinique. Ce sont les cellules mères du sac embryonnaire. Dans le même tissu sporogène, l'auteur a rencontré plusieurs fois deux cellules mères qui sont tou-

[1] W.-H. Lang, The ovule of Stangeria paradoxa. *Annals of Botany*, vol. XIV, 1901.

jours séparées par plusieurs assises de cellules dans le
sens longitudinal. Ces cellules s'accroissent considérablement, se vacuolisent et divisent leur noyau d'abord en
deux, puis en trois, un de ces noyaux se divisant plus
tard que l'autre ou ne se divisant pas du tout. Il se
trouve donc un stade avec trois noyaux dans une cellule.
Les membranes cellulaires ne se forment que quelque
temps après. La division peut donner lieu à une série superposée de cellules filles ou à une disposition tétraédrique.

Dans la seconde moitié du mois d'avril et au commencement du mois de mai, les ovules cueillis commençaient déjà
à fermer le bec de leur micropyle. A cette époque, se forme
le sac embryonnaire. Il naît généralement de la cellule fille
la plus intérieure de la cellule mère, c'est-à-dire la plus
éloignée du micropyle. Cette cellule fille grossit beaucoup
et refoule les autres et se vacuolise. L'auteur observe
dans la première division du noyau du sac embryonnaire
le stade métaphase. Les chromosomes sont volumineux et
leur nombre peu considérable. La membrane du sac embryonnaire, comme aussi celle des cellules qui le limitent,
se colorent très faiblement. C'est le contraire de ce qu'on
peut observer dans le tissu sporogène et surtout dans les
cellules mères. Cela prouve que des changements chimiques sont intervenus. On remarque dans les noyaux des
cellules entourant le sac embryonnaire, des nucléoles qui
sortent presque des noyaux, comme s'ils étaient attirés
vers le sac embryonnaire. Celui-ci, en effet, absorbe des
quantités considérables de substances nutritives fournies
par le tissu qui l'entoure, car il va se diviser très activement. Au milieu de mai, sa grandeur est déjà énorme
(diamètres 310 et 260 mm.). Il présente, autour d'une
vacuole centrale et, dans le plasma périphérique, plusieurs
noyaux d'endosperme libres. Jusqu'à présent, le tissu
sporogène n'était pas bien limité. Mais, avec l'agrandissement du sac embryonnaire, on remarque, tout autour de
lui, une zône de 4 à 6 couches de cellules à grands
noyaux à protoplasma vacuolisé et à membranes peu colorées. C'est le tissu nutritif mentionné plus haut. En

dehors de ce tissu, on a des cellules de nucelles écrasées, oblitérées, marquant bien la limite de l'archespore. Plus encore vers l'extérieur, sont des couches de cellules, par l'accroissement de l'endosperme, de plus en plus écrasées·

Les faisceaux arrivent seulement jusqu'à l'insertion de l'ovule. Pendant longtemps, le nucelle n'est pas différencié. Mais, avec le développement de l'endosperme, il se forme, à sa base, une zône de cellules plus grandes, parmi lesquelles il y a beaucoup de cellules à tannin. Quelquefois, nous y trouvons même une poche sécrétrice.

L'auteur a pu constater trois fois un fait assez bizarre dans un ovule du 17 avril. Il s'est formé dans le tégument, à peu près à la hauteur du tissu sporogène, une cellule mère de sac embryonnaire, d'une forme identique à celle observée dans le nucelle. Le noyau est très grand ; il est en repos et montre un beau spirème. Le protoplasme est un peu vacuolisé et la membrane cellulaire est un peu épaissie, comme cela arrive dans les cellules mères du sac embryonnaire normales.

Le développement du sac embryonnaire de Ginkgo rappelle beaucoup plus celui du tissu sporogène des Cycadacées que celui des conifères (v. Treuf. *Ann. J. Bot. Buit.* 1885).

M. R. CHODAT présente un travail fait en collaboration avec M. E. ROUGE et relatif à un *nouveau ferment coagulant* que les auteurs ont extrait des branches du Ficus Carica au moyen de l'eau salée. Ce Lab se maintient indéfiniment actif en présence de l'essence de moutarde.

La caractéristique essentielle du ferment auquel ils donnent le nom de *sycochymase* est d'être très actif sur le lait à une haute température. Il ne cesse d'agir qu'à 85°.

Le ferment extrait est plus actif aux basses températures, 30-50°, sur le lait stérilisé que sur le lait cru ; les branches de Figuier, au contraire, sont plus actives sur le lait cru à ces températures.

Les auteurs décrivent ensuite la loi d'action du ferment en fonction de la température et exprimée en vitesse de coagulation. Voici un exemple :

Ferment extrait, 1 cm.³	Lait cru	Lait stérilisé
20°	11'8″	
26°	3'18″	
30°		3'25″
32°	1'25″	
35°	48″	1'22″
44°		45″
40°	41″	
45°	25″	
50°	20″	24″
55°	15″	21″
60°		13″
64°	8″	
70°		12″
75°	9″	
80°		13″
85°	12″	

Par l'action de la chaleur, on peut détruire une partie, ou une modification du ferment actif sur le lait cru et maintenir l'activité sur le lait stérilisé aux hautes températures.

Les auteurs décrivent ensuite la loi d'action en fonction de la masse du ferment. Tout d'abord, la vitesse augmente puis, à partir d'une certaine concentration, se maintient constante. La loi de Segelke, Storch, qui dit que le produit de la vitesse par la masse du ferment est une constante, ne se trouve pas vérifiée et n'est que très approximativement approchée qu'aux concentrations moyennes.

Le lait stérilisé est encore plus sensible aux faibles concentrations que le lait cru.

Enfin, il est démontré que la *sycochymase* est active non seulement sur le lait cru, mais mieux encore sur le lait bouilli et le lait stérilisé. Le calcium n'est pas nécessaire à la coagulation. Les auteurs le prouvent en décalcifiant le lait d'après la méthode Arthus-Pagès et en opérant avec le ferment décalcifié. Mieux encore, un lait artificiel, absolument dépourvu de sels de calcium, coagule si on l'additionne de *sycochymase* décalcifiée. Les auteurs établissent les courbes de vitesse en fonction de la température pour le lait cru, stérilisé, oxalaté à 1 $°/_{00}$, oxalaté à 2 $°/_{00}$ et montrent que l'oxalate a un effet retardateur dont ils donnent la loi.

Leurs conclusions : La *sycochymase* agit à des températures qui sont fatales pour la chymase et agit jusqu'à 85°. Le lait stérilisé est parfaitement coagulé. Les sels de calcium ne sont pas nécessaires à la coagulation. Cette communication était accompagnée de nombreux graphiques traduisant les vitesses en courbes.

M. le Dr Victor FATIO raconte comment un fort joli petit poisson, la Bouvière, *Rhodeus amarus*, « Bitterling » en allemand, est arrivé, en 1898, dans le bassin du Léman, où il n'existait pas jusqu'alors, (Voyez *Archives des Sciences phys. et nat.*, déc. 1905, p. 680-686.) L'espèce prospère, en effet, depuis lors dans un petit lac décoratif, creusé en 1897 au lieu dit Pierre-grise, non loin de Genève, et alimenté par l'eau du Rhône, provenant de cette ville.

De nombreux apports d'Écrevisses et de Poissons divers, ainsi que Lymnées et de Crevettes d'eau douce en vue de l'alimentation des derniers, avaient été faits, en 1898, dans le petit lac en question, qui venaient : partie du Léman ou du Rhône supérieur, partie du département de l'Ain (France), du Pô (Italie) ou du Rhin et censément d'Allemagne. Quatre ans après, au printemps de 1902, le propriétaire du petit lac de Pierre-grise, M. E. P., remarquait, près du bord de celui-ci, un petit poisson qu'il ne croyait pas avoir introduit ni vu jusque-là, et le printemps suivant, en 1903, M. Fatio reconnaissait dans le nouveau venu le *Rhodeus amarus*, sur quelques spécimens, mâles et femelles en noces, qui lui étaient soumis.

Mais il fallait qu'il y eût alors des ou au moins une Moule (Anodonte) par hasard importée, égarée probablement dans l'un des envois reçus en 1898.

La Bouvière est un petit Cyprinide carpiforme de cinq à sept centimètres environ et paré, au printemps, des plus brillantes couleurs, qui a l'habitude de pondre dans les branchies des Anodontes *(Unio* et *Anodonta)*. La femelle, pourvue d'un long oviducte externe. introduit un à un ses œufs dans l'étroite ouverture du bivalve plongé dans la vase et ceux-ci, sous l'influence des courants d'eau aspirée et refoulée par le Mollusque, s'y développent et transforment en alevins jusqu'à une taille de dix millimètres environ.

S'étant livré à des recherches sur cette curieuse apparition, M. Fatio a appris d'abord qu'on avait trouvé deux ou trois Moules dans le petit lac de Pierre-grise, lors d'un nettoyage partiel, en 1900, puis que, dans un curage complet, on avait, en 1904, constaté la présence de près de 200 Anodontes, nées depuis six ou sept ans, ainsi que de milliers de Bouvières de tous âges.

A la suite d'une enquête sérieuse concernant les apports faits à Pierre-grise, M. Fatio, procédant par éliminations successives dictées par les dates et les provenances, arriva, peu à peu, à la conclusion que deux ou trois Moules (*Anodonta mutabilis* Clessin) portant des œufs de Bouvière avaient dû être importées du Rhin ou de quelque tributaire de ce fleuve en Allemagne, dans l'emballage d'Écrevisses dites grosses du Rhin, en été 1898.

Voici comment le *Rhodeus amarus*, propre aux régions moyennes et septentrionales de notre continent, commun, en particulier, en Allemagne, mais reconnu seulement jusqu'ici sur quelques points des parties nord et est du bassin du Rhin en Suisse, dans les Altwässer du Rhin à Bâle, près de Winterthour et à Rheineck (St-Gall) en particulier, a pu passer du Rhin au bassin supérieur du Rhône et du Léman où il n'existait point encore avant 1898.

Une partie du trop-plein du lac de Pierre-grise gagnant le Léman, à un kilomètre environ, à travers prés et par quelques ruisseaux, il n'est pas impossible que des alevins de cette espèce puissent échapper et répandre peut-être celle-ci dans la nouvelle région qu'elle vient de conquérir.

M. BATTELLI et Mlle STERN exposent les résultats de leurs recherches sur les *oxydations dans l'organisme ani-mal*. Les auteurs rappellent d'abord que dans les tissus animaux existe une substance, l'anticatalase, qui a la propriété de rendre la catalase inactive. Ils ont examiné si l'anticatalase possède les propriétés d'une oxydase. Les résultats ont été négatifs.

L'anticatalase agit bien, au contraire, comme péroxy-dase, c'est-à-dire qu'elle oxyde plusieurs substances en présence du péroxyde d'hydrogène.

Ou sait que les sels ferreux se comportent comme des péroxydases très énergiques. Les auteurs ont recherché si les sels ferreux rendent la catalase inactive. Ils ont trouvé que l'action du sulfate ferreux vis-à-vis de la cata-lase est tout-à-fait semblable à celle de l'anticatalase. Le sulfate ferreux n'agit pas à basse température ; il n'agit pas en absence d'oxygène ; son action est empêchée par la présence de la philocatalase ; la catalase rendue inac-tive est régénérée par la philocatalase, etc. Pour étudier l'action de l'anticatalase, on peut donc employer, avec grand profit. des solutions de sel ferreux.

L'anticatalase qui existe dans l'organisme ne pourrait jouer le rôle d'une péroxydase, s'il ne se forme pas des péroxydes dans les tissus. Les auteurs ont pensé que, s'il y a vraiment formation de ces péroxydes, leur action de-vrait être activée par la présence de sels ferreux. Dans le but de constater la présence des péroxydes dans les tis-sus, les auteurs ont fait agir une émulsion de tissus en présence de sulfate ferreux sur du lactate de calcium. Ils ont trouvé que, dans ces conditions, l'acide lactique est oxydé et qu'il se dégage de l'anhydride carbonique lors-qu'on fait passer un courant d'air. Cette oxydation n'a pas lieu à une basse température et elle devient plus énergi-que à mesure qu'on élève la température jusqu'à atteindre un optimum.

Ces expériences amènent les auteurs à admettre dans les tissus animaux l'existence d'un *peroxydogène* qui, en présence de l'oxygène libre ou faiblement lié, donne lieu à la formation de péroxydes.

On peut aussi admettre que ces péroxydes sont surtout représentés par du peroxyde d'hydrogène. En effet, l'addition de catalase au mélange constitué par l'émulsion de muscle, par le sulfate ferreux et par le lactate de calcium diminue l'oxydation de l'acide lactique. La catalase détruirait le peroxyde d'hydrogène à mesure qu'il se forme. S'il s'agissait d'un autre peroxyde, la catalase ne devrait exercer aucune influence. En outre, le sulfate ferreux à la dose de 1 pour 500 représente la concentration optima. On peut admettre que le sulfate ferreux à des doses plus concentrées, 1 pour 100 par exemple, exerce une action oxydante moins élevée parce que, à ces concentrations, le sulfate ferreux décompose une partie du peroxyde d'hydrogène qui se forme, en agissant à la manière de la catalase.

Toutes ces recherches amènent les auteurs à supposer que les oxydations dans l'organisme animal sont produites par l'action combinée du peroxyde d'hydrogène et d'une péroxydase, représentée par l'anticatalase ou par des composés organiques de fer. Le peroxyde d'hydrogène serait formé par le péroxydogène à mesure que celui-ci vient en contact avec l'oxygène libre ou faiblement lié.

Le catalase existe en très petite quantité dans les muscles et le cerveau et est très abondante, au contraire, dans les glandes (foie, rein, etc.). On peut supposer que son rôle. dans l'organisme animal, est surtout celui de régulariser le degré d'oxydation auquel doivent arriver les différentes substances.

LISTE DES MEMBRES

DE LA

SOCIÉTÉ DE PHYSIQUE ET D'HISTOIRE NATURELLE

au 1er janvier 1906.

---

1. MEMBRES ORDINAIRES

Casimir de Candolle, botan.
Perceval de Loriol, paléont.
Lucien de la Rive, phys.
Victor Fatio, zool.
Arthur Achard, ing.
Jean-Louis Prevost, méd.
Edouard Sarasin, phys.
Ernest Favre, géol.
Emile Ador, chim.
William Barbey, botan.
Adolphe D'Espine, méd.
Eugène Demole, chim.
Théodore Turrettini, ingén.
Pierre Dunant, méd.
Charles Græbe, chim.
Auguste-H. Wartmann, méd.
Gustave Cellérier, mathém.
Raoul Gautier, astr.
Maurice Bedot, zool.
Amé Pictet, chim.
Robert Chodat, botan.
Alexandre Le Royer, phys.
Louis Duparc, géol.-minér.
F.-Louis Perrot, phys.
Eugène Penard, zool.
Chs Eugène Guye, phys.
Paul van Berchem, phys.
André Delebecque, ingén.
Théodore Flournoy, psychol.
Albert Brun, minér.

Emile Chaix, géogr.
Charles Sarasin, paléont.
Philippe-A. Guye, chim.
Charles Cailler, mathém.
Maurice Gautier, chim.
John Briquet, botan.
Paul Galopin, phys.
Etienne Ritter, géol.
Frédéric Reverdin, chim.
Théodore Lullin, phys.
Arnold Pictet, entomol.
Justin Pidoux, astr.
Auguste Bonna, chim.
E. Frey Gessner, entomol.
Augustin de Candolle, botan.
F.-Jules Micheli, phys.
Alexis Bach, chim.
Thomas Tommasina, phys.
B.-P.-G. Hochreutiner, botan.
Frédéric Battelli, méd.
René de Saussure, phys.
Émile Yung, zoolog.
Ed. Claparède, psychol.
Eug. Pittard, anthropol.
L. Bard, méd.
Ed. Long, méd.
F. Pearce, minéral.
J. Carl, entomol.
A. Jaquerod, phys.

2. MEMBRES ÉMÉRITES

Henri Dor, méd. Lyon.
Raoul Pictet, phys., Paris.
J.-M. Crafts, chim., Boston.
D. Sulzer, ophtal., Paris.

F. Dussaud, phys., Paris.
E. Burnat, botan., Vevey.
Schepiloff, Mlle méd., Moscou.
H. Auriol, chim., Montpellier.

J. Brun, bot.-méd.

3. MEMBRES HONORAIRES

Ch. Brunner de Wattenwyl, Vienne.
M. Berthelot, Paris.
F. Plateau, Gand.
Ed. Hagenbach, Bâle.
Ern. Chantre, Lyon.
P. Blaserna, Rome.
S.-H. Scudder, Boston.
F.-A. Forel, Morges.
S.-N. Lockyer, Londres.
Eug. Renevier, Lausanne.
S.-P. Langley, Allegheny (Pen.).
Al. Agassiz, Cambridge (Mass.).
H. Dufour, Lausanne.
L. Cailletet, Paris.
Alb. Heim, Zurich.
R. Billwiller, Zurich.
Alex. Herzen, Lausanne.
Théoph. Studer, Berne.
Eilh. Wiedemann, Erlangen.
L. Radlkofer, Munich.
H. Ebert, Munich.
A. de Baeyer, Munich.

Emile Fischer, Berlin.
Emile Noelting, Mulhouse.
A. Lieben, Vienne.
M. Hanriot, Paris.
St. Cannizzaro, Rome.
Léon Maquenne, Paris.
A. Hantzsch, Wurzbourg.
A. Michel-Lévy, Paris.
J. Hooker, Sunningdale.
Ch.-Ed. Guillaume, Sèvres.
K. Birkeland, Christiania.
J. Amsler-Laffon, Schaffhouse
Sir W. Ramsay, Londres.
Lord Kelvin, Londres.
Dhorn, Naples.
Aug. Righi, Bologne.
W. Louguinine, Moscou.
H.-A. Lorentz, Leyde.
H. Nagaoka, Tokio.
J. Coaz. Berne.
W. Spring, Liège.
R. Blondlot, Nancy.

4. ASSOCIÉS LIBRES

James Odier.
Ch. Mallet.
H. Barbey.
Ag. Boissier.
Luc. de Candolle.
Ed. des Gouttes.
Edouard Fatio.
H. Pasteur.
Georges Mirabaud.
Wil. Favre.
Ern. Pictet.
Aug. Prevost.
Alexis Lombard.
Em. Pictet.
Louis Pictet.
Gust. Ador.
Ed. Martin.
Edm. Paccard.
D. Paccard.

Edm. Eynard.
Cam. Ferrier.
Edm. Flournoy.
Georges Frütiger.
Aloïs Naville.
Ed. Beraneck.
Edm. Weber.
Emile Veillon.
Guill. Pictet.
F. Kehrmann.
G. Darier.
Ch. Du Bois.
P. de Wilde.
Stern, Mlle.
P. Christiani.
P. Denso.
E. Bugnion.
H Fatio.

TABLE

TABLE 87

Séance du 16 mars.

Séance du 6 avril.

Séance du 20 avril.

Séance du 4 mai.

Séance du 8 juin.

Séance du 3 août.

COMPTE RENDU DES SÉANCES

DE LA

SOCIÉTÉ DE PHYSIQUE

ET D'HISTOIRE NATURELLE

DE GENÈVE

XXIII. — 1906

GENÈVE

BUREAU DES ARCHIVES, RUE DE LA PÉLISSERIE, 18

PARIS
H. LE SOUDIER
174-176, Boul. St-Germain

LONDRES
DULAU & Cᵉ
37, Soho Square

NEW-YORK
G. E. STECHERT
9, East 16th Street

Dépôt pour l'ALLEMAGNE, GEORG et Cⁱᵉ, à BALE

1906

Extrait des *Archives des sciences physiques et naturelles,*
tomes XXI et XXII.

COMPTE RENDU DES SÉANCES

DE LA

SOCIÉTÉ DE PHYSIQUE ET D'HISTOIRE NATURELLE DE GENÈVE

———

Année 1906.

Présidence de M. le professeur C.-E. Guye.

———

Séance du 4 janvier 1906.

B.-P.-G. Hochreutiner. La dissémination des malvacées et son importance systématique. — R. de Saussure. Classification des systèmes géométriques.

M. B.-P.-G. Hochreutiner communique à la Société quelques résultats de ses recherches sur *la famille des Malvacées*. Il parle de l'importance phylétique des organes de dissémination et démontre la légitimité des nouveaux genres créés par lui, les Briquetia et les Neobrittonia. La description du premier a déjà paru il y a quelques années et celle du second vient de paraître dans l'*Annuaire du conservatoire et jardin botaniques de Genève*.

Les considérations sur la sytématique comparée de la famille feront le sujet d'un travail devant être publié ultérieurement.

M. René de Saussure recherche quelles sont les géométries fondamentales de l'espace et, dans ce but, il recherche d'abord *quelles sont les figures qui sont complètement déterminées par leur position*, c'est-à-dire les figures qui ne contiennent aucun élément mesurable. Il y en a *sept* : un point M, une droite D, un plan P ; la figure composée d'un point M et d'une droite D issue de ce point ; la figure composée d'une droite D et d'un plan P passant par cette droite ; la figure composée d'un point M et d'un plan P passant par ce point ; enfin, la figure que l'auteur appelle un *feuillet* (M D P) et qui est composée d'un point M, d'une droite D passant par M et d'un plan P passant par D.

Il y a donc, dans l'espace, *sept* géométries fondamentales que l'on obtiendra en prenant pour point de départ chacune des sept figures précédentes, c'est-à-dire en traitant chacune de ces figures comme un élément spatial primitif. Ces sept géométries se divisent en trois groupes : 1°) trois géométries à élément simple : point M, droite D ou plan P ; 2°) trois géométries à élément double : (MD), (MP) ou (DP) ; 3° une géométrie à élément triple (MDP). Cette dernière géométrie (géométrie des feuillets) est la plus générale et comprend toutes les autres comme cas particuliers [1].

Séance du 18 janvier.

A. Le Royer. Rapport présidentiel pour 1905. — R. Gautier. Sur les ombres volantes. La tempête du 6 janvier.

M. A. LE ROYER, président sortant de charge, donne lecture de son *rapport sur l'année 1905.* Ce travail contient les biographies de MM. Marc Thury, Henri de Saussure et Alfred Preudhomme de Borre, membres ordinaires, A. von Kölliker, membre honoraire et Henri Hentsch, membre associé libre, décédés pendant l'année.

M. Raoul GAUTIER communique les observations faites par M. Henri DUFOUR, à Lausanne et par lui-même, à Cologny, sur les *ombres volantes* au moment du lever du soleil. Voir : 1° les indications de M. A. Forel sur la première

---

[1] Voir « La géométrie des feuillets » dans les *Archives des Sc. phys. et nat.*, février 1906.

observation de ces ombres par Charles Dufour dans l'hiver 1852 dans la note sur l'éclipse totale de soleil du 30 août 1905; 2° la note de MM. H. Dufour et R. Gautier dans le Nᵒ des *Archives* de février, t. XXI, p. 196.

M. Raoul GAUTIER communique quelques détails sur *la tempête du 6 janvier* et montre un relevé graphique de tous les diagrammes des instruments enregistreurs de l'Observatoire, relevé qui a été fait par M. Pidoux, astronome à l'Observatoire. Voir la note de M. R. Gautier dans les *Archives*, t. XXI, p. 249.

Séance du 1ᵉʳ février.

Ed. Claparède. Expériences sur le témoignage. — C.-E. Guye. Valeur du rapport de la charge à la masse de l'électron. — E. Briner. Sur les équilibres chimiques. — G.-T. Gazarian. Densités orthobares de l'acétonitrile et du propionitrile.

M. Ed. CLAPARÈDE communique les résultats *d'expériences collectives sur le témoignage,* expériences qui diffèrent de celles exposées précédemment ici (séance du 7 avril 1904) en ce que les témoignages recueillis se rapportaient à des objets ou personnes que les sujets avaient eu sous les yeux, sans se douter que ces objets devraient jamais être l'occasion d'une déposition de leur part. C'est, on le voit, les circonstances habituelles du témoignage qui ont été réalisées.

1ʳᵉ *Expérience.* — Au cours d'une de ses leçons à l'Université, M. Claparède a distribué, à l'improviste, à ses auditeurs, des feuilles de papier blanc en les priant de répondre, sur-le-champ, par écrit, à une vingtaine de questions relatives à des objets se trouvant dans les bâtiments universitaires et tombant chaque jour dans leur champ visuel : « Existe-t-il une fenêtre sur la paroi du vestibule de l'Université faisant face à la fenêtre de la concierge ? Les colonnes du vestibule du premier étage de l'Université sont-elles rondes ou carrées ? Quelle est la couleur du plafond de l'Aula ? », etc.

Les témoignages relatifs à ces questions ont été excessivement mauvais. Pas une seule personne (sur 54) n'a fait un témoignage entièrement juste relativement aux huit questions concernant les locaux universitaires. La moyenne de la *fidélité* du témoignage s'est trouvée être de 28 0/0, chiffre très inférieur à celui trouvé dans les expériences où le sujet avait à déposer sur une image qu'il avait préalablement examinée avec attention. L'*étendue*[1] moyenne du témoignage a été de 90 0/0. Si l'on établit ces résultats pour chaque sexe séparément, on a :

	Etendue	Fidélité
Sexe *masculin* (41 sujets)	90 0/0	29,5 0/0
» *féminin* (13 »)	90 —	22,8 —

Calculées par nationalités, ces moyennes deviennent les suivantes :

	Etendue	Fidélité
Allemands (18 sujets)	97 0/0	27,9 0/0
Slaves (15 »)	83 —	29,5 —
Latins (19 »)	93 —	32,8 —

Il était aussi intéressant de se demander quels étaient les objets qui avaient donné lieu le plus souvent à une réponse et à une réponse juste. M. Claparède propose d'appeler *testabilité* l'aptitude qu'a un objet (ou une catégorie d'objets) à donner lieu à un témoignage, et *mémorabilité*, l'aptitude d'un objet à donner lieu à un témoignage *juste*. La question n'est pas sans intérêt pratique de savoir si certaines classes d'objets ont une mémorabilité plus forte (ou moins forte) que d'autres, c'est-à-dire si les témoignages relatifs à ces objets-là méritent plus (ou moins) de confiance que ceux concernant d'autres objets.

Dans les présentes expériences, ce sont les deux ques-

---

[1] Pour la signification de ces mots, voir CLAPARÈDE & BORST : Sur divers facteurs du témoignage, ces *Archives*, t. XVII, juin 1904, et BORST : Recherches sur la fidélité du témoignage (*Arch. de psychologie*, t. III, 1904).

tions relatives à une couleur qui ont donné la mémorabilité la plus grande (64 et 54 0/0), tandis que celles concernant des dispositions spatiales (nombre des colonnes, des fenêtres et des bustes du vestibule du premier étage) ont donné une mémorabilité moins grande (24, 19 et 17 0/0) ; la mémorabilité de la fenêtre du vestibule n'a atteint que 15 0/0 (sur 54 réponses, l'existence de cette fenêtre, de grande dimension, a été niée 45 fois, affirmée seulement 8 fois et une seule personne a déclaré qu'elle ne se souvenait plus). Enfin, la mémorabilité de la forme des colonnes n'a été que de 11,5 0/0. La testabilité est dans un rapport inverse avec la mémorabilité. C'est ainsi que la testabilité de la fameuse fenêtre a été de 96 0/0, celle des couleurs de 87 et 76 0/0 seulement. En d'autres termes, plus un objet donne lieu à des témoignages, moins il y a de chances pour que ceux-ci soient justes.

Deuxième expérience (signalement et confrontation). — M. Claparède a fait entrer, un autre jour, dans la salle où il donnait son cours, un individu travesti et masqué. Comme le fait se passait le 13 décembre, aucun de ses auditeurs ne se douta qu'il s'agissait d'un coup monté d'avance et l'on crut que c'était un déguisé de l'Escalade qui s'était aventuré dans l'Université. Cet individu resta vingt secondes dans l'auditoire, après quoi il fut mis à la porte. Quelques jours après, les élèves du cours furent invités à venir donner le signalement du dit individu et on les pria de reconnaître le masque en question, qui avait été placé au milieu de dix autres masques (confrontation). Sur 22 déposants, 4 fois seulement le vrai masque fut reconnu ; 8 fois, on a hésité entre lui et d'autres lui ressemblant plus ou moins ; 10 fois, un masque inexact a été indiqué.

L'interrogatoire relatif au signalement dudit personnage comportait 12 questions. La fidélité moyenne des sujets se monte à 60 0/0 environ. Les personnes ayant déposé après un intervalle de cinq à six semaines ne présentent pas une fidélité moins grande que ceux ayant répondu dans le cours des premières semaines après l'incident.

M. le prof. C.-E. Guye fait une communication sur *la
valeur du rapport* $\frac{\varepsilon}{\mu_0}$ *de la charge à la masse de l'électron.*

Les expériences qui ont permis de déterminer avec le
plus de précision la valeur fondamentale $\frac{\varepsilon}{\mu}$ pour les
rayons cathodiques, reposent sur les deux relations bien
connues

$$(1) \qquad \frac{1}{2}\,\mu v^2 = U_\varepsilon \qquad (2)\,\frac{\varepsilon}{\mu}\,H = \frac{v}{\rho} \qquad (2)$$

d'où l'on déduit, abstraction faite de toutes corrections
relatives au dispositif expérimental

$$\frac{\varepsilon}{\mu} = \frac{2\,U}{H^2\,\rho^2} \tag{3}$$

Elles ont conduit à la valeur 1.865×10^7 donnée par
Simon et généralement adoptée ; cette valeur, ramenée au
cas d'un déplacement infiniment lent, devient

$$\frac{\varepsilon}{\mu^0} = 1.892 \times 10^7$$

M. Guye fait remarquer que les deux valeurs de μ qui
figurent dans les expériences (1) et (2) ne sont égales que
si la vitesse de l'électron est suffisamment petite. Si donc
on désigne par μ' μ_2 les valeurs de μ dans (1) et (2), l'expression (3) devient

$$\frac{\varepsilon}{\mu_2} = \left[\frac{\mu_2}{\mu'}\right]\frac{2\,U}{H^2\,\rho^2}$$

dans laquelle $\frac{\mu_2}{\mu'}$ représente le facteur de correction par
lequel il convient de multiplier le résultat expérimental
précédent pour obtenir la valeur plus exacte de $\frac{\varepsilon}{\mu_2}$, d'où
se déduit la constante $\frac{\varepsilon}{\mu_0}$.

Le résultat du calcul de $\frac{\mu_2}{\mu'}$ qui sera développé ultérieurement, conduit à une correction d'environ 1 pour cent, tandis que les différences entre la valeur moyenne dans les diverses séries d'expériences de M. Simon n'est que de 1 à 4 pour mille.

La valeur $\frac{\varepsilon}{\mu_o}$ ainsi corrigée se rapproche davantage de la valeur $\frac{\varepsilon}{\mu_o}$ déduite des expériences de Kaufmann sur les électrons du radium. La concordance est alors plus satisfaisante. C'est donc un argument de plus en faveur de l'hypothèse de l'identité des électrons en jeu dans les rayons cathodiques et les rayons de Becquerel.

M. E. BRINER expose ses recherches sur quelques *équilibres hétérogènes résultant de la formation de combinaisons solides ou liquides à partir de deux gaz ;* ceux-ci ont été étudiés, jusqu'à présent, en introduisant les deux gaz dans un tube barométrique (travaux d'Isambert, Horstmann, etc.). Dans le dispositif adopté par l'auteur, le mélange gazeux, contenu dans un tube gradué, peut être isolé, à l'aide d'un robinet, puis mis en relation avec un appareil compresseur. Dans ces conditions, il est possible d'examiner l'influence de pressions croissantes sur l'équilibre et de soumettre aux vérifications de la statistique chimique les corps dont la tension de dissociation est supérieure à la pression atmosphérique. La diminution du pv, de la pression par le volume, décèlera la formation de la combinaison solide ou liquide ; l'application de la loi d'action des masses fournira la composition de la combinaison formée et sa tension de dissociation ; enfin, la relation de van't Hoff conduira à la valeur de la tonalité thermique de la réaction qui entre en jeu. Cette méthode de recherches a été utilisée pour l'étude des systèmes : acide sulfureux-ammoniaque, acide carbonique-ammoniaque, hydrogène sulfuré-ammoniaque et acide chlorhydrique-hydrogène phosphoré.

M. G. T. GAZARIAN communique les résultats de ses

recherches sur les *densités orthobares jusqu'au point criti-que de l'acétonitrile et du propionitrile.*

Deux récipients, en forme de pinomètre, remplis res-pectivement à la moitié et au quart de leur volume total, sont chauffés simultanément dans une jaquette maintenue à températures constantes par les vapeurs d'un corps dont on connait les points d'ébullition.

Connaissant les poids du liquide dans les récipients, les volumes totaux de ces derniers, le volume de la vapeur saturée et la densité du liquide à $t°$, on calcule les densi-tés orthobares du liquide et de la vapeur saturée à $T°$, d'après les deux équations

$$P = V D + v d$$
$$P' = V' D + v' d$$

P, P', les poids du liquide, V, V', les volumes du liquide, v, v' les volumes de la vapeur saturée dans les deux réci-pients et D, d les densités.

D'après cette méthode, les densités orthobares de l'acé-tonitrile et du propionitrile ont été déterminées jusqu'à leur point critique. Les courbes construites satisfont à la règle du diamètre rectiligne. De ces expériences rappro-chées de celles d'autres auteurs, on peut conclure que les deux nitriles sont polymérisés.

Séance du 15 février.

E. Yung. Variations de longueur de l'intestin chez les grenouilles. — E. Bugnion. Les œufs pédiculés du Cynips Tozae. — T. Toma-sina. Nouveau dispositif de condensateur électrique.

M. le prof. Émile YUNG présente un résumé de ses mensurations relatives aux *variations de longueur de l'in-testin chez Rana fusca et R. esculenta.* Les chiffres que l'on trouve dans la littérature varient selon les auteurs et ne sont jamais accompagnés de renseignements sur les cir-constances dans lesquelles ils ont été pris. Ceux fournis par Gaup dans la 3me édition de l'ouvrage classique *Anatomie des Frosches* de Ecker et Wiedersheim (1904), n'échappent pas à cette critique. Ils paraissent établir deux points : 1° que l'intestin de *Rana fusca* est plus court que celui de *Rana esculenta*, 2° que dans les deux espèces l'intestin s'allonge considérablement avec la taille. Malheureusement Gaup ne dit pas si les chiffres cités par lui sont des moyennes et il est muet sur le sexe des individus qu'il a mesurés. Or, M. Yung a constaté qu'il existe des différences individuelles importantes dans une même espèce et un même sexe, et des différences plus grandes encore entre les individus de sexes différents. Les chiffres qu'il communique à la société sont des moyennes tirées de l'observation de séries de 20 individus appartenant aux deux espèces citées plus haut, rangés par sexe, par localités, par taille et par saisons. Les composants de ces moyennes seront publiés ultérieurement. Ils ont conduit M. Yung aux conclusions suivantes :

1° L'intestin de *Rana fusca* est constamment plus court que celui de *Rana esculenta* (confirmation de l'assertion de Gaup). Le rapport de la longueur de l'intestin à la longueur du corps est inférieur chez la première espèce à ce qu'il est chez la seconde. Il s'agit là d'un caractère nettement spécifique. Mais l'espèce n'est point le seul facteur influant sur ce rapport, en effet :

2° L'intestin est constamment plus court chez les mâles que chez les femelles et cela dans les deux espèces (variation sexuelle).

3° L'intestin est, à égalité de sexe et d'espèce, relativement plus court en moyenne chez les individus de grande taille ayant achevé leur croissance que chez les individus de taille inférieure qui sont encore à l'état de croissance.

4° L'intestin est, à égalité de sexe et d'espèce, en moyenne plus court chez les grenouilles de printemps (mesurées au sortir de leur sommeil hivernal) que chez les grenouilles d'automne (mesurées en octobre à la fin de la période d'activité alimentaire).

Cette dernière variation saisonnière est évidemment en rapport avec le travail accompli par le tube digestif. Il est très probable que la même cause servira à expliquer les autres variations qui viennent d'être signalées.

M. E. Bugnion. *Les œufs pédiculés du Cynips Tozae* Bosc. *(argentea* Hartig). Les œufs des Cynipides sont munis d'un prolongement (pédicule) terminé par un renflement en massue, en rapport avec le mécanisme de la ponte. Le corps de l'œuf, refoulant une partie de son contenu dans le pédicule et la massue, peut, grâce à cette disposition, s'engager dans la rainure de la tarière et traverser sans difficulté cet étroit canal.

Décrits une première fois par *Hartig* (1840), les œufs pédiculés des Cynipides ont été observés de nouveau par *Adler* (1877), *Beyerinck* (1882) et l'abbé *Kieffer* (1897).

L'étude qui va suivre a été faite sur des individus ♀ du *Cynips Tozae*, recueillis à Dax (Landes), dans les grosses galles uniloculaires du *Quercus Toza*, le 4 janvier 1906.

Le *C. Tozae* est long de 5 mm., d'un brun testacé avec le dessus de l'abdomen et les yeux noirs, les antennes et les pattes rembrunies à l'extrémité, le corps partiellement couvert d'un duvet argenté.

Les ovaires comprennent chacun une cinquantaine de gaines ovigères à parois très minces, convergeant vers l'oviducte, comme les branches d'un bouquet. Ces gaines étant entremêlées de cellules graisseuses et d'oenocytes, il faut les dissocier avec beaucoup de précautions, pour les obtenir intactes.

Chaque gaine renferme un cordon de 8 à 11 (parfois 13) œufs pédiculés, rangés en chapelet à la suite les uns des autres, avec les corps ovulaires tournés du côté de l'oviducte et les pédicules du côté du sommet de la gaine [1]. Le nombre des œufs mûrs peut être évalué à 470 environ dans chacun des ovaires (466 dans un cas où ils ont été comptés exactement), répartis sur 45 à 50 gaines.

L'œuf, examiné isolément sur le porte objet, offre un corps ventru, ovoïde, un peu rétréci vers le bout inférieur

---

[1] Chez *Rhyssa* et *Thalessa* (Ichneumonides), c'est au contraire le pédicule qui est dirigé du côté de l'oviducte (Bugnion : Les œufs pédiculés de Rhyssa persuasoria, *C. R. du 6e Congrès int. de Zoologie*, Genève, 1905).

et un pédicule long et délié, renflé en massue à son extrémité libre. Ces œufs ont les dimensions suivantes :

Longueur du corps ovulaire............ 0.197 mm.
    »   du pédicule................ 1.163 »
    »   totale.................... 1.360 »

Largeur du corps ovulaire............ 100 µ
    »   du pédicule (partie amincie).. 4 à 5 »
    »   du pédicule (massue)........ 20 »

Le pédicule est comme on voit, 6 fois plus long que le
corps de l'œuf.

Echelonnés les uns au-dessus des autres, les œufs contenus dans chacune des gaines se voient à la loupe comme
de petits grains blancs, régulièrement alignés. Les pédicules, réunis en faisceau, remontent le long du chapelet
en suivant son côté externe. Plus haut se trouvent les
massues terminales, rangées les unes au-dessus des autres, dans le même ordre que les corps ovulaires.

Le vitellus, d'un blanc de lait à la lumière réfléchie,
brunâtre et finement granuleux, si on l'observe par transparence dans une préparation à l'eau salée, devient, après
l'action de l'acide osmique, d'un brun plus ou moins foncé.
Le pédicule en revanche contient un cytoplasme clair,
avec quelques granulations jaunâtres à l'intérieur de la
massue. La coque, mince sur le corps de l'œuf ($\frac{1}{2}$ µ),
s'épaissit vers le bout de la massue (3 µ), offrant à ce
niveau un double contour très distinct. Il n'y a pas de micropyle visible. La vésicule germinative, petite (18×10 µ),
avec une dizaine de chromosomes, ne se voit nettement
que sur les pièces débitées en coupes. L'auteur n'a pas vu
de corpuscules polaires, le vitellus remplissant d'ailleurs
tout l'intérieur de la coque au moment de l'observation.

Un fait digne de remarque (B. n'a vu cette disposition
chez aucun autre insecte) est que, chez presque tous
les *Cynips* disséqués en février, tous les œufs étaient
complètement développés, de même taille, prêts à être
pondus. Il n'y avait chez la plupart de ces insectes aucun

œuf en voie de formation, aucun germigène. Seuls quelques individus immatures offraient encore 2 ou 3 gaines incomplètement développées avec un petit germigène (syncytium) placé en dessous du ligament suspenseur et après le germigène, une ovule jeune, sans coque, encore privé de pédicule, entièrement revêtu d'un épithélium de forme cubique. Le pédicule en voie de développement (observé une seule fois) se voyait comme un petit prolongement brunâtre entouré d'épithélium, partant du pôle supérieur de l'œuf.

L'épithélium folliculaire, qui forme une couche continue sur les ovules en voie de développement, n'offre plus à la surface des œufs mûrs que quelques noyaux aplatis et clairsemés. La gaine elle-même ne présente également, lorsque les œufs sont mûrs, que quelques noyaux disséminés, accolés à sa face interne.

Une question qui se pose est celle de savoir si l'œuf mûr, muni de sa coque, peut encore être fécondé.

Le *Cynips Tozae* n'a vraisemblablement pas de générations alternantes. Il appartient au groupe de *C. hungarica*, chez lequel l'hétérogénèse n'a pas été observée. Il se peut néanmoins que *C. Tozae* se développe d'ordinaire par voie parthénogénétique. Le ♂ (décrit par Bosc) est en effet extrêmement rare. Popoff, qui a ouvert une centaine de galles, n'a rencontré que six ♂, dont 3 à l'état de nymphe et 3 encore à l'état de larve, reconnaissables à la présence des ébauches testiculaires. L'accouplement ne pourrait d'ailleurs avoir lieu qu'au printemps (lorsque la ♀ sort de la galle), époque à laquelle les œufs sont depuis longtemps entourés de leur coque [1].

---

[1] Les *Rhodites rosae* et *orthospinæ* se trouvent dans des conditions analogues, d'après *Adler* et *Beyerinck*. Le ♂ existe, mais très rare (un à peine sur 100 ♀); l'accouplement n'a jamais été observé, tandis que la reproduction par voie parthénogénétique a été constatée d'une manière certaine. *Adler* cite d'autre part 4 espèces de Cynipides (*Aphilothrix*) qui se reproduisent uniquement par parthénogénèse (sans génération alternantes); *Beyerinck* en signale une cinquième. Le ♂ de ces espèces est complètement inconnu.

Mais comment expliquer la présence (même sporadique) de ♂, si la fécondation des œufs est impossible ?

L'observation directe serait seule capable de répondre à ces questions. Il faudrait surprendre les *Cynips* in copula et, disséquant ensuite, constater la pénétration de la spermie à travers la coque de l'œuf. Peut-être finira-t-on par découvrir un microphyle très fin, difficile à observer, mais suffisant néanmoins pour permettre l'imprégnation.

M. Th. Tommasina fait une communication *sur un nouveau type de bouteille de Leyde,* auquel il donne le nom de *serbo-condensateur.* L'on sait qu'une jarre électrique ne conserve pas indéfiniment sa charge, qui diminue plus ou moins rapidement selon l'état hygrométrique de l'air. L'humidité en se déposant sur la partie supérieure permet la neutralisation des deux charges qui se propagent sur la surface du récipient devenue par ce fait conductrice. Cet inconvénient qui n'avait pas grande importance dans les anciennes applications de la bouteille de Leyde, est, au contraire, très grave lorsqu'on utilise ce condensateur pour l'étude de l'*effet Elster et Geitel,* aussi M. Tommasina vient de l'éliminer en créant ce nouveau type basé sur le même principe que l'isolateur de Mascart à acide sulfurique.

Au lieu d'un seul récipient pour chaque condensateur, il faut en employer deux en verre mince de forme cylindrique aussi régulière que possible et d'égale épaisseur partout, ils s'emboitent l'un dans l'autre laissant un espace d'air de 2 mm. entre eux.

Le récipient interne est immobilisé par une couche de 3 à 4 cent. de laine de verre, immergée complètement dans l'acide sulfurique qui maintient sèches les deux parois. Le bord supérieur de ce même récipient est renversé au dehors formant une gorge qui recouvre, sans le toucher nulle part, le bord de l'autre récipient, dont la garniture en feuille d'étain couvre extérieurement toute la surface, tandis que la deuxième garniture métallique est collée à l'intérieur du premier et se trouve en contact avec un couvercle en métal noirci qui le ferme et porte, fixée au centre, la tige terminée par le bouton de décharge. Le nom de *serbo-condensateur* d'après le verbe italien *serbare*, conserver, indique la propriété spéciale de ce condensateur à air sec qui peut trouver plusieurs applications dans les laboratoires.

Séance du 1er mars.

C. Cailler. Sur la construction du couronoïde.

M. C. **CAILLER** présente quelques observations sur la construction du couronoïde par laquelle M. de Saussure a résolu le problème de l'interpolation d'un triangle de *points dirigés* ou *flèches*. Il montre que ce problème d'interpolation peut être résolu d'une infinité de manières, même en obligeant le flux interpolateur à se déplacer sans déformation quand le triangle interpolé se déplace lui-même sans déformation. M. Cailler développe par l'analyse la théorie du couronoïde et la généralise en indiquant une construction nouvelle, celle de l'*anticouronoïde*. C'est un flux répondant à l'équation $r^3 sin\ 3\theta =$ constante, qui non seulement résout le problème d'interpolation mais donne lieu à une théorie géométrique identique en substance à celle du couronoïde. A la couronne, correspond sous le nom d'*anticouronne*, une certaine distribution circulaire de flèches dépendant de l'hypocycloïde à quatre rebroussements; par deux flèches quelconques passe une seule anticouronne, et tout anticouronoïde qui contient deux flèches contient aussi l'anticouronne qui les réunit.

Séance du 15 mars.

C.-E. Guye et Romilly. Le fonctionnement de la lampe à arc au mercure avec anode de platine.

MM. C.-E. **GUYE** et Th. **ROMILLY** font une communication sur *le fonctionnement d'une lampe à arc au mercure avec anode de platine*. Les auteurs se sont avant tout proposé d'étudier les conditions qui agissent sur la différence de potentiel entre l'anode et la cathode.

Ils ont particulièrement étudié l'influence de la durée du fonctionnement, de l'intensité du courant, de la distance qui sépare l'anode de la cathode et de la nature du résidu gazeux (hydrogène, azote, air). Après divers essais, MM. C.-E. Guye et Romillly se sont arrêtés à un type de lampe dont l'anode est constituée par un disque de platine situé à quelques millimètres de la surface du mercure, fonctionnant comme cathode. Dans ces conditions et avec diverses précautions qui seront mentionnées lors de la publication complète du travail, on peut réaliser un type de lampe dont la différence de potentiel est entièrement spécifique, c'est-à-dire ne dépend plus dans de larges limites, que de la substance des électrodes. De grandes variations dans la durée du fonctionnement, l'intensité du courant, la distance des électrodes ne produisent plus alors qu'une variation insignifiante d'environ 1 % sur la différence de potentiel.

Ce type de lampe paraît donc particulièrement appropriée à l'étude des variations de la différence de potentiel qui résultent de la constitution chimique des électrodes.

Séance du 5 avril.

Cantoni et Basadonna. Solubilité des malates alcalino-terreux. — E. Yung. L'amphioxus lanceolatus. — A. Brun. Cristallisation de la silice.

M. H. CANTONI présente au nom de M. BASADONNA et au sien les résultats obtenus en déterminant la *solubilité des malates alcalino-terreux dans l'eau.*

Les malates alcalino-terreux ont la propriété caractéristique d'être difficilement séparables du liquide au sein duquel ils ont pris naissance. Ces sels, une fois recueillis et séchés, sont relativement peu solubles dans l'eau, Iwig et Hecht[1] admettent, pour expliquer cette propriété, la formation successive de plusieurs sels peut-être plus ou moins hydratés, et possédant un coefficient de solubilité

[1] A. *233*, p. 169.

différent. Ils supposent, en outre, que ce fait est produit par l'effet d'une lente polymérisation de la solution, en admettant le produit polymérisé plus ou moins soluble que la forme simple. Ce même fait qui a été observé sur le bimalate de calcium, nous l'avons constaté sur les différents sels que nous avons préparés, mais beaucoup moins accentué.

En étudiant la solubilité dans l'eau de ces sels, nous avons obtenu des courbes qui peuvent en quelque sorte nous faire prévoir la formation de sels ayant un nombre variable de molécules d'eau, ou encore nous permettre de supposer le changement de la forme cristalline du sel suivant la température à laquelle il a été porté. Nous avons, en outre, comparé nos résultats avec ceux obtenus par M. H. Cantoni et Mlle Zachoder[1] sur la solubilité des tartrates alcalino-terreux, et par MM. Cantoni et Diotalévi[2] sur la solubilité des succinates alcalino-terreux.

Nous avons encore fait quelques essais sur le dosage de l'acide malique.

Ces sels ont été préparés en traitant le malate d'ammonium par le chlorure alcalino-terreux. Comme l'on peut obtenir différents sels cristallisant avec un nombre variable de molécules d'eau, nous avons opéré d'après les indications bibliographiques, de façon à avoir des sels bien déterminés. L'analyse chimique nous a confirmé leur composition.

La détermination du coefficient de solubilité s'est faite au moyen d'un appareil[3] qui maintient le mélange des sels et du dissolvant en continuelle agitation pendant plusieurs heures, à une température constante, et dont la prise pour le dosage se fait à la même température et sans changer les conditions d'expérience.

Ce qui frappe de prime abord en examinant les graphiques représentant les courbes de solubilité des trois

[1] *Bull. Soc. Chim.* [3] t. *33*, p. 747.
[2] *Bull. Soc. Chim.* [3] t. *33*, p. 27.
[3] H. Cantoni. *Ann. Chim. Anal.*, 1905, n° 3.

malates alcalino-terreux, c'est l'énorme différence qu'il y a entre l'allure des courbes de calcium et du baryum et celle du strontium. En effet, les deux premières sont presque horizontales, tandis que celle du strontium s'approche de la verticale. Ces trois courbes n'ont aucune analogie entre elles. Le malate de calcium a une courbe de solubilité qui décroît assez rapidement avec l'augmentation de la température jusqu'à environ 35° ; puis, la courbe tend à s'approcher de l'axe des X jusqu'à environ 68°. A cette température, la courbe descend plus fortement jusqu'à 90°. Les deux tronçons de courbe situés entre 18° et 35°, et 68° et 90° sont à peu près parallèles.

On explique l'allure décroissante de cette courbe en supposant la formation successive de plusieurs malates de calcium cristallisant avec un nombre différent de molécules d'eau, et difficilement séparables de leur solution. En effet, nous savons qu'en neutralisant à froid l'acide malique par le lait de chaux, on obtient un sel avec trois molécules d'eau, tandis qu'une solution obtenue de la même façon, mais qui a été chauffée laisse déposer des cristaux, ayant un nombre moindre de molécules d'eau. Il est donc possible en mettant le malate de calcium anhydre dans l'eau à 18°, il s'hydrate en fixant à la molécule un certain nombre de molécules d'eau. Par l'accroissement de la température, ce nombre de molécules d'eau diminue, et, depuis environ 35° jusqu'à 70°, nous pouvons supposer que nous sommes en présence d'un sel ayant un nombre de molécules plus petit que celui à 18°.

Enfin, entre 68° et 90°, ce sel perd encore de l'eau de cristallisation, et est, par conséquent, encore moins soluble. Nous pourrions admettre les trois sels suivants :

$$\text{Entre } 18° \text{ et } 35° = C_4 H_4 O_5 Ca + X H_2 O$$
$$\text{» } 35° \text{ » } 68° = C_4 H_4 O_5 Ca + Y H_2 O$$
$$\text{» } 68° \text{ » } 90° = C_4 H_4 O_5 Ca + Z H_2 O$$
$$\text{où } = X > Y > Z.$$

On connaît des sels de calcium cristallisant avec 1, 2, 2 ½ et 3 molécules d'eau.

La courbe représentant la solubilité du malate de baryum pourrait être divisée en trois parties. De 18° à 28°, la solubilité augmente avec la température ; de 28° à 38°, elle diminue légèrement et depuis, elle croît assez fortement jusqu'à 80°. Il est possible, comme dans le cas du sel de calcium, que le malate de baryum change facilement en solution le nombre de ses molécules d'eau, et, en effet, on connaît deux sels hydratés. La variation du nombre des molécules d'eau se fait vers 30°.

Le sel de strontium est celui qui possède le sel cristallisant avec le plus grand nombre de molécules d'eau ($C_4 H_4 O_5 Sr + 5 H_2 O$) ; c'est celui des trois malates alcalinoterreux, le plus soluble. La solubilité augmente énormément avec l'accroissement de la température, à 18° seulement, 0,412 grammes de sel se sont solubilisés dans 100 cc. de solution, tandis qu'à 70° le coefficient de solubilité est environ huit fois plus fort, et atteint 3,36 grammes.

Nous avons fait plusieurs essais pour déterminer volumétriquement l'acide malique. Par oxydation, au moyen du permanganate de potasse, les résultats obtenus ne sont pas satisfaisants.

La méthode à l'acétate de plomb nous a donné de mauvais résultats. Le dosage précis de l'acide malique, lorsqu'il se trouve en présence de sels et d'autres acides, est excessivement difficile et, à notre avis, pour ainsi dire impossible. Nous comptons publier prochainement un mémoire sur la séparation de l'acide malique des acides succinique, tartrique, citrique et acétique.

M. le professeur Emile Yung présente une petite collection de huit *Amphioxus lanceolatus* vivants qu'il a reçus de Messine en février et qui, depuis six semaines ont conservé toute leur agileté quoiqu'ils ne mangent pas et qu'ils soient confinés dans la même eau de mer du volume d'environ 100 cm³, seulement. M. Yung cite quelques expériences qui témoignent de l'extraordinaire vitalité de ces animaux. L'un d'eux, blessé pendant le voyage, se trouvait divisé en deux tronçons de même longeur ne tenant plus l'un à l'autre que par la corde dorsale, ce qui ne l'empêcha pas de survivre pendant un mois. Un autre, placé sous le microscope dans de l'eau contenant un tiers d'alcool, s'est ranimé après avoir été observé pendant vingt minutes dans ces conditions anormales. Un autre encore, auquel la moelle avait été détruite au moyen d'un fil de verre très fin, a pu être conservé vivant pendant quatre jours, etc.

M. Brun a pu continuer ses recherches sur le volcanisme et la formation des laves ; il a obtenu dernièrement quelques résultats intéressants qui seront publiés plus tard.

Séance du 19 avril.

Amé Pictet. Sur de nouveaux alcaloïdes. — B.-P.-G. Hochreutiner. Les différentes flores de l'Afrique septentrionale. — C.-E Guye. Nouveau condensateur à vide.

M. le professeur Amé Pictet rappelle l'hypothèse qu'il a proposée dans une précédente séance pour expliquer le mécanisme de la *formation de certains alcaloïdes dans les plantes.* Selon lui les alcaloïdes pyridiques ne seraient pas les produits directs de la désagrégation des albumines, mais prendraient naissance à partir de ces produits par l'action ultérieure de l'aldéhyde formique, qui convertirait leur noyau pyrrolique en un noyau pyridique.

Afin d'apporter de nouveaux faits à l'appui de cette hypothèse, M. Pictet a recherché, en collaboration avec M. G. Court, si la présence des bases pyrroliques ne serait pas plus fréquente dans les végétaux qu'on ne le suppose. Il s'est adressé tout d'abord, dans ce but, à deux espèces de la famille des Ombellifères, le persil et la carotte. La distillation des feuilles de ces plantes avec la soude ou le carbonate de soude a fourni, en effet, des alcaloïdes volatils de nature pyrrolique. Le persil n'a donné cependant qu'une quantité de substance trop faible pour que l'étude pût en être poursuivie. Il a été possible, en revanche, de retirer des feuilles de carotte trois alcaloïdes différents.

Deux d'entre eux se sont montrés identiques à des bases déjà connues, la *N-méthylpyrroline* et la *pipéridine*. Le troisième est de nature plus complexe et sa constitution n'est pas encore déterminée ; il est liquide, bout vers 250° et présente certaines analogies avec la nicotine.

Dans un autre ordre d'idées, M. Pictet a fait, avec M. Aug. Rilliet, des recherches sur la transformation de dérivés pyrroliques en dérivés pyridiques par l'action de l'aldéhyde formique. Les auteurs ont trouvé, entre autres, qu'en traitant le pyrrol, à basse température, par une solution diluée de formaldéhyde, et en distillant le produit sur la poudre de zinc, on obtient de l'*α-picoline* (α-méthylpyridine).

Ces résultats, en montrant d'une part l'existence simultanée d'une base pyrrolique (méthylpyrroline) et d'une base pyridique (pipéridine) dans le même végétal, et d'autre part la possibilité de la transformation du pyrrol en un dérivé pyridique au moyen de l'aldéhyde formique, constituent des preuves à l'appui de l'hypothèse formulée plus haut.

M. B. P. G. Hochreutiner parle de la *migration des flores en Algérie*. D'après les documents qu'il a récoltés pendant son exploration dans le Sud-Oranais, il montre qu'on peut distinguer dans cette région cinq flores différentes : 1) la flore des oasis et des points d'eau, 2) les dunes, 3) les steppes, 4) les montagnes, 5) les rochers désertiques du Sud.

La composition de cette végétation ne s'explique que par l'existence d'une ancienne flore autochtone, refoulée d'abord par la flore méditerranéenne et même européenne. Cette dernière est venue du nord par les isthmes qui existaient entre l'Italie et l'Afrique, et de l'ouest par l'Espagne et le Maroc.

Ensuite avec l'influence de la période xérothermique qui parait s'être fait sentir aussi en Barbarie, nous avons assisté à un envahissement de la flore dunique et steppique d'Orient, laquelle semble actuellement encore en voie d'immigration et peuple les plateaux et les vallées.

L'auteur fait hommage à la Société du volume qu'il a publié à ce sujet (*Le Sud-Oranais, études floristiques et phytogéographiques faites au cours d'une exploration dans le sud-Ouest de l'Algérie en 1901 in Annuaire du Conservatoire et Jardin botaniques de Genève* VII-VIII, p. 22-276, 1904), il se félicite que les idées qui y sont exposées soient admises très généralement à l'heure qu'il est, puisqu'elles sont reproduites en des termes identiques dans le programme de la réunion de la Société botanique de France à Oran cette année. Il est à regretter seulement qu'on ait omis à ce propos d'indiquer explicitement où ces renseignements avaient été empruntés.

M. le prof. C. E. GUYE présente un modèle de *condensateur à vide* en verre partiellement argenté et construit à la façon des récipients Dewar utilisés pour conserver les gaz liquéfiés. Cet appareil parait très approprié aux mesures de précision à haute tension, ne présentant naturellement aucun phénomène de charges résiduelles. Son isolement est excellent ; la ligne de fuite qui sépare les deux armatures ayant une longueur d'environ un mètre.

Séance du 3 mai.

J. Joukowsky. Nouveaux affleurements de roches tertiaires dans l'isthme de Panama. — Duparc et Zehnder. Les eaux des grands lacs suisses. — Duparc. Les relations entre les roches éruptives et la tectonique. — R. Gautier. Photographies du soleil par M. Schœr.

M. E. JOUKOWSKY. *Sur quelques affleurements nouveaux de roches tertiaires dans l'Isthme de Panama.* Une prospection effectuée en 1905 dans différentes régions de la République de Panama m'a fourni l'occasion de voir *quelques affleurements intéressants de roches tertiaires dans la péninsule d'Azuero,* sur le versant pacifique de l'Isthme. Les données les plus importantes que j'ai pu recueillir sont les suivantes :

1º Une couche de calcaire marneux à Foraminifères que l'on peut rapprocher des marnes à Foraminifères de Bohio sur la ligne de Panama à Colon.

2° Une molasse à Turritelles superposée au précédent et contenant, entre autres :

Turritella gatunensis Conrad, *Callocardia gatunensis* Dall, *Corbula alabamiensis* Lea.

Cette molasse est le prolongement vers le sud des affleurements de Gatun (ligne de Colon à Panama), que M. Douvillé rapporte au miocène, tandis que M. Dall les attribue à l'horizon de Claiborne (oligocène).

3° Une couche de lignite (au sud de la péninsule d'Azuero) au-dessous de laquelle, à 1 m. environ, on trouve des rognons de calcaires bitumineux à Congéries, où nous avons reconnu les espèces suivantes :

Ampullina amphora Heilprin, *Utriculus vaginatus* Dall, *Bittium annettae* Dall, *Pachychilus* sp. n. *Dreissensia* sp. n.

L'âge de ces lignites ne peut être déterminé avec certitude, mais il semble que ces couches soient plus récentes que la molasse.

M. le prof. L. DUPARC communique, en son nom et au nom de M. ZEHNDÉR, les grandes lignes d'un long travail sur la *composition des eaux des grands lacs suisses*. Les résultats d'analyses faites de 1888 à 1906 montrent la constance de la nature de ces eaux, si l'on a soin de séparer les eaux filtrées de celles qui ne le sont pas. Ces analyses ont porté sur l'eau du lac Léman. Les lacs de Lugano et Majeur présentent de grandes différences pour les eaux, ce qui tient à la nature différente des terrains qu'elles traversent. MM. Duparc et Zehnder étudient actuellement les eaux des lacs de Neuchâtel et de Bienne, dont les caractères calcaires diffèrent beaucoup de la nature calcaire et gypseuse du Léman.

Dans une seconde communication, M. DUPARC parle du rôle que jouent les *roches éruptives dans les phénomènes tectoniques*.

M. Raoul GAUTIER présente quelques photographies faites par M. Emile SCHAER, astronome-adjoint à l'Observatoire, au moyen de son réfracto-réflecteur de 35 centimètres d'ouverture. Ce sont d'abord les photographies faites par lui pendant l'éclipse partielle de soleil du 30 août, puis des séries de photographies de taches solaires faites durant l'automne 1905, saison de grande activité pour la photosphère solaire[1].

Séance du 7 juin.

A. Brun. L'éruption du Vésuve en Avril 1906. — C. E. Guye et Schidlof. Action des rayons X sur les corps radioactifs.

M. A. Brun donne les résultats des observations qu'il a pu faire pendant la *dernière éruption du Vésuve*, en avril 1906. Il a constaté que non seulement la lave émettait du chlorhydrate d'ammoniaque par de nombreuses fumerolles, mais que ce sel est d'origine cratérienne. Les cendres, quel que soit le point où elles étaient récoltées, soit sur le cône lui-même, soit à 28 kilomètres de distance et dans les points intermédiaires, contenaient toujours du chlorhydrate d'ammoniaque et des hydrocarbures.

Elles avaient toujours une réaction acide.

M. A. Brun donne encore quelques arguments qui démontrent que la vapeur d'eau n'existe pas ou n'existe qu'en proportion tout-à-fait subordonnée dans les gaz de l'explosion cratérienne. Ces arguments sont surtout tirés de la composition chimique des sels rejetés et des phénomènes physiques de la granulation de la cendre. Il attire aussi l'attention sur un phénomène très rarement observé : les avalanches sèches. Ces avalanches, formées par du sable et des cendres, se détachaient du sommet du cône et coulaient jusqu'à la base en s'étalant comme un fluide excessivement mobile.

Les avalanches fraîchement tombées depuis quelques minutes à peine, que l'auteur a traversées, étaient un mélange excessivement intime d'air et de cendres dans

---

[1] Voir *Archives* juin 1906, t. XXI, p. 622.

lequel le pied enfonçait excessivement profondément. La
pression du pied faisait partir tout autour du marcheur,
dans un rayon de 70 à 80 centimètres, des myriades de
petits jets gazeux qui soulevaient la cendre.

La température de ces avalanches, fraîchement tombées
et parties du sommet du cône, était très élevée. La teinte
de leurs cendres était en général rougeâtre et tranchait
sur le blanc gris des cendres qui couvraient les environs
du volcan.

Ces avalanches expliquent facilement le ravinement
intense des flancs du cône volcanique, sans qu'il soit
nécessaire de faire intervenir l'eau en aucune façon.

M. C. E. Guye s'est proposé de rechercher si d'une façon
générale les actions ionisantes qui provoquent la dissociation atomique (les rayons X en particulier), n'auraient pas
une influence appréciable sur les phénomènes de radioactivité.

Si les propriétés radioactives sont accompagnées de
l'émission de brusques perturbations électromagnétiques,
il est naturel de se demander si réciproquement l'action
de perturbations analogues sur ces mêmes substances
n'agirait pas une influence sur le mode ou la vitesse de
désactivation. L'identité entre les phénomènes lumineux
et les phénomènes électriques dans ce cas fait immédiatement songer à l'égalité des pouvoirs émissifs et absorbants.

Ces considérations ont engagé M. Guye à entreprendre
une série de recherches dans cette direction.

Les premières expériences ont porté sur le polonium
(radiotellure) et le radium ; M. Arthur Schidlof a bien
voulu se charger de les effectuer.

Bien que le polonium (radiotellure) ne semble pas émettre
de rayons γ, sa courte vie radioactive était un facteur qui
semblait le désigner en premier lieu à cette étude. Les
expériences ont porté sur deux plaques de cuivre, revêtues
simultanément d'un dépôt radioactif. Après avoir pendant
plusieurs jours établi le rapport des radioactivités de ces
deux plaques et constaté qu'il demeurait constant ; l'une

d'elles a été soumise à l'action des rayons X pendant 581 heures sur un total de 1325 heures (du 28 nov. 1905 au 22 janvier 1906). Le rapport des radioactivités, a été mesuré à diverses reprises.

Dans la limite des erreurs d'expérience soit entre $^1/_2$ à 1 °/₀ ce rapport est démeuré constant. Si donc les rayons X ont une action décomposante sur la substance radioactive cette action est extrêmement petite, inappréciable même étant donnée la précision des expériences. On pourrait objecter à cette première série que le polonium n'émettant pas des rayons γ est précisément insensible à l'action de radiations analogues. Une seconde série a été alors effectuée sur une poudre radifère. Le résultat a été également négatif. La radioactivité de la poudre après 114 heures d'exposition aux rayons X est demeurée pratiquement la même. Or si les rayons X avaient eu quelque action décomposante sur l'émanation occluse dans la poudre, il semble qu'on aurait dû constater une diminution temporaire de la radioactivité analogue à celle que l'on observe après chauffage d'un sel radifère.

Enfin des essais comparatifs ont été effectués sur la radioactivité induite par l'émanation sur des rondelles de cuivre argenté; aucune différence certaine n'a pu être constatée. Bien que ces premiers essais soient peu encourageants M. Guye pense qu'il doivent être continués peut-être en augmentant la durée de l'action ionisante. Il se propose en particulier d'étudier l'action des rayons γ provenant d'un sel radifère sur un autre sel radifère; dans ce cas on aurait identité absolue entre les perturbations électromagnétiques émises et absorbée. Il conviendrait également d'étudier l'action d'autres agents ayant la propriété de produire la dissociation atomique, tels que les rayons ultraviolets ou la chaleur.

Séance du 5 juillet.

J. Carl. Organe musical chez un Locustide. Les Pauropodes de la
faune suisse. Les Isopodes de la Suisse. — L. de la Rive. Sur l'introduction du facteur de Doppler dans la solution des équations de
la théorie des électrons.

Dr J. CARL. *L'organe stridulateur des Phyllophoræ.*
Les Phyllophoræ forment un petit groupe de la tribu des
Mecopodidæ appartenant à la famille des Locustodea. Ils
sont surtout caractérisés par leur pronotum qui se prolonge en arrière sous forme d'un capuchon recouvrant
dorsalement une grande partie de la base des élytres. C'est
précisément dans cette région des élytres que se trouve
dans la règle chez le ♂, rarement dans les deux sexes
des Locustodea, l'organe stridulateur. Chez les Phyllophoræ, il fait complètement défaut à cette place et
Brunner de Wattenwyl, auquel nous devons une révision du groupe, affirme son absence complète : « Von
einem Zirporgan ist nichts zu bemerken ». En examinant
les ♂ du genre *Phyllophora*, j'ai cependant trouvé un organe
musical très développé, mais situé à une place où on ne le
soupçonnerait pas et construit suivant un type différent
de celui de la plupart des Locustodea. L'organe se trouve
sur la face ventrale et est formé par les lobes du meta-
sternum et les coxæ des pattes postérieures. Les lobes
métasternaux sont assez grands, soulevés et portent sur
la face supérieure près du bord externe, une série de
tubercules chitineux foncés. La face inférieure de la coxa
des pattes postérieures, située vis-à-vis de ces tubercules,
est couverte de nombreuses stries transversales saillantes,
formant ensemble une harpe qui, par des mouvements de
la patte postérieure, vient frotter contre les tubercules du
métasternum pour produire le son. Après avoir constaté
la présence de cet organe chez les ♂ de *Phyllophora spinosa* Br., je l'ai encore retrouvé sous une forme rudimentaire chez la ♀ de *Phyllophora lanceolata* Br. Chez cette
dernière, la harpe coxale est formée par des stries beau-

coup plus nombreuses et plus rapprochées, mais moins fortes que chez le ♂ de l'espèce voisine et les tubercules sur le bord des lobes métasternaux sont également faibles.

Le ♂ d'une espèce de *Hyperomala* Serv., genre voisin de *Phyllophora*, possède enfin un organe stridulateur tout-à-fait semblable à celui du ♂ de *Phyllophora spinosa*. Cet organe musical représente, et par sa place et par sa conformation, un type nouveau des Locus todea et rappelle jusqu'à un certain degré celui de certains Sphærotheriens (Diplopodes) sud-africains et madagasses [1].

J. CARL. *Sur la présence des Pauropodes en Suisse*. L'ordre des Pauropodes, appartenant à la classe des Myriapodes, est surtout caractérisé par le nombre restreint des segments et des pattes et par la forme des antennes [2]. Ni Rothenbühler, ni Fæs, auxquels nous devons des travaux remarquables sur les Myriapodes de la Suisse, n'avaient encore rencontré des Pauropodes dans notre pays. Grâce à leur petite taille, leurs mouvements, très agiles chez les uns, extrêmement lents chez les autres, ils échappent très facilement aux recherches et ce n'est souvent que par un heureux hasard qu'on les découvre. Les deux familles de cet ordre, les *Pauropodidæ* (*Pauropoda agilia* Latz.) et les *Eurypauropodidæ* (*Pauropoda tardigrada* Latz.) sont représentées, en Suisse, chacune par une espèce. A la première famille, se rapporte le *Pauropus Huxleyi* Lubb., que j'ai rencontré pour la première fois à Genève, au bord de l'Arve, sous l'écorce de vieux saules, ensuite dans des jardins à Satigny et à Genthod et enfin, au pied du Gurten, près de Berne, sous des blocs de molasse. Il se trouvera sans doute encore dans d'autres localités de la plaine suisse. Les *Eurypauropodidæ* sont représentés, en

---

[1] Bourne, *Journ. of the Linn. Soc. of. London*, t. XIX (1886), p. 161, H. de Saussure et L. Zehntner. Myriapodes de Madagascar. Grandidier, *Hist. phys. nat. et pol. de Madagascar*.

[2] Pour la diagnose complète, voir: Latzel, *Die Myr. d. œsterr.-ungar. Monarchie II, Hälfte* 1884, et Kenyou, *The Morphology and Classification of the Pauropoda* Tufts College Studies, N° IV.

Suisse, par une espèce que je crois être l'*Eurypauropus
cycliger* Latzel, connu de la Basse-Autriche et de la
Carinthie. Mes exemplaires ne possèdent cependant pas
d'indication des deux crêtes longitudinales sur le dos
comme Latzel les indique pour son *E. cycliger*. L'animal
atteint à peine 4 mm. en longueur et est de couleur ferru-
gineuse. Je l'ai rencontré une seule fois à la Jonction,
sous une tuile, en petite colonie de six exemplaires.

J. CARL. *Notes sur les Isopodes de la Suisse*. La faune des
Isopodes de la Suisse, très peu connue jusqu'à ce jour,
se compose de 42 espèces ou variétés, nombre supérieur
à celui des pays du Nord de l'Europe (Norwège 17, Hol-
lande 14, Danemark 21, Allemagne du Nord ca. 29 espèces
d'Isopodes terrestres) mais de beaucoup inférieur à celui
des pays de l'Europe occidentale et méridionale (Italie 97,
France 81 espèces). Cette place intermédiaire qu'occupe
notre pays au point de vue de l'épanouissement du groupe
est due à sa situation géographique. Tout en appartenant
à la sous-région européenne, il a pu emprunter à la sous-
région méditerranéenne un certain nombre d'éléments
nettement méridionaux. D'après leur répartition actuelle,
les Isopodes de la faune suisse peuvent se ranger en
quatre catégories :

1° Espèces très répandues ou presque cosmopolites ;

2°   »   endémiques ou à répartition encore insuffisamment connue ;

3° Espèces de la sous-région européenne ;

4°   »   méditerranéennes.

C'est à la troisième catégorie qu'appartiennent la plupart des Isopodes de la Suisse, notamment au nord des
Alpes. La plupart de ces espèces se retrouvent encore au
sud des Alpes. Ici viennent se mêler à elles quelques
types méridionaux qui eux n'ont pas franchi la chaîne
des Alpes centrales et sont restreintes au sud du Tessin aux
vallées méridionales des Grisons, aux environs de Genève
et au Valais. Le *Porcellio arcuatus* de l'Italie et du sud de
l'Autriche s'est retrouvé dans le Tessin méridional, dans

la vallée du Bergell et, singulièrement encore, sur le haut
plateau du Maloja, dans la Haute-Engadine. *Metoponor-*
thus planus, une deuxième espèce méridionale, habitant le
sud de la France et l'Italie, est fréquente dans le Bergell,
le sud du Tessin et le Valais moyen autour de Sierre.
Armadillidium nasatum habite le Tessin méridional et
les environs de Genève. Ces derniers possèdent en *Por-*
cellio politus un élément de provenance méridionale-occi-
dentale. Bien que ces immigrants méridionaux soient peu
nombreux, ils sont dans le sud du Tessin et dans le Bergell si fréquents et riches en individus, qu'ils y prédomi-
nent sur les éléments de la faune européenne. Leur présence dans les deux territoires insubriens que je viens de
citer n'a rien d'inattendu, vu qu'aucune barrière topographique où climatérique ne s'opposait à leur immigration.

Le *Porcellio arcuatus*, par contre, a dû franchir le col
du Maloja, peut-être aussi celui du Bernina, pour colo-
niser la Haute-Engadine. La présence de *Métoponorthus*
planus dans la vallée du Rhône admet deux explications :
1° son air de répartion actuelle en Suisse était autrefois
plus étendu et réuni par le bassin du Léman et la vallée
du Rhône au sud de la France que l'espèce habite actuellement. Il y aurait donc eu une immigration occidentale.
2° L'espèce serait entrée dans le Valais par les passages
de la chaîne méridionale, comme le supposent MM. Briquet, Chodat, Jaccard et Vaccari, pour une partie de la
flore valaisanne et Fæs pour un certain nombre de Diplopodes de la vallée du Rhône. Pour l'une et l'autre de ces
immigrations, il me semble nécessaire de faire intervenir
une période xérothermique postglaciaire, admise par Briquet pour expliquer les colonies végétales xérothermiques
du Valais.

La distribution verticale des Isopodes est assez restreinte dans les Alpes centrales ; ils s'arrêtent à 2100 m.,
c'est-à-dire quelques cents mètres plus bas que dans les
Alpes françaises et les Pyrénées. Des espèces franchement altitudinaires n'existent pas dans les Alpes suisses,
tandis que les Alpes françaises et les Pyrénées en possè-

dent. La raison doit être cherchée, sans doute, dans les conditions climatériques. Dans certains cas, nous avons pu constater une substitution très nette entre espèces voisines dans le sens vertical. Ainsi, l'*Armadillidium vulgare* habite dans le Valais le fond de la vallée et la zône inférieure des pentes, l'*Armad. opacum* la zône supérieure depuis 1000 m. environ. Une substitution semblable, dans le sens horizontal, existe encore pour *Armadillidium vulgare* et sa variété *decipiens* qui se trouvent rarement ensemble et peuvent même s'exclure complètement dans les territoires où l'une ou l'autre est très fréquente. Dans la vallée du Rhin supérieure, j'ai trouvé seulement la variété *decipiens*, dans la vallée du Rhône uniquement la forme typique.

Quant à la distribution des espèces dans leur aire de répartition même, l'on peut, d'une façon quelque peu arbitraire, distinguer plusieurs groupes :

1° Des espèces ubiquistes, présentes jusqu'à une certaine altitude partout où elle trouvent de la nourriture et de l'humidité : *Porcellio scaber*, *Rathkei*, *Oniscus Asellus*, *Metoponorthus pruinosus*.

2° Des espèces dépendantes des conditions climatériques moyennes d'une contrée :

a) habitants des contrées sèches ;

b) habitants des contrées humides et chaudes.

La répartition de ce groupe est irrégulière. Telle espèce abonde dans une vallée ou unité topographique et manque dans une autre, pour réapparaître de nouveau dès que les conditions climatériques moyennes le permettent. Il en résulte, pour la distribution détaillée des espèces, un véritable mosaïque qui explique la composition assez différente de la faune des Isopodes dans des contrées qui ne diffèrent pas beaucoup au point de vue topographique, ainsi que la pauvreté remarquable et l'uniformité de la faune des Isopodes des vallées ayant un climat excessif comme, par exemple, la Basse-Engadine.

Au point de vue morphologique, nous insistons surtout sur l'importance des organes copulateurs du ♂ pour la distinction des espèces dans les groupes où ils ont atteint un certain degré de différenciation. Ainsi, dans la sous-famille des Trichoniscides, ces organes représentés par les deux premières paires de pléopodes sont, à la fois, très différenciés et très peu variables selon les individus. C'est sur eux surtout que nous baserons la notion de l'espèce chez les Trichoniscides. Les autres caractères de la forme externe, de la pigmentation, de la taille qui ont conduit certains auteurs à une scission excessive des espèces sont dans la plupart des cas des adaptations à des conditions d'existence tout-à-fait locales et pourront, lorsqu'ils ont, grâce à l'isolation biologique, acquis une certaine fixité, servir à la distinction de variétés biologiques, tandis que la notion de l'espèce généalogique se basera sur les pièces buccales et sur les pléopodes du ♂. Dans les sous-familles où les pléopodes ♂ sont moins différenciés, chez les Oniscides et les Armadillides, nous sommes obligés de les substituer, comme caractères spécifiques, par d'autres caractères tirés de la forme externe et de la sculpture.

M. L. DE LA RIVE. *Sur l'introduction du facteur de Doppler dans la solution des équations de la théorie des électrons.*

M. de la Rive se propose de montrer que l'introduction de ce facteur est une nécessité analytique et ne doit pas être déduite seulement, par induction, de la considération des dimensions de l'électron. La transformation des équations de Maxwell implique un changement de variable par la condition, $dt = -\dfrac{dr}{v}$, v étant la vitesse de la lumière et r le rayon vecteur allant du point considéré à l'électron. D'autre part les équations différentielles doivent s'appliquer au point P et, il existe entre dt variation du temps d'émission et dt_0 variation du temps de transmission la relation contante, $dt_0 = dt\left(1 - \dfrac{u}{v}\cos u.r\right)$ rapport qu'on peut désigner par le facteur de Doppler, K.

Pour transformer les équations, il faut remplacer dt_0 par dt et, pour conserver le même coefficient aux deux termes, remplacer dx_0 par Kdx, dy_0 par Kdy, dz_0 par Kdz. Après que le résultat de cette transformation a éliminé t, on rend à l'unité de longueur sa valeur normale et pour cela il faut diviser l'élément de volume de l'intégrale par K^3. Ces deux transformations laissent en dénominateur le facteur K.

Séance du 13 septembre.

E. Bugnion et N. Popoﬀ. La signification du faisceau spermatique.

L'étude de la spermatogénèse des Invertébrés nous a conduits à quelques déductions qui, au point de vue de la signification des faisceaux spermatiques, s'appliquent également aux animaux supérieurs et offrent à ce titre un intérêt spécial. Nous les formulons ainsi :

1° La première est que le groupe de spermies, désigné sous le nom de faisceau spermatique (spermatoblaste), procède de la prolifération d'une cellule initiale unique, issue elle-même de la division d'une cellule germinale.

2° La deuxième est que cette prolifération, s'effectuant par progression géométrique régulière, conduit pour chaque espèce animale à un nombre type des éléments du faisceau, ou, dans certaines circonstances, à un multiple de ce nombre.

3° La troisième est que chaque faisceau spermatique se trouve, dès son origine, en rapport avec un cytophore ou une cellule nourricière, qui maintient la cohésion des éléments et sert tout à la fois à les supporter et à les nourrir.

4° La quatrième est que la cellule nourricière procède, elle aussi, de l'épithélium germinatif, mais que la différenciation de cette cellule, séparée de bonne heure de la lignée spermatique correspondante, ne modifie en rien le nombre type du faisceau.

5° La cinquième enfin est que la cellule spermatique initiale correspond à l'ovule primordial et la cellule nourricière à une cellule épithéliale du follicule ovarique.

Le premier point à élucider était de savoir si le faisceau

spermatique du Mammifère offre, comme celui des Invertébrés et des Vertébrés inférieurs, un nombre type répondant à la série 2, 4, 8.

Cette question préliminaire, capitale au point de vue de la signification du faisceau, à été résolue dans le sens affirmatif par la méthode des dissocations (frottis) et par la méthode des coupes.

Des frottis empruntés au Rat, à la Souris, au Hérisson, au Taureau, au Chat et au Chien, ont fourni la preuve que le faisceau mûr est, chez ces espèces, normalement formé de seize spermies. L'Homme diffère en ceci, qu'à côté de faisceaux de 16 spermies, semblables à ceux des Mammifères, on trouve aussi des faisceaux de 8. Le même chiffre 16 a été contrôlé sur les coupes non seulement chez les animaux mentionnés ci-dessus, mais encore sur deux espèces de singes (*Semnopithecus maurus* et *Hylobates varius*).

Examinés avec l'objectif à immersion $^{1}/_{12}$ sur des coupes transverses, traitées par l'hématoxyline ferrique et le liquide de Van Gieson, les faisceaux se présentent sous la forme de champs arrondis, teintés en rose par la fuchsine, isolés les uns des autres, montrant chacun (si le rasoir a passé à leur niveau) 16 têtes colorées en noir. La substance rose répond au protoplasma nourricier qui englobe le faisceau et pénétre à l'intérieur. Les champs arrondis, régulièrement espacés, sont séparés les uns des autres par deux ou trois rangées de spermatides (lignées intercalaires).

Remarquons toutefois, que l'on trouve fréquemment dans les frottis des spermatablastes n'offrant que 12, 10, même 8 spermies, au lieu du chiffre normal. Le même fait s'observe sur les coupes transverses, lorsqu'on essaie de compter les éléments. Peut-être s'agit-il de préparations imparfaites. Quelques spermies peuvent avoir été détachées du faisceau par les aiguilles, quelques têtes déplacées par le rasoir. Mais il se peut aussi que la composition du faisceau soit, chez les animaux supérieurs, soumise à certaines variations.

Chez le Moineau par exemple (coupes verticales), on

observe à la périphérie des faisceaux quelques spermies situées au-dessus des autres (hors de rang), paraissant immatures ou atrophiées. Le nombre des têtes visibles dans la partie centrale du spermatoblaste étant d'ordinaire supérieur à 64 (les chiffres observés ont varié entre 80 et 100), nous avons cru d'abord que le faisceau de cette espèce appartenait au type 128. La présence de spermies atrophiées peut faire supposer toutefois que le spermatoblaste du Moineau, primitivement dérivé du type 128, se trouve actuellement en voie de régression et tend à descendre au type 64.

On constate en effet, en comparant les chiffres notés jusqu'a ce jour, que la valeur numérique du faisceau tend à diminuer en passant des Invertébrés aux Vertébrés et en général des animaux inférieurs aux supérieurs. Le faisceau spermatique du Lézard parait, d'après une évaluation rapide, composé de 32 spermies; de même celui de la Vipère. Il y aurait, si le nombre 128 se vérifiait chez le Moineau, un saut considérable en allant de l'oiseau au mammifère. Peut être trouvera-t-on des Oiseaux d'un type supérieur offrant des faisceaux à 64, et des Mammifères d'un type inférieur (formes de passage) avec des spermatoblastes à 64 ou 32.

L'homme, avec ses spermatoblastes de 16 et de 8, tend, semble-t-il, vers une réduction numérique de son faisceau.

Tout porte à croire que le spermatoblaste du Mammifère procède, comme la colonie spermatique des animaux inférieurs, d'une cellule initiale unique (spermatogonie) qui, se divisant suivant la série 2, 4, 8, donne lieu à une *spermatogemme typique*, c'est-à-dire à une masse plurinucléée, avec un nombre de noyaux correspondant à la valeur du faisceau.

On observe dans les frottis convenablement fixés un grand nombre de boules protoplasmiques, isolées les unes des autres, englobant d'ordinaire 2, 4, 8 ou 16 noyaux. On remarque encore, en examinant ces boules, que les noyaux offrent tantôt les caractères des spermatogonies, tantôt ceux des spermatocytes ou des spermatides. Les formations de ce genre (spermatogemmes) peuvent, dans certaines circonstances, être reconnues sur les coupes. Le spermatocyte du Mammifère subissant vraisemblablement une seule cinèse réductrice (les spermatocytes de 2me ordre décrits par quelques auteurs ne sont, suivant nous que de jeunes spermatides), le spermatoblaste de 16 se formerait d'une spermatogemme à 8, observé parfois chez l'homme, d'une spermatogemme à 4 spermatocytes.

Peut-être y a-t-il toutefois, à côté des spermatoblastes normaux, des faisceaux plus forts (souvenir d'une phase ancestrale ?) et des faisceaux plus faibles, imputables à une atrophie partielle. On trouve en effet dans les frottis de grosses boules plurinucléées avec un nombre de noyaux supérieur à seize (jusqu'à 32 et plus) et, comme contrepartie, de petites spermatogemmes offrant un nombre de noyaux (spermatocytes) impair ou incomplet.

La spermatogonie initiale, dont se forme la spermatogemme, dérive vraisemblablement de la prolifération de l'ovule mâle, pendant les périodes fœtale et infantile, et la cellule sertolienne d'une cellule nourricière (folliculeuse) du follicule primordial. La colonie spermatique et la cellule nourricière étant plongées au début de leur formation dans un même syncytium, le lien intime qui, jusqu'à la fin de la spermatogénèse, continue à les unir, s'explique par la persistance d'une attache protoplasmique, sans qu'il soit nécessaire de faire intervenir un phénomène de copulation ou de fusion. La traînée protoplasmique qui unit le spermatoblaste au noyau sertolien n'a en réalité jamais cessé d'exister.

Séance du 4 octobre.

R. Gautier. Mesure de la base géodésique du tunnel du Simplon.

M. Raoul GAUTIER donne quelques détails sur la mesure de la base géodésique du tunnel du Simplon exécutée du 18 au 23 mars 1906 par la Commission géodésique suisse

avec la précieuse collaboration de M. Ch.-Ed. Guillaume,
directeur-adjoint du Bureau international des poids et
mesures. Cette mensuration très intéressante et bien
réussie, comme le prouve la concordance à 2 centimètres
près des mesures aller et retour de la ligne de 20 kilomètres
de longueur, a été faite au moyen de fils d'invar de 24
mètres de long. Pour les détails, voir « Procès-verbal de
la Commission géodésique suisse du 12 mai 1906 » et
« Quelques données sur la mesure de la base géodésique
du tunnel du Simplon communiquées à la 15ᵐᵉ Conférence
de l'Association géodésique internationale à Budapest,
septembre 1906. » M. Gautier donne aussi quelques infor-
mations sur les principaux travaux présentés, à Budapest,
à la Conférence géodésique.

Séance du 1ᵉʳ novembre.

E. Yung et Egounoff. Recherches sur l'histogénèse de l'intestin de la
truite. — J.-L. Prevost et Braïlowsky. Sur la prétendue efficacité
des tractions rythmées de la langue dans l'asphyxie. — Prevost et
Stern. La pause et les respirations terminales de l'asphyxie.

M. le prof. Emile YUNG donne un résumé des recherches faites dans son laboratoire par Mˡˡᵉ Egounoff sur
l'*histogenèse de l'intestin de la truite*. La méthode employée
a été celle des coupes pratiquées sur un matériel élevé
au laboratoire et préalablement fixé. Voici les principales
conclusions de ce travail.

Tout en dérivant de la même origine sur toute son
étendue, l'intestin de la truite évolue différemment dans
ses diverses régions. La partie antérieure de l'œsophage
demeure à l'état de cordon plein beaucoup plus longtemps
que sa partie postérieure qui se creuse en un tube à une
époque précoce du développement. L'estomac débute
aussi par être un cordon plein qui se creuse secondaire-
ment en un canal tapissé de cellules cylindriques dont la
multiplication provoque la formation de plis dans lesquels
pénètre le tissu conjonctif. Ces cellules ne se transforment pas en cellules caliciformes comme c'est le cas pour

l'œsophage. Pendant que les plis augmentent en nombre et en hauteur, les cellules qui les tapissent prolifèrent abondamment en certains endroits et donnent naissance à des bourgeons qui s'enfoncent dans le tissu conjonctif et constituent l'ébauche première des glandes gastriques. Les cellules en question subissent peu à peu la métamorphose en cellules glandulaires.

Les transformations qui se produisent dans l'estomac commencent toujours dans la région moyenne de celui-ci, elle progressent de là en avant et en arrière, et c'est dans la région pylorique qu'elles s'effectuent en dernier lieu.

Le tissu conjonctif et le tissu musculaire évoluent dans la paroi stomacale dans le même ordre que dans l'œsophage, mais leur différenciation y est plus tardive.

C'est dans l'intestin que l'évolution histogénétique s'accomplit le plus lentement, quoique cette portion du tube digestif soit la première à se creuser. Les appendices pyloriques apparaissent très tard, alors que l'intestin a déjà acquis sa structure définitive. Ils se forment par évagination de la paroi intestinale tout entière.

Les détails de cette étude paraîtront dans la *Revue suisse de Zoologie*.

M. PREVOST rend compte d'expériences concernant l'asphyxie qui ont été faites dans son laboratoire et sont publiées soit par lui, soit par ses élèves : c'est d'abord un mémoire de Mlle BRAÏLOWSKY intitulé : *Recherches sur la prétendue efficacité des tractions rythmées de la langue dans l'asphyxie* (*Revue Médicale de la Suisse Romande*, 1906 et *Thèses de Genève*). Ce procédé fut conseillé par Laborde qui admettait que les tractions rythmées de la langue pouvaient en excitant les réflexes laryngés, ranimer les mouvements de la respiration et les contractions du cœur, quand ces mouvements étaient arrêtés par l'asphyxie. M. Philips a récemment cherché à prouver expérimentalement les conclusions de Laborde (*Archives Intern. de Physiologie*). Les expériences de M. Prevost et de Mlle Braïlowsky montrent que les tractions rythmées de la langue sont inefficaces quand elles sont pratiquées à la fin de l'asphyxie. Après un certain nombre de respirations terminales ; en enlevant la pince qui produit l'asphyxie en comprimant la trachée, on ne peut ramener l'animal à la vie. A un stade moins avancé l'enlèvement seul de la pince produisant l'asphyxie suffit, que l'on fasse ou non les tractions rythmées de la langue. Ces tractions ne sont efficaces que lorsqu'elles sont faites à un moment où la simple décompression de la trachée suffit pour ranimer l'animal.

Dans un second travail fait en collaboration de Mlle L. STERN, M. PREVOST étudie *la pause et les respirations terminales de l'asphyxie*. Ces expériences font le sujet d'un mémoire en voie de publication (*Archives Internationales de Physiologie*). Les respirations terminales ne peuvent être attribuées à l'existence de centres spinaux comme le propose Mosso : elles n'offrent pas le caractère des respirations qui ont été attribuées à ces centres spinaux et existent sur une tête séparée du corps quand on décapite l'animal ; elles appartiennent donc au bulbe. Quant à la pause, M. Prevost et Mlle Stern étudient l'asphyxie sur des animaux tués par électrisation du cœur ou par asphyxie, chez lesquels ils rétablissent les fonctions du système nerveux par le massage du cœur et la respiration artificielle.

On voit alors quand on asphyxie ces animaux l'asphyxie se produire sans pause, ce qui peut s'interpréter en admettant dans le bulbe rachidien l'existence de centres d'arrêt de la respiration, moins résistants que les centres d'excitation. En cas de restauration des fonctions, les centres d'excitation manifestent leur action alors que les centres d'arrêt restent encore inertes.

Séance du 15 novembre.

L. Bard. Fonctionnement des canaux semi-circulaires et de l'appareil sensoriel de l'équilibre. — P.-A. Guye et Gazarian. Le poids atomique de l'argent.

M. le prof. L. BARD parle du *fonctionnement des canaux semicirculaires et du sens de l'équilibre*. Il est facile de se rendre compte que, indépendamment des renseignements accessoires qui peuvent nous être fournis par les autres sens, nous sommes avertis des divers mouvement de rotation auxquels notre corps est soumis par un sens spécial, celui de l'orientation-équilibre dont les canaux semi-circulaires constituent l'organe périphérique, au même titre que l'œil et l'oreille constituent ceux de la vue et de l'ouïe.

Le mécanisme par lequel les canaux semi-circulaires sont impressionnés par les mouvements est simple à comprendre; il repose sur les conséquences de l'inertie que leur contenu liquide oppose à l'entraînement qu'il subit de la part des parois osseuses qui le contiennent. De cette inertie résulte soit une pression exercée par le liquide sur cette paroi, soit plutôt une répartition de la pression à son intérieur commandée par le sens du mouvement. Malgré l'extrême petitesse de l'énergie ainsi mise en œuvre, l'extrême sensibilité des papilles nerveuses y trouve des notions suffisantes pour préciser le sens et l'intensité du mouvement subi. Les paires de canaux semi-circulaires étant au nombre de trois, dont chacune est réciproquement perpendiculaire aux deux autres, leur ensemble est à même d'analyser toutes les inclinaisons de mouvements dans les trois dimensions de l'espace. Sur les détails de structure, sur l'anatomie de ces organes, tout le monde est d'accord, mais le mode de fonctionnement de l'appareil, les rapports qu'il affecte avec les centres de perception encéphaliques, la façon dont est assuré l'automatisme de la fonction correspondante, sont autant de points qui n'ont pas été jusqu'ici précisés comme il convient. M. Bard explique brièvement les résultats de ses recherches spéciales sur ces divers points et expose les théories personnelles auxquelles ces recherches l'ont conduit.

Ces recherches et ces théories ont déjà fait l'objet de plusieurs publications[1] dont il résume les conclusions. Celles-ci portent spécialement sur deux points :

[1] L. Bard. Des chiasmas optique, acoustique et vestibulaire : uniformité fonctionnelle normale et pathologique des centres de la vue, de l'ouïe et de l'équilibre. *Semaine médicale*, 1904, p. 137. — De l'origine sensorielle des mouvements de rotation et de manège propres aux lésions unilatérales des centres nerveux. *Journal de physiologie et de pathologie générale*, 1906, p. 272.

Tout d'abord elles mettent en relief l'opposition qui existe entre la paire de canaux qui est proposée à l'enregistrement des mouvements de « culbute », et les deux autres paires préposées à celui des mouvements de rotation autour de l'axe longitudinal et autour de l'axe antéro-postérieur. Pour ces deux dernières paires les indications latérales sont de signe algébrique opposé pour un même mouvement, c'est-à-dire positives d'un côté et négatives de l'autre, alors que pour la première les deux enregistrements latéraux sont de même signe. Cette différence est en rapport avec le fait que, dans les mouvements de culbute, les muscles de même nom des deux moitiés du corps agissent synergiquement, alors que, dans les deux autres ordres de mouvements, ces mêmes muscles agissent en sens contraire.

En second lieu, les deux sensations latérales de signe contraire ne fournissent qu'une seule perception centrale due à leur superposition, de même qu'elles ne commandent qu'un seul ensemble de réflexes, approprié à l'indication fournie. La réalisation de ce désidératum exige l'existence d'un dispositif spécial, d'un chiasma physiologique, destiné à acheminer les sensations périphériques de telle sorte qu'elles se rencontrent dans un centre sensorio-moteur encéphalique différent, conditionné par le sens du mouvement perçu.

Dans leur ensemble ces recherches montrent que le fonctionnement du sens de l'orientation-équilibre est exactement comparable à celui que le chiasma du nerf optique et l'hémianopsie pathologique ont depuis longtemps fait connaître pour le sens de la vue, comparable également à celui qu'ont révélé pour l'ouïe d'autres recherches de M. Bard, dont il a déjà entretenu la Société dans la séance du 16 février 1905.

M. Ph.-A. Guye rappelle qu'il a indiqué en 1905 une série de nouveaux modes de calcul du *poids atomique de l'argent*[1] qui conduisent à la moyenne Ag = 107,89 pour O = 16, tandis que les méthodes classiques des halogénates fournissent la valeur moyenne Ag = 107,93. Il rend compte de recherches faites en collaboration avec M. S.

GAZARIAN en vue de rechercher la cause du désaccord entre ces deux valeurs. Les auteurs ont constaté que le chlorate de potasse retient une trace de chlorure qui reste sensiblement constante après une ou deux cristallisations (2,7 dix-millièmes en moyenne). Il en résulte une correction sur le poids atomique de l'argent, tel qu'on le déduit du double rapport $KClO_3$: KCl et KCl : Ag, ce qui ramène ce poids atomique à la valeur $Ag = 107.89$.

D'autre part il a été reconnu que dans la révision numérique du poids atomique de l'argent par l'analyse du chlorate d'argent ($AgClO_3$: AgCl) il n'a pas été tenu compte, en ce qui concerne les expériences de Marignac, de la correction pour ramener les poids au vide, bien que cet auteur l'ait expressément indiquée (*Œuvres*, t. I, p. 81). Avec cette correction, et en utilisant les résultats des travaux récents de MM. Dixon et Edgar (rapport Cl : H) et de MM. Richards et Wells (rapport Ag : AgCl) on obtient deux valeurs plus exactes, $Ag = 107, 908$ et $Ag = 107, 905$ soit en moyenne $107, 907$. Cette valeur combinée avec la précédente conduit au nombre $107,89$ comme résultat corrigé de la méthode des halogénates. Le désaccord signalé plus haut n'existe donc plus.

Séance du 6 décembre.

R. de Saussure. La question d'une langue scientifique internationale — E. Yung. Hermaphrodisme chez la grenouille.

M. R. DE SAUSSURE fait une communication sur *l'état actuel de la question d'une langue auxiliaire internationale*.

M. le professeur Emile YUNG expose *un cas d'hermaphrodisme constaté chez une Rana esculenta* mesurant 73 mm. de longueur et présentant les caractères extérieurs d'un mâle. Or, l'individu en question possédait l'appareil génital d'une femelle avec les deux oviductes bien développés ainsi que l'ovaire droit. Quant à la glande génitale gauche, ou pouvait lui distinguer une portion antérieure ovarienne contenant des ovules normaux et une portion

---

[1] Voir *Archives*, 1905, t. XX. p. 603, et *Journ. de Ch. ph.*, t. 4, p. 181.

postérieure, en continuité avec la précédente, offrant tous les caractères de forme et de couleur d'un testicule. Cette dernière portion testiculaire était munie sur son bord interne de six canalicules efférents comme chez un testicule normal. L'examen microscopique opéré sur des coupes démontra l'existence dans ce testicule de très nombreux spermatozoïdes mûrs, lesquels furent retrouvés dans le rein ainsi que dans l'uretère fonctionnant par conséquent ici comme un urospermiducte. Tout porte à croire que la grenouille aurait pu produire à la fois des œufs et des spermatozoïdes, c'est-à-dire offrir un exemple d'hermaphrodisme physiologique, unique, sauf erreur, dans son genre.

M. Yung compare son cas à celui publié par Bourne en 1884 (in *Quarterly Journal of microsc. Science*, vol. XXIV, p. 83) le seul connu qui lui ressemble. Mais ce dernier concerne *R. temporaria* chez qui l'hermaphrodisme partiel est plus fréquent que chez *R. esculenta*.

Séance du 20 décembre.

C.-E. Guye et Zebrikoff. L'arc voltaïque entre électrodes métalliques — C. Sarasin. Géologie des environs de la Lenck. — E. Claparède. Sur la vision entoptique des vaisseaux rétiniens.

M. le prof. C.-E. Guye communique les résultats d'un travail entrepris dans son laboratoire en collaboration avec Mme L. Zebrikoff. Ce travail avait pour but de rechercher si le *fonctionnement de l'arc entre électrodes métalliques* pouvait être représenté par des expressions analogues à celles qui ont été établies par Mme Ayrton pour l'arc entre charbons.

Les résultats des expériences ont confirmé pleinement cette manière de voir. C'est-à-dire que la puissance consommée, soit en fonction de la longueur de l'arc, soit en fonction de l'intensité est, comme dans les expériences de Mme Ayrton, représentée par des droites; de même la différence de potentiel en fonction de l'intensité est une courbe dont l'allure est sensiblement hyperbolique.

Les expériences n'ont pu être effectuées que sur de petites longueurs variant de 0 à 4^{mm} au maximum avec des intensités de 2 à 19 ampères. Les métaux étudiés ont été le fer, le nickel, le cobalt, l'or, le platine, l'argent, le cuivre et le palladium.

Un mémoire ultérieur donnera le détail de ces expériences.

M. le prof. Ch. SARASIN rend compte en son nom et celui de M. L. COLLET d'une *nouvelle série d'observations faites dans le haut Simmenthal* en amont de la Lenck. Le but de cette communication est, avant tout, de rectifier une erreur de détermination statigraphique commise précédemment et de modifier en conséquence la conception tectonique des chaînes du Laubhorn et de l'Oberlaubhorn.

Les auteurs avaient précédemment attribué à l'Urgonien une zône de formation calcaire, qui commence au S vers les cascades du Simmenfall, qui de là s'étend au N à travers le massif de l'Oberlaubhorn jusqu'à son extrémité septentrionale et qui est intercalée sur toute cette largeur entre un soubassement de Nummulitique haut-alpin et une masse chevauchante préalpine de Trias et de Lias. Cette zône devait, suivant cette conception, figurer une lame de terrain haut-alpin enracinée au S sous le pli du Rawyl.

Or, des découvertes récentes de fossiles ont montré à MM. Sarasin et Collet que les calcaires qu'ils avaient pris pour de l'Urgonien sont en réalité du Jurassique supérieur et font partie des terrains préalpins. Il y a ainsi dans le massif Laubhorn-Oberlaubhorn, sur un soubassement de Nummulitique haut-alpin deux nappes chevauchantes préalpines : l'une est formée de Malm couvert directement par des calcaires nummulitiques et de grès à Orthophragmina; l'autre, supérieur, comprend du Trias et des grès liasiques.

Une notice plus détaillée sur ce sujet a paru dans les *Archives*, t. XXII, p. 532-543.

M. Ed. CLAPARÈDE fait une communication sur la *vision entoptique des vaisseaux rétiniens le matin au réveil.*

L'auteur a remarqué que lorsqu'il ouvre les yeux le matin pour la première fois, il aperçoit sur le plafond de sa chambre une superbe projection de l'ombre que forment les vaisseaux rétiniens sur la rétine. Cette apparition très

éphémère s'évanouit en moins d'une seconde. On parvient
à la ressusciter un certain nombre de fois en refermant et
ouvrant alternativement les yeux. Il est nécessaire pour
que cette vision ait lieu, que le plafond ou la paroi de la
chambre soient suffisamment éclairés ; aussi est-ce presque
uniquement dans la saison d'été que M. Claparède a constaté ce phénomène entoptique.

Cette image vasculaire, qui consiste en deux branches
ramifiées circonscrivant un demi-cercle, est très nette.
Aussi est-il étonnant qu'elle ait passé jusqu'ici presqu'ina-
perçue. Cette vision des vaisseaux a ceci d'intéressant
qu'elle ne résulte pas d'un déplacement de l'ombre, comme
c'est le cas dans les procédés classiques de vision entoptique des vaisseaux (image de Purkinje). Il y a donc lieu
de se demander comment se produit ce phénomène. M.
Claparède pense que la visibilité des vaisseaux au moment
de l'ouverture des yeux au réveil, tient probablement au
fait qu'à cet instant la différence entre l'excitation des parties ombrées de la rétine est *au-dessus* du seuil de percep-
tibilité différentielle de la sensibilité lumineuse. Et si cette
différence est plus grande qu'à l'état ordinaire, cela provient de ce que, après le repos de la nuit, la rétine est
beaucoup plus excitable et partant beaucoup plus sensible
à la lumière. L'ombre des vaisseaux sera donc perçue puisqu'elle se détachera sur un fond de clarté accrue. Mais la
rétine perd bientôt sa fraîcheur d'excitabilité, et la différence entre la sensation produite par les parties éclairées
et celle produite par les parties ombrées tombe *au-dessous*
du minimum perceptible ; d'où évanouissement de l'image.

On peut admettre encore qu'un autre facteur intervient
pour faire disparaître si promptement cette apparition entoptique, à savoir la *subexcitation* des parties rétiniennes
sur lesquelles se projette l'ombre des vaisseaux. Cette subexcitation qui serait due, soit à l'irradiation des régions
voisines, soit à l'influence des rayons lumineux traversant
les parois de ces vaisseaux, aurait pour effet de faire assez
pâlir cette ombre pour qu'elle ne soit bientôt plus aperçue,
la différence de luminosité que celle-ci offre avec le fond
étant au-dessous du minimum perceptible.

LISTE DES MEMBRES

DE LA

SOCIÉTÉ DE PHYSIQUE ET D'HISTOIRE NATURELLE

au 1er janvier 1907.

---

1. MEMBRES ORDINAIRES

Casimir de Candolle, botan.
Perceval de Loriol, paléont.
Lucien de la Rive, phys.
Arthur Achard, ing.
Jean-Louis Prevost, méd.
Edouard Sarasin, phys.
Ernest Favre, géol.
Emile Ador, chim.
William Barbey, botan.
Adolphe D'Espine, méd.
Eugène Demole, chim.
Théodore Turrettini, ingén.
Pierre Dunant, méd.
Charles Græbe, chim.
Auguste-H. Wartmann, méd.
Gustave Cellérier, mathém.
Raoul Gautier, astr.
Maurice Bedot, zool.
Amé Pictet, chim.
Robert Chodat, botan.
Alexandre Le Royer, phys.
Louis Duparc, géol.-minér.
F.-Louis Perrot, phys.
Eugène Penard, zool.
Chs Eugène Guye, phys.
Paul van Berchem, phys.
André Delebecque, ingén.
Théodore Flournoy, psychol.
Albert Brun, minér.

Emile Chaix, géogr.
Charles Sarasin, paléont.
Philippe-A. Guye, chim.
Charles Cailler, mathém.
Maurice Gautier, chim.
John Briquet, botan.
Paul Galopin, phys.
Etienne Ritter, géol.
Frédéric Reverdin, chim.
Théodore Lullin, phys.
Arnold Pictet, entomol.
Justin Pidoux, astr.
Auguste Bonna, chim.
E. Frey-Gessner, entomol.
Augustin de Candolle, botan.
F.-Jules Micheli, phys.
Alexis Bach, chim.
Thomas Tommasina, phys.
B.-P.-G. Hochreutiner, botan.
Frédéric Battelli, méd.
René de Saussure, phys.
Émile Yung, zoolog.
Ed. Claparède, psychol.
Eug. Pittard, anthropol.
L. Bard, méd.
Ed. Long, méd.
F. Pearce, minéral.
J. Carl, entomol.
A. Jaquerod, phys.

2. MEMBRES ÉMÉRITES

Henri Dor, méd. Lyon.
Raoul Pictet, phys., Berlin.
J.-M. Crafts, chim., Boston.
D. Sulzer, ophtal., Paris.

F. Dussaud, phys., Paris.
E. Burnat, botan., Vevey.
Schepiloff, Mlle méd., Moscou.
H. Auriol, chim., Montpellier.

J. Brun, bot.-méd.

3. MEMBRES HONORAIRES

Ch. Brunner de Wattenwyl, Vienne.
M. Berthelot, Paris.
F. Plateau, Gand.
Ed. Hagenbach, Bâle.
Ern. Chantre, Lyon.
P. Blaserna, Rome.
S.-H. Scudder, Boston.
F.-A. Forel, Morges.
S.-N. Lockyer, Londres.
Al. Agassiz, Cambridge (Mass.).
H. Dufour, Lausanne.
L. Cailletet, Paris.
Alb. Heim, Zurich.
Théoph. Studer, Berne.
Eilh. Wiedemann, Erlangen.
L. Radlkofer, Munich.
H. Ebert, Munich.
A. de Baeyer, Munich.
Emile Fischer, Berlin.
Emile Noelting, Mulhouse.

A. Lieben, Vienne.
M. Hanriot, Paris.
St. Cannizzaro, Rome.
Léon Maquenne, Paris.
A. Hantzsch, Wurzbourg.
A. Michel-Lévy, Paris.
J. Hooker, Sunningdale.
Ch.-Ed. Guillaume, Sèvres.
K. Birkeland, Christiania.
J. Amsler-Laffon, Schaffhouse.
Sir W. Ramsay, Londres.
Lord Kelvin, Londres.
Dhorn, Naples.
Aug. Righi, Bologne.
W. Louguinine, Moscou.
H.-A. Lorentz, Leyde.
H. Nagaoka, Tokio.
J. Coaz. Berne.
W. Spring, Liège.
R. Blondlot, Nancy.

4. ASSOCIÉS LIBRES

James Odier.
Ch. Mallet.
Ag. Boissier.
Luc. de Candolle.
Ed. des Gouttes.
Edouard Fatio.
H. Pasteur.
Georges Mirabaud.
Wil. Favre.
Ern. Pictet.
Aug. Prevost.
Alexis Lombard.
Em. Pictet.
Louis Pictet.
Gust. Ador.
Ed. Martin.
Edm. Paccard.
D. Paccard.
Edm. Eynard.
Edm. Flournoy.

Georges Frütiger.
Aloïs Naville.
Ed. Beraneck.
Edm. Weber.
Emile Veillon.
Guill. Pictet.
F. Kehrmann.
G. Darier.
Ch. Du Bois.
P. de Wilde.
Stern, Mlle.
P. Christiani.
P. Denso.
E. Bugnion.
H. Fatio.
E. Turrettini.
R. de Lessert.
E. Joukouvsky.
C. Albaret.

TABLE

TABLE 55

Société générale d'imprimerie, successeur de Ch. Eggimann & Cie,
18, Pélisserie, Genève

COMPTE RENDU DES SÉANCES

DE LA

SOCIÉTÉ DE PHYSIQUE

ET D'HISTOIRE NATURELLE

DE GENÈVE

XXIII. — 1906

GENÈVE

BUREAU DES ARCHIVES, RUE DE LA PÉLISSERIE, 18

PARIS	LONDRES	NEW-YORK
H. LE SOUDIER	DULAU & Cᵉ	G. E. STECHERT
174-176, Boul. St-Germain	37, Soho Square	9, East 16th Street

Dépôt pour l'ALLEMAGNE, GEORG et Cie, à BALE

1906

Lightning Source UK Ltd.
Milton Keynes UK
UKHW021617261118
332986UK00012B/974/P